普通高等院校计算机类专业规划教材·精品系列

计 算 机 网 络
（第二版）

李 环 主编

中国铁道出版社有限公司
CHINA RAILWAY PUBLISHING HOUSE CO., LTD.

内容简介

本书较为系统地介绍了计算机网络的基本原理、技术与网络应用。全书共分9章，分别为计算机网络概述、物理层、数据链路层、网络层、传输层、应用层、网络管理、网络安全及网络新技术。每章均附有习题。为了方便教学，本书还配有电子教案。

本书内容丰富、结构严谨，注重计算机网络的实际应用，每个章节重要的知识点都配有精心设计的案例。

本书适合作为高校本科计算机网络教材，尤其适合于应用型人才的培养，也可作为计算机网络及其应用方面的工程技术人员的参考用书。

图书在版编目（CIP）数据

计算机网络/李环主编.—2版.—北京：中国铁道出版社，2018.2（2022.8重印）
普通高等院校计算机类专业规划教材.精品系列
ISBN 978-7-113-24121-6

Ⅰ.①计… Ⅱ.①李… Ⅲ.①计算机网络－高等学校－教材
Ⅳ.①TP393

中国版本图书馆CIP数据核字（2018）第015980号

书　　名：计算机网络
作　　者：李　环

策　　划：刘丽丽　　**编辑部电话：**（010）51873202
责任编辑：刘丽丽　冯彩茹
封面设计：刘　颖
责任校对：张玉华
责任印制：樊启鹏

出版发行：中国铁道出版社有限公司（100054，北京市西城区右安门西街8号）
网　　址：http://www.tdpress.com/51eds/
印　　刷：三河市兴博印务有限公司
版　　次：2010年3月第1版　2018年2月第2版　2022年8月第4次印刷
开　　本：787 mm×1 092 mm　1/16　**印张：**18　**字数：**464千
书　　号：ISBN 978-7-113-24121-6
定　　价：46.00元

FOREWORD 前　言

随着计算机网络技术的飞速发展，我国对网络发展的需求提出了新要求，因此，结合高等学校网络课程教学的实际情况，我们组织编写了本书。

《计算机网络》第一版出版后，受到全国各地院校师生的喜爱。第二版在第一版的基础上，按照网络课程的体系结构介绍计算机网络原理，摒弃了一些陈旧的知识，并将一些知识点进行合并，如具备物理层和数据链路层的相关内容就可以构建局域网。局域网已经被广泛使用而且被大家都熟知，之所以不单独作为一章编写，是要留出一些篇幅介绍网络新技术。本书还配有《计算机网络实验教程（第二版）》（李环主编，中国铁道出版社出版），以帮助读者提高网络技术水平。

全书用 9 章内容系统地介绍了计算机网络体系结构。各章内容如下:

第 1 章计算机网络概述，介绍计算机网络的发展、定义、分类、组成和计算机网络的体系结构等网络的基本知识。

第 2 章物理层，讲述与网络相关的通信技术，介绍了传输介质、信道复用技术、编码技术、数据交换技术、宽带接入技术。

第 3 章数据链路层，介绍了数据链路层的基本功能和服务，讲述了数据链路层的协议、滑动窗口技术以及局域网技术。

第 4 章网络层，讲述了网络层的基本概念、IP 协议、子网划分、CIDR、ARP、RARP、ICMP、IGMP、NAT。介绍了三层交换设备——路由器，详细介绍了路由协议及路由器的相关配置。

第 5 章传输层，讲述了传输层的相关知识，介绍了 TCP、UDP 协议、TCP 的连接释放、拥塞控制、流量控制原理。

第 6 章应用层，主要介绍了应用层协议原理、动态主机配置 DHCP 协议、域名系统 DNS、万维网 WWW、FTP、电子邮件系统。

第7章网络管理，主要讨论了网络管理的功能、网络管理模型、SNMP体系结构、Internet标准的管理框架、管理系统结构SMI、管理信息库MIB、简单网络管理协议。

第8章网络安全，讲述了网络安全的基本概念、密码技术、认证技术、网络访问控制技术、防火墙技术，通过实例介绍了基于Cisco路由的网络安全配置方法，最后结合网络应用介绍了网际层、传输层、应用层的安全协议。

第9章网络新技术，根据最近几年快速发展起来的网络新技术和应用，介绍了网络存储、网格计算与云计算、无线传感器网络和物联网、软件定义网络和网络功能虚拟化。

每章均附有习题，包括选择题、填空题、简答题，这些题目和书中内容紧密相关，特别是和本书章节完全对应的实验教程同时出版，实验题凝聚了编者多年的网络工作经验，有详细的指导，有助于提高动手能力；另外每个实验后还有实验思考，有助于学生通过实践再次提升理论水平。

本书由李环主编，其中第2章由隋芯编写，第9章由赵宇明编写，其他章由李环编写。在编写过程中得到了王锁柱、邹蓉、苏群、苏琳等教授的关心和帮助，本书的出版得到了中国铁道出版社的大力支持，在此一并表示感谢。

由于编者水平有限，书中难免存在疏漏和不足之处，恳请读者不吝指正。

编　者

2017年12月

CONTENTS

目录

第 1 章 计算机网络概述

随着计算机的普及和计算机技术的高速发展，计算机网络已经渗透到社会生产的各个领域，为了让读者对计算机网络有一个全面的认识，本章在讨论网络的形成与发展历史的基础上，对网络的定义、分类与拓扑结构等问题进行了描述，介绍了计算机网络的性能指标，最后重点讨论计算机网络的 OSI/RM、TCP/IP 体系结构和五层原理体系结构。

学习目标

- 了解计算机网络的发展。
- 重点掌握计算机网络的定义和分类。
- 了解计算机网络的拓扑结构。
- 掌握计算机网络的组成。
- 重点掌握计算机网络的体系结构。
- 了解计算机网络的性能指标。

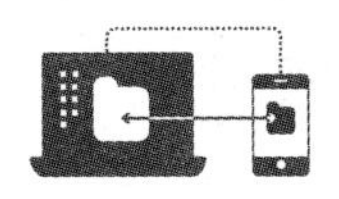

1.1 计算机网络的形成与发展

1.1.1 计算机网络的形成

计算机网络是计算机技术和通信技术结合的产物，随着网络技术的发展，计算机网络在人们的日常生活中起着越来越重要的作用。

从 1946 年第一台电子计算机 ENIAC 到 20 世纪 50 年代初美国军方的 SAGE 的半自动地面防空系统，实现了 IBM 计算机系统和远程防空雷达系统的信息传输、处理和控制，开创了通过一台计算机系统集中处理不同地域终端用户数据的研究。随着计算机技术的发展，推出了普遍采用面向终端的大型机、中型机和小型机，用户可以在不同的办公场所的终端，将要处理的信息通过通信线路传到计算中心的中央主机，主机系统分时地处理用户请求和分配系统资源，再将结果传到用户终端。

随着计算机应用的发展，提出了多台计算机互连的问题，人们希望通过互连实现不同地域的软、硬件和数据资源的共享，20 世纪 60 年代美国国防部高级研究计划局研制的 ARPANET

对计算机网络的发展起了里程碑的作用，ARPANET 从 1969 年的 4 个结点发展到 1983 年的 100 多个结点，之后计算机网络如雨后春笋迅速发展起来，至今已经无法准确统计其结点数。计算机网络通过有线、无线和卫星可以覆盖世界的大部分地域。

ARPANET 对计算机网络的发展主要贡献表现在：

① 完成了对计算机网络的定义分类与研究内容的描述。

② 提出了资源子网和通信子网的两级网络结构的概念。

③ 研究了报文分组交换的数据交换方法。

④ 采用了层次结构的网络体系结构模型与协议体系。

⑤ 促进了 TCP/IP 协议的发展。

⑥ 为 Internet 的形成与发展奠定了基础。

ARPANET 的研究成果对世界计算机网络的发展具有深远的影响，在此基础上出现了大量的计算机网络，例如，美国加利福尼亚大学劳伦斯原子能研究所的 OCTOPUS、法国信息与自动化研究所的 CYCLADES、国际气象监测网、欧洲情报网等。

1.1.2 计算机网络的发展

计算机网络的发展大致分为 4 个阶段：

第一阶段是 20 世纪 50 年代，实现了计算机技术和通信技术结合，为计算机网络的产生奠定了理论基础。

第二阶段是 20 世纪 60 年代，以 ARPANET 和分组交换技术为代表，是计算机网络发展的里程碑，为今天的 Internet 奠定了基础。

第三阶段是 20 世纪 70 年代至 80 年代，各种广域网、局域网和公用分组交换网的迅速发展，国际标准化组织提出了开放系统参考模型与网络协议，从理论上阐述了计算机网络发展的标准。

第四阶段是 20 世纪 90 年代至今，Internet、高速通信网络、无线网络的广泛应用，网络安全技术、宽带城域网、移动网络计算、多媒体网络、网络并行计算、信息高速公路、数据挖掘等继续成为网络研究的热点。

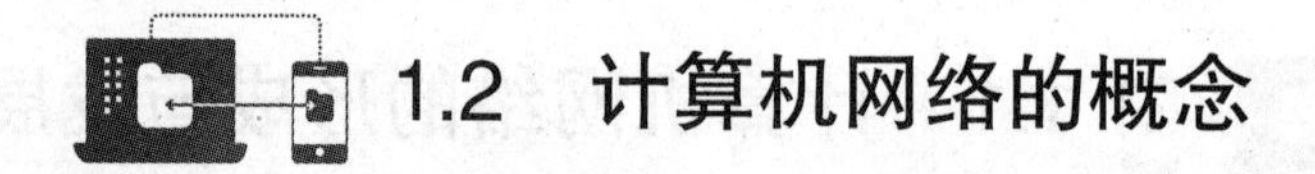

1.2 计算机网络的概念

1.2.1 计算机网络的定义

各种资料对于计算机网络的定义不尽相同，大体可分为广义的观点、资源共享的观点和用户透明的观点，目前较为被大家认可的观点是资源共享的观点。

我们将计算机网络定义为：将不同地域的具有独立功能的计算机系统和设备，通过通信设备和通信线路按照一定的形式连接起来，以功能完善的软件实现资源共享和信息传递的系统。

概括起来计算机网络应该具备 3 个基本要素：

① 网络中的计算机是具有独立功能的计算机，也就是说是“自治计算机”，该要素点明了计算机网络不同于主机系统。

② 计算机之间进行通信必须遵循共同的标准和协议。

③ 计算机网络的目的是资源共享，资源包括计算机的软件资源、硬件资源以及用户数据资源，网络中的用户不仅可以使用本地资源，还可以通过网络完全或部分使用远程网络的计算机

资源，或者通过网络共同完成某项任务。

1.2.2　计算机网络的拓扑结构

在计算机网络定义中“通信设备和通信线路按照一定的形式连接起来”所涉及的一定形式指的是网络的拓扑结构，就是计算机结点和通信链路所组成的几何形状。

计算机网络拓扑结构有逻辑拓扑结构和物理拓扑结构两层含义，逻辑拓扑结构指各组成部分之间的逻辑关系；物理拓扑结构指各组成部分之间的物理连接关系。常见的网络拓扑结构有星状、树状、环状、全连接状、不规则状等，相应的网络有星状网络、树状网络、环状网络等。图 1-1 给出了常用的计算机网络拓扑结构。

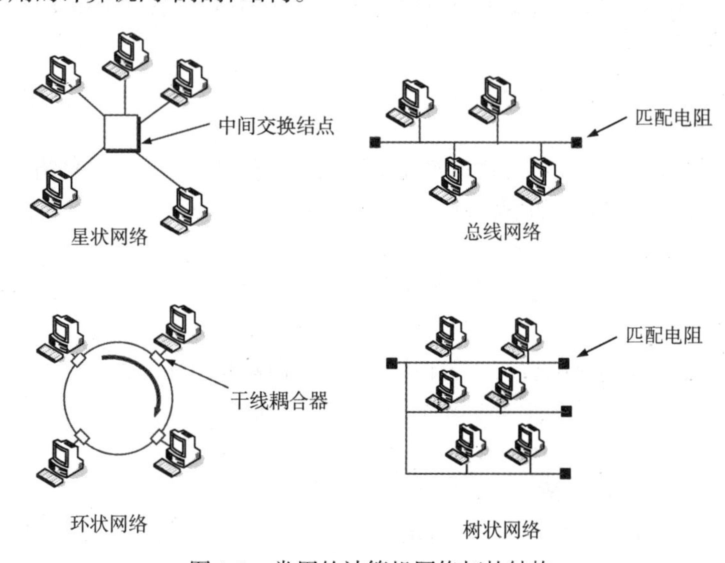

图 1-1　常用的计算机网络拓扑结构

1.3　计算机网络的分类

计算机网络可以从不同的角度进行不同的分类。

1. 不同的作用范围分类

（1）局域网（Local Area Network）

局域网是指地理覆盖范围在几米到几十千米以内的计算机网络，一般为一个单位或者一个部门组建、维护和管理。

局域网的特点如下：

① 覆盖范围小。

② 信道带宽大，数据传输率高，一般为 10 ~ 1 000 Mbit/s，数据传输延时小，误码率低。

③ 易于安装，便于维护。

④ 局域网的拓扑结构简单，常用总线、星状、环状结构。常用的传输媒体是双绞线、同轴电缆、光纤或无线传输媒体。

（2）城域网（Metropolitan Area Network）

城域网的地理分布范围为覆盖一个城市或地区，作用范围约为 5 ~ 50 km，传输速率一般为

30～1 Gbit/s，城域网由政府或者大型企业集团、公司组建，传输媒体主要是光纤。

城域网的实现标准是分布式队列双总线（DQDB），DQDB 现在已经成为国际标准，编号为 IEEE802.6。

（3）广域网（Wide Area Network）

广域网的地理覆盖范围在 50 km 以上，遍布一个国家或者全世界。广域网的拓扑结构比较复杂，常规情况下是借助传统的公共传输网来实现广域网的连接，如公共电话网（PSTN）、中国分组交换网（CHINAPAC）、中国数字数据网（CHINADDN）、中国公用帧中继宽带业务网（CHINAFRN）和综合业务数字网（ISDN），CHINANET 就是借助 CHINADDN 提供的高速中继线路，使用高速路由器组成的覆盖中国各省、自治区、直辖市并连接 Internet 的计算机广域网。

2. 按传输媒体分类

按传输媒体的不同，计算机网络又可分为有线网络和无线网络。

（1）有线网络

采用双绞线、同轴电缆、光纤等物理媒体来连接的计算机网络为有线网络。

双绞线网络是目前常用的局域网连网方式。其特点是价格便宜，安装方便，抗干扰能力差。

同轴电缆网络比较经济，安装较为便利，抗干扰能力一般。

光纤网络传输距离长，传输速率高，抗干扰能力强，价格较双绞线和同轴电缆都高。

（2）无线网络

采用微波、红外线和无线电短波作为传输媒体的计算机网络称为无线网络。无线网络易于安装和使用，但传输速率低，误码率高，站点之间容易存在干扰。

3. 按数据传输交换方式分类

按数据传输交换方式的分类如图 1-2 所示。

计算机网络可分为电路交换网、存储转发交换网和混合交换网。

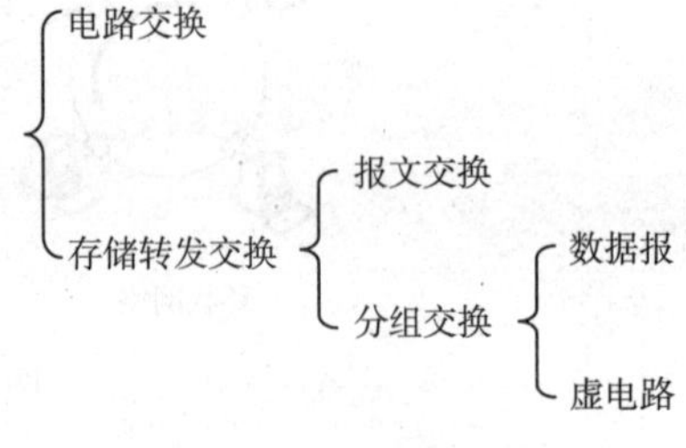

图 1-2 数据交换方式

4. 按网络组建、经营和管理方式分类

按网络组建、经营和管理方式划分，计算机网络可分为公用网和专用网。

公用网为全社会所有人提供服务；专用网为一个或几个部门所拥有，只为拥有者提供服务。

5. 按网络协议分类

根据采用的网络协议的不同，可以把计算机网络分为以太网、令牌环网、FDDI 网、ATM 网、X.25 网、TCP/IP 网等。

1.4 计算机网络的组成

计算机网络从逻辑功能上可分为资源子网和通信子网，如图 1-3 所示。

资源子网由计算机系统、网络终端、外部设备、各种软件资源与数据资源组成，负责全网的数据处理，为全网用户提供网络资源和网络服务。通信子网由通信控制处理机、通信线路和其他通信设备组成，负责数据传输和转发

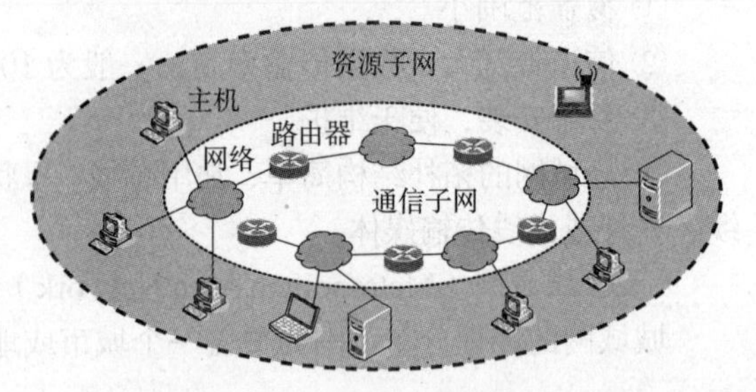

图 1-3 计算机网络的组成

等通信工作。

1.5 计算机网络的性能指标

计算机网络的性能指标可以从不同角度衡量网络的性能，常用的性能指标有速率、带宽、吞吐量、时延、时延带宽积等。

1. 速率

速率是指在计算机网络上的主机在数字信道上传送数据的速率，也称数据率（Data Rate）或比特率（Bit Rate），是计算机网络中的一个重要指标，速率的单位是比特每秒（bit/s）或者kbit/s、Mbit/s、Gbit/s、Tbit/s 等，1 Tbit/s=10^{12} bit/s，1 Gbit/s=10^{9} bit/s，1Mbit/s=10^{6} bit/s，1 kbit/s=10^{3} bit/s。

2. 带宽

在过去很长的一段时间内，电信线路传送的信号是模拟信号（连续变化的信号），表示通信线路允许通过的信号频带范围称为带宽，所以带宽原意就是指信号具有的频带宽度，是指信号所包含的各种不同频率成分所占用的频率范围。例如，电话信号的标准带宽为 3.1 kHz（从 300 Hz 到 3.4 kHz，即话音的频率范围），这种意义上的带宽单位是赫兹（或者是千赫兹、兆赫兹、吉赫兹）。

在计算机网络中，用带宽来表示网络通信线路所能传送数据的能力，是指单位时间内从网络的某一结点到另一个结点所能通过的最高数据率，单位是比特每秒（bit/s），千比特每秒（kbit/s）、兆比特每秒（Mbit/s）、吉比特每秒（Gbit/s）和太比特每秒（Tbit/s）。

3. 吞吐量

吞吐量是指在单位时间内通过某个网络的数据量。网络的吞吐量和网络的带宽和速率相关，吞吐量一般是对实际网络性能评价指标的一种度量，从而知道网络实际通过的数据量。

4. 时延

时延是指一个数据单位从网络的一端传送到另一端所需要的时间，是一个非常重要的网络性能指标。计算机网络的时延包括发送时延、传播时延、处理时延、排队时延，总的时延是这些时延之和。

① 发送时延。产生在发送数据端（主机或者路由器），数据帧从一个结点发送到传输媒体所需要的时间，也就是发送一个数据帧的第一个比特开始到该帧的最后一个比特结束所需要的时间。发送时延的大小和数据块长度成正比，和带宽成反比。

$$发送时延=\frac{数据块长度（bit）}{信道带宽（bit/s）}$$

② 传播时延。电磁波在信道中传播需要一定的时间，传播时延和信道长度及信号在信道上传播的传播速率相关。

$$传播时延=\frac{信道长度（m）}{信号在信道上的传播速率（m/s）}$$

电磁波在真空中的传播速率为 3.0×10^{5} km/s，在铜线电缆中的传播速率为 2.3×10^{5} km/s，在光纤中的传播速率为 2.0×10^{5} km/s。例如在 1 km 的大气空间，产生的传播时延大约为 3.3 μs。

③ 处理时延。数据在传输过程中经过了若干个中间路由器，路由器和主机在收到分组或数据报时要花费一定的时间进行处理，如分析数据报的首部信息，从中提取目的 IP 地址，查找适当的路由，决定如何转发；提取数据部分，进行差错检验。

④ 排队时延。分组在网络传输过程中，要经过多个路由器，分组在进入路由器要先在输入队列中排队等待处理，路由器确定转发端口后，分组还要在输出队列中等待发送，从而产生的时延为排队时延。排队时延的大小和路由器的处理能力以及网络当时的通信量有关，当网络通信量很大时，缓存中的空间有限，会产生溢出现象，造成分组丢失。

数据在网络中所经历的总时延是以上 4 种时延之和。

$$总时延 = 发送时延 + 传播时延 + 处理时延 + 排队时延$$

图 1-4 给出了 4 种时延产生的位置。

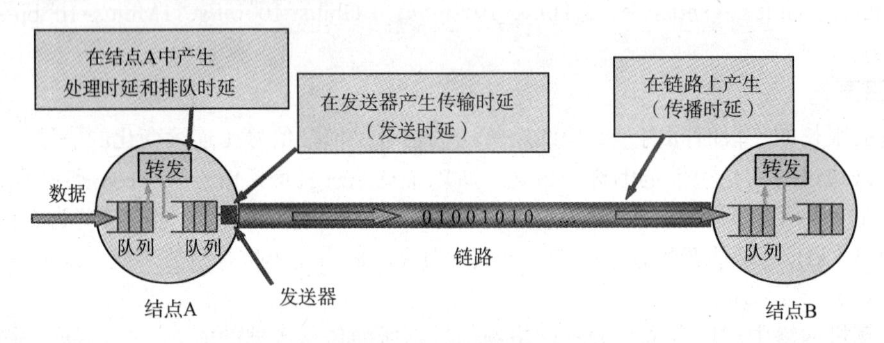

图 1-4　4 种时延产生的位置

传播速率和发送速率是两个不同的概念，刚开始学习网络知识的人容易产生一个错误的概念，“在高速链路上，比特流应该传输得更快”，就像在高速公路上汽车可以行使得更快一样，其实不然，在高速链路上，提高的是数据的发送速率，跟传播速率无关，通常意义上讲“光纤的传输速率高”是指向光纤信道上发送数据的速率高，而光在光纤信道中的传播速率为 20.5×10^4 km/s，比电磁波在铜导线（5 类双绞线）中的传播速率（23.1×10^4 km/s）还低。

5. 时延带宽积

时延带宽积是指任意给定的时间内链路上传输的数据量。

$$时延带宽积 = 传播时延 \times 带宽$$

用图 1-5 的示意图来说明时延带宽积，图中的圆柱形管道代表传输链路，管道的长度表示为链路的传播时延，截面积表示带宽，因此时延带宽积就是管道的体积，表明链路中可以容纳的比特数。例如

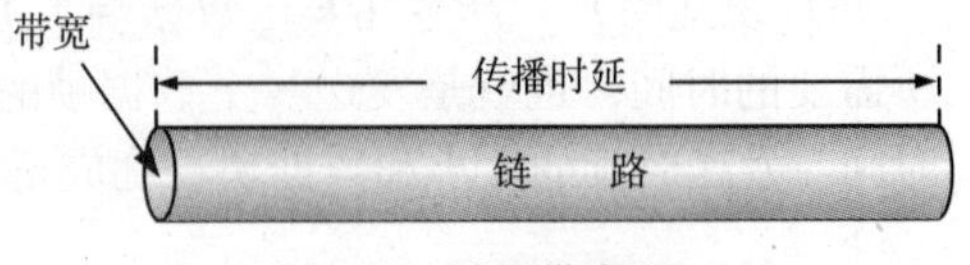

图 1-5　时延带宽积

某段链路的时延为 10 ms，带宽为 100 Mbit/s，则其时延带宽积为 $10 \times 10^{-3} \times 100 \times 10^6=10^6$(bit)。表明若发送端连续发送数据，在第一个比特即将到达终点时，发送端已经发送了 100×10^4 bit，这 100×10^4 bit 正在链路上传送，所以时延带宽积也称为以比特为单位的链路长度。

6. 往返时间

在计算机网络中还有一个重要的性能指标是往返时间（Round Trip Time，RTT），往返时间是从发送方发送数据开始，到收到来自接收方的确认为止，总共经历的时间。往返时间不仅包含了链路中所有结点的发送时延，链路上的传播时延，还包括了中间结点的处理时延和等待时延。

往返时间不仅与发送数据单位的大小有关，而且和链路的繁忙状态等信息相关。

7. 利用率

利用率可分为信道利用率和网络利用率两种。信道利用率是指信道百分之几被用来传输数据，完全空闲的信道的利用率为零；网络的利用率是全网中信道利用率的加权平均值。网络中不是信道的利用率越高越好，当利用率增高时，其时延也会加大，当网络的通信量继续增加时，中间结点的排队等待时间加大，容易造成分组丢失，发送端重发分组，使得时延急剧增大。如果用 D_0 表示空闲时的时延，D 表示当前的时延，那么网络的利用率 U 和时延 D 的关系用一个简单的公式表示如下：

$$D = \frac{D_0}{1-U}$$

当网络的利用率接近 1 时，网络的时延接近无穷大，所以信道或网络的利用率过高会产生非常大的时延。图 1-6 表示了利用率和时延的示意关系。

一般情况下，网络的利用率掌握在 50% 左右，如一些大的 ISP 控制其主干信道的利用率为 50%，超过这个数值就要考虑扩容问题，增加信道的带宽等策略。

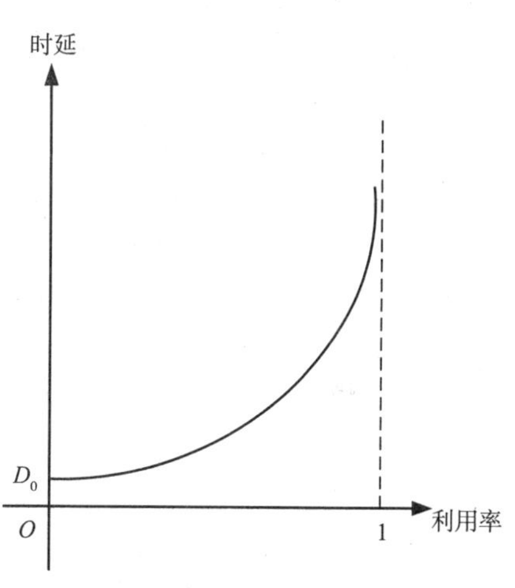

图 1-6　利用率和时延的关系

8. 其他非性能特征

除了以上常用的性能指标外，还有费用、质量、标准化、可靠性、可扩展性和可升级性、易于管理和维护性等其他非性能特征。

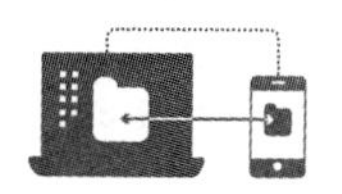

1.6 计算机网络的体系结构和标准化组织

计算机网络是非常复杂的系统，为了将庞大而复杂的问题转化为较小的局部问题，在进行 ARPANET 设计时就提出了分层的概念，不同的体系结构相继出现。

1.6.1 网络体系结构的基本概念

计算机网络体系结构是计算机网络层次、网络拓扑结构、各层次的功能划分以及每层协议与接口的总称。

网络中的通信是指不同系统中的实体之间的通信。所谓实体，是指发送和接收信息的对象，可以是终端、通信进程或者是应用软件。

1. 协议

协议是指在计算机网络中，为了保证两个实体之间能正常进行通信而制定的一整套约定和规则。网络协议有以下 3 个要素：

① 语义。语义是控制信息的内容。它规定了需要发出何种控制信息，以及完成的动作与做出的响应。

② 语法。语法是数据与控制信息的结构与格式，确定通信时采用的数据格式、编码及信号电平。

③ 时序。时序是对事件实现顺序的详细说明。

2. 层次

计算机网络是一个非常复杂的系统，为了减少网络协议设计的复杂性，便于维护和管理，网络设计采用了层次结构，如图 1-7 所示，因此协议也是分层的。

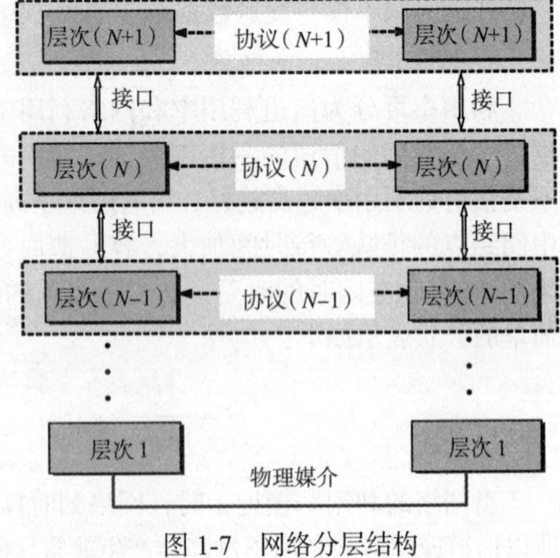

图 1-7　网络分层结构

层次结构的具体含义如下：

① *N* 层的实体在实现自身定义的功能时，只使用 *N*-1 层提供的服务。

② *N* 层在向 *N*+1 层提供服务时，不仅包含 N 层本身的功能，还包含由 *N*–1 层服务提供的功能总和。

③ 最低层只提供服务，是提供服务的基础；最高层是用户，只接受服务而不提供服务；中间各层既是下一层的用户，又是上一层服务的提供者。

④ 相邻层之间有接口，下层提供服务的具体细节对上层完全屏蔽。

在分层结构中，协议是水平的，而服务是垂直的。*N* 层的功能主要包括 *N* 层协议和 *N* 层服务，对 *N*+1 层透明的是 *N* 层服务，非透明的是 *N* 层协议。

同层实体也称对等实体，对等实体间通信必须遵守同层协议。

3. 接口

接口是同一结点内相邻层之间交换信息的界面，接口定义了原语操作以及下层向上层提供的服务。同一系统中相邻两层实体之间通过接口调用服务或提供服务的联系点通常称为服务访问点（Service Access Point，SAP），任何层间的服务都在接口的 SAP 上进行，每个 SAP 都有一个标识它的地址，每个层间接口可以有多个 SAP。接口上下层之间的关系如图 1-8 所示。

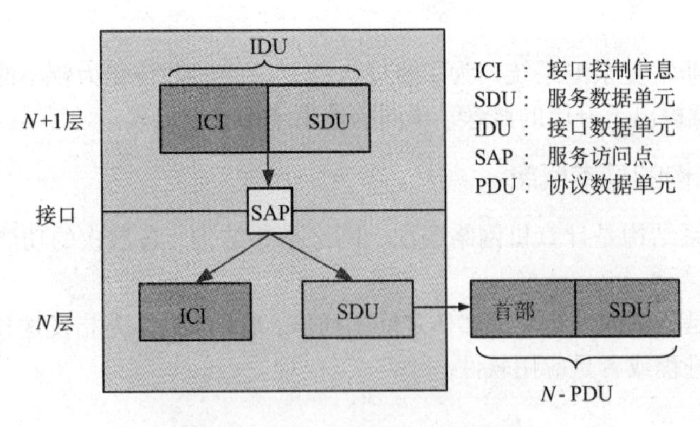

图 1-8　接口上下层之间的关系

4. 数据单元

PDU 是指在不同结点的对等层之间为实现该层协议所交换的数据单元；SDU 是指相邻层实体间传送的数据单元；IDU 由上层的服务数据单元 SDU 和接口控制信息 ICI 组成；*N*+1 层实体通过 SAP 把 IDU 传给 *N* 层实体，接口控制信息 ICI 被 *N* 层实体用来指导其功能任务的执行，不发送给远端的对等实体。*N* 层实体将 SDU 分成一段或者几段，每段加上协议的首部构成 PDU 作为传送给远端对等实体的数据单元。

5. 服务原语

服务的提供和请求是通过在服务点 SAP 上服务原语的发送和接收来实现的。服务原语是指相邻层在建立 *N* 层对 *N*+1 层提供服务时两者交互所用的广义指令。一个完整的服务原语包括原语名、原语类型、原语参数 3 个部分。例如，一个网络连接建立的请求服务原语的写法如图 1-9 所示。

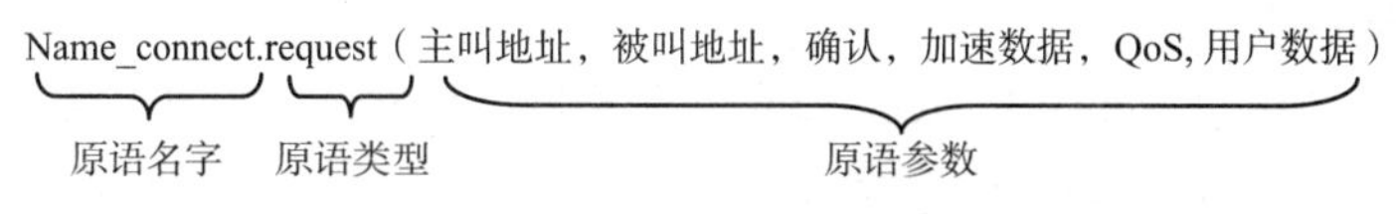

图 1-9　请求服务原语格式

① 原语名字：表示服务类型。

② 原语类型：供用户和其他实体访问该服务时调用，有 4 种类型，请求原语（Request）、指示原语（Indication）、响应原语（Response）和确认原语（Confirm）。

③ 原语参数：为目的服务访问点地址、源服务访问点地址、数据、数据单元、优先级、断开连接的理由等。

图 1-10 说明按时间（*t*）顺序通过服务原语完成对等 *N* 层之间连接建立的过程。

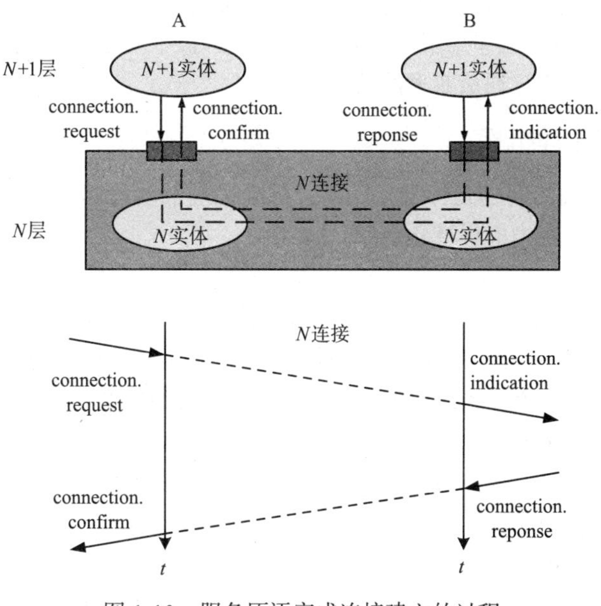

图 1-10　服务原语完成连接建立的过程

N 层连接是由一组原语实现的。

connection.request 连接请求：发送方请求建立连接或发送数据。

connection.indication 连接指示：通知接收方的用户实体。

connection.response 连接响应：接收方实体通过响应原语表示是否愿意接收连接建立。

connection.confirm 连接证实：发起连接建立的一方可以通过连接证实原语来证实连接建立。

连接建立后就可以传送数据，常规数据传输是 *N*+1 层实体调用 DATA request 原语向 *N* 层实体请求发送数据，*N* 层实体接收发过来的数据 PDU，产生响应的 *N* 层服务原语 DATA indication，送给 *N*+1 层实体，完成数据传输。

完成所有数据的传输之后就可以释放连接，正常释放连接的原语有 disconnect.request 和 dis-connect.indication。

分层体系结构数据的传输是由发送方实体将数据逐层传递给它的下层，直到最下层通过物理媒体实现通信，到达接收方，接收方再逐层向上传递给对等实体，完成对等实体之间的通信。

6. 计算机网络体系结构

计算机网络体系结构（Network Architecture）是指网络层次结构模型与各层次协议的集合。具体地说体系结构定义了计算机网络应设置哪几层，每一层应提供哪些功能，不涉及每一层的硬件和软件的具体实现。由此可见网络体系结构是抽象的，对于同样的体系结构，可以采用不同的硬件和软件实现相应层次的相同功能和接口。

7. 面向连接服务与无连接服务

面向连接的，就是通信双方在通信时，要事先建立一条通信线路，过程是建立连接、数据传输和释放连接 3 个阶段。面向连接服务可靠性好，但在通信开始前后要建立和释放连接，传输过程中还要维持连接，所以系统开销大，协议复杂，对于突发性传输通信效率不高。

无连接服务，无连接网络服务就是通信双方不需要事先建立一条通信线路，而是把每个带有目的地址的报文分组送到线路上，由系统选定路线进行传输。所以目的主机接收的分组可能出现乱序、重复与丢失现象，无连接服务的可靠性不是很好，但是由于省去了很多协议处理过程，因此它的通信协议相对简单，通信效率比较高。

1.6.2 标准化组织与管理机构

与体系结构密切相关的问题是标准化问题，标准化是推动计算机网络发展的重要因素，下面介绍一些在国际上有影响力的标准化组织。

1. 国际标准化组织

国际标准化组织（International Standards Organization，ISO）成立于 1946 年，美国国家标准协会 ANSI 是其成员之一，ANSI 标准常常被 ISO 采纳为国际标准。ISO 已经制定了 5 000 多种标准，OSI 就是其中的一个开放式计算机网络层次结构模型标准。

2. 电子电气工程师协会

电子电气工程师协会（Institute of Electrical and Electronics Engineers，IEEE）是世界上最大的专业化组织，在电子工程和计算机领域内，IEEE 有一个标准化组专门制定各种标准，如 IEEE802 委员会制定局域网标准。

3. Internet 标准组织

与 ISO 不同，因特网标准化机构是非政府性质的，因特网最具权威的是因特网协会（ISOC），因特网体系结构委员会（IAB）是其成员之一，IAB 下设两个机构，一个是因特网工程任务部（IETF），另一个是因特网研究任务部（IRTF），负责用户信息、路由和寻址、安全、网络管理和标准等，IRTF 由一些研究组组成，具体工作由因特网研究指导组管理。IAB 下面还有一个 Internet 编号管理局（IANA）负责协调 IP 地址和顶层域名的管理和注册，后来该项工作由 Internet 名称和号码分配公司负责。

IAB 下还有 RFC（Request For Comments）编辑部，负责编辑 RFC 文档。所有的 Internet 协议都是以 RFC 文档形式发表，一个 Internet 协议标准由 Internet 草案开始，历经建议标准、草案标准最终成为因特网标准，每个阶段都有相应的 RFC 文档（图 1-11 所示为各种 RFC 文档之间的关系）。一旦成为因特网标准，就被分配一个 STD 序号。RFC 文档可以从因特网上可免费下载。

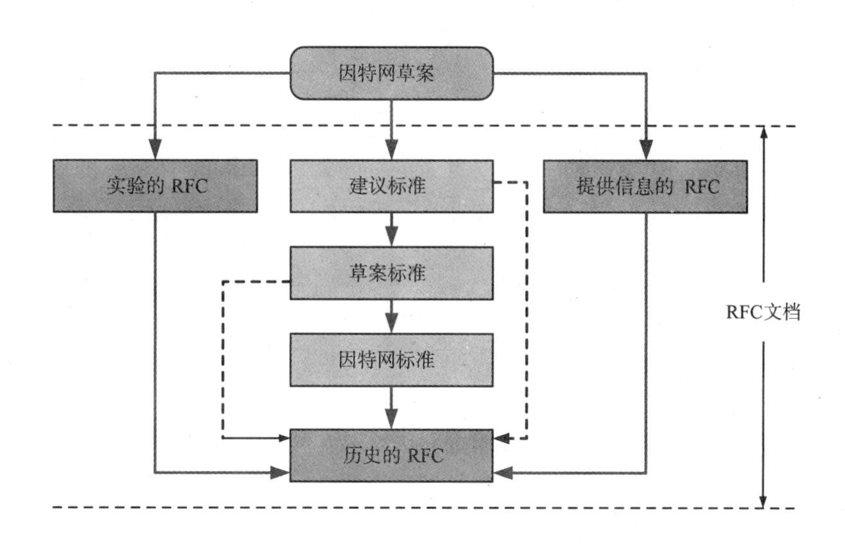

图 1-11　各种 RFC 文档之间的关系

4. 电信界标准组织

国际电信联盟（ITU）是电信界与计算机网络有影响力的组织，国际电报电话咨询委员会（CCITT）是 ITU 电信标准化部门的前身。

1.7　计算机网络参考模型

1.7.1　OSI 参考模型

1974 年，ISO 发布了著名的 ISO/IEC 7498 标准，定义了网络互连的七层框架，就是开放系统互连（Open System Internetwork，OSI）参考模型。OSI 中的“开放”指的是只要遵循 OSI 标准的一个系统就可以和位于世界上任何地方同样遵循同一标准的其他任何系统进行通信。

1. OSI 参考模型的结构

ISO 将整个网络分成 7 层，其划分层次的主要原则如下：

① 网中各结点都具有相同的层次。

② 不同结点的同等层具有相同的功能。

③ 同一结点内相邻层之间通过接口通信。

④ 每层都可以使用下层提供的服务，并向上层提供服务。

⑤ 不同结点的同等层通过协议来实现同等层之间的通信。

OSI 参考模型的结构图如图 1-12 所示。

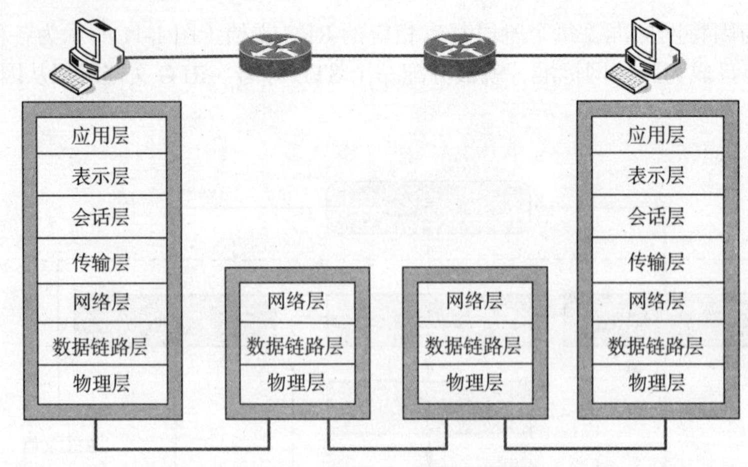

图 1-12　OSI 参考模型的结构

2. OSI 参考模型各层的功能

OSI 参考模型本身没有描述各层的具体服务和协议，它描述了各层应该做什么，但 ISO 为各层制定了一些标准，作为独立于参考模型之外的国际标准。下面从物理层开始逐层讨论 OSI 参考模型的各层。

（1）物理层

物理层的主要功能是利用传输介质为通信的网络结点之间建立、管理和释放物理连接，实现比特流的透明传输，为数据链路层提供数据传输服务。物理层的数据传输单位是比特（bit）。物理层对传输介质没有提出任何规范，传输介质处于物理层之外，所以也有把传输介质称作 OSI 参考模型的第 0 层的说法。

（2）数据链路层

数据链路层的功能是在物理层提供的服务基础上，在通信实体间建立数据链路连接，传输以帧为单位的数据包，并采用差错控制与流量控制方法，使有差错的物理链路变成没有差错的数据链路。

（3）网络层

网络层的主要功能是通过路由选择算法为分组通过通信子网选择最适当的路径，以及实现拥塞控制、网络互联等功能。网络层通过接口为传输层提供服务，该接口是通信子网的边界。网络层传输的数据单位是分组。

（4）传输层

传输层是七层模型中介于面向网络通信的低三层和面向信息处理高三层之间的层面，是七层模型中重要的一层，传输层之上的会话层、表示层及应用层均不包含任何数据传输的功能，而网络层又不一定保证发送站的数据能可靠地送到目的地，所以传输层要实现可靠的端到端的服务，还要向会话层提供独立于网络的传输服务。

传输层的主要功能是对一个对话、网络或者连接提供可靠的端对端传输服务；在通向网络的单一物理连接上实现该连接的复用；在单一连接上进行端到端的序号及流量控制，进行端到端的差错控制及恢复等。

（5）会话层

会话层的主要功能是负责维护两个结点之间会话连接的建立、管理和终止，以及数据的交换，例如服务器验证用户登录就是由会话层来完成的。

（6）表示层

表示层的主要功能是处理两个通信系统中交换信息的表示方式，主要包括数据格式变换、数据加密、数据压缩与恢复等功能。

（7）应用层

应用层直接面向用户，为用户提供各种网络资源访问。OSI 应用层标准已经规定的一些应用协议包括：虚拟终端协议 VTP，文件传送、存取和管理 FTAM，作业传送与操纵 JTM，远程数据库访问 RDA，报文处理系统 MHS 等。

3. 数据传输过程

符合 OSI 模型的网络中数据的传输过程如图 1-13 所示。

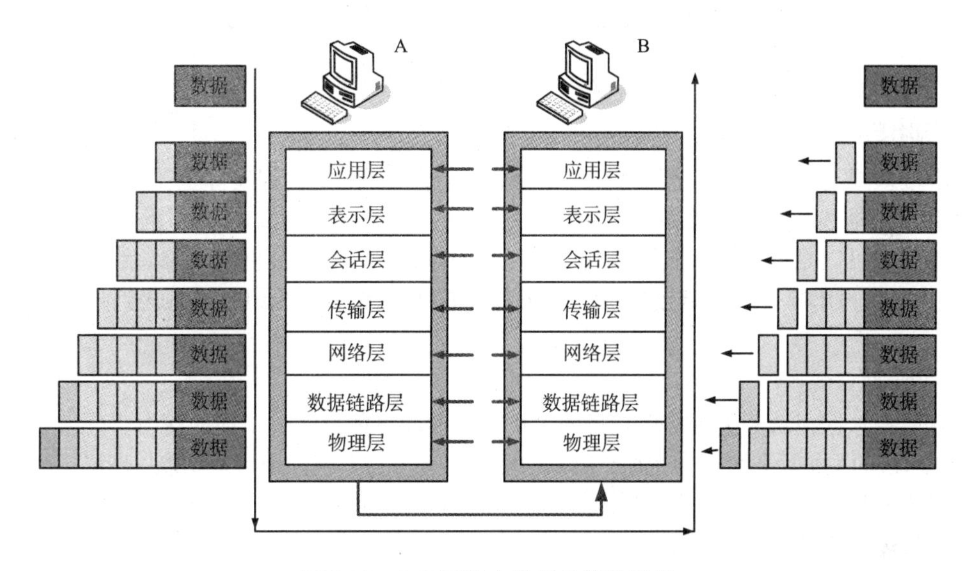

图 1-13　OSI 网络中数据的传输过程

① 主机 A 的应用进程 A 有数据传送到应用层时，应用层为数据加上本层的数据控制报头后，组织成应用层的数据服务单元，然后传给表示层。

② 表示层接收这个数据单元，并加上本层的控制报头，组成表示层的数据服务单元，再传给会话层，加上会话层的报头，传给传输层。

③ 传输层收到会话层的数据单元后加上传输层的报头构成报文（Message）传给网络层。

④ 由于网络层数据单位的长度有限，传输层的长报文将被分成多个较小的短的数据字段，加上网络层的控制报头，构成网络层的数据单元，它被称为分组（Packet），传给数据链路层。

⑤ 数据链路层将分组加上链路层的控制信息，构成链路层的数据单元，称为帧（Frame），传给物理层。

⑥ 物理层将该帧数据以比特流的方式通过传输介质传输到目的主机 B，再从物理层逐层向高层上传，每层对各层的控制报头进行处理，将用户信息上交到高层，最后实现主机 A 的进程 A 和主机 B 的进程 B 的数据传送。

1.7.2　TCP/IP 参考模型

因特网是基于 TCP/IP 技术的，使用的是 TCP/IP 参考模型，该模型将计算机网络分为 4 个层次，分别是网络接口层、网际层、传输层和应用层，如图 1-14 所示。

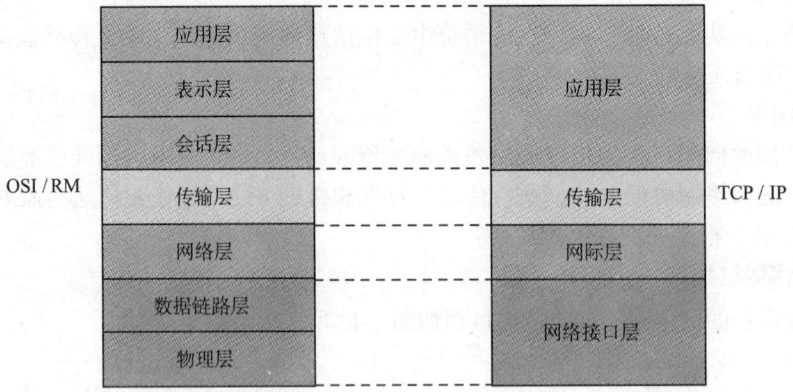

OSI / RM	TCP / IP
应用层	应用层
表示层	
会话层	
传输层	传输层
网络层	网际层
数据链路层	网络接口层
物理层	

图 1-14　TCP/IP 与 OSI 参考模型的对应关系

1. 网络接口层

网络接口层与 OSI 参考模型的物理层、数据链路层相对应，但实际上 TCP/IP 对网络接口层并没有真正描述，只是指出主机使用某种协议与网络连接，完成 IP 分组的传送。网络接口层下面的网络可以是局域网、城域网或广域网，如以太网、令牌环网、令牌总线网、X.25、帧中继、电话网、DDN 等。网络接口层负责从主机或结点接收 IP 分组，并发送到指定的物理网络上。

2. 网际层

网际层将数据报从源主机传送到目的主机，这期间可能要通过不同的路由，分组有可能被丢失，到达目的主机后还可能会乱序，所以网际层必须支持其他路由管理功能、高层排序功能，提供二层地址和三层地址解析和反向地址解析等功能。

网际层传输的数据单位是 IP 数据报或 IP 分组。

网际层使用的协议是网际协议 IP，与之配套的协议还有地址解析协议 ARP、逆向地址解析协议 RARP、因特网控制报文协议 ICMP、Internet 组管理协议 IGMP。

3. 传输层

传输层为应用进程提供端到端的传输服务，为应用进程提供一条端到端的逻辑通道，该逻辑通道不涉及网络中的路由器等中间结点。

TCP/IP 在传输层提供了两个协议，传输控制协议 TCP 和用户数据报协议 UDP。

传输控制协议 TCP 是一个面向连接的协议，允许从一台计算机上的报文段无差错地发往互联网上的其他计算机，TCP 还可以进行流量控制。

用户数据报协议 UDP 提供的是一种不可靠的无连接的端到端传输服务，发送方在发送数据之前不需要建立连接，接收方也不需要给出应答信息，这样就减少了为保障可靠传输而增加的额外开销，所以它的传输效率高。

4. 应用层

应用层为用户提供远程访问和资源共享的功能。应用层主要讨论用什么样的协议来使用网络提供的资源，如远程登录、电子邮件、文件传输、聊天、WWW、视频会议、网络点播等。应用层常用的协议有远程登录 TELNET 协议、文件传输协议 FTP、简单邮件传输协议 SMTP、简单网络管理协议 SNMP、超文本传输协议 HTTP、域名解析协议 DNS 等。

图 1-15 所示是 TCP/IP 参考模型与 TCP/IP 协议族的关系图。

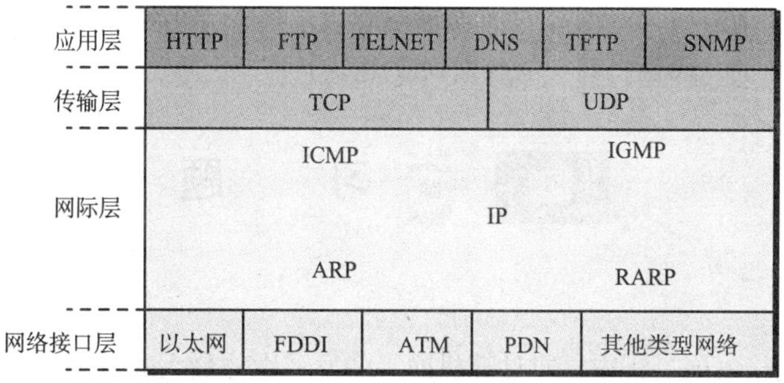

应用层	HTTP	FTP	TELNET	DNS	TFTP	SNMP
传输层	TCP			UDP		
网际层	ICMP　IGMP　IP　ARP　RARP					
网络接口层	以太网	FDDI	ATM	PDN	其他类型网络	

图 1-15　TCP/IP 参考模型与 TCP/IP 协议族的关系图

1.7.3　具有五层的协议体系结构

OSI 参考模型的设计者试图建立一个完整的计算机网络统一标准，从技术角度来看，OSI 太过追求完美，使得 20 世纪 80 年代许多专家都认为 OSI 的模型和协议将会统领未来的网络领域，然而事与愿违，由于系统过于庞大、复杂，招致了许多批评，又由于模型与协议自身存在缺陷，会话层在大多数应用中很少使用，表示层几乎是空的。数据链路层和网络层又增加了很多子层来实现不同的功能，寻址、流量控制和差错控制出现在多层，降低了系统的效率；数据安全性、网络管理等方面的问题在参考模型的设计初期没有考虑。

而早于 ISO 产生的 TCP/IP 协议经历了 20 多年的实践检验，赢得了大量的用户，TCP/IP 的成功促进了 Internet 的发展，但 TCP/IP 也有它的缺陷，表现在以下几个方面：

① TCP/IP 参考模型在服务、接口与协议的概念上不是很清楚。

② TCP/IP 参考模型不通用，不适合描述其他协议栈。

③ TCP/IP 参考模型中的网络接口层并不是实际的一层。

无论是 OSI 还是 TCP/IP 参考模型与协议，都有其成功的一面，也有其不足的一面。ISO 原本希望推出 OSI 参考模型和协议对计算机网络标准化，却没有达到预期目的。TCP/IP 虽然不是国际标准，但伴随着 Internet 的发展，TCP/IP 成为目前公认的工业标准。为了保证计算机网络教学的科学性和系统性，我们遵循网络界的主流观点，使用五层网络参考模型来描述网络体系结构，如图 1-16 所示。

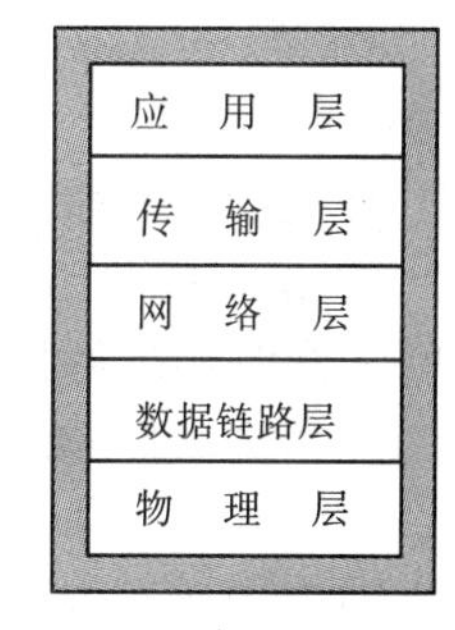

图 1-16　五层网络参考模型

OSO/RM、TCP/IP 和五层网络参考模型的比较如图 1-17 所示。

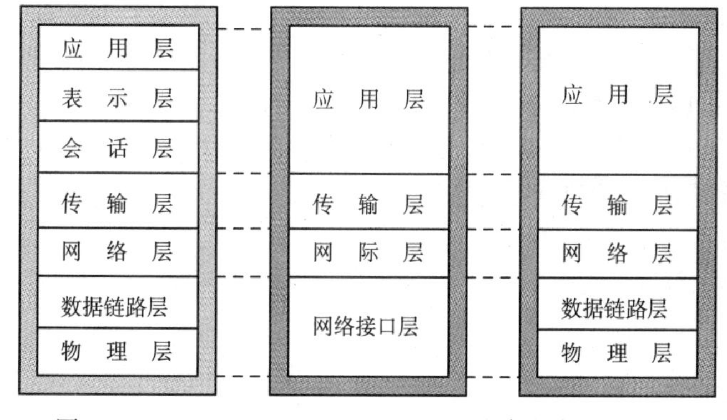

图 1-17　OSO/RM、TCP/IP 和五层网络参考模型的比较

值得一提的是，五层参考模型中没有会话层和表示层，并不意味着 OSI 参考模型中会话层和表示层的功能被取消，而是将其功能放置到应用层中。

习　题

一、单选题

1. 在计算机网络发展过程中，对计算机网络的发展影响最大的是（　　）。
   A．ARPANET　　B．OCTOPUS　　C．CYCLADES　　D．WWWN
2. 将计算机网络划分为有线网络和无线网络，主要依据的是（　　）。
   A．作用范围　　B．传输媒体　　C．拓扑结构　　D．交换方式
3. 属于通信子网的设备有（　　）。
   A．主机　　B．外围设备　　C．数据资源　　D．通信设备
4. 计算机网络中实现互联的计算机之间是（　　）。
   A．独立工作　　B．并行工作　　C．互相制约　　D．串行工作
5. 负责协调 IP 地址和顶层域名的管理和注册的组织是（　　）。
   A．ISO　　B．IEEE　　C．IANA　　D．ITU
6. 不属于 RFC 文档的有（　　）。
   A．因特网草案　　B．建议标准　　C．草案标准　　D．因特网标准
7. OSI 模型中的数据加密属于（　　）。
   A．物理层　　B．数据链路层　　C．表示层　　D．应用层

二、填空题

1. 建立计算机网络的目的是________、________。
2. 常用的计算机网络的拓扑结构有________、________、________、________。
3. 发送时延的大小和数据块长度为________，带宽为________。
4. 网络协议的三要素是________、________、________。
5. 网络体系结构是指网络层次结构模型与各层次________。
6. TCP/IP 模型中网际层的协议数据单元是________。

三、简答题

1. 计算机网络具备的三个基本要素是什么？
2. 计算机网络的组成？
3. 计算机网络常用的性能指标有哪些？
4. 描述层次、接口、服务和协议之间的关系。
5. 什么是面向连接服务？什么是无连接服务？
6. OSI 划分网络层次的原则。

第 2 章 物理层

物理层是参考模型的底层，物理层的主要功能是实现比特流的透明传输，为数据链路层提供数据传输服务。本章主要介绍与物理层相关的基本概念，主要有传输介质，数据编码技术、多路复用技术、传输技术、典型的物理层协议和常见的接入技术。

学习目标

- 了解物理层的主要功能。
- 了解数据通信方式。
- 了解物理层使用的各种传输介质。
- 掌握信道复用技术。
- 掌握数据编码技术。
- 理解数字传输技术。
- 掌握数据交换技术。
- 了解宽带接入技术。

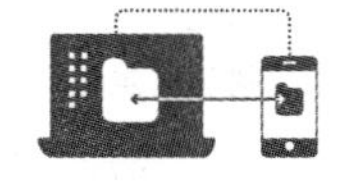

2.1 物理层概述

2.1.1 物理层的功能和提供的服务

现有的计算机网络使用的物理设备和传输媒介种类很多，通信手段也各有差异，物理层的作用就是要屏蔽这些差异，保证数据链路层的数据传输，使数据链路层不必考虑网络具体的传输媒体是什么。

ISO 对 OSI 模型的物理层定义为：在物理信道实体之间合理地通过中间系统，为比特传输所需的物理连接的激活、保持和去除提供机械的、电气的、功能性和规程性的手段。比特流传输可以采用异步传输也可以采用同步传输。

ITU 在 X.25 建议书中将物理层定义为：利用物理的、电气的、功能的和规程的特性在 DTE 和 DCE 之间实现对物理信道的建立、保持和拆除功能。所谓 DTE（Data Terminal Equipment），指的是数据终端设备，具体地说是用户接入网络的联网设备或工作站，如计算机、终端。所谓

DCE（Data Communications Equipment），指的是数据通信设备，具体地说是为用户接入网络的网络设备，如调制解调器等。DTE 和 DCE 设备接入网络的模型如图 2-1 所示。

物理层的协议也称物理层规程，它规定了建立、维护及断开物理信道所需要的机械特性、电气特性、功能特性以及规程特性，其作用是保证比特流能在物理信道上传输。

① 机械特性。定义的是 DTE 设备和 DCE 设备之间的连接器的几何尺寸、插孔或插孔芯数以及排列方式，如 EIA RS-232-C，如图 2-2 所示。

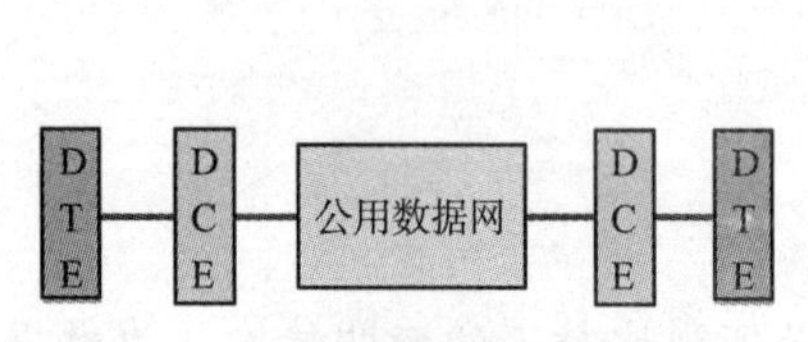

图 2-1　DTE 和 DCE 的连接模型

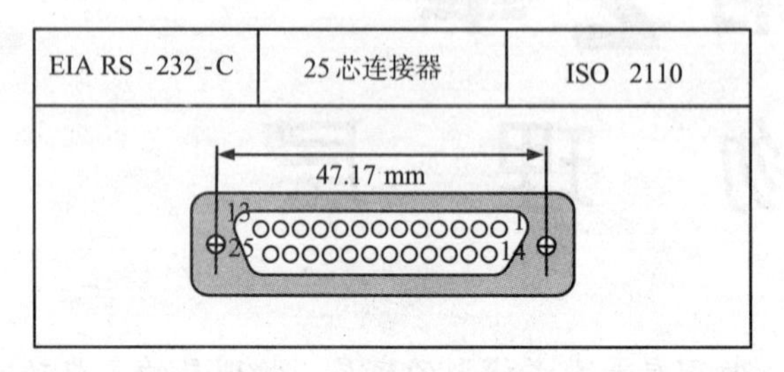

图 2-2　EIA RS-232-C 的机械特性

② 电气特性。物理层的电气特性规定了 DTE 和 DCE 之间导线的电气连接及有关电路的特性。包括接收器和发送器电路特性，表示信号状态的电压、电流电平的识别，最大传输速率的说明与互连电缆的相关说明，还规定了 DTE 和 DCE 接口线的信号电平、发送器的输出阻抗等电气参数。

③ 功能特性。主要定义各条物理线路的功能，说明某条线路上出现的某一电平表示何种意义。DTE 和 DCE 连接信号线按功能分为数据信号线、控制信号线、定时信号线和接地线四类。

④ 规程特性。主要定义各条物理线路的工作规程和时序关系，说明对于不同功能的各种可能事件的出现顺序。

下面通过 RS-232-C 了解物理层协议标准。

EIA RS-232-C 是美国电子工业协会在 1969 年颁布的一种广泛使用的串行物理层标准。RS 的意思为推荐标准，232 为标识号码，C 为修改次数。

RS-232-C 标准接口应用在 DTE 和 DCE 之间，图 2-3 所示是 RS-232-C 在网络中的应用。

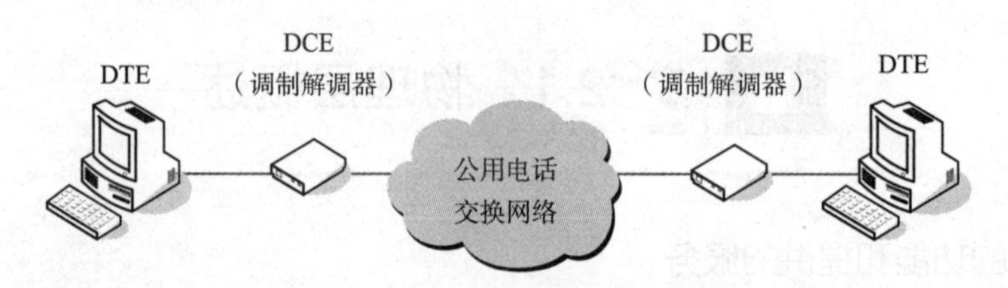

图 2-3　RS-232-C 在网络中的应用

RS-232-C 的机械特性规定使用一个 25 芯的标准连接器，如图 2-2 所示。

RS-232-C 的电气特性规定逻辑“1”电平为 −15 至 −5 V，逻辑“0”的电平为 +5 ~ +15 V。如果两台设备通过 RS-232-C 直接相连，它们的最大传输距离 15 m，通信速率≤ 20 kbit/s（标准速率有 150 bit/s、300 bit/s、600 bit/s、1200 bit/s、2400 bit/s、4800 bit/s、9600 bit/s、19 200 bit/s）。

RS-232-C 的功能特性定义了 25 芯标准连接器中的 20 根信号线，其中 2 根地线、4 根数据线、11 根控制线、3 根定时信号线，剩下 5 根备用或未定义。

表 2-1 所示为 RS-232-C 常用的 10 根信号线的功能特性。

表 2-1　RS-232-C 常用的 10 根信号线的功能特性

引 脚 编 号	信号线名称	功 能 说 明	信号线类型	连 接 方 向
1	AA	保护地线	地线	
2	BA	发送数据	数据线	DCE
3	BB	接收数据	数据线	DTE
4	CA	请求发送	控制线	DCE
5	CB	清除发送	控制线	DTE
6	CC	数据设备就绪	控制线	DTE
7	AB	信号地线	地线	
8	CF	载波检测	控制线	DTE
20	CD	数据终端就绪	控制线	DCE
22	CE	振铃指示	控制线	DTE

图 2-4 所示为 RS-232-C 的 DTE 和 DCE 连接的方法，图 2-5 所示为两台计算机通过 RS-232-C 直接连接的方法。

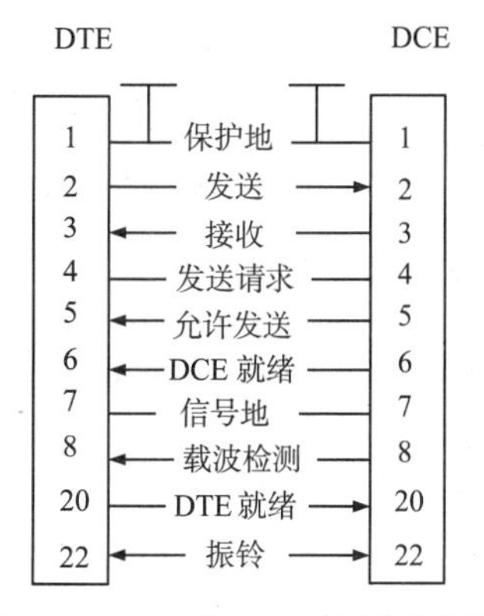

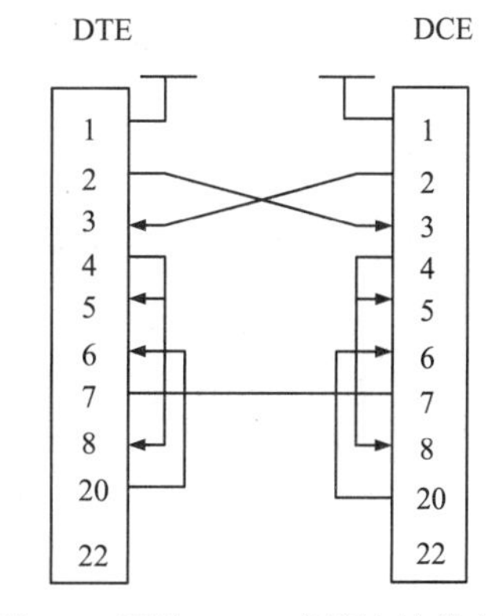

图 2-4　DTE 和 DCE 连接的方法　　　图 2-5　两台 DTE 直接连接的方法

RS-232-C 的规程特性规定了它的工作过程，是在各根控制信号线有序的“ON”和“OFF”状态配合下进行。只有在 CD（数据终端就绪）和 CC（数据设备就绪）均为“ON”时，才具备数据传输的条件，DTE 要发送数据，则先将 CA（请求发送）置为 ON，等待 CB（清除发送）应答信号为 ON 状态后，才能在 BA（发送数据）上发送数据。

2.1.2　数据通信的基本概念

1. 信息、数据与信号

在数据通信技术中，信息、数据与信号是十分重要的概念。通信的目的是交换信息，信息是反映客观的，信息的载体是文字、音频、图形、图像或视频。为了存储和传送这些信息，必须用编码（如二进制等）表示它们，这就是数据，所以数据是信息的实体，数据分为模拟数据和数字数据两大类，模拟数据是在某个区间内连续变化的值，如声音和温度等是连续变化的值；数字数据是离散的值，如文本信息，整数等。

在数据通信中，为了传输数据，必须将数据用模拟或数字信号编码的方式表示。根据信号的方式不同，通信可分为数字通信和模拟通信，数字通信是以数字信号作为载体传输信息的，模拟通信是以模拟信号作为载体传输信息的。

数字信号是在时间上不连续的、离散的信号，一般是由脉冲电压 0 或 1 两种状态组成。

图 2-6 所示是数字信号的一种表现形式。

模拟信号是指信号的幅度随时间呈现连续变化的信号，如普通电话线上传输的电信号是随通话者的声音大小变化而变化，这个变化的电信号在时间上是连续变化的，如图 2-7 所示。

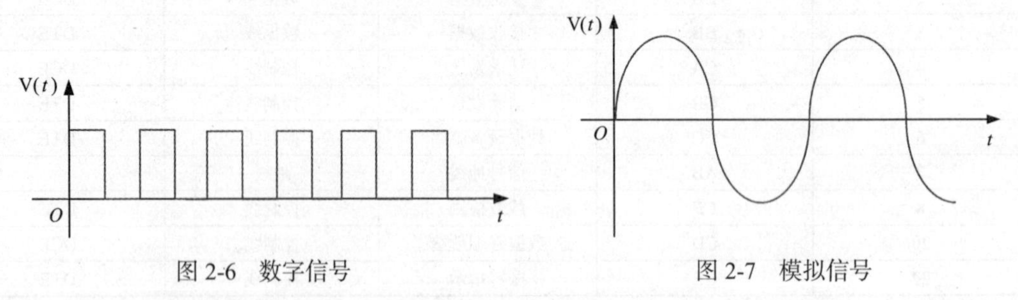

图 2-6 数字信号　　　　图 2-7 模拟信号

数据通信的作用是完成两个实体间的数据交换。一个数据通信系统大致可分为三大部分，即源系统、传输系统和目的系统。图 2-8 所示为一个简单的数据通信系统模型。

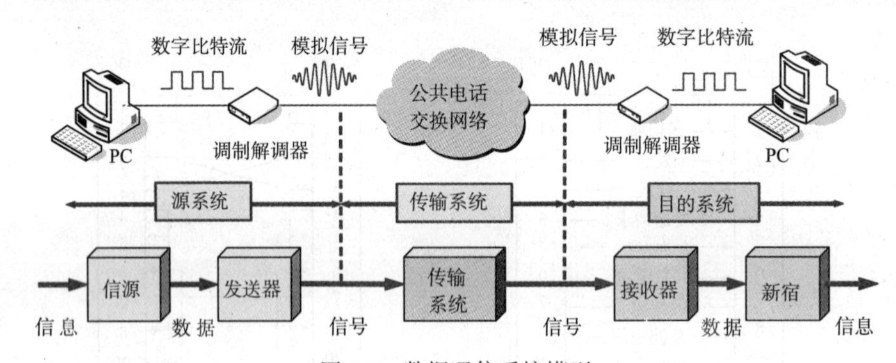

图 2-8 数据通信系统模型

信源：产生要传输的数据。

发送器：将信源产生的数据进行转换和编码，生成能在通信系统中传输的电磁波信号、光信号以及无线电信号并发送出去。

接收器：把来自传输系统的信号转换成目的设备能处理的数据。

信宿：接收接收器传来的数据进行存储或输出。

2. 数据通信方式

在设计一个通信系统时，要考虑数据的通信方式，是串行通信还是并行通信，串行通信方式只需在收发双方建立一条通信信道；并行通信方式要在收发双方建立多条并行的通信信道。根据传输的方向和时间关系可以分为单工通信、半双工通信和全双工通信。

（1）串行传输与并行传输

在串行传输系统中，数据传输是按照比特流一位接一位地在信道上传输，收发双方只需要一条传输信道，如图 2-9 所示，显然收发双方要保持同步。串行传输方式实现容易，在通信系统中被广泛采用。

在二进制传输方式中，一个码元是一个比特，如果一个字符用几个二进制数字的组合来表示，该组合称为码组。在并行传输中，一个编码字符的所有比特是同时传送的，码组的每一位都使用一条信道，如图 2-10 所示。并行传输常用于近距离通信，如计算机内的总线结构、计算机和打印机的连接等。

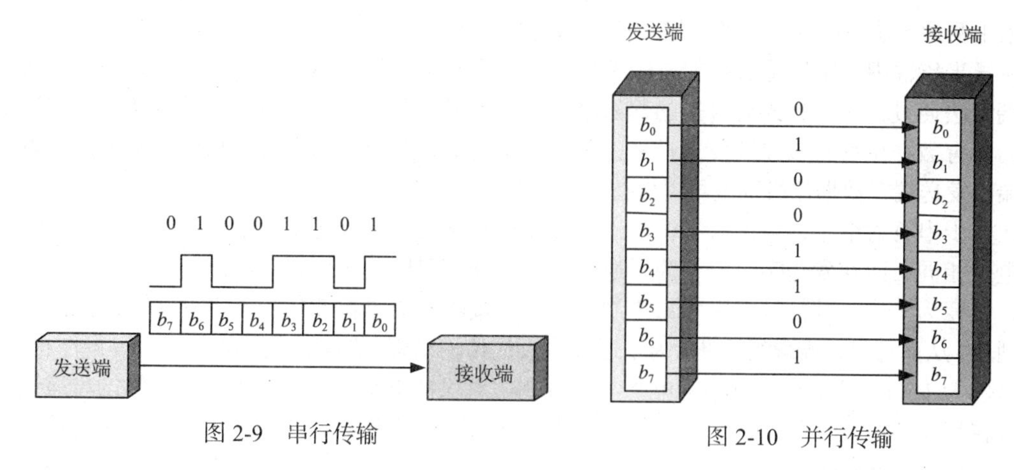

图 2-9　串行传输

图 2-10　并行传输

（2）单工、半双工与全双工通信

单工方式：只允许数据始终在一个固定的方向上传输，如图 2-11（a）所示，对于站点 A、B 来说，只有 A 能够向站点 B 发送数据，站点 B 只能从线路上接收数据，如无线电广播、键盘。

半双工方式：允许数据在两个方向上传输，但在某一个时刻数据只能在一个方向上传输。如图 2-11（b）所示。看上去站点 A 可以向站点 B 发送数据，站点 B 也可以向站点 A 发送数据，但是它们之间只有一条传输通道，所以信号只能分时传送，如对讲机。

全双工方式：一种方法是在收发双方增加一条传输通道，允许数据同时在两个方向上传输，从而实现双向传输，提高传输效率，如图 2-11（c）所示。另一种方法是使用原线路，将信号带宽一分为二，这种通信方式的典型应用是电话网络，X.25 的数据链路层 LAPB 就是使用这种方式，如图 2-11（d）所示。

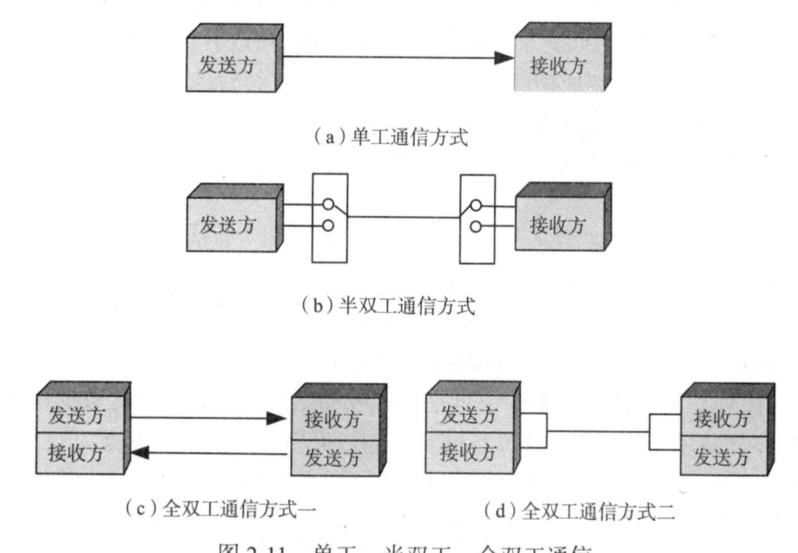

图 2-11　单工、半双工、全双工通信

（3）同步传输与异步传输

在串行传输过程中，数据是一位一位依次传输的，而每位数据的发送和接收均需要时钟脉冲的控制。发送端通过发送时钟确定数据位的起始和结束，而接收端为了能正确识别数据，则需要以适当的时间间隔在适当的时刻对数据流进行采样。也就是说接收端与发送端必须保持步调一致，否则接收到的数据会出现差错。要使两个时钟一直保持一致不是件容易的事，目前，经常采用两种方法解决这个问题：异步传输和同步传输。

在异步传输中，字符是数据的传输单位，字符可以逐个发送也可以随机地单独发送，所以接收端无法通过计时的方式对传输的起始时刻加以预测。但一个字符一旦开始发送，组成这个字符的所有数据位都将被连续发送过来，并且每个数据位的持续时间是一样的。根据该特点，接收端和发送端在数据位级别上可以保持同步。

在异步串行通信中，当没有字符发送时传输线路保持空闲状态，其信号电平与二进制 1 对应的电平相同，而在发送字符时，为了通知接收端新字符的到来，在字符的前面将附加一个起始位，长度为 1 位，其信号电平和二进制 0 相同。接收端通过检测信号电平的跳转来判断新字符的到达，从而与发送端取得同步。为了通知接收端传输结束，在字符代码的最后加一个停止位。长度可以为 1、1.5 或 2 位，其信号电平与二进制 1 对应的电平相同。为了提高传输的可靠性，也可以在字符的停止位前设置一个校验位，校验方式可以是奇校验或偶校验。图 2-12 描述了异步串行通信的数据格式。

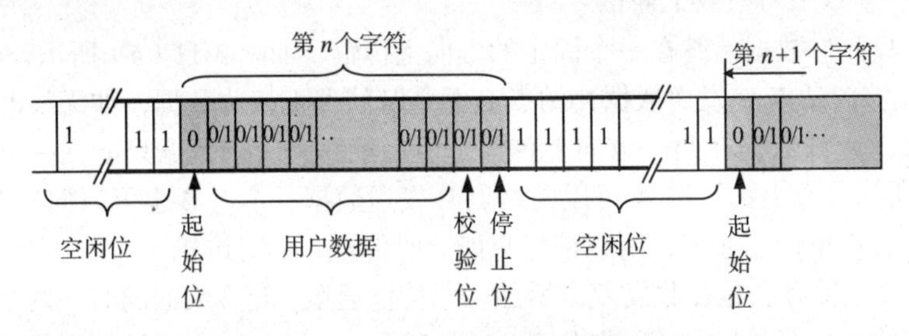

图 2-12　异步串行通信的数据格式

在异步传输中，接收端通过检测起始位和停止位来接收新近到达的字符，不易产生时钟误差的积累，对时钟的精度要求不高，实现简单。但由于异步传输方式每传输一个字符需要添加起始位和停止位，字符和字符之间有不定时间间隔的空闲，所以其传输效率较低。

在同步传输中，数据被封装成帧，每个帧中含有多个字符代码，为了保证接收端能正确区分数据流中的每个数据位，收发双方必须通过某种方法建立起同步的时钟。为此，在发送端和接收端之间设置专门的传输时钟脉冲线路，也可以通过采用嵌有时钟信息的数据编码为接收端提供同步信息。

常规同步传输有两种方案来实现，一种是面向字符，另一种是面向位。面向字符方案将帧视为一个字符序列，每个帧的开始和结束部位都应有相应的标志序列，ASCII 码中字符 SYN（0010110）专门作为同步字符，接收端通过检测同步字符来确定数据帧传输的开始。面向位的高级数据链路控制规程（HDLC）中，帧则被视为一个比特序列。每个数据帧以比特序列组合 01111110 为标志序列，即是帧的开始标记也是数据帧的结束标记，如果在数据位部分出现 6 个连续的 1，则用零比特填充法解决。HDLC 同步传输数据格式如图 2-13 所示。

01111110	A	C	...	FCS	01111110

图 2-13　HDLC 同步传输数据格式

（4）点对点连接与多点连接

数据通信的连接方式有两种，即点对点连接和多点连接方式。图 2-14 所示是典型的点对点通信实例。

各通信终端公用一条通信主线路的通信方式称为多点连接，如图 2-15 所示。这种方式的优点是节省线路，缺点是要解决公用线路的争用问题。

图 2-14　点对点连接方式

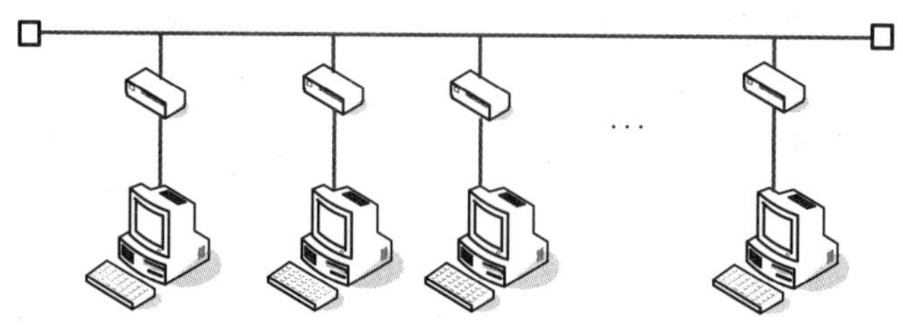

图 2-15　多点连接

3. 通信信道

（1）传输速率

传输速率是指在单位时间内传输的信息量，它是评价通信速度的重要指标，在数据传输中经常用到的指标有调制速率、数据信号速率和数据传输速率。

调制速率：基带传输脉冲转换成线路传输的某个载波信号的过程称为调制，调制速率是指在信号调制过程中，单位时间内信号波形变换的次数，简称波特率，它的单位是波特（Bd），调制速率表示为

$$R_b=1/T$$

其中，T 为周期，即传送单位调制信号波所用的时间，单位为 s。因为在数据通信中调制信号波被称为码元，所以调制速率也称为码元传输速率。

【例 2.1】 如果调制“0”或“1”状态的最短时间为 1.04×10^{-4}s，求调制速率。

解： $R_b=1/T=1/1.04\times10^{-4}\approx9600(\text{Bd})$

数据信号速率：是指在单位时间内通过信道的信息量，简称比特率。数据信号速率的单位是比特 / 秒，一般用 bit/s 表示。在串行传输方式下，数据信号率可定义为

$$R_b=R_B\log_2 M=\frac{1}{\mathrm{T}}\log_2 M$$

其中，R_B 为波特率；M 为调制信号波的状态数；T 为单位调制信号波的时间长度。

若采用并行传输，则数据信号速率为

$$R_b=\sum_{i=1}^{n}\frac{1}{T_i}\log_2 M_i$$

其中，n 为在并行传输中使用的传输通道数；T_i 为第 i 条通道上一个单位调制信号波的时间长度；M_i 为第 i 条通道上调制信号波的状态数。

【例 2.2】 若采用串行传输，调制一个单位信号波的时间长度为 1.04×10^{-4} s，那么使用 2 状态调制，数据信号速率是多少？使用 4 状态调制，数据信号速率又是多少？

解： 当 M=2 时

$$R_b = \frac{1}{T}\log_2 M = \frac{1}{1.04\times10^{-4}}\times\log_2 2 = 9\,600\,(\text{bit/s})$$

当 M=4 时

$$R_b = \frac{1}{T}\log_2 M = \frac{1}{1.04\times10^{-4}}\times\log_2 4 = 19\,200\,(\text{bit/s})$$

数据的传输速率：是指在单位时间内传送的数据量，单位为字符 / 分或比特 / 秒等。

【例 2.3】 若以异步传输方式传输 EBCDIC 码（8 位），数据信号速率为 9 600 bit/s，且停止位的长度是 2 位，试求相应的数据传输速率？

解：

$$\frac{9\,600\times60}{1+8+2}\approx 52\,363\,(\text{字符/分})$$

（2）带宽

带宽通常指信号所占的频带宽度，在被用来描述信道带宽时则指的是能够有效通过该信道的信号的最大频带宽度。对于模拟信号而言，带宽又称频宽。其单位是赫兹。例如在传统的电话线路中的标准带宽是 3.1 kHz。对于数字信号而言，带宽是指单位时间内链路能够通过的数据量，某信道的带宽也就是指该信道的传输速率。例如 ISDN 的 B 信道带宽为 64 kbit/s。

（3）信道容量

信道容量表示一个信道传输数据的能力，单位为位 / 秒 (bit/s)。信道容量与数据传输速率的区别在于，前者表示信道的最大数据传输速率，是信道传输数据的极限，而后者则表示实际的数据传输速率。

奈奎斯特（Nyquist）首先给出了无噪声情况下码元速率的极限值 B 和信道带宽 H 的关系：

$$B=2\times H(\text{Bd})$$

其中，H 是信道的带宽，也称频率范围，即信道能传输的上、下限频率的差值，单位为 Hz。由此推出表示信道传输能力的奈奎斯特公式：

$$C=2\times H\times\log_2 M(\text{bit/s})$$

C 是该信道的最大传输速率，M 为调制信号波的状态数，或码元可能携带的离散值个数。

【例 2.4】 普通的电话线路的带宽为 3 kHz，求其码元速率的极限值，若每个码元可能取的离散值个数为 16，求最大数据传输速率为多少？

解： 码元速率的极限值为 2 × 3 kBd=6 kBd。

若 M=16，则最大传输速率为 2×3 kBand × $\log_2 16$=24 kbit/s。

实际上信道总要受到各种噪声的干扰，香农（Shannon）进一步研究了受随机噪声干扰的信道最大传输速率，计算信道容量的香农公式：

$$C=H\times\log_2(1+S/N)(\text{bit/s})$$

其中，H 为信道带宽；S 表示信号功率；N 为噪声功率；S/N 则为信噪比。

（4）误码率

误码率是衡量数据通信系统在正常工作情况下的传输可靠性的指标，它定义为二进制数据位传输时出错的概率。设传输的二进制数据总数为 N 位，其中出错的位数为 N_e 位，则误码率为 $P=\frac{N_e}{N}$。

计算机网络中要求误码率低于 10^{-9}，如果达不到 10^{-9} 可以考虑进行检错和纠错处理。

4. 模拟数据通信和数字数据通信

数字数据或者模拟数据在数字信道或者模拟信道传输，都要进行相应的转换，数字信道传送的是数字信号，模拟信道传送的是模拟信号。

图 2-16 描述了数字数据转换成数字信号或模拟信号，模拟数据转换成数字信号或模拟信号的过程。

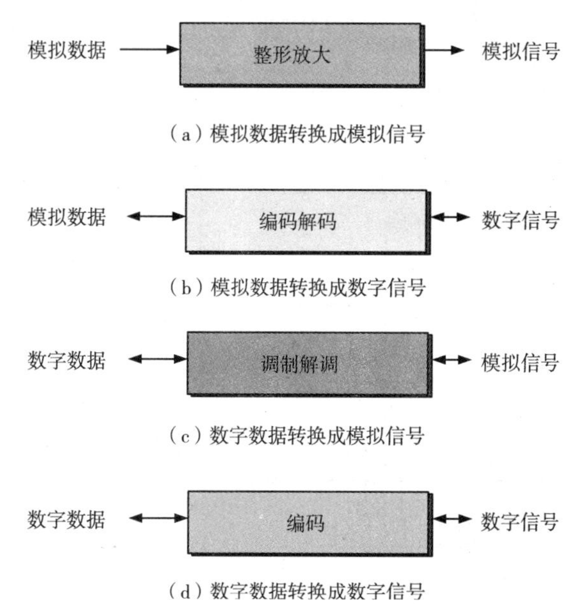

图 2-16　模拟数据、数字数据和模拟信号、数字信号的转换

2.2　数据传输技术

数据传输可以是基带传输和频带传输。

2.2.1　基带传输与数据编码

1. 基带传输技术

基带传输是指调制前原始信号所占用的频带，是原始电信号所固有的基本频带。在信道中直接传送基带信号称为基带传输，进行基带传输的系统称为基带传输系统。即表示二进制比特序列的数字数据信号的矩形脉冲信号的固有频率称作基本频带，简称基带，矩形脉冲信号称为基带信号，在数字通信信道上，直接传输基带信号的方法称为基带传输。

在发送端，基带传输的数字数据经过编码后成为直接传输的基带信号，如曼彻斯特编码、差分曼彻斯特编码。在接收端的解码后还原成原来的矩形脉冲信号。基带传输是数字数据在数字信道上传输的重要传输方式，传输距离不超过 2 km，超过时则需要加中继器放大信号。

2. 数字数据的数字信号编码

数字信号可以采用基带传输，基带传输就是在线路中直接传输数字信号的电脉冲，它是一种简单的传输方式，局域网基本上都采用基带传输。基带传输要解决的两个问题是数字数据的数字信号表示和收发两端之间的同步问题。常用的编码方式有单极性不归零制编码、双极性不归零制编码、单极性归零制编码、双极性归零制编码、曼彻斯特编码，差分曼彻斯特编码。如图 2-17 所示为 6 种信号的编码方式。

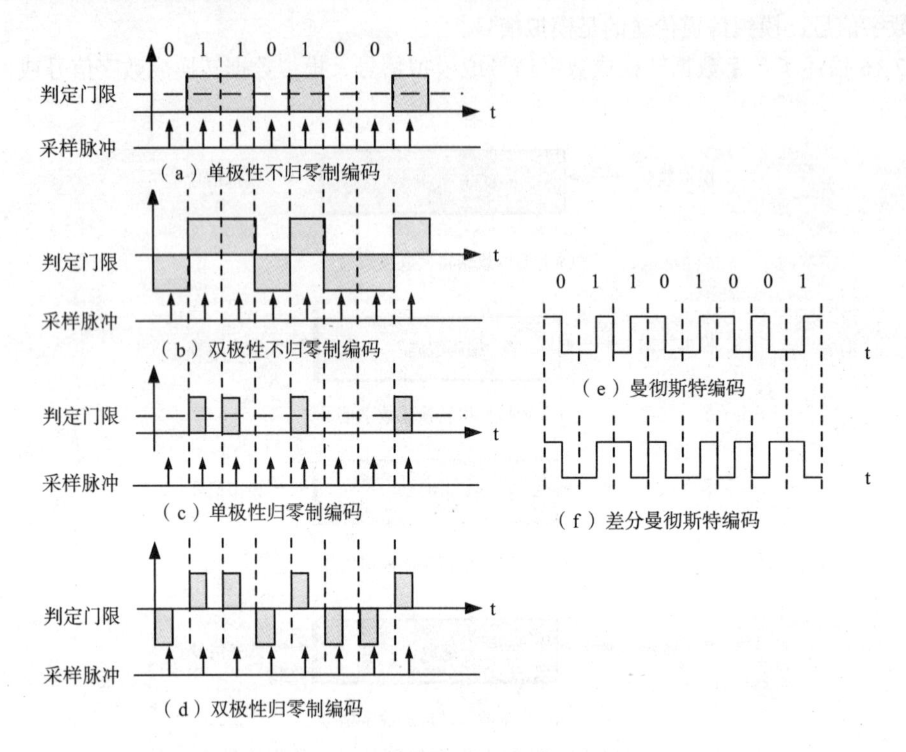

图 2-17 6 种数字信号的编码方式

单极性不归零制编码：在一个码元时间内无电压表示“0”，恒定电压表示“1”，每个码元时间的中间点是采样时间，判定门限为半幅电平。

双极性不归零制编码：在一个码元时间内恒定正电流表示数字“1”，负电流表示数字“0”，正负的幅度相等，判决门限为零电平。

单极性归零制编码：发送“0”时，在发送一个比特的时间内电流在零位，发送“1”时，在一个比特的时间内电流由正电流还原到零位。

双极性归零制编码：发送“0”时，在发送一个比特的时间内电流从负电流还原到零位，发送数字“1”时，在一个比特的发送时间内，电流从正电流还原到零位。

曼彻斯特编码的特点是将每个比特周期分为两个部分：前半部分比特是源比特的源码，后半部分传输该比特的反码，于是在该比特周期内产生一个电平跳变，如图 2-17（e）所示，用负跳变表示数字“0”，用正跳变表示数字“1”。

差分曼彻斯特编码：是对曼彻斯特编码的改进，它用每一比特的开始边界处有无变化来表示“0”和“1”，如图 2-17（f）所示，有跳变表示数字“1”，没有跳变表示数字“0”。

可以看出曼彻斯特编码和差分曼彻斯特编码有一个共同的特点，每个数字位无论与前面的位是否相同，它们的中间都有一个跳变。而前面几种编码，当有连续的几个位相同时，不会产生任何波形变化，这样，曼彻斯特编码和差分曼彻斯特编码的每个位的中间的脉冲信号就可以用来从发送端向接收端传输时钟信号，作为同步信号校对接收端的时钟。

2.2.2 频带传输与调制解调

1. 频带传输

频带传输是一种采用调制、解调技术的传输形式，在发送端对数字信号进行调制（如 ASK、FSK、PSK），将数字数据变成在一定频带范围的模拟信号，以适应在模拟信道上传输；在接收端，通过解调手段进行解调，把模拟信号还原为数字信号，具有调制解调功能的设备为调制解调器。

2. 数字数据的模拟数据编码

数字数据在传送出去之前，首先要根据原有的格式和通信硬件的需要对其进行编码，使之成为通信硬件能够接收的信号。

要在模拟信道上传输数字数据，数字信号首先要完成数字信号到模拟信号的调制。根据数据信号的傅里叶分析，我们设载波信号的正弦波为

$$U(t)=U_{\mathrm{m}}\sin(\omega t+\varphi_0)$$

其中，U_{m} 为幅度；ω 为频率；φ_0 为相位，通过改变这 3 个参数可以实现对模拟信号的编码。相应的数字调制的 3 种基本形式为幅度键控（Amplitude Shift Keying，ASK）、频率键控（Frequency Shift Keying，FSK）和相位键控（Phase Shift Keying，PSK）。

（1）幅度键控

幅度键控调制方法简称调幅，其调制原理是用载波的两种不同幅度来表示二进制的两种状态“0”和“1”，如图 2-18 所示。

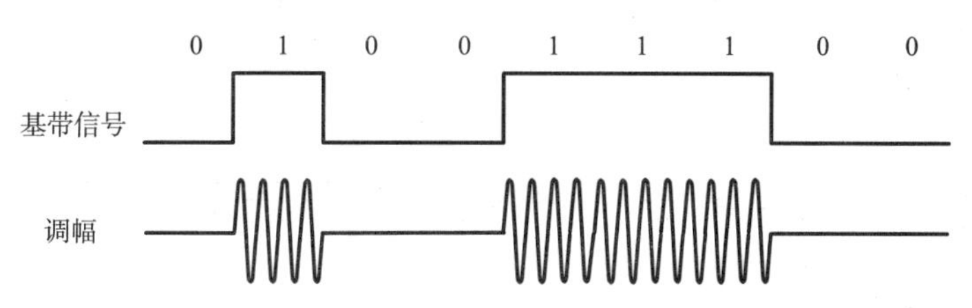

图 2-18 幅度键控调制

（2）频率键控

频率键控调制简称调频，调制原理是用载波频率附近的两种不同频率来表示二进制的两种状态“0”和“1”，如图 2-19 所示。

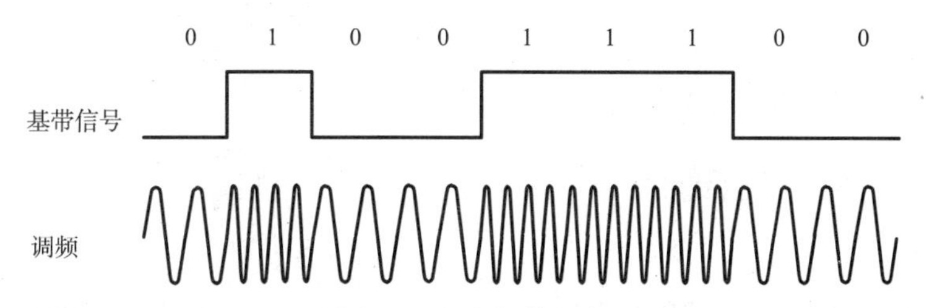

图 2-19 频率键控调制

（3）相位键控

相位键控调制简称调相，用载波信号的相位变化来表示数据。PSK 可以使用两相或者多于两相的相位变化来表示二进制数据“0”和“1”。调相可以有绝对调相和相对调相。

绝对调相：用两个固定的相位来表示数字“0”和“1”，如图 2-20 所示。

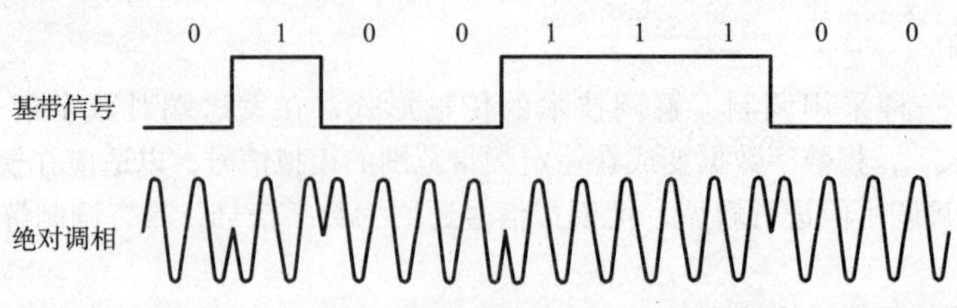

图 2-20 绝对调相

相对调相：用载波在两位数字信号间的交接处产生的相位偏移值来表示载波数字信号，例如，与前一个信号相位相同表示数字“0”，和前一个相位相差 180° 表示数字“1”，如图 2-21 所示。

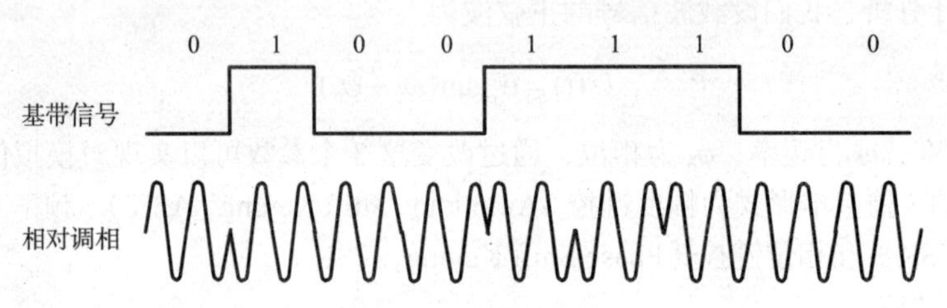

图 2-21 相对调相

3. 调制解调器的工作原理

调制解调器的基本工作原理如图 2-22 所示。

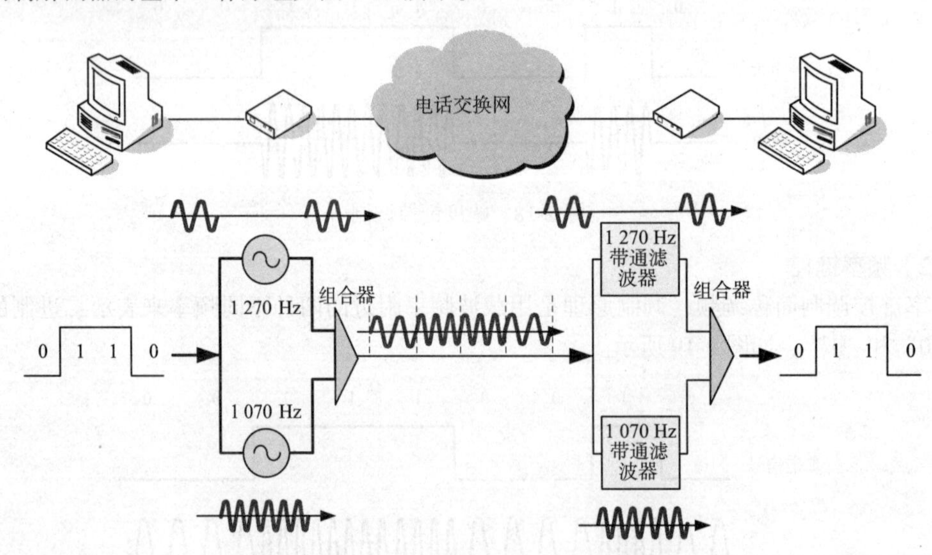

图 2-22 调制解调器的基本工作原理

调制解调器的全双工通信使用两个频带范围：1 170 Hz ± 100 Hz 和 2 125 Hz ± 100 Hz。频带传输传送距离比较远，若通过市话系统则传送距离可不受限制。频带传输不仅解决了数字信号在电话线路传输问题，而且可以利用复用技术提高信道的利用率。

2.2.3 数字传输与脉码调制

模拟数据的数字编码是将连续的信号波形用有限个离散的值近似代替的过程。常见的方法是脉冲编码调制（Pulse Code Modulation，PCM）技术，简称脉码调制，PCM 的 3 个基本步骤是采样、量化、编码，见图 2-23 所示。

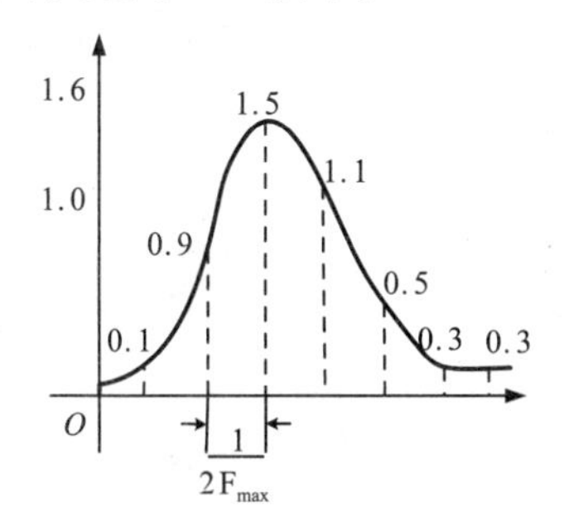

采样点	量化	二进制编码
0.1	1	0001
0.9	9	1001
1.5	15	1110
1.1	11	1011
0.5	5	0101
0.3	3	0011
0.3	3	0011

图 2-23　PCM 编码过程

（1）采样

每隔一定的时间对连续模拟信号采样，之后，连续模拟信号就成为离散的模拟信号。采样频率为多少才合适？下面看一下奈奎斯特采样定理。

奈奎斯特（Nyquist）采样定理：一个连续变化的模拟信号，假设其最高频率或带宽为 F_{max}，若对它以周期 T 进行采样取点，则采样频率为 $F=1/T$，若能满足 $F \geqslant 2\ F_{max}$，那么采样后的离散序列就能无失真地恢复出原始的模拟信号。

根据奈奎斯特采样定理，采样频率 F 必须满足 $F \geqslant 2\ F_{max}$。但是 F 不能太大，虽然满足了采样定理，但却大大增加了信息的计算量。

（2）量化

把采样所得的脉冲信号根据幅度按标准量级取值，这样脉冲序列就成为数字信号。

（3）编码

用一定位数的二进制编码来表示采样序列量化后的幅度。如果是 N 个量化级别，那么就有 $\log_2 N$ 位的二进制数码。例如如果量化级有 16 个，就需要 4 位编码。目前常用的语音数字化系统中，多采用 128 个量化级别，需要 7 位编码，也就是说，每个采样点都用 7 位二进制表示。PCM 过程由 A/D 转换器来实现，在发送端，经过把模拟信号转换成二进制数字脉冲信号，经过传输信道传送到接收端，接收端通过 D/A 转换器译码，再将二进制数字信号转换成原来的幅度不等的模拟信号，再通过低通滤波器就可以还原原始数据。

下面以模拟电话信号的数字化为例说明 PCM 编码过程。

为了将模拟电话信号变为数字信号，必须先对电话信号进行采样。根据奈奎斯特采样定理，只要采样频率不低于电话信号最高频率的 2 倍，就可以从采样脉冲信号无失真地恢复出原来的电话信号。标准的电话信号的最高频率为 3.4 kHz，为了计算方便，采样频率确定为 8 kHz，即采样周期为 125 μs，这样一个话路的模拟信号就变成每秒 8 000 个脉冲信号，每个脉冲信号用 8 位二进制编码，这样一个话路的 PCM 信号速率为 64 kbit/s。值得说明的是，随着技术的不断发展，人们可以用更低的速率传输同样质量的语音信号，但 64 kbit/s 的电话交换机已经遍布全世界，要想更新换代不是一件容易的事情。

为了有效地利用传输线路，通常总是将许多话路 PCM 信号用时分复用 TDM 的方法装成时分复用帧，然后再送到线路上一帧接一帧地传输。时分复用帧中的所有用户使用相同的频率，用分配给自己的时隙占用共享的公共信道。欧洲使用的 E1 系统就是一个时分复用帧（T=125 μs）共划分 32 个相等的时隙，每个时隙传输 8 bit，32 个时隙共 256 bit，由于传输速率为 8 000 帧 /s，所以 PCM 一次群的速率为 2.048 Mbit/s。32 个时隙中有 2 个时隙是用于帧同步和传送信令，E1 系统时分复用帧是 30 个话路，E1 系统示意图如图 2-24 所示。

北美使用的 T1 系统共 24 个话路，每个话路的采样脉冲用 7 bit 编码，再加 1 位信令码元，所以一个话路也是占用 8 bit。24 路的编码之后加 1 bit 的帧同步信号，所以每个 T1 系统的时分复用帧为 193 bit，所以 T1 系统的传输速率为 1.544 Mbit/s，话路数为 24。为了得到更高的传输速率，还可以采用复用的方法，4 个一次群可以构成一个二次群。表 2-2 所示为数字传输系统的高次群、话路数和数据率。

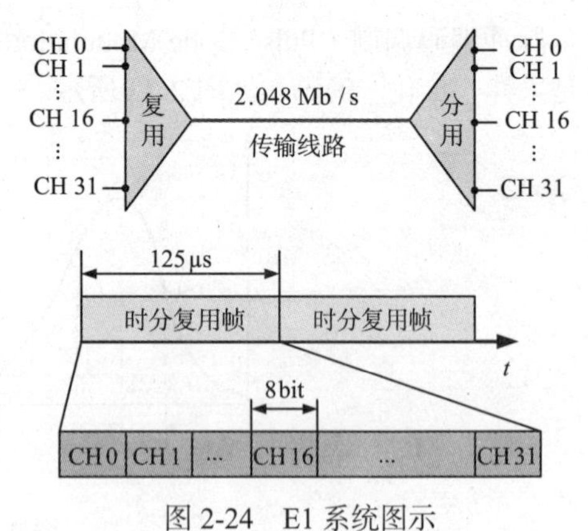

图 2-24 E1 系统图示

表 2-2 数字传输系统的高次群、话路数和数据率

系统类型		一次群	二次群	三次群	四次群	五次群
欧洲系统	符号	E1	E2	E3	E4	E5
	话路数	30	120	480	1920	7680
	数据率 /（Mbit/s）	2.048	8.448	34.368	139.264	565.148
北美系统	符号	T1	T2	T3	T4	
	话路数	24	96	672	4032	
	数据率 /（Mbit/s）	1.544	6.312	44.736	274.176	

日本的一次群用的是 T1，而高次群用是另外的一套标准，我国采用的是欧洲的 E1 标准。

由于 PCM 数字传输系统存在许多缺点，如速率标准不统一，北美和日本的 T1 速率为 1.544 Mbit/s，欧洲的 E1 速率为 2.048 Mbit/s，在高次群的数据传输上保持传输速率的一致性困难很大。另外保持完全的同步传输是一个急待解决的问题，就是说当传输速率很高的情况下，收发双方同步问题很重要。要解决这些问题，1988 年美国首先推出了一个同步光纤网 SONET 的数据传输标准，在整个同步网络中的各级时钟信息都来自一个非常精确的主时钟，SONET 为光纤传输系统定义了同步传输的线路速率等级结构，其传输速率以 51.84 Mbit/s 为基础，此速率对应的电信号为第Ⅰ级同步传送信号 STS-1；对应的光信号为第Ⅰ级光载波 OC-1。

ITU-T 以美国标准 SONET 为基础，制定了国际标准同步数字系列 SDH，表 2-3 给出了 SONET 和 SDH 的对应关系。

表 2-3 SONET 和 SDH 的对应关系

线路速率 /（Mbit/s）	线路速率的近似值	SONET 符号	SDH 符号	话路数
51.84	-	OC-1/STS-1	-	810
155.52	155 Mbit/s	OC-3/STS-3	STM-1	2430
622.08	622 Mbit/s	OC-12/STS-12	STM-4	9720
1244.16	-	OC-24/STS-24	STM-8	19440
2488.32	2.5 Gbit/s	OC-48/STS-48	STM-16	38880
4976.64	-	OC-96/STS-96	STM-32	77760
9953.28	10 Gbit/s	OC-192/STS-192	STM-64	155520
39813.12	40 Gbit/s	OC-768/STS-768	STM-256	622080

SONET 和 SDH 定义了标准光信号，规定光源为波长为 1 310 nm 和 1 550 nm 的激光光源，物理层的宽带接口使用帧技术来传递信息。

SONET 和 SDH 标准的制定，使北美、日本、欧洲 3 种不同的数字传输体制在 STM-1 等级上获得了统一，各国都同意在 STM-1 等级或以上的速率作为传输标准，实现了数字传输体制上的国际标准。

2.2.4　信道复用技术

在数据通信系统中，通常信道所提供的带宽往往比所传输的信号带宽大很多，所以在一条信道上只传输一种信号会浪费资源。多路复用技术就是为了充分利用信道容量达到提高信道传输效率的。

多路复用技术是指在一条传输信道上传输两个或两个以上的数据源数据。多路复用技术的实现方法为复合、传输和分离 3 个过程。多路复用技术可分为频分复用、时分复用、波分复用、码分复用等多种类型。

1. 频分复用

频分多路复用（FDM）的基本工作原理如图 2-25 所示，基于频带传输方式将信道的带宽划分为多个子信道，每个子信道为一个频段，然后分配给多个用户。当有多路信号输入时，发送端分别将各路信号调制到各自分配的频带范围内的载波上，接收时再调制恢复到原来的信号波形。

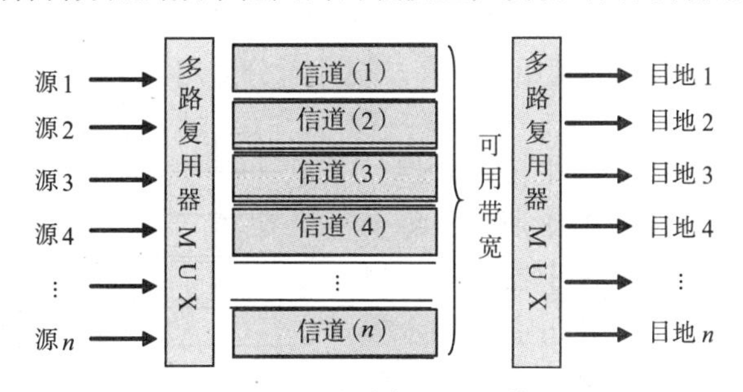

图 2-25　频分多路复用的工作原理

2. 波分复用

波分复用 WDM 是一种对光信号进行频分复用的技术，即采用波长分割多路复用方法。目前一根单模光纤的传输速率可达到 2.5 Gbit/s，再提高传输速率就比较困难，如果采用色散补偿技术，则一根单模光纤的传输速率可达到 20 Gbit/s，这可能是单个光载波信号的极限。为了能在同一时刻进行多路传输，需要光纤信道划分为多个波段类型，每个信号占一个波段，和 FDM 不同的是，WDM 是在光学系统中，利用衍射光栅来实现多路不同频率光波的合成与分解。波分多路复用的工作原理如图 2-26 所示。在此系统中两路光信号共享了光纤信道，光纤 1 信号进入的光波和光纤 2 进入的信号共享光纤信道后从光纤 3 和光纤 4 输出。在实际应用中，一根光纤上可以复用更多路的光载波信号，现在已能做到在一根光纤上复用 80 路或更多的光载波信号，就是使用了密集波分复用（DWDM）。

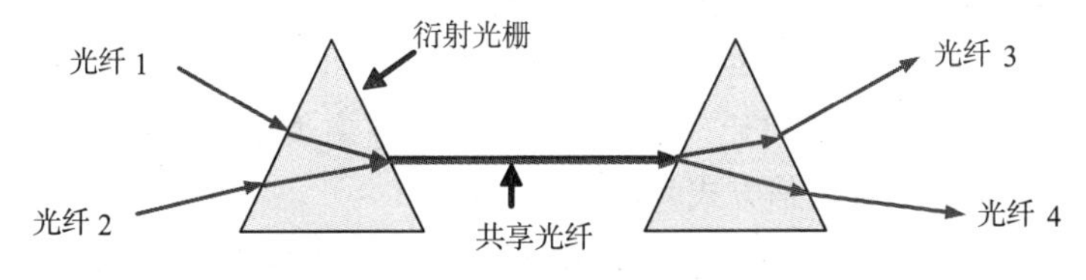

图 2-26　波分多路复用的工作原理

3. 时分复用

时分复用和频分复用不同，频分复用是用户在分配到一定的频带后，在整个通信过程中自始至终占有这个频带，也就是频分复用的所有用户在同样的时间占用不同的带宽资源。时分复用则是将时间分成等长的时隙，在每个时隙中（TDM 帧的长度），时分复用的所有用户均等地使用信道。时分复用的所有用户是在不同的时间占用同样的频带宽度，如图 2-27 所示。

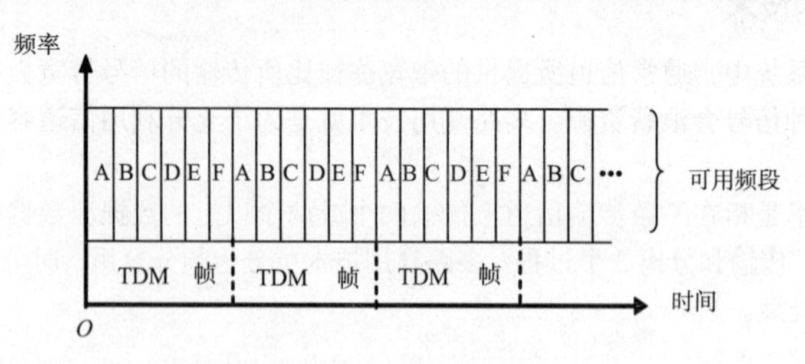

图 2-27　时分复用示意图

使用时分复用时，若每个时分复用帧的长度为 125 μs，当用户数增加时，如增加到 1 000 个用户则每个用户所拥有的时隙宽度为 0.125 μs。由于计算机网络的数据具有突发性，当一个用户在某一段时间暂时没有数据发送时，它也占用着分配给他的子信道，而其他用户无法使用这个空闲的线路资源，导致了信道的利用率不高。统计时分复用 STDM 的提出可以改进 TDM，明显提高信道的利用率。

统计时分复用使用 STDM 帧来传输数据，统计时分复用的工作原理如图 2-28 所示，每个 STDM 帧中的时隙小于连接在集中器上的用户数，各用户有了数据就随时发往集中器的输入缓存，然后集中器按顺序依次扫描输入缓存的数据，并放入 STDM 帧中，对没有数据的缓存就跳过，当一个帧的数据放满后，就发送出去。因此，STDM 帧不是固定分配时隙，而是按需动态地分配时隙，因此统计时分复用可以提高线路的利用率。统计时分复用又称异步时分复用，普通的时分复用称为同步时分复用。

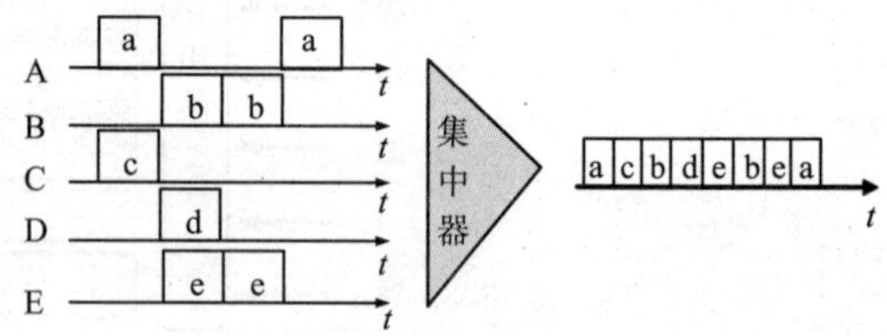

图 2-28　统计时分复用的工作原理

4. 码分复用

人们常说的码分多址（Code Dicision Multiple Access，CDMA）就是码分复用。每个用户使用同样的时间和同样的频带宽度进行通信。由于每个用户使用互不相干、互相正交的地址来调制要发送的信号，因此各用户之间不会造成干扰，特别适合在笔记本电脑、个人数字助理以及掌上电脑等移动通信设备中应用。

在 CDMA 中，每个比特时间再划分 64 或 128 个短的时间间隔，称为码片，使用 CDMA 的每一个站被指派一个唯一的码片序列，一个站如果要发送比特 1，就发送自己的码片序列，若发送比特 0，就发送该码片序列的二进制反码。例如假定某站的码片序列为 8 位 01010011，那么发送数字 1 就发送 01010011，数字 0 就发送 10101100。设某站要发送的数据速率为 v bit/s，每一个比特要转换成 n 个比特的码片，该站的实际通信速率为 $n \times v$ bit/s，该站所占用的频带宽度也提高到原来的 n 倍，这种通信方式就是扩频。

CDMA 系统的一个重要特点就是每个站分配的码片序列各不相同，并且还必须是正交，用数学公式表示为

$$S \cdot T = \frac{1}{n}\sum_{i=1}^{n} S_i T_i = 0$$

其中，S 为 S 站的码片序列向量；T 为 T 站的码片序列向量；n 为二进制码片序列的位数。所谓正交不仅任意两个站的码片向量内积为 0，而且任意站的码片向量和其他站的码片向量的内积也为 0。

为方便起见，假设 CDMA 系统中各站的码片序列都是 8 位，现在有多个站要进行通信，而且是同一时刻开始发送数据，那么 X 站要接收 Y 站发送的数据，X 站必须知道 Y 站的码片序列，X 站使用 Y 站的码片序列向量和接收到的叠加信号向量逐位相乘，再求和。如果内积和为 0，表明该站未发送数据，如果内积和为 +1，则 Y 站发送的数据是 1，如果内积和为 -1，则 Y 站发送的是数据 0。

图 2-29 所示为 CDMA 的工作原理，设 X 要发送的数据是 101，每个站的码片序列为 8 位，X 站的码片序列为（-1-1-1+1+1-1+1+1），Y 站的码片序列为（-1-1+1-1+1+1+1-1），X 站发送的扩频信号为 X_S，Y 站发送了 111，Y 站的扩频信号为 Y_S，在 CDMA 中的每个站都能收到所有站的扩频信号，每个站收到的信号是所有站的扩频信号的叠加，本例中的叠加信号是 X_S+Y_S。Z 站要接收 X 站的信息，并且知道 X 站的码片序列，根据叠加正交的原理，$\frac{1}{n}\sum_{i=1}^{n} S_i T_i$ 的值为 1，表示接收到数据 1；$\frac{1}{n}\sum_{i=1}^{n} S_i T_i$ 的值为 -1，表示接收到数字为 0，所以 Z 站收到的是 X 站发的 101。

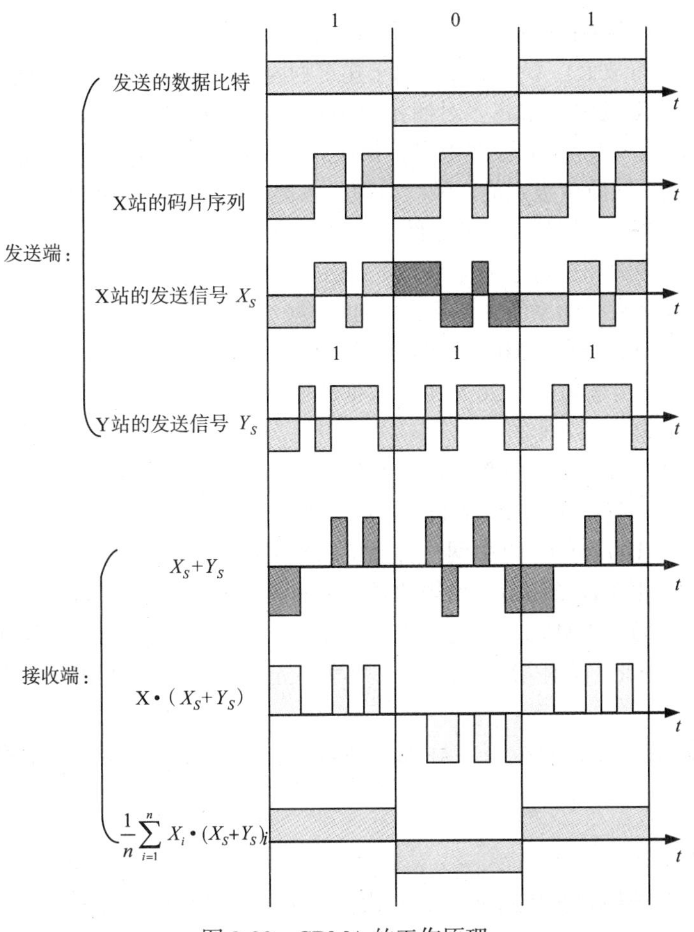

图 2-29 CDMA 的工作原理

2.3 传输介质

传输媒体也称传输介质，是数据传输系统中信号发送器和信号接收器之间的物理通路，传输媒体可以分为两大类，导向型传输媒体和非导向型传输媒体，双绞线、同轴电缆、光缆都属于导向型传输媒体，在导向型传输媒体中，电磁波被导向沿着固定的媒体方向传播。非导向型传输媒体指大气空间，在非导向传输媒体中电磁波的传输方向是自由空间，也被称为无线传输。

2.3.1 双绞线

在计算机网络中，双绞线是比较常用的传输介质。双绞线由按螺旋状结构排列的 2 根、4 根或 8 根绝缘导线组成。一对线可以为一条通信线路，螺旋双绞排列的目的是在一定程度上减弱来自外部的电磁干扰及相邻双绞线引起的串音干扰。在局域网中使用的双绞线分为两类：屏蔽双绞线和非屏蔽双绞线，屏蔽双绞线和非屏蔽双绞线的区别在于外部保护层和绝缘层之间多了一个外屏蔽层，双绞线的基本结构如图 2-30 所示。

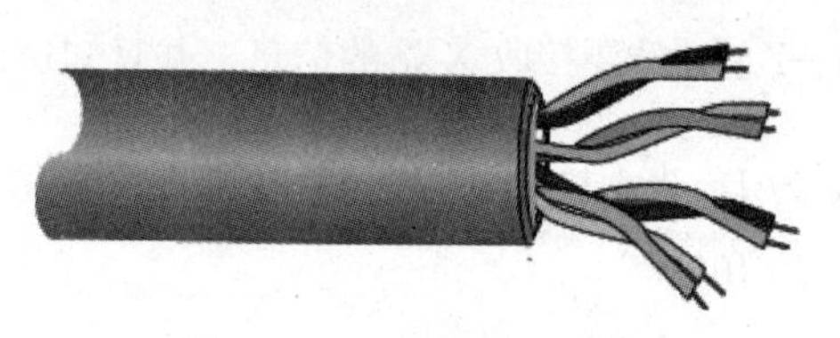

图 2-30　双绞线的基本结构

双绞线可以用于传输模拟信号，也可以传输数字信号，特别适合短距离的信息传输。由于信号在双绞线上传输时信号衰减比较大，所以每传输一段距离就需要对信号进行放大。双绞线经常用于建筑物内的局域网传输数字信号。

在实际使用中，双绞线通常将多对捆扎在一起，目前较多使用的是 4 对，相邻双绞线一般采用不同的绞合长度。非屏蔽双绞线电缆价格便宜，使用方便灵活，易于安装。美国电子工业协会（EIA）规定了不同质量级别的双绞线电缆，各类电缆具有不同性能。

1 类：在电话系统中使用的基本双绞线，适合传输语音。

2 类：适合语音传输和进行最大速率为 4 Mbit/s 的数据传输。

3 类：目前在大多数电话系统中使用的标准电缆，这种电缆每英尺（1 ft ≈ 0.3 m）至少需要绞合 3 次，其传输频率可达到 16 MHz，数据传输速率可达到 10 Mbit/s，主要用于 10base-T 的网络。

4 类：这种电缆的传输频率为 20 MHz，数据传输速率可达到 16 Mbit/s，主要用于 10base-T、100base-T 和基于令牌的局域网。

5 类：这种电缆增加了绞合密度，每英寸（1 in ≈ 2.54 cm）至少需要绞合三次。其传输频率为 100 MHz，数据传输速率可达 100 Mbit/s，主要用于 100base-T 网路。

超 5 类：适合于 100 Mbit/s 以太网、吉比特以太网和 ATM。虽然标准中要求的信号传输频率为 100 MHz，但是很多设备制造商出售的超 5 类线具备了 350 MHz 的信号传输频率。

6 类：这种电缆仍为 4 对线，在电缆中有一个十字交叉把 4 个线对分隔在不同的信号区，绞合密度在 5 类的基础上又有增加，其传输频率早先被定义为 200 MHz，但目前已被提高到 250 MHz。

随着高速网络的发展，双绞线的标准不断推出，如 7 类屏蔽双绞线，带宽可达到 600 ~ 1 200 MHz。

2.3.2 同轴电缆

同轴电缆的基本结构如图 2-31 所示，它由内导体层、绝缘层、外导体层、外保护层组成。外导体层不仅充当导体的一部分，而且还能起到屏蔽的作用。这种屏蔽一方面能防止外部环境造成的干扰，另一方面能阻止内层导体的辐射能量干扰其他导线。

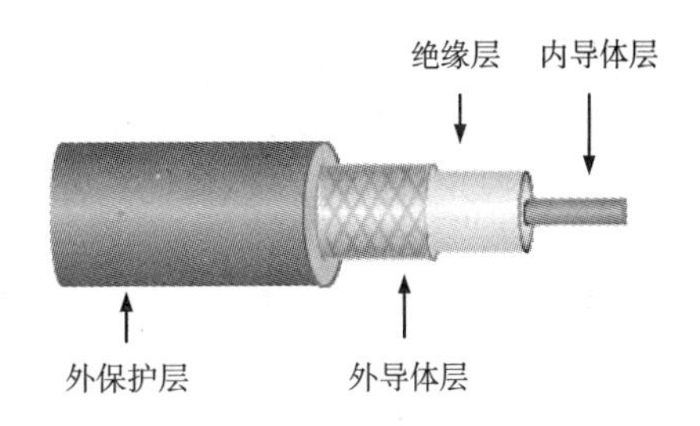

图 2-31　同轴电缆的基本结构

同轴电缆既可以传输模拟信号又可以传输数字信号。在传输模拟信号时，大约每几千米就需要使用放大器，传输频率越高放大器的间距越小。传输数字信号是大约每千米就需要使用转发器，传输速率越高转发器的间距越小。与双绞线比，同轴电缆抗干扰能力强，能够适用传输频率更高、数据传输更快的情况。虽然同轴电缆逐步被光缆取代，但它广泛应用于有线电视和某些局域网中。

常用的同轴电缆是 50 Ω 和 75 Ω，50 Ω 电缆用于基带数字信号传输，编码使用曼彻斯特编码，数据传输速率为 10 Mbit/s，这种电缆主要用于局域以太网。75 Ω 电缆是 CATV 系统的使用标准，既可以传输模拟信号也可以传输数字信号。

2.3.3　光缆

光缆就是光纤电缆，它是网络传输介质中性能最好、应用前景最广的一种。光纤的基本结构如图 2-32 所示。光纤是一种直径为 50 ~ 100 μm 的柔软、能传导光波的介质，光纤可由多种玻璃和塑料来制造，其中使用超高纯度的石英玻璃纤维可以得到最低的传输损耗。将折射率较高的光纤用折射率较低的包层包裹起来可以构成一根光纤通道，多条光纤组成一束就是光缆。

光纤的工作原理是利用光纤的折射率高于外部包层的折射率，形成光波在光纤与包层之间产生全反射，如图 2-33 所示。

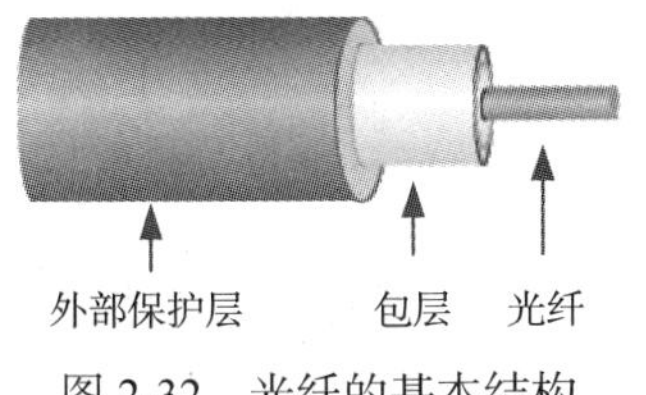

图 2-32　光纤的基本结构

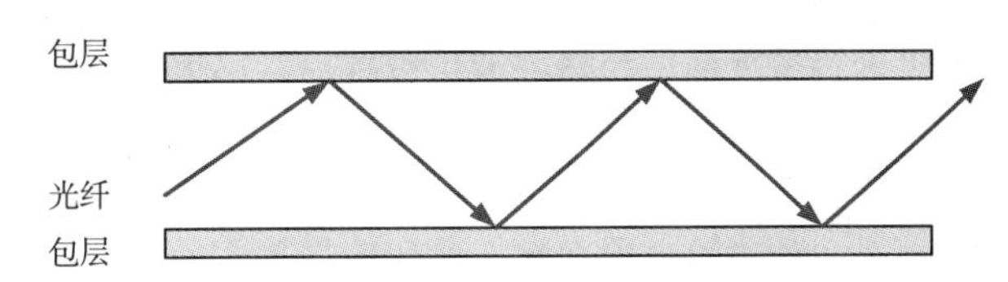

图 2-33　光纤传输的工作原理

常规光纤传输系统结构如图 2-34 所示，光纤发送端主要采用发光二极管 LED 或激光二极管（ILD），在接收端使用光电二极管 PIN 检波器或 APD 检波器接收光信号，并将光信号转换成电信号，光纤的传输速率可以达到几吉比特每秒。

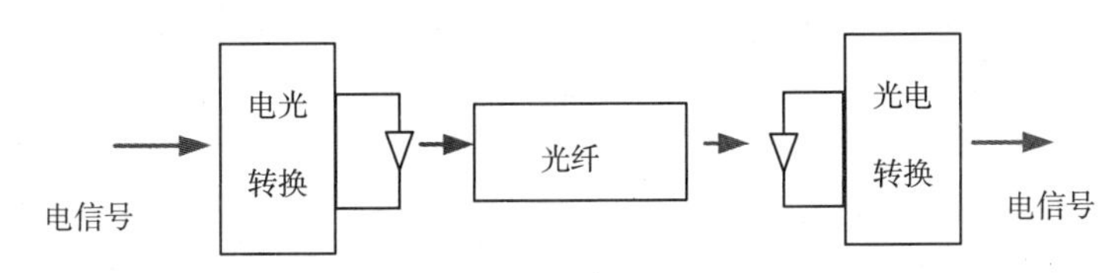

图 2-34　光纤传输系统结构

光纤的传输模式可分为两类：单模光纤和多模光纤。单模光纤的纤芯半径很小，基本上小到波长的数量级，其中只存在一条轴向光线才能通过的传播。多模光纤是在发送端有多束光线，可以在纤芯中以不同的光路进行传播。单模光纤带宽较多模光纤宽，单模光纤适于大容量远距离通信，但制造工艺难度大，价格高。

和其他导向型传输媒体比较，光纤不受外界电磁干扰与噪声的影响，能在长距离、高速率的传输中保持低误码率。因此光纤传输的安全性与保密性都很好；光信号的衰减也极小，可以在 2.5 Gbit/s 的传输速率下，不用中继器传输数十千米。光纤具有低损耗、高带宽、高速率、低误码率、安全性好等优点，是一种最有前途的传输介质。

2.3.4 地面微波传输

地面微波通信是一种在对流层可视范围内，利用微波波段的电磁波进行信息传输的通信方式。在进行长距离传输时，中间要使用中继站，中继站的作用是进行变频、放大和功率补偿。微波天线一般安装在地势较高的位置，天线的位置越高发送出去的信号就越不易被高大建筑和山丘挡住，传播的距离就越远。两者之间的关系用公式表示为：

$$d = 7.14\sqrt{Kh}$$

其中，d 为天线之间的最大距离，单位为 km；h 为天线的高度；K 为调节因子，一般取值为 4/3。

【例 2.5】 若两个天线所在的高度为 80 m，试求两个之间的最大距离。

解：

$$d = 7.14\sqrt{Kh} = 73.7(\text{km})$$

和其他通信方式比较，地面微波的优点是频带宽，通信容量大，在长距离传输中和同轴电缆及双绞线相比其建设费用低，更容易克服地理条件的限制。缺点是相邻站点之间不能有障碍物，中继站不便于建立和维护，通信保密性差，易被窃听。

2.3.5 卫星通信

卫星通信是在地面微波通信技术基础上发展起来的，由于卫星通信具有通信距离远，费用与通信距离无关、覆盖面积大、不受地理条件限制，通信信道带宽宽，可进行多址通信与移动通信等优点，已成为现代主要的通信手段之一。卫星通信的工作原理如图 2-35 所示。通信卫星实际上相当于一个中继站，两个或多个地球站通过它实现相互间的通信。一个通信卫星可以在多个频段上工作，这些频段称为转发器信道。卫星从一个频段接收信号，信号经放大和再生后从另一个频段发送出去。其中，用于地面站向卫星传输信号的转发器信道称为上行通道，用于卫星向地面站传输信号的转发器信道称为下行通道。

图 2-35 卫星通信的工作原理

卫星传输的最佳频段是 1 ~ 10 GHz，和其他通信方式比较，卫星通信覆盖区域大，传输距离远，如果在同步轨道上有 3 颗等距离卫星，就可以实现全球通信；卫星使用微波频段，有很宽的频段可供使用，并且通信容量大；卫星通信机动灵活，不受地面条件影响；通信质量好，可靠性高。它的缺点是远距离传输延时较大，发射功率要求高。

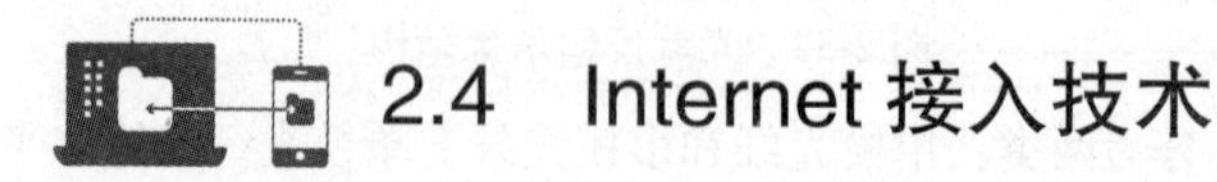

2.4 Internet 接入技术

当用户需要访问网络资源时，首先要接入 Internet，然后才能使用 Internet 上提供的服务。用户计算机和用户网络接入 Internet 所采用的技术称为接入技术。Internet 的接入方式大致分为两类，一类是公共数据通信网接入和局域网接入。公共数据通信网包括有 DDN（数字数据网）、帧中继（Frame Relay）、ADSL（非对称数字用户专线）、电话网络、ISDN（综合业务数字网）

接入。局域网接入是将计算机加入到局域网中，局域网（如以太网）通过传输介质与 Internet 相连。

2.4.1　局域网接入

我国大多数公司都建立了一定规模的局域网，再通过 ISP（网络供应商）租用一条专线连接到 ISP 的主干网络，从而实现本地局域网和 Internet 的连接，如图 2-36 所示，我国大学普遍都有自己的校园网，校园网络通过光纤连接到教育科研网，接入 Internet。个人计算机连入的过程如下：

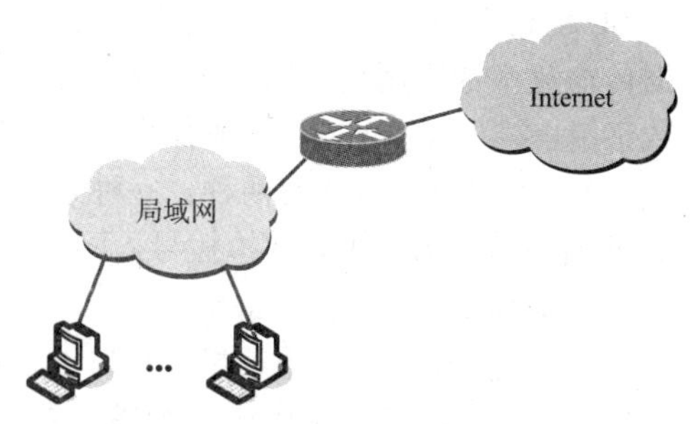

图 2-36　局域网接入

（1）安装网卡

如果计算机本身没有配置网卡（网络适配器），先将网卡插入主板的插槽，插好网线，安装网络适配器的驱动程序，一般来说现在的网卡都是即插即用的设备，操作系统都能自认，如果系统没有识别，就在控制面板中添加硬件，按照向导的提示完成安装。

（2）添加 TCP/IP 协议

打开“控制面板”窗口，选择“网络连接”，双击，在弹出的窗口中右击“本机连接”，选择“属性”命令，在弹出的对话框中可以看到 Internet 协议（TCP/IP），如果显示的有 IP 地址，表明已经添加了 TCP/IP 协议；如果没有则单击“高级”按钮，在弹出的对话框中单击“添加”按钮，在弹出的对话框中进行添加即可。

（3）配置 TCP/IP

在“常规”选项卡中双击“Internet 协议（TCP/IP）”选项，进入 TCP/IP 协议的配置过程，如果在本地局域网中，拥有一个固定的 IP 地址（非私有的 IP 地址），就可以自己配置 IP 地址、子网掩码、网关和 DNS 服务器地址，如图 2-37 所示，单击“确定”按钮即可接入 Internet。

如果本地计算机没有 Internet 认可的固定 IP 地址，就要在本地局域网中设置 DHCP 服务器，客户端的 TCP/IP 的配置选择自动获得 IP 地址和自动获得 DNS 服务器地址，如图 2-38 所示。

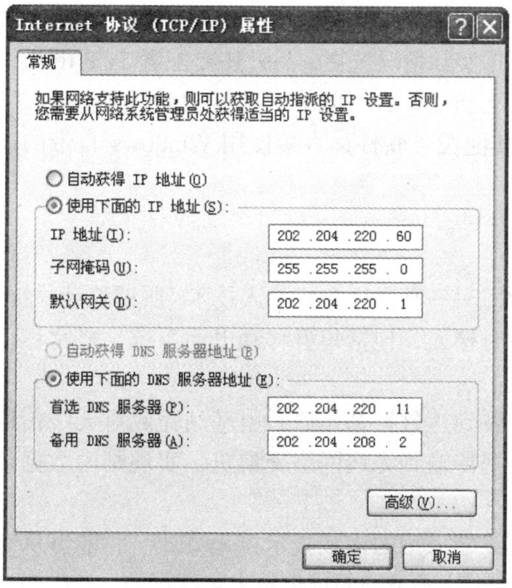

图 2-37　TCP/IP 协议配置

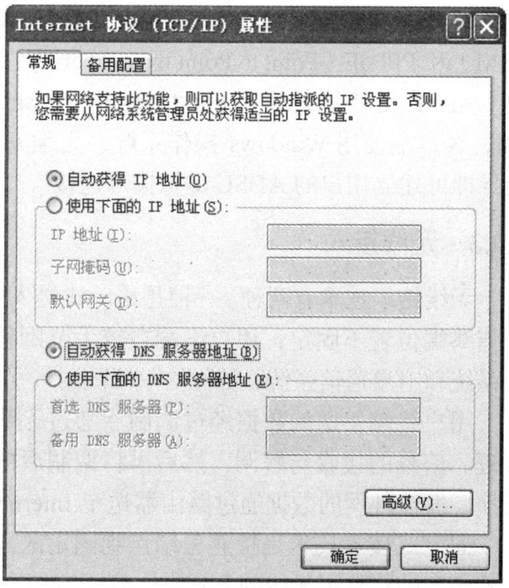

图 2-38　自动获得 IP 地址

2.4.2 ADSL 接入

ADSL（Asymmetric Digital Subscriber Line，非对称数字用户专线）是 xDSL 中的一员，xDSL 是利用普通铜质电话线作为传输介质的一系列传输介质的总称，包括 DSL、HDSL（高数据传输速率数字用户专用线）、ADSL、VDSL（超高数据速率数字用户线）、CDSL（自定义数字用户线）等。ADSL 在现有的电话线上传输数据，能够为家庭和小单位提供 Internet 服务。

ADSL 的接入方式有两种，一种是专线入网，这种方式要求用户有固定的静态 IP 地址，且 24 小时在线；另一种是虚拟拨号入网，它要求用户输入账号和密码，通过身份验证后获得一个动态 IP 地址，才能接入 Internet。

ADSL 采用频分复用技术实现打电话和上网两不误，打电话在低频段，上网在高频段，其实现技术是在用户端安装一个 ADSL 用户端设备，通过分离器将语音信号和网络数据分离，如图 2-39 所示。

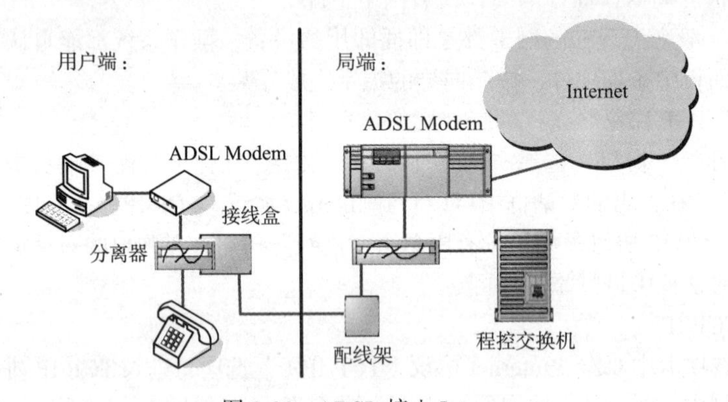

图 2-39　ADSL 接入 Internet

ADSL 的安装包括用户端设备和局端线路两个部分，局端由 ISP（网络提供商）在用户原有的电话上串接 ADSL 局端设备，在用户端原有的电话线上接上分离器，ADSL Modem 之间用一根两芯电话线连接，ADSL Modem 和计算机网卡之间用双绞线连接。硬件连接后，用户还需配置 ADSL Modem 或者 ADSL 路由器，指定连接方式，一般有静态 IP、PPPoA（Point to Point over ATM）和 PPPoE（Point to Point over Ethernet），根据实际情况选择，另外还要配置 TCP/IP 协议。

ADSL 支持上行速率 640 kbit/s ~ 1 Mbit/s，下行 1 ~ 10 Mbit/s，其有效传输距离为 3 ~ 5 km，客户端使用 Windows 操作系统，无须安装其他拨号软件，直接使用 Windows 自带的连接向导即可建立用户的 ADSL 虚拟拨号连接。

2.4.3 无线接入

无线接入技术有两种，一种是移动式接入技术，另一种是固定式接入技术。所谓移动式接入，是指终端位置不固定，用户终端在较大范围移动时接入，包括集群移动电话系统、蜂窝移动电话系统和卫星通信系统，如图 2-40 所示。

用户终端发送的数据经过调制后通过无线电波到达数据基站后，由基站完成对无线信道的管理、信号的接收与解调，然后再将调制后的数据传输到无线网络交换机，实现网内数据包的交换，发往外网的数据通过路由器送至 Internet。

固定式接入技术是指业务结点到固定的用户终端采用的无线技术接入方式。它能够从有线方式传来的信息用无线的方式发送到固定用户终端。这种类型的通信技术包括微波、扩频微波、红外、激光。与移动接入技术比，固定接入技术的用户终端不含或者仅含有限的移动性。

无线接入示意图如图 2-41 所示。

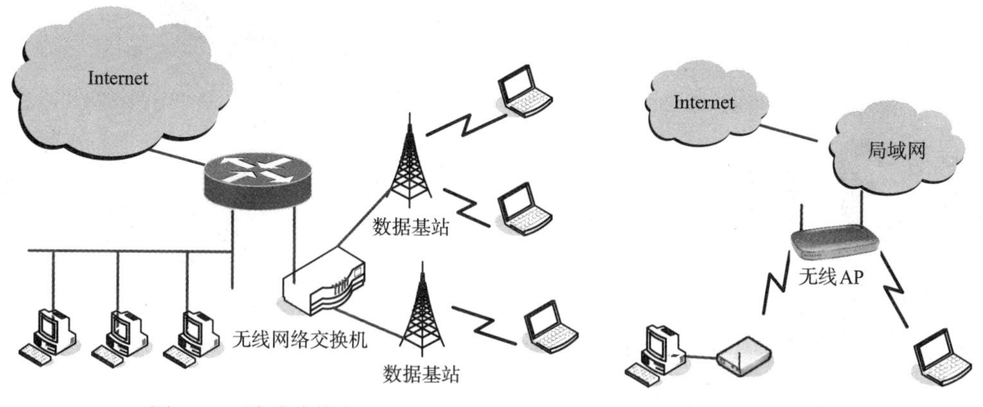

图 2-40　移动式接入 Internet　　图 2-41　无线接入示意图

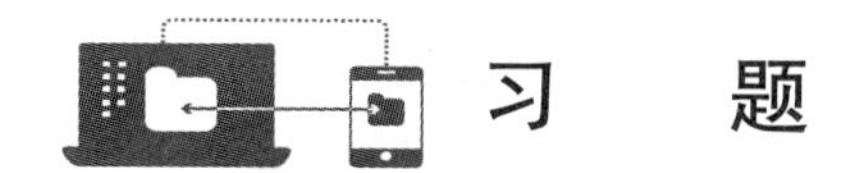

习　　题

一、单选题

1. 若通信链路的数据传输率为 2 400 bit/s，采用 4 相位调制，该链路的波特率为（　　）。

A. 1 200 Bd　　B. 2 400 Bd　　C. 4 800 Bd　　D. 9 600 Bd

2. 电话系统的信道带宽是 3 000 Hz，信噪比为 30 dB，该系统的最大数据传输速率为(　　)。

A. 3 kbit/s　　B. 6 kbit/s　　C. 30 kbit/s　　D. 64 kbit/s

3. 带宽为 4 000 Hz 的信道，采用 16 种不同的物理状态来表示数据，按照奈奎斯特采样定理，信道的最大传输速率是（　　）。

A. 4 kbit/s　　B. 8 kbit/s　　C. 16 kbit/s　　D. 32 kbit/s

4. 下列选项中自含同步时钟的编码是（　　）。

A. 归零制编码　　B. 不归零制编码　　C. 曼彻斯特编码　　D. 单极性编码

5. 多模光纤传输光信号的原理是（　　）。

A. 光的折射特性　　B. 光的反射特性　　C. 光的全反射特性　　D. 光的绕射特性

二、填空题

1. 常用的导向型传输介质是________、________、________。

2. 物理层为比特流通过物理连接定义了________、________、________、________特性。

3. 数字数据通过模拟信道的调制方法是________、________、________。

4. 信道复用技术包括________、________、________、________。

三、简答题

1. 共有 4 个站进行 CDMA 通信，各站的码片序列为 A：（−1−1−1+1+1−1+1+1），B：（−1−1+1−1+1+1+1−1），C：（−1+1−1+1+1+1−1−1），D：（−1+1−1−1−1−1+1−1），现在收到码片序列为（−1+1−3+1−1−3+1+1），问哪个站发送了数据，哪个站没有发送数据，发送的数据是 0 还是 1？

2. 简述调制解调器的工作原理。

3. 简述局域网接入 Internet 的方法。

第3章 数据链路层

数据链路层是OSI参考模型的第二层，介于物理层和网络层之间。物理层的传输出现差错是不可避免，为了解决这个问题，数据链路层要在这种“原始的”“有差错的”物理传输的基础上进行改进，变成“逻辑上”无差错的数据链路，在不可靠的物理线路上进行可靠的数据传输，为网络层提供高质量的数据传输服务。本章主要介绍与数据链路层相关的基本概念、数据链路层协议和数据链路层设备。

学习目标

- 了解数据链路层的基本概念。
- 理解数据链路层的基本功能。
- 掌握数据链路层的差错控制技术。
- 掌握链路层的流量控制技术。
- 理解数据链路层协议。
- 学会使用数据链路层设备。

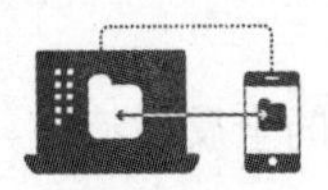

3.1 数据链路层概述

3.1.1 数据链路层的基本概念

1. 链路

所谓链路，是指从一个结点和相邻结点的一段物理线路，因此也可称为物理线路。网络中的两台计算机之间的通信会经过多条这样的链路，所以多条这样的链路构成网络的路径。

2. 数据链路

一般情况下，计算机之间的数据交换的通路是建立在物理链路存在的基础上。当要在链路上交换数据时，除了要有物理线路的连接，还必须有一些通信协议或规程来控制这些数据的传输，以保证被传输数据的正确性。可见，若把实现这些协议的硬件和软件加到链路上，就构成了数据链路。

另外，也有一些学者将链路分为物理链路和逻辑链路。物理链路就是前面提到的链路，而逻辑链路是物理链路加上必要的通信协议构成的。这两种划分只是说法上不同，本质上是一样的。由此可见，在学习计算机网络的概念和术语时，必须联系它们所在的上下文环境，如果只是单纯、机械地背诵名词定义，势必会造成在内容理解上的偏差，这一点对于准确理解和掌握计算机网络原理至关重要。

3. 帧

在数据链路层，数据以帧为单位进行传输。帧由若干字段构成，且每个字段都有确定的含义，包含地址、控制、数据及校验等信息。

在因特网中，网络层协议数据单元是 IP 数据报，数据链路层为了实现点到点的数据传输，把 IP 数据报封装成数据帧，通过物理链路上的数据链路到达目的结点，如图 3-1 所示。

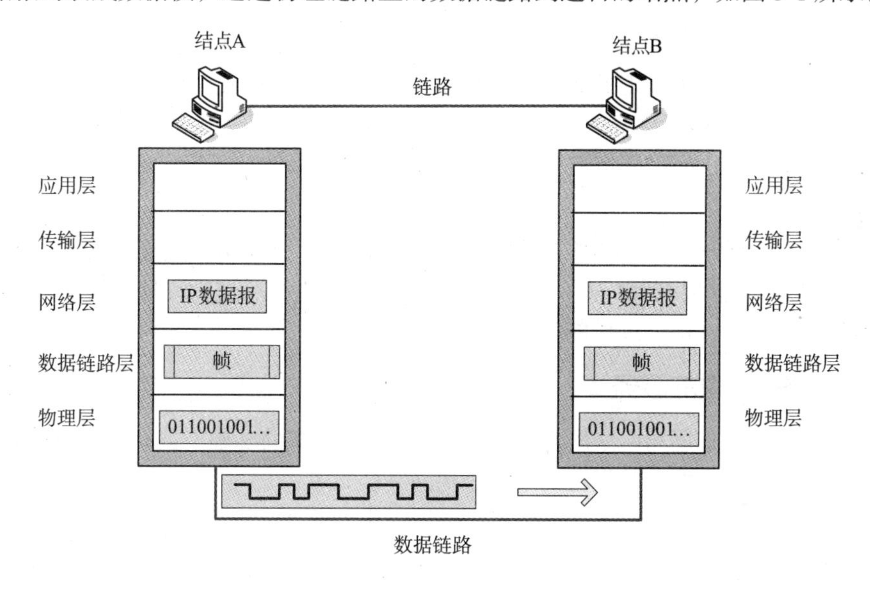

图 3-1　链路、数据链路与帧

3.1.2　数据链路层的主要功能

数据链路层主要通过校验、确认和反馈重发等手段，将不可靠的物理链路改造成对于网络层是无差错的数据链路。数据链路层提供的功能主要有链路管理、帧同步、流量控制、差错控制、透明传输、物理寻址。

1. 链路管理

双方要进行通信就要首先建立连接，链路管理就是用于面向连接的服务。链路两端的结点在开始通信前，发送方需要确知对方处于准备接收状态，为此双方必须先交换一些必要的信息，对帧进行编码初始化，然后建立数据链路连接；在通信的过程中要始终维持数据链路的连接状态，包括出现差错后重新自动建立连接；当通信完毕后释放连接。在这一系列过程中，数据链路的建立、维持、释放就称为链路管理。

2. 帧同步

在数据链路层，数据以帧为单位进行传输，而物理层传送的是比特流，这就需要按数据链路层的协议把传送过来的比特流封装组合成数据帧再进行传输，而接收方必须能够从物理层传送来的比特流中正确地判断出一帧的开始和结束，这称为帧同步。

3. 流量控制

当发送方发送数据的速率超过了接收方所能处理数据的速率时，接收方因来不及处理而产生数据丢失、链路拥塞等问题，此时就要限制发送方的数据流量，这就需要一些反馈机制使发送方能够尽快了解接收方的情况，以便发送方根据规则来决定何时发送下一帧，何时停止，适时地发送数据帧，使通信的双方在收发数据上保持一致，以确保传输效率达到最大。

4. 差错控制

计算机通信要求必须保证极低的误码率，而数据在传输过程中可能会产生差错，这就需要接收方要对所接收到的数据进行校验。如发现差错，要求发送方重新发送该帧，这个功能称为差错控制。

5. 透明传输

所谓透明传输，是指所要传输的任何比特组合，都应当能够在链路上传送。一旦所传数据中的比特组合与某一个控制信息出现雷同时，必须采取可靠的措施，使接收方不会将这个比特组合的数据误认为是某种控制信息。只要能保证这一点，数据链路层的传输就称为是透明的，即所谓的透明传输。

6. 物理寻址

在数据链路层，帧的传输是根据物理地址进行的。特别是在多结点连接的情况下，要保证每一帧能够准确地传送到目的结点，为此数据链路层就要对结点进行寻址，让发送方和接收方知道彼此是哪一个结点，这一过程称为寻址。

3.1.3 数据链路层提供的服务

数据链路层介于物理层与网络层之间，在物理层提供服务的基础上，运用链路管理、帧同步、流量控制、差错控制等功能把数据正确地传送到网络层。

除了上述对网络层的基本服务外，数据链路层提供的服务主要分为以下 3 种：

（1）面向连接确认服务

大多数数据链路层都采用面向连接确认服务，数据在传输过程分为建立连接、数据传输和释放连接 3 个阶段。

在通信结点进行数据传输之前，必须先建立连接，然后才能进行数据的传输。在此连接上所发送的每一帧都被编号，数据链路层协议保证接收方能够接收到所发送的帧，并且每帧只接收到一次，如果确认信息丢失，则相同帧重复发送，帧的编号使得相同帧不会被重复接收，不会发生帧号乱序情况，保证了帧传输内容与顺序的正确性。面向连接的服务方式为网络层提供了可靠的数据传送服务。

（2）无连接确认服务

源结点向目的结点发送数据帧时，首先对每一帧进行编号，同时目的结点收到该帧后要向源结点回送确认帧。

无连接确认服务与面向连接确认服务的不同之处在于它不需要在帧传输之前建立数据链路，也不需要在传输完成后释放数据链路。

（3）无连接不确认服务

发送数据前不建立数据链路连接，即发送方可以任意时刻发送任意长度的信息，接收方收到信息后不进行检错，不需要回送确认帧，直接传送给上一级的网络层。这种服务方式适合于信道的误码率极低，且信息的实时性较高，如语音信息。

3.1.4　数据帧

物理层只是接收原始的比特流，并把它送往目的地，并不能保证这个比特流的准确性，而所接收的比特是否有差错要到数据链路层才能进行检测和纠错。

通常，数据链路层先将从物理层传输过来的比特流分割成若干个帧，然后为每一帧计算校验和并附加到帧中，接收方也用同样的方法计算该帧的校验和，若所得到的校验和与该帧中的校验和不一致，则说明该帧有错误需要重新传输。在同步传输的情况下，发送方是处于连续地发送数据帧，接收方是如何从连续的比特流中区分出每一帧的开始和结束？这就需要借助一些特殊标记，下面介绍 4 种常用的将比特流分割成帧的方法：字符计数法、字符填充法、比特填充法、违规编码法，这也是数据链路层要解决的帧同步问题。

1. 字符计数法

字符计数法是在帧的头部用一个特定的标志字符标明该帧内的字符数，即为该帧的开始位置。在传送数据期间，该计数字段随着传送字符的增加而减小，当计数字段的长度为 0 时，该帧结束，紧接着是另一帧的开始，如图 3-2 所示。

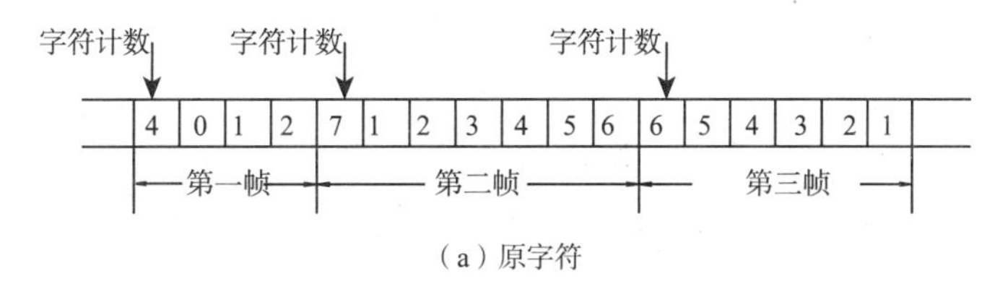

（a）原字符

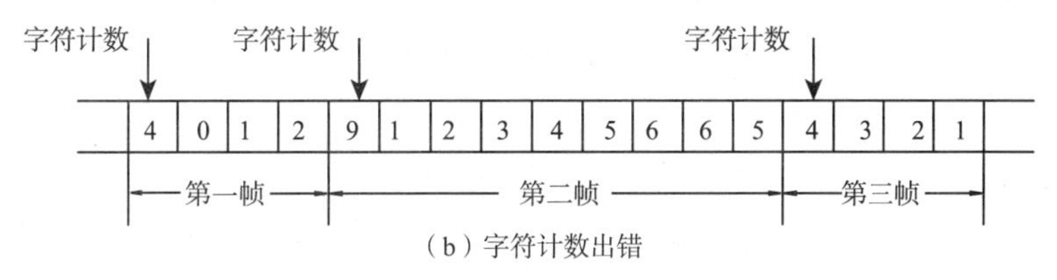

（b）字符计数出错

图 3-2　字符流的字符计数

然而在实际的传送过程中，计数字段会因为传输出现差错而被改变，如图 3-2（a）中的第二帧的字符计数 7 被改变为 9 后如图 3-2（b）所示。当接收方收到此帧进行校验和时，判断出此帧出错，故向发送方发回请求重传帧。

2. 字符填充法

字符填充方法是一种在帧中加入特定 ASCII 字符的机制。为了能够准确区分帧的首尾，且不使数据信息中出现与特定字符相同的字符，此方法采用每一帧都以 ASCII 字符序列 DLE STX（Data Link Escape Start of Text）作为开始，以 DLE ETX（Data Link Escape End of Text）作为结束。由于 DLE STX 和 DLE ETX 都是成对出现，所以如果发现出错帧，发送方只需要查找 DLE STX 或 DLE ETX 字符序列，就能找到该出错帧的具体位置。

但是，在帧传输过程中无法保证所传送的二进制数据中一定不会出现如 DLE STX 或 DLE ETX 这样的字符序列。遇到这样的问题时，解决方法是在发送方数据信息中的每个 DLE 字符前插入一个 DLE 字符，接收方在收到此帧后，先丢掉这个 DLE 字符序列，再将数据信息交给网络层，这种方法称为字符填充法，如图 3-3 所示。

随着网络的发展，这种字符填充的方法明显增加了额外的传输负荷，浪费了有限的带宽资源，于是一种新的方法——比特填充法迅速发展起来。

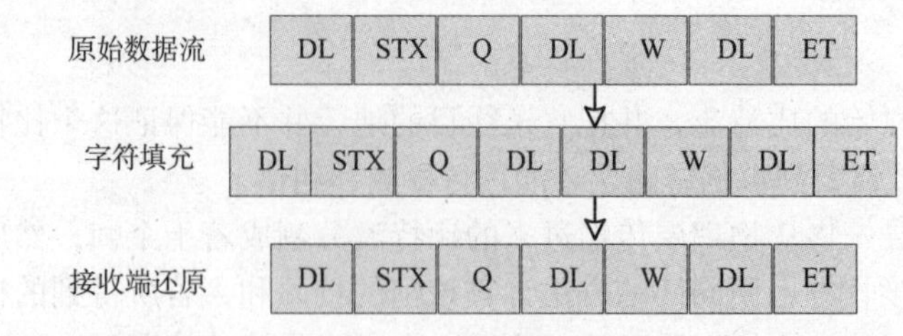

图 3-3　字符填充法

3. 比特填充法

比特填充法是使用一组特定的比特字符（01111110）来标志每一帧的开始和结束。然而，数据信息位中的比特串非常有可能与这组特定的比特字符相同，这样就会出现被误判为帧的起始和终止。为了避免这种情况，当发送方的数据链路层在发送数据中遇到任何 5 个连续的 1 时，自动在其后插入一个 0，这样输出的比特流中就会多出一个 0。而接收方则进行逆操作，当发现 5 个连续的 1 后面跟着一个 0 时，自动将这个 0 删去，恢复原始信息，如图 3-4 所示。

0 1 1 1 1 1 1 0 0 1 0 1 1 1 1 1 1 1 1 1 1 0 0 0 1 1 1 1 1 1 0 0 0 1 1 0 1 1 1 1 1 1 0

（a）原始数据

0 1 1 1 1 1 1 0 0 1 0 1 1 1 1 1 0 1 1 1 1 1 0 0 0 0 1 1 1 1 1 0 1 0 0 0 1 1 0 1 1 1 1 1 1 1 0

（b）填充后的传输数据

0 1 1 1 1 1 1 0 0 1 0 1 1 1 1 1 1 1 1 1 1 0 0 0 1 1 1 1 1 1 0 0 0 1 1 0 1 1 1 1 1 1 0

（c）删除填充位后的数据

图 3-4　比特填充法

4. 违规编码法

这种方法是在帧开始和帧结束时加入违规编码字段，适用于在物理层采用冗余技术的比特编码网络。例如在曼彻斯特编码中，比特数位 1 编码为“高—低”电平对，比特数位 0 编码为“低—高”电平对。而“高—高”电平对和“低—低”电平对在数据比特中是违规的。因此可以利用这些违规编码序列来标识帧的起始和终止。违规编码法不像前两种方法需要填充，但是它只适用于采用冗余编码的特殊编码环境。

3.1.5　数据链路层的几种技术

1. 差错控制编码技术

在通信过程中，由于物理线路本身的电气特性会产生随机噪声、信号振幅、频率和相位的衰减及外界的电磁干扰等因素，会造成接收端接收到的二进制数位与发送端实际发送的数位不一致，即“1”变为“0”，或“0”变为“1”这样的差错。

目前，最常用的差错控制方法就是差错控制编码，其实现思想是：假设发送端要发送一段数据（即信息位），首先按照某种差错编码算法附加上一段冗余位再发送。接收端收到这个数据帧后，查看信息位和冗余位，并检查它们之间的差错编码算法，校验传输过程中是否有差错产生。下面介绍几种常用的差错控制编码方法。

1）奇偶校验

奇偶校验是一种最简单、最常用、最经济的差错检错码。其基本思想是：先将所要传输的数据码元分组，然后为每一码元分组都加一位校验位（“1”或“0”），构成新的码字，使得各个码组中“1”的个数恒为奇数或偶数，即所谓的奇校验或偶校验；接收端按照同样的规则（奇校验或偶校验）进行检查，便可知是否发生差错。

奇偶校验有 3 种使用方式，即水平奇偶校验、垂直奇偶校验和垂直水平奇偶校验（也称作纵横奇偶校验码或方阵校验）。

（1）水平奇偶校验

水平奇校验是在字符编码数据中，在 7 位信息码后附加一个校验位“0”或“1”，使整个二进制编码数据中“1”的个数为奇数或偶数。

【例 3.1】 设发送端发送“doc”，根据 ASCII 码表字符的编码为：

…… 1100100，1101111，1100011

d　　　　o　　　　c

若采用奇校验法，则上述字符实际传送的序列为（下画线位表示所添加的校验位）：

…… 11001000，11011111，11000111

d　　　　o　　　　c

当接收方接收到该帧后，统计字符中的 1 个数，如果统计结果是全部都是奇数 (3,7,5)，则说明传送正确，否则传送错误。

但是，奇偶校验码只能发现奇数个错差，对于偶数个差错却不能准确地检测到。

如图 3-5 所示，采用的是水平偶校验，因为码组 1010001 中含有奇数个 1，故其检验位为 1，则待发送的新码字为 10100011。接收端采用同样的方法进行检验，只要发现 1 的个数为偶数则认为传输正确，否则认为出现传输差错。如果接收端接收到的码字为 00110011，也会认为是正确的码字，而实际有 4 个位信息出现了传输差错。

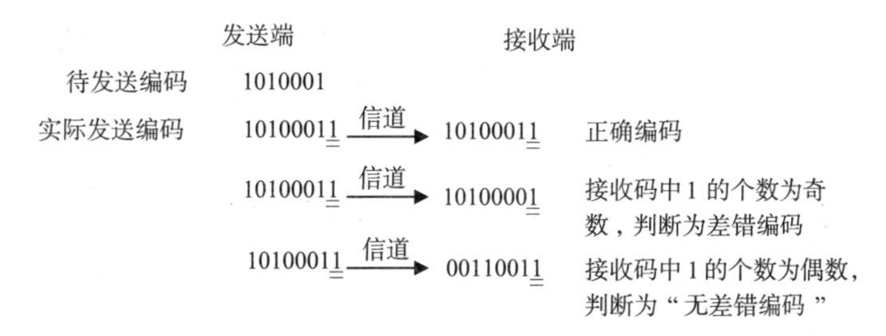

图 3-5　水平偶校验

不难看出，奇偶校验能够检测任意个奇数错误，对于任意改变了偶数个位的传输差错检测效率较低。

（2）垂直奇偶校验

垂直奇偶校验是将待发送的若干个字符组成字符组或字符块，形式相当于一个矩阵，每行为一个字符，每列为所有字符对应的相同位，在这一组字符的末尾即最后一行附加一个校验码。垂直奇偶校验只能检测出字符块中某一列中的一位或奇数个差错，对于偶数个差错无法检测。检测方法与水平奇偶校验相似。

（3）垂直水平奇偶校验

为了提高奇偶校验码的检错能力，综合上述两种校验方法，提出了垂直水平奇偶校验。它是二维的奇偶校验码，又称方阵码，可以克服奇偶校验码不能发现偶数个差错的缺点。其基本原理与简单的奇偶校验码相似，不同的是每个码元要受到纵向和横向两次校验。具体编码方法如下：先将若干个待发送的码组编为一个矩阵，矩阵中每一横行为一个码组，再在行尾加上一个校验码，进行奇偶检验；矩阵的每一纵列则是由不同码组的相同位置的码元组成，在列尾也加上一个校验码，进行奇偶校验。当某行（或某列）出现偶数个差错时，该行（或某列）虽不能发现，但只要出现差错所在的列（或行）没有同时出现偶数个差错，则该差错就可以被发现。

【例 3.2】设发送端要向目的地传送字符 code，则其信息码序列为（1100011110111111001001100101），现将每 7 个码元分为一组编程矩阵，且都采用偶数校验，则在发送端待发送的信息码序列编码为如下结构的码矩阵：

字符	码组							行校验码
c	1	1	0	0	0	1	1	0
o	1	1	0	1	1	1	1	0
d	1	1	0	0	1	0	0	1
e	1	1	0	0	1	0	1	0
列校验码	0	0	0	1	1	0	1	1

经过编码后送到信道传输的编码序列变为（1100011011011110110010011100101000011011）。序列中带下划线的为新加上的码元。接收端按同样的方法形成方阵，发现不符合行、列偶校验规律时即可发现差错。但是，垂直水平奇偶校验仍然存在无法检出差错的情况，如一些成对且成组出现的差错，即差错数是 4 的倍数，且差错位构成矩形的 4 个角。

2）恒比码

恒比码又称定比码，即每个码组中“1”和“0”的个数总是保持恒定的比例。接收方只需要对码组中“1”的数目进行检测，就能够知道是否存在传输差错。其纠错能力比奇偶校验要强。

在我国用电传机传输汉字时，用阿拉伯数字代表汉字。那时采用的“保护电码”就是 3 ：2 或称“5 中取 3”的恒比码，即每个码组的长度为 5，其中“1”的个数总是 3，而“0”的个数总是 2。

恒比码较为简单，适用于电传机或其他键盘设备产生的字母和符号，而对于二进制的随机数字序列，恒比码不适合。

3）循环冗余校验码

循环冗余校验码（Cyclic Redundancy Check，CRC）是局域网和广域网的数据链路通信中用得最多，也是一种漏检率极低、最有效的检错方法。它非常适合检测突发性错误，性能良好，因此在计算机网络中得到了广泛的应用。

循环冗余校验码的工作方式是：为了检测差错而在数据后面添加上冗余码，这些冗余码在数据链路层的帧结构中称为帧检验序列（Frame Check Sequence，FCS）。加入帧检验序列的目的是要保证接收到的数据和发送的数据完全相同。值得注意的是，循环冗余校验码和帧检验序列并不等同。CRC 是一种检错方法，而 FCS 是添加在数据后的冗余码，它可以用 CRC，也可以不用。

CRC 校验使用多项式码，故也称为多项式码，其基本思想是利用线性编码理论。任何一个二进制数位串码都可以和系数只含有 0 和 1 的多项式建立一一对应的关系，如二进制数 11010 对应的码多项式是 X^4+X^3+X，而码多项式 $X^5+X^3+X^2+1$ 对应的二进制数是 101101。即任何一个 n 位的二进制数都可以用一个 n−1 次多项式表示，如算式（3.1）所示，其中 C_{n-1}，$C_{n-2}\cdots C_0$ 依次对应二进制数的高低位。

$$C(x)=C_{n-1}X^{n-1}+C_{n-2}X^{n-2}+\cdots\cdots+C_1X^1+C_0X^0 \tag{3.1}$$

数据后面附加的冗余码可以用多项式的算数运算来表示。一个 k 位的信息码后面附加上 r 位的冗余码，组成长度为 $n=k+r$ 的编码，其中 k 位的信息码对应的 k−1 次多项式为 $K(x)$，r 位冗

余码对应的 $r-1$ 次多项式为 $R(x)$，n 位编码对应的多项式为 $C(x)$。k 位二进制数加上 r 位 CRC 码后，即信息位向左移 $n-k$ 位，相当于 $K(x)$ 乘以 x^r，则有：

$$C(x)=x^r K(x)+R(x) \tag{3.2}$$

如何由信息码生成 CRC 码？它可由编码对应的多项式算术运算来实现。其方法是：通过一个特定的 r 次多项式 $G(x)$ 去除 $x^r-K(x)$，即

$$\frac{x^r K(x)}{G(X)} \tag{3.3}$$

得到的 r 位余数即为 CRC 码 $R(x)$。其中 $G(x)$ 是通信双方预先约定的多项式，称为生成多项式。这样就得到了附加了 CRC 码的 $C(x)$，故 $C(x)$ 一定能够被 $G(x)$ 整除。

为了判断传输的正确性，接收端同样有一个 CRC 校验器。当接收端接收到附加了 CRC 码的帧后，同样用 $G(X)$ 做模 2 除法，如果余数为 0，则数据帧无差错；反之，则数据帧出错。

由以上分析 CRC 校验的关键是如何求出余数，此余数即为校验码。以下分为三个步骤说明 CRC 校验码的生成和校验。

第一步，将要传送的 k 位数据信息末尾加上 r 个 0。r 是一个比预定除数（多项式 $G(x)$）的比特位 $r+1$ 少 1 的数。

第二步，采用二进制除法将加长的新的数据信息（$k+r$ 位）除以除数 $G(x)$，产生的余数就是 CRC 校验码。其中除法按二进制除法计算，加减运算采用模 2 加减运算，即加法不进位，减法不借位。

第三步，用从第二步得到的 r 个比特的 CRC 校验码替换待发送的数据信息末尾的 r 个 0。如果余数位数小于 r，则在最左边补 0，补够 r 个数位为止。如果在除法过程没有产生余数，即原始的数据信息本身就能够被除数整除，那么 r 位的 CRC 码替换为 0。

当帧到达接收方时，接收方将整个数据串作为整体去除以在第二步中用来产生循环冗余校验余数的除数 $G(x)$。如果数据串无差错到达接收方，则循环冗余校验的结果余数为 0——无差错传输；如果在传输中数据信息位被改变，则不能够被 $G(x)$ 整除。

下面举例说明循环冗余码的生成原理。

【例 3.3】在循环冗余校验码系统中，设其生成多项式 $G(x)=X^4+X+1$，试求出信息序列 1101011011 的 CRC 码，并说明在接收端是如何判断传输的正确性的。

① 将生成多项式 $G(x)$ 转换成二进制数；

$$G(x)=X^4+X+1=10011$$

② $r=4$，多项式是四阶的，在信息序列后补 4 个 0，变成 11010110110000。

③ 计算 CRC 码。用 11010110110000 除以 10011，得到余数为 1110。

④ 将得到的余数 1110 加到原信息序列 1101011011 后面，变成 11010110111110，这就是要传输的带校验码的数据。

校验：接收端用接收到的信息序列做同样的模 2 除法，对 $G(x)$ 进行运算，被除数是 11010110111110，除数是 10011，检查得到的余数。如果余数是 0，说明传输正确；否则，发生差错，应重传。

循环冗余校验与奇偶校验不同，后者是对一个字符校验一次，而前者是对一个数据块校验一次，如图 3-6 所示。在同步串行通信中，几乎都使用循环冗余校验法。例如，对磁盘信息的读 / 写操作等。

采用 CRC 码时，对生成多项式 $G(x)$ 有以下要求：任何码位发生错误都不应使余数为 0；不

同的码位发生错误时，所得到的余数都应各不相同。

```
                 11000 01010
        ______________________
10011 ) 11010110110000
        10011
        ------
         10011
         10011
         ------
          00001
          00000
          ------
           00010
           00000
           ------
            00101
            00000
            ------
             01011
             00000
             ------
              10110
              10011
              ------
               01010
               00000
               ------
                10100
                10011
                ------
                 01110
                 00000
                 ------
                  1110
```

信息序列：1101011011

余数：1110

传输的数据：11010110111110

图 3-6　循环冗余码校验

现在广泛使用的生成多项式 $G(x)$ 有以下几种：

$$\mathrm{CRC}-12=x^{12}+x^{1}+x^{3}+x^{2}+x+1$$

$$\mathrm{CRC}-16=x^{16}+x^{15}+x^{2}+1$$

$$\mathrm{CRC}-\mathrm{CCITT}=x^{16}+x^{12}+x^{5}+1$$

2. 差错控制方法

控制传输系统的传输差错可以利用差错编码的方法，但根据差错编码结构的差异和运用差错编码控制差错的方法不同，差错控制工作方式也不尽相同。主要基于两种思想：一是通过差错编码，使得在系统接收端的译码器能发现错误并能准确地判断差错的具体位置，从而自动纠正错误；另一种是在系统接收端仅能发现错误，但不知道错误的确切位置，无法自动纠错，只能通过请求发送端重发等方式来纠正错误。

基于以上两种基本思想，链路层采用差错控制的基本工作方式可分为以下 4 类：

（1）自动请求重发（Automatic Repeat reQuest，ARQ)

自动请求重发又称反馈重发，其基本思想是先由发送端对发送序列进行差错编码，生成的校验序列连同数据一起发送。接收端根据校验序列的编码规则对数据信息进行判断。若无错，接收端确认接收，同时发送端缓冲区清除该序列。若检测发现差错，则通过反向信道反馈给发送端要求其重发原来的帧，直到接收端检测认为无差错为止。显然，对恒定速率的信道来说，重传会降低系统的信息吞吐量。

对于自动请求重发，通常有 3 种工作方式：

① 肯定确认。当接收端对收到的帧校验后未发现差错，则向发送端回送一个确认帧 ACK，发送端收到 ACK 帧便知道该帧传送成功。

② 否定确认。当接收端对收到的帧校验后发现差错，则向发送端回送一个否定确认帧

NAK，发送端收到 NAK 后必须重发该帧。

③ 超时重发。发送端在发出一个帧后就开始计时，如果在规定的时间内没有收到该帧的确认帧（ACK 或 NAK），则发送端就认为该帧丢失或确认帧丢失，必须重新发送。

（2）前向纠错（Forward Error Correction，FEC）

首先发送端先对数据信息进行编码再发送，接收端检测到数据帧有错后，根据码的冗余度进行译码，确定差错位的具体位置，并自动纠正能纠正的传输差错，而不求助于反向信道，故称为前向纠错（FEC）。由于该方法的纠错过程由接收端独立、自动完成，又称为自动纠错。

（3）混合纠错（Hybrid Error Correction，HEC）

混合纠错（HEC）方式是 ARQ 和 FEC 的结合。该方法要求接收端在能力范围内对出现的差错进行自动纠正，而对于超出纠正能力的差错，则通过反向信道反馈给发送端，要求其重发。简而言之，HEC 方式是能纠则纠，不能纠则要求重发。

（4）信息反馈（Information Repeat reQuest，IRQ）

信息反馈方式也称回程校验方式，与其他方式不同的是不在接收端进行帧校验，而是在发送端对原数据信息进行校验。具体工作流程为：发送端不对数据信息进行差错控制编码，而直接传送给接收端，接收端收到信息后先存储，再通过反向信道原样传回发送端，发送端收到后与原发送信息进行比较，若无传输差错则再发送新的信息，接收端收到新的信息后将上次存储的信息传给上一层；反之，若发送端发现传输差错，则重新传输信息，直到发送端校验无差错为止。

由于采用在发送端检错，数据信息的传输距离相当于增大了 1 倍，极可能导致额外差错和重传。一种情况是，信息在前向传输时本无错，但反馈传输时却出错，发送端则判断传输差错继而重传；另一种情况是，某些信息在前向传输时出错（如由“1”变为“0”），但经过反馈传输时，这些信息恰巧再次出错（由“0”变回“1”），这样发送端就不能够发现错误，继而不再重传，导致接收端将有差错信息输出。由于这种方式使整个通信系统的传输率很低，故除少数较简单的通信系统外，目前已很少采用。

除了上面介绍的 4 种控制方法，随着计算机在通信领域的广泛应用，人们研究了许多其他的方法，如冗余法、多数表决法、正反码。

3. 流量控制技术

在计算机网络中，任何主机、终端或通信设备对数据的处理能力都是有限的。在数据链路层，除了要对差错进行控制，还有一个重要的问题：如果发送方发送帧的速度超过了接收方能够接收这些帧的速度，该如何处理？当发送方运行在一台快速的计算机上，并持续地以很高的速度往外发送帧；而接收方运行在一台慢速的计算机上，在其接收到数据后须对这些数据进行处理，如存储、分析报头，并将其除去，即使传输过程没有出现差错，接收方也将因缓冲区溢出无法再处理持续发送来的帧，结果导致不得不丢弃传送过来的新帧，所以控制传输流量的想法应运而生。

通常采用的方法基于以下两种思想：第一种基于反馈的流控制，接收方给发送方回信息时，告诉它接下来应该发送信息的流量，或者告诉它自己目前的处理状况，以便发送方及时调整；第二种基于速率的流控制，它含有一种内置的机制，不需要接收方的反馈信息，而直接限制了发送方传输数据的速率。

需要说明的是，在一些较高的层次上如在传输层也同样具有流量控制功能，只是流量控制的对象不同而已。在数据链路层，流量控制只与特定的发送方和特定的接收方之间的点到点的流量有关，它的任务是确保一个快速的发送方不会持续地以超过接收方接收能力的速率传输数据信息。因此，需要接收方向发送方提供某种反馈，以便告诉发送方另一端的情况，故数据链路层不使用基于速率的流量控制方案。

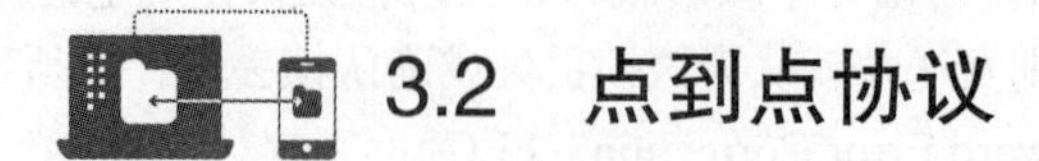

3.2 点到点协议

3.2.1 PPP 协议概述

点对点协议（Point to Point Protocol，PPP）是 Internet 中广泛使用的链路层通信协议。对于点对点的通信链路，PPP 协议比 HDLC 协议简单得多。用户接入因特网的方式多种多样，但无论通过什么方式接入，用户都需要连接到某个因特网服务提供者（Internet Service Provider，ISP）才能接入到因特网，而 ISP 是通过与高速通信线路连接的路由器与因特网连接。PPP 协议就是用户计算机和 ISP 进行点对点线路通信所使用的数据链路层协议，以便控制数据帧在它们之间的传输。

早在 1984 年，Internet 就开始使用面向字符的链路层协议 SLIP（Serial Line Internet Protocol），即串行 IP 协议。但 SLIP 没有差错校验功能，不支持除 IP 以外的其他协议。如果 SLIP 帧在传输中出了错，只能靠高层进行纠正，并且会产生不兼容等问题。为了克服 SLIP 的缺点，IETF 于 1992 年制定了 PPP 协议，经过修订已成为 Internet 的正式标准。PPP 协议主要包括 3 个部分：

① 一个将 IP 数据报封装到串行链路的方法。PPP 既支持异步链路（无奇偶检验的 8 bit 数据），也支持面向比特的同步链路。IP 数据报在 PPP 帧中就是其信息部分。这个信息部分的长度受到最大传送单元 MTU 的限制。

② 一个用来建立、配置和测试数据链路连接的链路控制协议 LCP（Link Control Protocol）。通信双方可在数据链路连接的建立阶段，借助于链路控制协议 LCP，协商一些选项，如在 LCP 分组中，可提出建议的选项和值、接收所有选项、有一些选项不能接受和有一些选项不能协商等。

③ 一套网络控制协议（Network Control Protocol，NCP）。它包含多个协议，其中的每一个协议支持不同的网络层协议，如 IP、OSI 的网络层、DECnet 以及 AppleTalk 等。

3.2.2 PPP 协议的帧格式

PPP 协议的帧格式如图 3-7 所示。PPP 协议是面向字符的，因此所有的 PPP 数据帧的长度都是整数个字节。

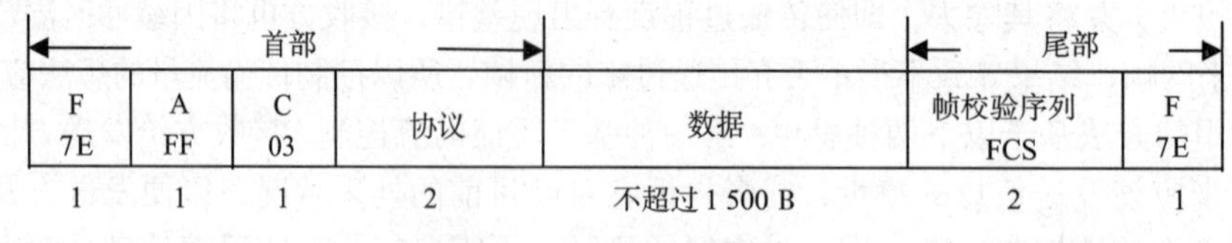

图 3-7　PPP 帧的格式

① 帧界标志 F：为 0x7E。十六进制的 7E 的二进制为 01111110，“0x”表示它后面的字符是十六进制表示的。

② 地址 A：为 0xFF（即二进制是 11111111），对应为广播地址，表示所有的接收站点都接收这个帧。由于 PPP 只用于点对点链路，地址字段实际上不起作用。

③ 控制 C：为 0x03（即二进制是 00000011）。控制字段 C 为常数，表示 PPP 帧不使用编号，不携带 PPP 帧的信息。

④ 协议：说明数据部分封装的是哪类协议的分组。若协议字段为 0x0021，PPP 帧的数据字段就是 IP 数据报；若协议字段为 0xC021，则数据字段是 PPP 链路控制协议 LCP 的数据；若协议字段为 0x8021，表示这是网络层的控制数据。

⑤ 数据：数据字段长度可变，默认长度是 1 500 B，常用的是数据字段封装 IP 数据报。

⑥ 帧校验序列 FCS：差错校验的循环冗余校验码。当 FCS 检测到传输差错时做丢弃处理，但 PPP 提供的是不可靠的传输服务，并不进行差错控制。FCS 字段默认为两个字节，可协商为 4 个字节。

需要说明的是，为了保证 PPP 帧界标志对传输数据的透明性，帧的数据字段不能出现和标志字段一样的比特（0x7E）组合。由于 PPP 既用于路由器到路由器的面向位的同步链路，也用于主机通过 RS-232、调制解调器和电话线到路由器的面向字符的异步链路，因此 PPP 支持两种填充方法：零比特填充和字节填充。当 PPP 用在同步传输链路时，采用硬件完成比特填充。当 PPP 用在异步传输时，采用字符填充法，具体做法参考 3.1.4 节中字符填充法，这里不再做赘述。PPP 协议利用字节填充法实现了数据的透明传输。

3.2.3　PPP 协议的工作状态

PPP 链路的起始和终止都是图 3-8 中的“链路静止”状态，此时无物理层连接。当用户拨号接入 PPP 时，由路由器的调制解调器对拨号做出确认后，建立一条从用户 PC 到 ISP 的物理连接，此时进入“链路建立”状态。接着，用户 PC 向路由器发送一系列的 LCP 分组（封装成多个 PPP 帧），以便建立 LCP 连接。这些分组及其响应通过协商选择将要使用的一些 PPP 参数，协商成功则进入“身份认证”状态。身份认证机制是 PPP 的一个特点，也是一个重要的安全措施。若身份认证失败，则转到“链路终止”状态；若身份认证成功，则进入“网络层协议”状态。

在“网络层协议”状态，PPP 链路两端通过发送 NCP 分组选择和配置网络层协议，协议可以一个也可以多个。这是因为链路两端的网络层可以运行不同的网络层协议，但通信仍然可使用同一个 PPP 协议。通过进行网络层配置，NCP 给新接入的 PC 分配一个临时的 IP 地址。这样，用户 PC 就能成为因特网上的一个主机。

当网络层配置完成后，链路就进入“链路打开”状态，此时可进行数据通信，链路的两个端点可以彼此向对方发送分组。

当通信完毕时，可由一方发出终止请求 LCP 分组请求链路终止链路连接，收到确认后，NCP 释放网络层连接，收回原来分配出去的 IP 地址，再释放数据链路层连接，最后释放物理层连接进入“链路终止”状态。上述的过程中，PPP 的状态变化如图 3-8 所示。

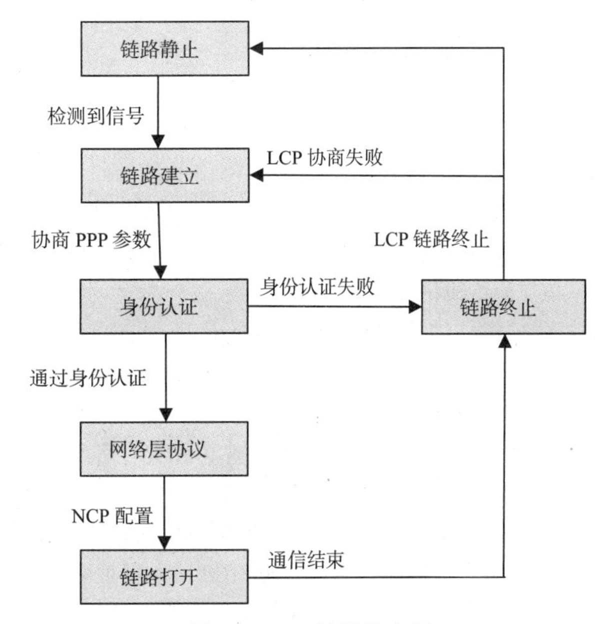

图 3-8　PPP 协议状态图

3.3 局 域 网

局域网（Local Area Network，LAN）是指在有限的地理范围内，利用各种网络连接设备和通信线路将计算机互连实现数据传输和资源共享的计算机网络。

简单地说，它是一个较小地域范围的、高速的通信网络，如一幢大楼中的企业局域网或校园网。在局域网中，任何计算机发出的数据包都能被其他计算机接收到，各个网内的主机允许资源共享和数据传输，包括数据文件、多媒体文件、电子邮件、语音邮件或各类软件，也可以是一些外围设备的共享，如打印机、扫描仪或存储设备等。

3.3.1 局域网概述

局域网是目前最常见的一种网络，被广泛地建立在各种规模的组织内。由于其投资规模较小，网络实现容易，新技术易于推广应用，企业、机关和学校等各单位先后建立了自己的计算机局域网。

局域网的特点体现在以下几个方面：

① 局域网覆盖的地理范围小，一般为几十米至几千米，可覆盖一幢大楼、一个企业或一所校园。

② 数据传输效率高，通常带宽在 10~1 000 Mbit/s；由于局域网通常采用基带传输技术，且传输距离短，经过网络设备少，因此误码率也很低，通常在 10^{-11}~10^{-8}。

③ 局域网归属单一，通常为一个单位或组织建设所有，故其设计简单、结构灵活、建设成本低、周期短、不受公共网络的约束，并且易于维护和管理。

局域网与广域网的区别最重要特征是它们所覆盖的地理范围的差异，正是由于这种差异改变了其基本的通信机制，即从广域网的“存储转发”方式变为“共享介质”方式与“交换”方式，局域网在其传输介质、介质存取控制方法上形成了自己独特的特点。

1. 局域网的拓扑结构

在建设局域网之前，首要任务是要对局域网进行设计，包括如何布线、规划网络的物理结构等，这就称为网络拓扑。即把计算机网络看作是由一组结点和链路组成的几何图形，这些结点和链路所组成的几何图形就是网络的拓扑结构。对网络拓扑结构的选择是局域网建设的基础和前提，它能够决定局域网的特点、速度和所实现的功能等，对网络的性能具有一定的影响。常见的局域网拓扑结构有总线、星状、环状以及它们所派生出的树状、网状拓扑结构。

（1）总线拓扑结构

总线拓扑结构如图 3-9 所示，是指所有微型计算机都通过相应的硬件接口直接连在一条总线上，各工作站地位平等。信息传递由发送信息的结点开始向两端扩散，任何一个结点的信息都可以沿着总线向两个方向传输扩散，当某台设备的地址与所发送信息的目的地址一致时，接收总线上传输的信息，就如同广播电台发射信息一样，故又称为广播式网络。

网络的总线通常选用同轴电缆，数据多以基带信号形式传递，在总线的两端必须接有终端电阻（称为终接器）与总线阻抗匹配，防止反射回来的信号干扰总线上正在传输数据的基带信号。一般地，每一段网络长度不超过 180 m，且最多能同时连接 30 台设备，设备与设备之间不应小于 0.46 m，两端必须接有一对 50 Ω 的终接器。

总线结构是一种简单且便于建设和扩充的拓扑结构，所需要的设备量少、价格低、可靠性高、网络响应速度快、共享资源能力强。但总线结构非常容易出错，只要一个网卡没有连接好整个网络都会受到影响，在诊断故障时要孤立一个故障非常困难，所以很难找到出现故障的具体原因。

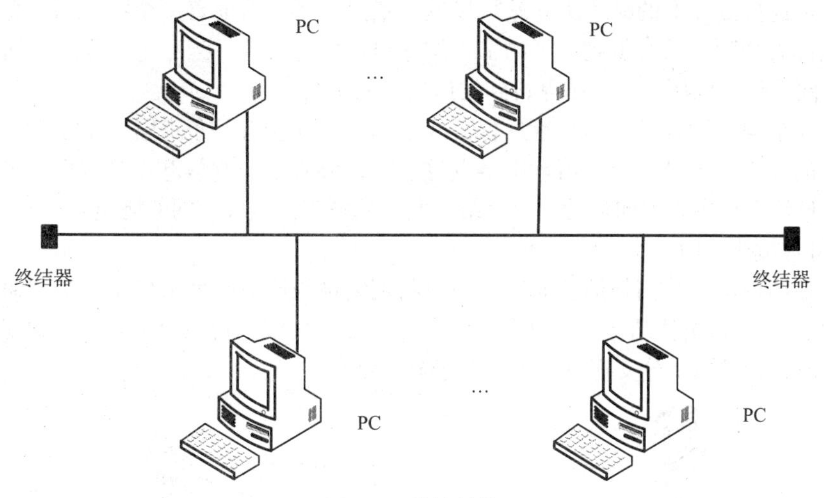

图 3-9　总线结构

（2）星状拓扑结构

在星状拓扑结构中，将中心设备作为网络的中心结点，其他各个结点（工作站）都分别与这个中心结点相连，以星状方式连接成网，中心设备采用集线器（Hub）或交换机，如图 3-10 所示。

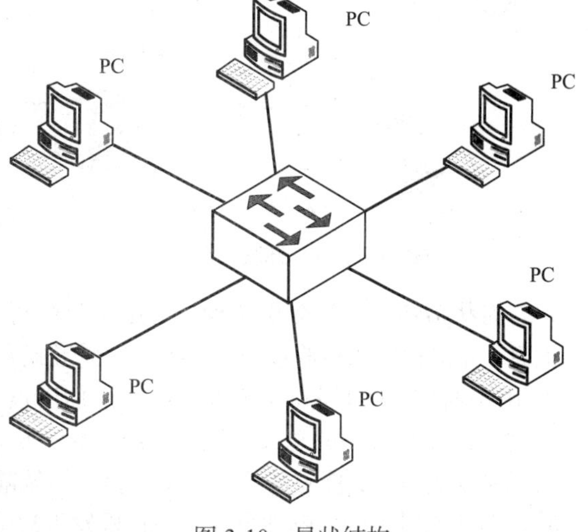

图 3-10　星状结构

在星状结构中，各计算机结点以集线器或交换机为中心，各工作站以点到点的形式与中心结点连接，中心结点执行集中通信控制策略。因此，网络的可靠性完全依赖于中心结点的可靠性，网络的管理、控制和故障诊断也较为容易。但是，网络中任何两个站点要进行通信都必须经过中心结点控制，故中心结点的负担相当繁重，结构也相当复杂，其承担的工作主要有为需要通信的工作站建立物理连接；为正在通信的工作站维持这条通道畅通；通信完成后将通道拆除。

星状结构中的中心结点与各计算机工作站之间的连接线可以是双绞线、光线等传输介质，如果是双绞线连线的最远距离不应超过 100 m，集线器与集线器之间采用对垒式或串联式进行连接。总体来说，星状拓扑结构简单、控制简单，便于建网、便于管理；各段线路都是分离的，相互之间互补影响；只有中心结点能够作为服务器存放共享资源，故网络的共享资源能力较低。

（3）环状拓扑结构

环状拓扑结构中各结点通过环路接口连在一起，形成一条闭合的环状通信线路。环路中的任何结点都可以请求发送信息，并且能够向下游结点转发所接收到的信息。信息流在环状网中单方向“旅行”一圈，最后由发送结点进行回收。即当一个结点发出信息，则该条信息将依次穿过所有环路接口并转发，当信息中的目的地址与环上某结点地址相符时则被该接口接收，复制到自己的接收缓冲区中，而后信息继续传向下一个环路接口，直到流回发送该信息的环路接口为止，如图 3-11 所示。

为了决定连接到环上的哪个工作站可以发送信息，环上流通着一个特殊的信息包，这个特殊的信息包称为令牌，只有得到令牌的工作站才可以发送信息。当一个工作站发送完信息后就把令牌依次向下传，以便下游的站点得到发送信息的机会。

环状拓扑结构的优点是能够高速运行，两个结点之间仅有一条道路，路径选择控制简单，避免了冲突的发生；不足之处是当环中结点过多时，势必会影响信息传输速率，延长网络传输的时间；信息流在环中单方向流动，一个结点发生故障将会造成全网的瘫痪。

（4）树状拓扑结构

树状拓扑结构由星状拓扑演变而来，当星状网络被级联时，就形成了一颗“树”的形状，如图 3-12 所示。树状拓扑结构是一种分层结构，顶端是树根，树根以下由多个中间分支结点和叶子结点组成，并且每个分支还可以再附有子分支结点。

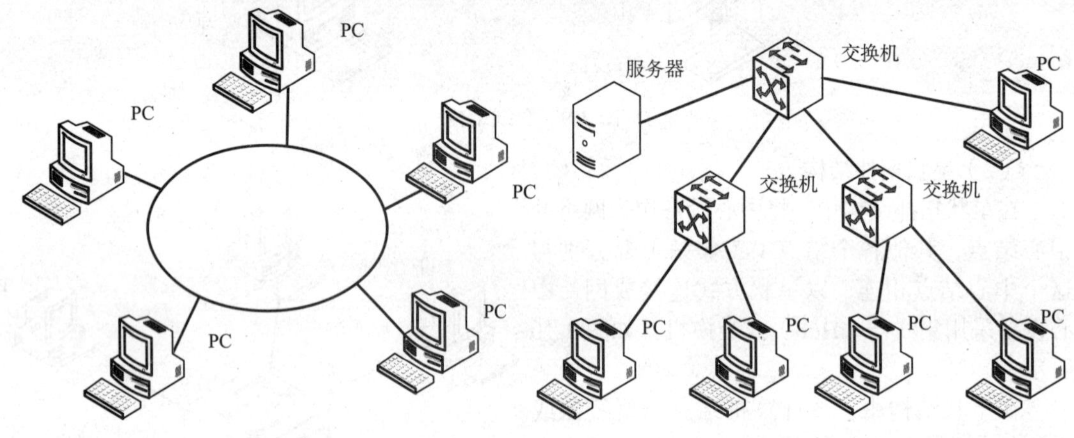

图 3-11　环状拓扑结构　　　　图 3-12　树状拓扑结构

树状结构是一种分层结构，适用于分级管理控制系统。拓扑结构中的工作站可以请求发送消息，先由根结点接收该消息，再以广播形式发送到全网。树状拓扑结构较星状结构很多优点，如组网灵活、管理及维护方便，可以延伸出很多分支和子分支，新的结点和分支能较容易地加入网内，并且线路的总长度比星状结构短，成本较低；故障隔离较为容易，若某一分支的结点或线路发生故障，能够将故障分支和整个系统隔离开，不影响全网。但这种结构也有不足之处，其各个结点对根的依赖性很大，一旦根发生故障，则全网不能正常工作，其可靠性不高。

（5）网状拓扑结构

网状拓扑结构是将所有计算机工作站实现点对点的连接形成一张巨大的网，可以看作是由多个子网或多个局域网连接而成，通常是几种结构的混合体。在子网中，由集线器、中继器将多个工作站连接起来，用桥接器、路由器及网关则将子网连接起来，由图 3-13 可以看出，网状结构是由星状、总线、环状演变而来的。

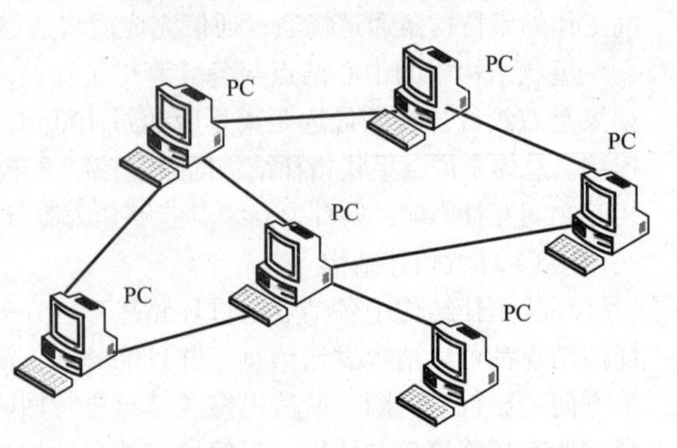

图 3-13　网状拓扑结构

在网状拓扑结构中，任何两个结点之间都有点到点的链路连接，因此网络的可靠性高、容错能力强，但此种网络安装起来也很复杂、消耗电缆多，工作量大，网络建设的工作极为困难，重新配置的可能性小。表 3-1 列出了几种网络拓扑结构之间的比较。

表 3-1　网络拓扑结构之间的比较

拓扑结构	优　点	缺　点
总线	① 安装容易 ② 使用电缆少，易于扩充结点 ③ 隔离性好	① 检测故障定位困难 ② 系统范围受限制
星状	① 便于管理 ② 检测故障定位容易 ③ 单个站点发生故障不会影影响全网	① 集线器出现问题会影响全网 ② 增加工作站时要增加集线器的连线
环状	① 检测故障定位容易 ② 需要电缆长度短	① 网络的性能依赖于性能最差的结点 ② 单项环的容错性差
树状	① 组网容易，易于扩展 ② 检测故障定位容易	各个结点对根结点依赖性太大
网状	① 检测故障定位容易 ② 容错能力强、可靠性高	① 消耗电缆多、成本高 ② 结构复杂，不易于安装、建设

2. 局域网的工作模式

根据网络工作方式和所使用的操作系统的不同，局域网可分为对等模式、专用服务器模式和客户 / 服务器模式 3 种类型。

（1）对等模式（Peer-to-Peer）

对等模式是指网络的工作方式，与网络的拓扑之间没有直接关系。在对等模式网络中，所有接入该网络的计算机都是对等的，每台计算机既是服务器也是工作站，相互之间可以互访问、文件传输交换和资源共享等活动，整个网络中不需要再接入专用的服务器。

由于对等网中没有专用的服务器，故每一台计算机何时充当服务器何时为工作站，取决于某一时间段所充当的角色。例如，当计算机要访问网络中的其他计算机上的共享资源时就是工作站角色，若计算机为网络中的其他计算机提供可共享的资源时就是服务器角色。

对等网的组建极为简单，只需要在计算机上安装支持对等网络功能的操作系统，然后将各台个人计算机在物理上连接起来即可。我们常用的操作系统如 Windows 等都内置了基本的网络通信功能，可以很方便地组建对等网。

（2）专用服务器模式（Server Based）

专用服务器模式的特点是网络中必须接有一台服务器，所有的工作站必须以这台服务器为中心，各个工作站之间无法直接进行通信。当工作站与工作站之间需要进行通信时，必须通过服务器中转，也就是说工作站间进行文件的访问、传输时都需要服务器的参与才能成功完成。典型的 NetWare 网络操作系统就是专用服务器模式的代表。最典型的服务器类型包括：

① 文件服务器（file server）。允许所有用户共享一个或多个大容量磁盘驱动器。

② 打印服务器（print server）。提供访问一台或多台打印机的能力。

③ 通信服务器（communications server）。提供访问其他局域网、主机或拨号网络的能力。

④ 应用服务器（applications server）。为许多用户共享的应用提供处理能力。

⑤ Web 服务器（Web server）。允许创建 Web 站点供工作人员在内部访问或提供访问 WWW 能力。

（3）客户机 / 服务器模式（Client/Server）

客户机 / 服务器模式是在专用服务器模式的基础上得以发展的，是最常见的一种局域网，它继承了专用服务器模式的优点，支持比对等网络更大的网络，并解决了专用服务器的不足之处。在客户 / 服务器模式中，工作站既可以与服务器进行通信，也可以与其他工作站进行直接通信，而不再需要通过服务器中转和参与。用于客户 / 服务器模式的网络操作系统的典型代表有 Windows Server 系列。

表 3-2 比较了对等模式网络、专用服务器模式网络和客户 / 服务器模式网络的优缺点。

表 3-2　局域网工作模式比较

工作模式	优　点	缺　点
对等模式	① 组建和维护容易，使用简单 ② 不需要专用的服务器 ③ 可利用系统内置的网络通信功能，实现低价建网	由于每一台计算机都可能承担双重角色，数据的保密性差
专用服务器模式	① 专用的服务器保障了数据的保密性、可靠性 ② 能够对每一个工作站进行严格的用户设置访问权限	① 各工作站之间的互通性差，网络工作效率低 ② 各工作站上软硬件资源无法实现共享
客户 / 服务器模式	① 减少了服务器的工作量 ② 有效地利用了各工作站的共享资源 ③ 网络的工作效率较高	① 网络较复杂，对各工作站的管理比较困难 ② 数据的保密性低于专用服务器模式

3.3.2　局域网体系结构

1. 局域网参考模型

以上讨论的局域网都是以实现通信为目的的通信网而非计算机网，要实现网络通信就需要配置网络的高层协议软件和相关的应用系统。由 OSI 参考模型可知网络层以上的高层协议与网络结构无关，因此局域网的参考模型只需考虑 OSI 参考模型的低层协议即可，通过比较分析来确定局域网的参考模型。

OSI 参考模型的最低层是物理层，首先从这一层开始分析。我们知道在局域网中涉及一些物理连接和传输介质接口，那么就需要对这些传输介质接口的特性进行描述，如机械特性、电气特性、功能特性和规程特性等。这与 OSI 参考模型的物理层相同，所以物理层对于局域网是必要的，它负责物理连接和在介质上传送的比特流。

下面考虑数据链路层存在的必要性。数据链路层的任务主要是通过数据链路层协议在不可靠的信道上实现可靠的数据传输，并负责帧的传送和控制，为网络层提供高质量的数据传输服务。显然，在局域网中数据链路层的这种功能是必要的。在局域网中由于各工作站之间共享传输介质，在开始通信之前首先要分配信道，避免出现信道占用冲突，所以数据链路层在这里提供了介质访问控制功能，并保证了数据传输的可靠性。由于局域网中采用多种传输介质，而每一种介质访问协议又与传输介质和拓扑结构相关。为了使数据帧传输独立于所采用的物理介质和访问控制方法，将局域网划分为介质访问控制（Medium Access Control，MAC）和逻辑链路控制（Logical Link Control，LLC）两个子层。其中，MAC 子层屏蔽了物理介质和介质访问方法对网络层的影响，则 LLC 子层完全不受所使用的介质和介质访问方法的干扰，达到了数据帧传输独立于物理介质和访问控制方法的目的。MAC 子层、LLC 子层以及物理层之间通过服务访问点（Service Access Point，SAP）接口相连。

是否需要保留 OSI 的网络层？通过局域网的拓扑结构可知网络结构往往比较简单，网络层的很多功能如流量控制、差错控制、寻址、排序等都可以在数据链路层完成，故不考虑网络层。可是按照 OSI 的要求，局域网中的网络设备应该与网络层的服务访问点（Service Access Point，SAP）相连。为了解决这个问题，局域网直接将网络层的服务访问点 SAP 设在 LLC 子层的上面，而不再设置网络层。图 3-14 给出了局域网参考模型和 OSI 模型的对应关系。

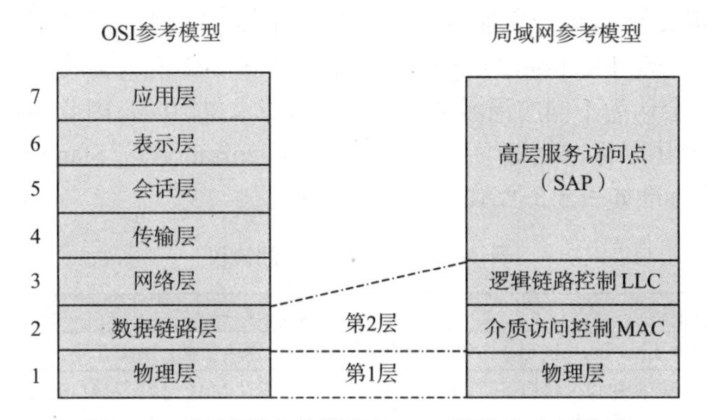

图 3-14　局域网参考模型和 OSI 模型的对应关系

其中，MAC 子层提供标准的 OSI 数据链路层服务，保证高层协议如 TCP/IP、SNA 等都可以在局域网模型标准上运行。物理层由物理信号层（PLS）、介质连接单元（MAU）和介质组成。

MAC 子层可提供的功能有：

① 帧封装与解封装和介质访问控制。

当发送数据时，MAC 子层把从上一层 LLC 子层接收到的数据单元封装成带有地址和校验信息的标准数据链路层“帧”，经过介质访问控制功能层的控制传给物理层，物理层对帧进行数据曼彻斯特编码，通过 MAU 发送到介质上；接收数据时，先由介质传来的数据帧被 MAU 层接收，由 PLS 对帧进行数据译码过程，即将曼彻斯特编码译为非归零二进制码，然后经过介质访问控制交给帧解封装功能层，对数据“帧”拆分，再上交给 LLC 子层。图 3-15 所示为 MAC 与 LLC 子层帧的关系。

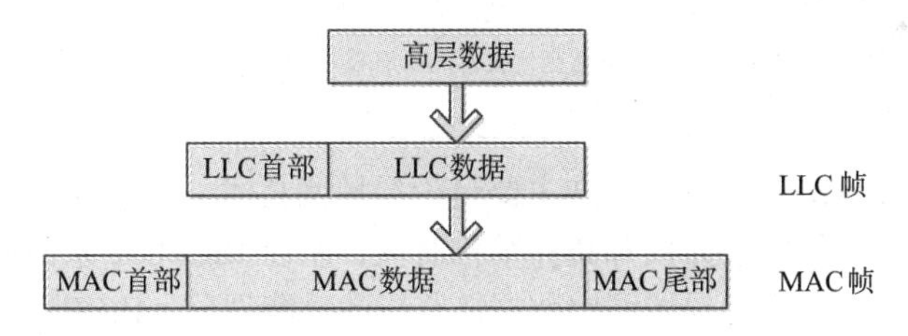

图 3-15　MAC 与 LLC 子层帧的关系

② 比特的差错检测。

③ 物理寻址。

④ 实现和维护 MAC 协议。

由于数据链路层中与接入各种传输媒体相关的问题都在 MAC 子层，故 MAC 子层还需要负责在物理层的基础上进行无差错的通信。

LLC 子层的主要功能有：

① 建立和释放数据链路层的逻辑连接。

② 提供与高层的接口。

③ 差错控制。

④ 为帧添加序号。

由于 LLC 子层完全不受所使用的介质和介质访问方法的干扰，所以把与介质访问无关的协议放在这一层。

2. 局域网协议标准 IEEE802

对于局域网的定义及其运行机制的标准，早在 1980 年 2 月美国电子和电气工程师协会（Institute of Electrical and Electronic Engineers，IEEE）的 802 委员会成立以来就制定了一系列标准。IEEE 802 委员会认为不同的局域网应用对技术要求也不同，因此构建了若干具有不同特征的局域网标准，并被国际标准化组织（International Organization for Standardization，ISO）采用。IEEE 802 系列的主要标准如表 3-3 所示。

表 3-3　IEEE 802 系列协议

协议名称	协议相关内容
IEEE 802.1	局域网概述及网间互连定义，包括局域网体系结构、网络互联、网络管理、性能测试等
IEEE 802.2	逻辑链路控制协议，该协议对 LLC 子层，高层协议以及 MAC 子层等接口进行过了规范，保证了网络信息传递的准确和有效性
IEEE 802.3	总线网络的介质访问控制协议 CSMA/CD 及物理层技术规范，该协议产生了许多扩展标准，如快速以太网的 IEEE 802.3u，千兆以太网的 IEEE 802.3z 和 IEEE802.3ab，10G 以太网的 IEEE802.3ae
IEEE 802.4	令牌传递总线网访问控制协议方法和物理层技术规范
IEEE 802.5	令牌环网介质访问控制协议及物理层技术规范，标准的令牌环以 4 Mbit/s 或者 16 Mbit/s 的速率运行
IEEE 802.6	城域网（WAN）介质访问方法和物理层规范
IEEE 802.7	定义了网络技术，为其他分委会提供宽带网络技术建议
IEEE 802.8	定义了光纤网络技术，为其他分委会提供宽带网络技术建议
IEEE 802.9	综合话音数据局域网，定义了介质访问控制子层（MAC）与物理层上的继承服务（IS）接口，该标准又被称为同步服务 LAN
IEEE 802.10	局域网安全技术标准
IEEE 802.11	无线局域网介质访问控制子层与物理层技术规范
IEEE 802.12	请求优先级访问的局域网，100 Mbit/s 高速以太网按需优先的介质访问控制协议 100VG-ANY
IEEE 802.14	交互式电视网（包括 Cable Modem）的访问方法及物理层技术规范
IEEE 802.15	短距离无线网络（WPAN），包括蓝牙技术的所有技术参数
IEEE 802.16	固定带宽无线接入系统的空中接口规范

从表 3-3 可以看出 IEEE802 系列标准主要讨论局域网技术。局域网中使用多种传输介质，而每一种介质访问协议又与传输介质和拓扑结构有关，所以 IEEE802 系类标准主要基于网络的物理层和数据链路层。为了简化局域网中数据链路层的功能划分，IEEE 802 标准将数据链路层划分为介质访问控制（MAC）子层和逻辑链路控制（LLC) 子层，同时 SAP 位于 LLC 子层与高层的交界面上，图 3-16 所示为 IEEE802 协议结构，划分的具体依据已在局域网参考模型中做了详细的分析，这里不再赘述。

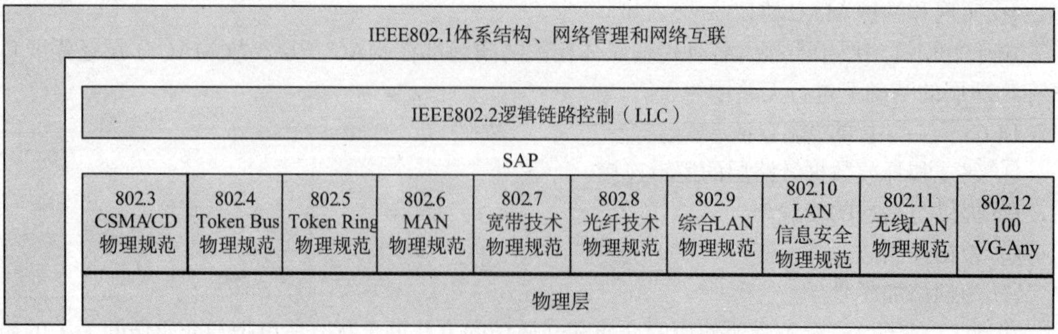

图 3-16　IEEE802 协议结构

3. LLC 子层协议

LLC 子层和 MAC 子层之间通过数据单元进行通信，IEEE802 标准对帧格式做了相应的定义。IEEE802 标准定义的帧格式与其他网络的帧格式相似，由数据域和控制域组成。

如图 3-17 所示，LLC 层将高层协议的数据单元包 PDU 封装成 LLC 帧，PDU 包作为 LLC 帧的数据字段，在数据字段前加上源服务访问点 SSAP、目的服务访问点 DSAP 和控制信息即构成 LLC 帧。MAC 子层把 LLC 子层封装成 MAC 帧，即把 LLC 帧作为 MAC 帧的数据字段，加上源地址 SA、目的地址 DA、帧校验序列及控制信息构成 MAC 帧。

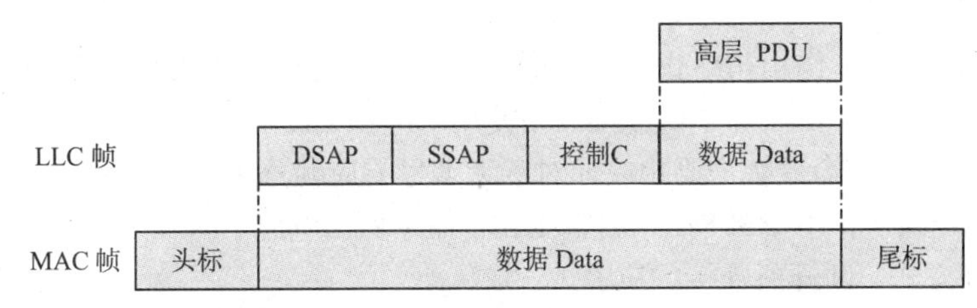

DSAP		SSAP		控制字节 C	数据 Data
1 位 0：单地址 1：组地址	7 位	1 位 0：命令 1：相应	7 位	信息帧 监督帧 无编号帧	N 字节数据

LLC 帧格式

头　标					数据 Data		尾标
7 B	1 B	6 B	6 B	2 B	46~1 500 B		4 B
PA 前导码	SFD 帧定界符	DA 目的地址	SA 源地址	L 帧长度	I 数据域	PAD 字节填充	FCS 帧检验 序列

MAC 帧格式

图 3-17　LLC 与 MAC 帧格式

IEEE 规定 LLC 帧共有 4 个字段，分别为 DSAP（目的服务访问点）字段、SSAP（源服务访问点）字段、控制字段和数据字段。其中，地址字段中 DSAP 和 SSAP 各占一个字节。DSAP 字段的最低位为 I/G 位，当 I/G=0 时，后面的 7 个比特位表示单个站的地址；当 I/G=1 时，表示组地址。SSAP 字段的最低位为 C/R 位，当 C/R=0 时，表示命令帧；当 C/G=1 时，表示响应帧。

LLC 帧的控制字段中，按照所实现协议的需要将帧分为三类：信息帧、监督帧和无编号帧。

① 信息帧在面向连接的服务方式中传送数据帧，并有捎带应答功能。其中 N(S) 是发送帧序号；N(R) 是捎带应答的帧序号，N(S) 和 N(R) 的主要作用是为流量控制和差错控制提供帮助。P/F=1 时，表示本次传送停止，告知对方可以继续发送信息。

② 监督帧进行响应和流量控制功能，SS 字节域提供 4 种状态功能：

a. SS=00：RR 帧，接收准备就绪，N(R) 表示希望接收编号为 N(R) 的帧，即编号 N(R)-1 帧及以前的帧都已被正确接收，能够对与 RR 帧不同方向的数据帧进行捎带应答。

b. SS=01：RNR 帧，接收未准备就绪，其确认功能表示要求对方立即停止发送数据帧，当收到 RR 帧时才能继续发送。

c. SS=10：REJ 帧，全部重发，表示编号为 N(R) 的帧及其以后各帧均被拒收，要求全部重发。

d. SS=11：SREJ 帧，选择重发，表示编号为 N(R) 的帧被拒收，要求重发此帧。

③ 无编号帧分为命令帧和响应帧两个部分，主要用于无编号信息传输和连接管理过程中控制信息的传输。其命令帧分为以下几种：

a. UI：无编号命令，用于发送一个不连续的无编号数据帧。发送 UI 命令不需要建立连接，可靠性不能够保证。

b. XIP：交换标识，向对方通报所要求的 LLC 服务类型和接收窗口的大小。

c. TEST：测试，作用是请求一个测试帧，测试 LLC-LLC 环路。

d. SABME：置扩充的异步平衡方式，此命令用来设置与目的端的数据链路连接，而这种连接具有异步平衡方式。

e. DISC：释放连接，作用是终止一个逻辑连接，确切地说是用来终止 SABME 命令设置的异步平衡方式，使对方 LLC 断开逻辑连接以便使用响应帧 UA 响应。

当 P/F=1 时，指示有命令帧需要响应，对于无编号响应帧分为几下几种：

a. UA：无编号确认，用于对 SABME 和 DISC 命令做出响应。

b. DM：断开方式，断开所连接的应答。

c. XID：交换标识，建立≤ 7 的窗口，对 XID 命令进行响应。

d. TEST：测试，对 TEST 命令的响应帧。

4. MAC 子层协议

在 MAC 子层中把 LLC 帧作为数据字段部分，加上源地址 SA、目的地址 DA、帧校验序列及控制信息封装成 MAC 帧。IEEE 规定地址字段的最高位 I/G=0 时，地址字段表示单个站地址；当 I/G=1 时，表示组地址，即允许多个站点使用同一地址，并且组内所有站点都会收到帧信息。

在 MAC 子层的地址字段中有局域地址和全局地址。IEEE802 为每个工作站都规定了一个 48 位的全局地址，地址中的高 24 位由 IEEE 进行分配，所以世界上所有生产局域网网卡的厂家都必须事先向 IEEE 购买高 24 位地址，这个地址就被称为地址块或厂家代码。全局地址中的低 24 位则由厂家自由分配。

其信息帧格式如图 3-17 所示，详细分析如下：

① PA：前导码。每帧的前导码有 7 个字节，每个字节都是 10101010 共 56 位组成，0 和 1 交替并告知接收端准备接收数据帧，以实现收发双方的时针同步。

② SFD：帧定界符。SFD 紧跟在前导码后，一个字节编码为 10101011，用于指示一帧的开始位置。当检测到帧定界符 SFD 末尾连续两位“1”时，则表示从下一位开始是有用的数据信息，并且交给 MAC 子层。

③ SA&DA：源地址和目的地址。均为 6 个字节，其中源地址是帧发送站点的地址，目的地址是标记了数据帧的目标物理地址。DA 可以是单个站点唯一地址，也可以是一组站的多目的地址，或是局域网上的所有站的广播地址。DA 的最高位编码是用来判断地址的，若最高位为“0”，表示单址，若最高位为“1”，表示多址或广播地址（广播地址的编码全为“1”）。

④ L：帧长度。2 个字节，表示数据字段有多少个字节数。

⑤ I：数据域。不同的局域网数据域的大小不同，以以太网为例，该字段是一组 n（46 ≤ n ≤ 1500）字节的序列，数据域最短要 46 B，如果数据长度小于 46 B 则采用字节填充（PAD）的方法将其填充到 46 B，最大为 1 500 B。

⑥ FCS：帧校验。该序列段为 4 B，是 32 位的循环冗余校验（CRC）值。校验的范围有 DA、SA、L 和 DATA 字段，检查在这些字段中是否产生了传输错误。

3.4 以 太 网

以太网（Ethernet）是最早的局域网技术，是一种基于总线型的广播式网络，以高速、低成本的巨大优势受到欢迎，在现有的局域网标准中是最成功的局域网技术，也是当前应用最广泛的一种局域网。

以太网是基于IEEE802.3标准建立的，其基本形式是以10 Mbit/s的速度运行在总线拓扑结构上。近十来年，以太网的传输速率从10 Mbit/s发展到今天的100 Mbit/s、1 000 Mbit/s、10 Gbit/s，其发展速度相当惊人。

3.4.1 以太网的标准

IEEE802.3 中针对网络拓扑、数据速率、信号编码、最大网段长度以及所使用的传输介质进行了详细的划分，规定了 6 种标准。

1. 10Base5（粗缆以太网）

最初，以太网使用标准的同轴电缆，直径为 0.4 in，故又称为粗缆以太网。10 表示网络的数据传输速率最大为 10 Mbit/s，5 表示网络的最大网段长度为 500 m，base 代表采用基带传输技术。故 10Base5 意思是最大距离为 500 m 以 10 Mbit/s 的速度进行基带传输。

由于10Base5以太网的网络线采用的粗缆对信号有衰减作用，故需要限制每段粗缆的长度，当连接距离超出 500 m 时采用中继器连接，但总长度不易超过 2 500 m。

2. 10Base2（细缆以太网）

10Base2 以太网的网络线采用柔软的细同轴电缆，其直径只有 0.25 in 而且价格便宜，这也是细缆以太网名称的由来。10Base2 是指以太网的最大数据传输率为 10 Mbit/s，采用基带传输技术，网络线中每段网线最大长为 200 m（实际是 185 m）。传输过程中信号同样会随着传输距离的增加而减弱，所以网络中每段细同轴电缆不能超过 185 m。如果网络中设备间的距离超过了 185 m，同样需要接有中继器，起到增强信号的目的。

3. 10Base-T

使用最广泛的以太网是 10Base-T，与 10Base5 和 10Base2 以太网不同，10Base-T 标准是采用 UTP 双绞线连接的星状网络结构。因为 UTP 双绞线的传输质量相对较差，网络上任意两台计算之间的电缆长度为 2.5~100 m，以免相互干扰。

4. 10Base-F

10Base-F 以太网的传输介质为光纤（Fiber），光纤作为 UTP 双绞线的替代，将网段最大距离增加至 500 m，并且加强了传输特性。10Base-F 标准使用曼彻斯特编码，能够将电信号转换成光信号。10Base-F 标准包含以下 3 个规范：

① 10Base-FP：用于无源星状拓扑，连接结点之间的每一段链路长度不超过 1 km，P 表示无源（Passive）。

② 10Base-FL：连接结点之间的每一段链路长度不超过 2 km，L 表示接口（Link）。

③ 10Base-FB：连接转发器之间的每一段链路长度不超过 2 km，用于跨越远距离的主干网系统，B 表示主干（Backbone）。

3.4.2 以太网的帧结构

根据 IEEE 802.3 的帧格式所制定的以太网帧结构，如图 3-18 所示。

前导码（PA）	帧定界符（SFD）	目的地址（DA）	源地址（SA）	类型（TYPE）	数据域（DATA）	帧检验序列（FCS）
7 B	1 B	6 B	6 B	2 B	46~1 500 B	4 B

图 3-18 以太网帧结构

（1）前导码（PA）

该前导码字段包含 7 个字节的二进制序列，共 56 位。设置该字段的所用是指示帧的开始位置，与帧首定界符一起作为前同步信号，以便网络中的所有接收器均能与到达帧同步，并且保证了各帧之间用于错误检测和恢复操作的时间间隔不小于 9.6 ms。

（2）帧首定界符（SFD）

该字段可以被看作是前导码的延续，由一个字节的二进制码组成。字段的前 6 个比特位置由 1 和 0 交替构成，最后的两个比特位是 11，这两位起到中断同步模式并指示一帧的有效信息的开始。

（3）目的地址（DA）

目的地址字段确定帧的接收站，共 6 个字节，可以是单址、多址或一个全地址。字段的最高位用来判断地址类型，当最高位为“0”时表示单址，为“1”时则表示多址或全地址。

（4）源地址（SA）

源地址字段标识发送帧的工作站，与目的地址类似共 6 个字节。

（5）类型（TYPE）

类型字段标识数据字段中所使用的高层协议，也就是说该字段告诉接收站根据哪种协议解释数据字段。在以太网中的类型字段设置了相应的十六进制值，提供了支持多协议的传输机制，因此多种协议可以在局域网中同时共存。

（6）数据（DATA）

数据字段范围在 46~1 500 B，最小长度必须为 46 B 以保证帧长至少为 64 B，如果填入该数据段的字节少于 46 B，则必须进行填充处理，目的是让局域网中所有的站都能检测到该帧。

（7）帧校验序列（FCS）

帧校验序列提供了一种错误检测机制，共 4 B，即 32 位冗余检验码（CRC），检验除前导码、SFD 和 FCS 以外的所有帧内容。发送站边发送数据帧边进行逐位 CRC 检验，把最后得到的 32 位 CRC 校验码填在 FCS 中一起传送。

3.4.3 以太网的数据链路层协议

1. CSMA/CD 简介

早期的以太网是一种基于总线的广播式网络，也就是将许多台计算机连接到一根总线上，这样每当结点计算机开始发送数据帧时总线上的所有计算机就都能检测到该帧，类似于广播通信方式。网卡从网络上每收到一个 MAC 帧，首先检查帧中的 MAC 地址，如果是发送本站的帧则收下，否则就将此帧丢弃。对于“发送本站的帧”有以下 3 种类型：

① 单播帧（一对一）：所收到的帧 MAC 地址与本站地址相同。

② 广播帧（一对全体）：发送给所有站点的帧。

③ 多播帧（一对多）：发送给部分站点的帧。

所以，局域网中的通信并非总是一对多的广播通信，但网络中的结点所需要发送的数据帧则都是以广播的方式通过公共的传输介质发送到总线上，而连接在总线上的所有结点都有可能接收到该帧，同时也可以利用该总线发送数据，这样网络中就会因争着抢用传输介质而发生冲突。为此，需要一种访问机制以便让结点知道网络当前的情况，而带有冲突检测的载波监听多路访问协议（CSMA/CD）就是这样一种访问机制。

CSMA/CD 的原理很容易理解，一些学者把它形象地比喻为一些有礼貌的人在房间里开会时所遵守的约定一样。房间中的每个人都享有平等的机会发言讲话，这称为“多路访问”；但每个人在说话前都要先倾听，只有等房间安静时才能够发言，这种情况称为“载波监听”；如果当房间安静下来后，有两人或两人以上同时发言讲话，消息被混淆在一起其他人无法听清其中任何一人的发言，这就发生了“冲突”，发言人必须都马上停止发言，各自等待随机时间后再重新开始讲话，重复上述过程。

以太网 CSMA/CD 协议的发送过程：一个站点如果想使用传输介质发送数据，必须首先监听线路是否有其他站点正在发送。如果没有被占用，则可以立即发送数据；传输过程中，发送站点还必须继续监听是否有其他站点开始了发送。如果有，该发送站则中断发送，等待一定的随机时间后再进行监听、发送，直到所有的数据全部被成功地发送出去，并且没有被其他站点发送的数据破坏。其发送流程可以简单地概括为四点：先听后发，边听边发，冲突停止，延迟重发，工作流程如图 3-19 所示。

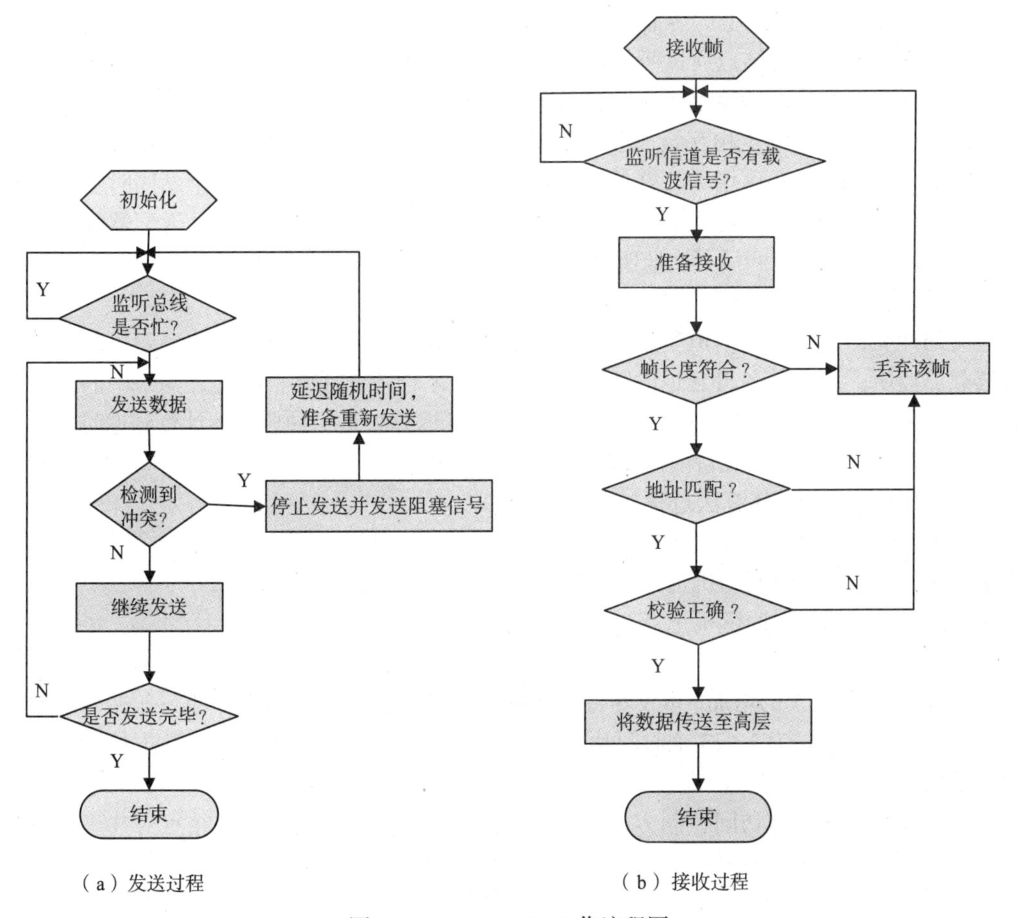

图 3-19　CSMA/CD 工作流程图

以太网 CSMA/CD 协议的接收过程：网络上的站点若不处于发送状态则处于接收状态，在准备接收发送站送来的数据帧时，先要检测是否有信息到来，然后将载波监听的信号置为“ON”，以免与待接收的帧发送冲突。当一个站点完成一个数据帧的接收后，需要首先判断所接收的帧长度。IEEE802.3 协议对最小帧长度做了规定，小于 64 B 的帧被认为是发生了“冲突”，该帧是一个“冲突碎片”，将其丢弃，接收处理结束。若未发生冲突，则进行地址匹配，确认是否与本站地址相符，并将该帧的目的地址字段、源地址、数据字段的内容存入本站点的缓冲区，然后进行传输差错校验和处理，即 CRC 校验，如果 CRC 校验无误，则进一步检测数据长度，并将正确的帧中数据传送给高层，并成功进入结束状态，否则丢弃这些数据。接收流程如图 3-19（b）所示。

2. CSMA/CD 协议的实现

（1）载波监听

总线上只要有一台计算机发送数据，总线的传输资源就会被占用，因此各结点发送数据前先要检测总线是否被占用，即“监听”；以太网发送的数据都使用曼彻斯特（Manchester）编码信号，曼彻斯特编码方法保证了在每一个码元的正中间实现一次电压转换，而“载波”就是结点利用电子技术检测的方法，是通过判断总线电平是否有跳变来确定总线的当前状态。

（2）冲突检测

当总线上两个结点“几乎”同时发送了数据帧时，载波监听方法就起不到作用，这是因为电磁波以一定的速率在总线上的传播所产生的时延造成的，例如电磁波在 1 km 电缆传播过程中，时延约为 5 μs，也就是说结点所监听的信道是 5 μs 之前的状态。所以当结点发送数据后，适配器需要边发送数据边进行检测信道上的信号电压变化，即比较发送信号与回复信号的脉冲宽度变化。总线上多个信号电压相互叠加会导致所传输的信号严重失真并且无法恢复，一旦检测到总线上的信号电压变化幅度增大，并超过一定的门限值时就认为至少有两个站同时在总线上发送数据，即产生了冲突。因此，当正在发送数据的结点发现总线上的冲突，适配器就会立即停止发送，等待随机一段时间后再次监听，然后再发送，以免继续浪费网络资源。

（3）随机延迟重发

检测到冲突，为了解决信道争用冲突，发送数据双方站点都各自延迟一段随机时间等待，再继续载波监听。那么其各自延迟的随机时间为多少才合适？通常根据估计网络中的信息量、冲突的情况来决定本次冲突的等待时间，二进制指数延迟算法是一种典型的计算延迟时间算法。如果用 t 表示本次冲突后的等待时间，则公式为 $t=R*A*(2^N-1)$，其中，N 为冲突次数；R 为随机数；A 为计时单位。具体算法过程如下：

第 1 次冲突，等待时间随机选择 0~1（2^1-1）中之一的单位时间；

第 2 次冲突，等待时间随机选择 0~3（2^2-1）中之一的单位时间；

第 3 次冲突，等待时间随机选择 0~7（2^3-1）中之一的单位时间；

……

当 $N<10$ 时，随着 N 的增加，重发等待时间按 2^N 幂值增长；当 $N>10$ 时，重发等待时间不再增长，最大可能等待时间为 1 023 个时间片，当冲突次数超过 16 时，则放弃该数据帧发送，系统发出请求发送失败报告。

综上所述，运用媒体访问控制方式 CSMA/CD 有效地控制了以太网中结点对共享总线的访问权的秩序，而二进制指数延迟算法又可以动态地适应需要访问总线的结点数的变化，在少数结点冲突时等待延迟时间短，很多结点冲突时也可以合理的解决冲突。因此 CSMA/CD 又称为随机竞争型媒体访问控制方式。

3.5　虚拟局域网

在局域网交换技术中，虚拟局域网（Virtual Local Area Network，VLAN）是一种迅速发展的技术，而并非是一种新型的局域网。由于网络拓扑的设计和连接，当一个结点发送广播帧后，每一个收到该帧的结点都会进行复制转发到所有与其相连的网络，此时大量这样的广播帧存在网络中将导致网络性能下降，甚至网络瘫痪，这就是广播风暴问题。还有基于安全性的考虑，比如很多企业在发展初期人员较少，对网络的要求也不高，大部分都采用了通过路由器实现分段的简单结构。在这样的网络中，每一个局域网上的广播数据包都可以被该网段上的所有设备收到，而无论这些设备是否需要，然而随着企业规模的不断扩大，特别是多媒体在企业局域网中的应用，使每个部门内部的数据传输量非常大。更重要的是，公司的财务部门需要越来越高的安全性，不能和其他的部门混用一个以太网段，以防止数据窃听。为了解决以太网的广播风暴和安全性问题，迫切需要更灵活地配置局域网，因此虚拟局域网技术应运而生，它并不是一种新型的局域网，而是局域网资源的一种逻辑组合。

1. 虚拟局域网的基本概念

虚拟局域网是指建立在物理局域网络基础架构上，利用交换机和路由器的功能来配置网络的逻辑拓扑结构，使网络中的站点不拘泥于所处的物理位置，并且能够根据需要灵活地加入不同的逻辑子网的一种网络技术，如图3-20所示。虚拟局域网迅速崛起，并成为最具生命力的组网技术之一。

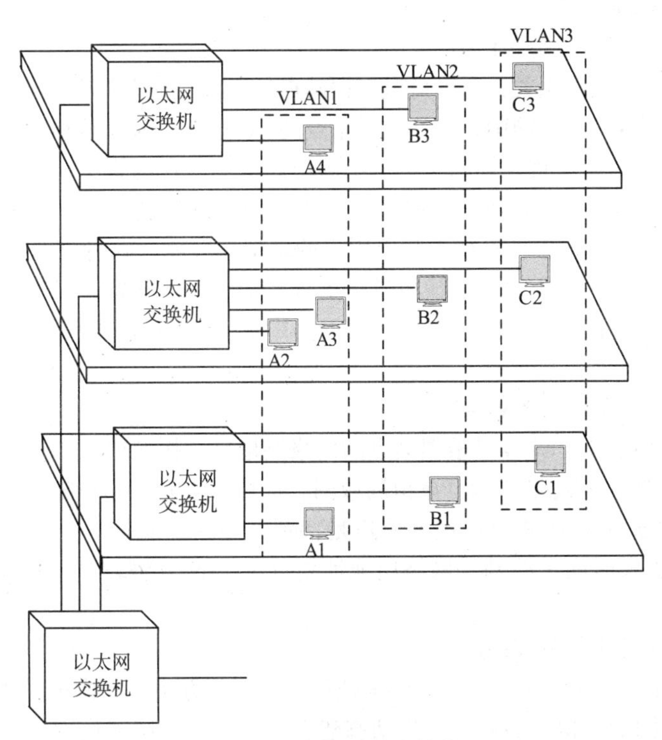

图3-20　虚拟局域网结构

其实，早在20世纪90年代中期虚拟局域网技术就已经出现并发展起来，其核心思想是建立在交换技术的基础上，利用交换机对数据帧的传输和控制能力建立多个逻辑网络，由于这些结点位于不同的物理网段，所以它们不受结点所在物理位置的束缚，但同样具有物理局域网的功能和特点，即同一网络内的结点可以互相访问，不同网络的结点不能直接访问。虚拟局域网能够跟随结点位置进行变动，也就是说当结点的物理位置改变时，不需要人工进行重新配置，组网方法十分灵活。因此，虚拟局域网能够有效地控制广播域的范围并减少由于共享介质所形成的安全隐患问题。

2. 虚拟局域网的组网方法

虚拟局域网在功能和操作上与传统局域网基本相同，其主要区别在于组网方法不同。虚拟局域网中的结点不受其物理位置限制，网中同一组结点可以位于不同的物理网段上，而它们之间的通信如同在一个局域网中一样。实际上，交换技术能够在网络层及其高层实现，因此虚拟局域网也可以在网络的不同层次上实现。不同虚拟局域网组网方法的区别，体现在对虚拟局域网成员定义方法上。

VLAN（虚拟局域网）主要有 4 种划分方式，分别为基于端口划分的 VLAN、基于 MAC 地址划分 VLAN、基于网络层划分 VLAN 和根据 IP 组播划分 VLAN。

（1）基于端口划分的 VLAN

早期的虚拟局域网大多根据局域网交换机端口定义虚拟局域网成员，是一种最普通、常用的虚拟局域网成员定义方法。这种方法从逻辑上把局域网交换机的端口划分为不同的虚拟子网，各虚拟子网彼此相对独立。使用端口定义虚拟局域网时，不允许不同的虚拟局域网包含相同的物理网段或交换端口，也就是说交换机的端口 1 属于 VLAN1 后，就不能再属于 VLAN2，一旦网络中的站点改变端口号，网络管理员需要对虚拟局域网成员进行重新配置，可以看出这种划分方法的缺点是灵活性不好。

（2）基于 MAC 地址划分 VLAN

由于 MAC 地址与硬件相关，所以可以根据站点的 MAC 地址来定义虚拟局域网成员。在基于 MAC 地址划分的虚拟局域网中，交换机对站点的 MAC 地址和交换机端口进行跟踪，当有新站点入网时，首先根据需要将其划归至某一个虚拟局域网，在网络中无论该站点如何移动，由于其 MAC 地址保持不变，因此不需要对其进行网络地址的重新配置。从这个角度来看，基于 MAC 地址划分 VLAN 的方法可以视为基于用户的虚拟局域网。这种划分虚拟局域网技术的不足之处是在新站点入网时，需要对交换机进行比较复杂的手工配置，以确定该站点属于哪一个虚拟局域网，初始配置由人工完成，在大规模网络中把上千个用户配置到虚拟局域网显然是非常麻烦的。

（3）基于网络层地址划分 VLAN

基于网络层地址划分 VLAN 是根据站点的网络层地址，按照协议类型来划分虚拟局域网成员的一种方法。例如用 IP 地址来划分虚拟局域网。这种方法允许用户随意移动工作站而无需重新配置网络地址，这对于 TCP/IP 协议的用户是特别方便的。但是由于检查网络层地址比检查 MAC 地址要花费更长时间，故基于网络层地址划分 VLAN 方法较基于 MAC 地址划分 VLAN 方法性能较差。

（4）基于 IP 广播组划分 VLAN

基于 IP 组播划分 VLAN 是一种动态的虚拟局域网划分方法，交换机则根据各站点网络地址自动将其划分成不同的虚拟局域网。首先动态建立一个虚拟局域网代理，由代理使用广播信息通知各结点，表示此时网络中存在一个 IP 广播组，如果某个结点响应这个广播信息，则该结点加入这个 IP 广播组成为虚拟局域网成员，并可以与网中的其他成员通信。IP 广播组中的所有结点属于同一个虚拟局域网，需要注意的是它们只是在特定时间段内的特定 IP 广播组的成员。IP

广播组虚拟局域网的动态特性提供了很高的灵活性，可以根据服务灵活地组建虚拟局域网，并且能够跨越路由器直接与广域网互联。以上 4 种虚拟局域网的实现技术，基于 IP 广播组的虚拟局域网智能化程度最高，实现起来也最复杂。

3. 虚拟局域网的优点

划分虚拟局域网的好处体现在以下 3 个方面：

① 隔离广播风暴。对于大型网络，网络中的广播信息必然会相当多，进而导致网络性能恶化，甚至形成广播风暴，引起网络堵塞。通过划分诸多虚拟局域网就能够减少整个网络范围内广播包的传输，这是因为广播信息不会跨越 VLAN，把广播限制在各个虚拟网的范围内，缩小了广播域，提高了网络的传输效率，从而提高网络性能。

② 增加网络的安全性。由于各虚拟网之间不能直接进行通信，而必须通过路由器转发，这样就为高级的安全控制提供了可能，增强了网络的安全性。

③ 集中化管理控制。对于同一部门的人员分散在不同的物理地点的情况，如集团公司的财务部在各子公司均有分部但都属于财务部管理，虽然数据彼此保密，但当需要统一结算时，就可以跨地域（也就是跨交换机）将其设在同一虚拟局域网之中，实现数据安全和共享。

综上所述，采用虚拟局域网有如下优势：抑制网络上的广播风暴、增加网络的安全性、集中化的管理控制。

3.6 高速以太网

快速以太网（Fast Ethernet）以上的网络都属于高速以太网，高速以太网基于扩充的 IEEE802.3 标准，由 10Base-T 以太网标准发展而来，保持了原有的帧格式、MAC（介质存取控制）机制，是当前最流行、并广泛使用的局域网。高速以太网包括快速以太网、吉比特以太网和 10 吉比特 / 万兆以太网技术。

1. 快速以太网

随着计算机网络的发展，对于日益增长的网络数据流量速度需求，传统的标准以太网技术越来越感到力不从心。在 1993 年 10 月以前，只有光纤分布式数据接口（FDDI），能够满足 LAN 10 Mbit/s 以上的数据流量，然而它是一种价格非常昂贵的、基于 100 Mbit/s 光缆的 LAN。1993 年 10 月，随着 Grand Junction 公司推出世界上第一台快速以太网集线器 Fastch10/100 和网络接口卡 FastNIC100，快速以太网技术才正式得到应用。随后 Intel、Syn Optics、3COM、Bay Networks 等公司亦相继推出自己的快速以太网装置。与此同时，IEEE802 工程组亦对 100 Mbit/s 以太网的各种标准、工作模式等进行了研究。于 1995 年 3 月 IEEE 宣布了 IEEE802.3u 100BASE-T 快速以太网标准（Fast Ethernet），开始了快速以太网的时代。

快速以太网的一个显著特性是它尽可能地采用了 IEEE802.3 以太网的成熟技术，在双绞线上传送 100 Mbit/s 基带信号，目标是加快 100BASE-T 速度。

快速以太网和传统的以太网的不同之处在于物理层，原 10 Mbit/s 以太网的附属单元接口由新的媒体无关接口代替，接口下所采用的物理媒体也相应地改变。用户网络想从 10 Mbit/s 以太网升级到 100 Mbit/s，只需要更换一张适配器和配一个 100 Mbit/s 的集线器即可，不必更改网络的拓扑结构和在 10BASE-T 上所使用的应用软件和网络软件。100BASE-T 标准还包括有自动速度侦听功能，其适配器有很强的自适应性，能以 10 Mbit/s 和 100 Mbit/s 两种速度发送，并以另一端的设备所能达到的最快的速度进行工作。

优点：快速以太网具有高可靠性、易于扩展性、成本低等优点，最主要体现在高速以太网技术可以有效地保障用户在布线基础实施上建设，它支持3、4、5类双绞线以及光纤的连接，能有效地利用现有的设施。

缺点：快速以太网的不足其实也是以太网技术的不足，即快速以太网仍是基于载波侦听多路访问和冲突检测（CSMA/CD）技术，当网络负载较重时，会造成效率的降低，这可以使用交换技术来弥补。

100 Mbit/s以太网标准又分为100BASE-TX 、100BASE-FX、100BASE-T4三个子类。

① 100BASE-TX：是一种使用5类无屏蔽双绞线或屏蔽双绞线的快速以太网技术。它采用两对双绞线，一对用于发送，一对用于接收数据。在传输中使用4B/5B编码方式，信号频率为125 MHz。符合EIA586的5类布线标准和IBM的SPT 1类布线标准，使用同10BASE-T相同的RJ-45连接器，最大网段长度为100 m，支持全双工的数据传输。

② 100BASE-FX：是一种使用光缆的快速以太网技术，可使用单模和多模光纤（62.5μm和125μm）。多模光纤连接的最大距离为550 m，单模光纤连接的最大距离为3 000 m，100BASE-FX特别适合于有电气干扰的环境、较大距离连接或高保密环境等情况下。

③ 100BASE-T4：是一种可使用3、4、5类无屏蔽双绞线或屏蔽双绞线的快速以太网技术。它使用4对双绞线，3对用于传送数据，1对用于检测冲突信号。符合EIA586结构化布线标准。它使用与10BASE-T相同的RJ-45连接器，最大网段长度为100 m。

传统以太网只是通过一个连接点接入同轴电缆，用这条通道来发送和接收数据，但是在同一时刻通道只能有一种工作方式，即结点在发送数据时就不能同时接收，在接收数据时也不能发送，即为半双工工作模式。

快速以太网支持全双工与半双工两种工作模式，即主机通过网卡有两个通道，其中一个用于发送数据，另一个用于接收数据，这样就避免了传统以太网将很多主机连接在共享同轴电缆上，主机之间争用共享的传输介质的问题，因此采用全双工模式的快速以太网不需要CSMA/CD介质访问控制方法，它不受冲突窗口的大小限制，而只是受传输信号强弱的限制。

2. 吉比特以太网

尽管快速以太网具有高可靠性、易扩展性、成本低等优点，但随着网络通信流量的不断增加，如电视会议、三维图形、数据仓库等信息的传输与处理的应用，传统100兆以太网在客户/服务器计算环境中已难以适应。

1995年11月，IEEE802.3工作组成立了高速研究组（Higher Speed Study Group，HSSG），以将快速以太网的速度增至1 000 Mbit/s (1Gbit/s)为目的。1996年8月，IEEE标准委员会批准了吉比特以太网（Gigabit Ethernet）方案授权申请，并成立了802.3z工作组，主要研究使用多模光纤与屏蔽双绞线的吉比特以太网物理层标准；1997年，成立了802.3ab工作组，主要研究使用单模光纤和非屏蔽双绞线的吉比特以太网物理层标准。1998年2月，IEEE 802委员会正式批准吉比特以太网标准IEEE802.3z。吉比特以太网标准IEEE802.3z有以下几个特点：

① 使用IEEE 802.3协议规定的帧格式。

② 允许在1 Gbit/s下使用全双工和半双工两种模式工作。

③ 在半双工模式下使用CSMA/CD协议，全双工模式不需要使用CSMA/CD协议。

④ 与10BASE-T和100BASE-T技术向后兼容。

（1）吉比特以太网的物理层协议

吉比特以太网标准继承了 IEEE802.3 标准的体系结构，分为 MAC 子层和物理层两部分。MAC 子层通过吉比特媒体专用接口（Gigabit Media Independent Interface，GMII）发送接收数据帧，与快速以太网相比，吉比特以太网通过媒体专用接口的数据由 4 位扩展为 8 位。

根据其物理层的不同，可以将吉比特以太网划分为 1000 Base-LX 、1000 Base-SX、1000 Base-CX 与 1000 Base-T，其中 1000 Base-SX、 1000 Base-LX、1000 Base-CX 统称为 1000 Base-X，下面分别加以介绍。

① 1000 Base-LX：LX 表示长波长。采用 1300 nm 波长激光作为信号源的网络介质技术，光纤作为传输介质。光纤纤芯直径规格有 62.5 μm 多模光纤、50 μm 多模光纤、10 μm 单模光纤。使用多模光纤，在半双工模式下最长传输距离为 316 m，全双工模式下最长传输距离为 550 m；使用 10 μm 单模光纤，半双工模式最长传输距离为 316 m，全双工模式最长传输距离为 5 km。

② 1000 Base-SX：SX 表示短波长。采用 850 nm 短波长激光器和多模光纤。使用 62.5 μm 多模光纤在全双工模式下的最长传输距离为 275 m；使用 50 μm 多模光纤，在全双工模式下最长传输距离为 550 m。

③ 1000 Base-CX：CX 表示铜线。使用两对短距离的屏蔽双绞线电缆，半双工模式下的传输距离为 25 m，全双工模式下传输距离为 50 m。

④ 1000 Base-T：使用 4 对 5 类 UTP 作为网络传输介质，传输距离为 100 m。

（2）CSMA/CD 和帧突发机制

以 CSMA/CD 作为 MAC 算法的一类 LAN 称为以太网。吉比特以太网是在传统以太网和快速以太网的基础上发展的，仍保留着以太网的基本特征。CSMA/CD 冲突避免的方法是先听后发、边听边发、随机延迟后重发。一旦发生冲突，必须让每台主机都能检测到以便有效地避免冲突。然而在半双工模式下，吉比特以太网为了适应数据速率的提高所带来的变化，必然需要对 CSMA/CD 介质存取控制方法进行必要的调整。

我们知道，冲突窗口时间的长短会直接影响到网段的最大长度，传统以太网和快速以太网将冲突窗口规定为 51.2 μs，即 CSMA/CD 机制要求发送结点在每发送 512 b 的时间（51.2 μs）内检测出是否有冲突。吉比特以太网的发送速率提高了 100 倍，发送同样长度帧的时间就会缩小 100 倍，而电磁波在传输介质中传输的速度不变，因而需要缩小网段的最大长度 100 倍，以保证能够在一帧的发送过程中检测到冲突，然而网段的最大长度缩小了，网络的实际价值也就大大缩小了。因此，需要对 CSMA/CD 机制进行修改，即在 MAC 子层定义“载波扩展”（carrier extension）机制。

在学习“载波扩展”机制之前，需要先了解什么是冲突槽。按照标准，10 Mbit/s 以太网连接的最大长度为 2 500 m，最多经过 4 个中继器，因此规定对 10 Mbit/s 以太网一帧的最小发送时间为 51.2 μs。这段时间所能传输的数据为 512 bit，因此称该段时间为 512 bit，同时定义为以太网时隙，或冲突时槽。简单地，512 bit = 64 B，这也是以太网帧最小为 64 B 的原因。图 3-21 为吉比特以太网载波扩展帧结构图。

载波扩展技术用于半双工的 CSMA/CD 方式，实现方法是对 MAC 帧长小于 512 B 的帧进行载波扩展，就是用比特序列填充在帧后面，使其长度增大到 512 B，这样所占用的时间等同于长度为 512 B 的帧所占用的时间。接收端结点在收到以太网的 MAC 帧后首先对其进行处理，对于大于 512 B 的帧，接收端认为该帧是正确的帧，并将所填充的比特序列删除后递交给上一层。若帧长度小于 512 B，则认为该帧是冲突碎片并将其丢弃。

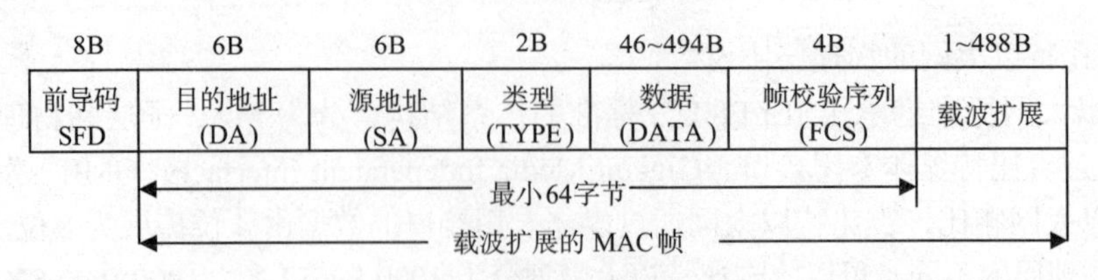

图 3-21　载波扩展帧结构图

当发送多个长度小于 512 B 的连续数据帧时，需要对其进行载波扩展，而所填充的 448 B 比特序列造成了很大开销，这就需要考虑为吉比特以太网增加一种“分组突发”的功能，即帧突发机制，如图 3-22 所示。

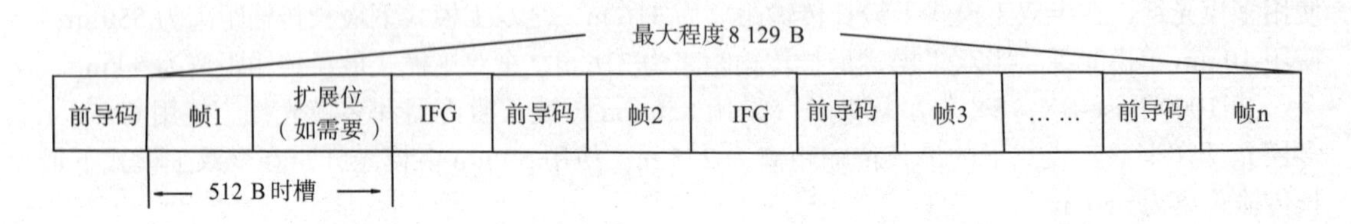

图 3-22　帧突发机制

当发送方发送多个帧时，第一帧按 CSMA/CD 规则发送，但如果第一帧是短帧，则采用载波扩展的方法进行填充。一旦第一帧发送成功，则说明发送信道已打通，发送方为了连续占用信道，用 96 bit 载波扩展填充 IFG，其他主机结点在 IFG 期间会监听到载波，这样发送方就不会再遇到冲突，其后续帧不必再进行载波扩展而连续发送，这样就形成了一串分组突发。显然在采用帧分组突发后，半双工模式吉比特以太网的信道利用率大幅度提高，而在全双工方式不存在冲突问题，所以不适用载波扩展和分组突发。

3. 10 吉比特以太网

随着 Internet 的广泛应用以及各项技术的成熟，人们对带宽的需求越来越高，迫切地需要出现一种仍能保持以太网特性并且速率再提高 10 倍的能用于主干网的技术，即 10 吉比特以太网。

早在吉比特以太网标准 IEEE 802.3z 通过后不久，IEEE 就在 1993 年 3 月成立了专门致力于 10 吉比特以太网研究的高速研究组（High Speed Study Group, HSSG）。2002 年 6 月，IEEE 802.3ae 委员会完成了对 10 吉比特以太网标准的制定，并通过 10 吉比特以太网的正式标准。

（1）10 吉比特以太网特点

10 吉比特以太网是最新的高速以太网技术，适应于新型的网络结构，遵循技术可行性、经济可行性与标准兼容性的原则，目标是经以太网从局域网范围扩展到城域网和广域网的范围，具有以下主要特点：

① 帧格式与 10 Mbit/s，100 Mbit/s 和 1 Gbit/s 以太网帧格式完全相同，并且保留了 802.3 标准对以太网最小和最大帧长度的规定。这就使得用户可以将已有的以太网升级，并且仍能和较低速率的以太网进行通信。

② 由于其数据传输速率高达 10 Gbit/s，故使用光纤代替铜质双绞线作为传输媒体，同时使用超过 40 km 的光收发器与单模光纤接口，以便能在城域网和广域网范围内工作。

③ 在全双工方式不存在介质争用问题，也就不再需要使用 CSMA/CD 工作机制，这样传输距离不再受冲突检测限制而大大提高。

（2）10 吉比特以太网的物理层

10 吉比特以太网的物理层使用光纤通道技术，根据应用领域的不同使用两种不同的物理层：

局域网物理层 LAN PHY 和广域网 WAH PHY 物理层。

① 局域网物理层（LAN PHY）用于在 WDM 系统中通过各个波长传送本地的以太网，考虑与 1 Gbit/s 的吉比特以太网兼容，允许其工作速率为 1 Gbit/s 或 10 Gbit/s，因此一个 10GE 交换机可以支持 10 个吉比特以太网接口。

② 广域网物理层（WAN PHY）具有另一种数据率，由于其开发的目的是允许 10 吉比特以太网数据直接在本地 SONET/SDH 传输设备上传送，以便将以太网集成到现有长途网络中。因此 WAN PHY 需要符合光纤通道技术速率体系 SONET/SDH 的 OC-192/STM-64 标准，而 OC-192/ STM-64 标准的数据率并非是 10 Gbit/s，而是 9.95328 Gbit/s，去掉帧首部开销后，其有效载荷数据率是 9.5846 Gbit/s。并且，WAN PHY 标准中添加了广域网接口子层（WIS），能够将数据有效负载封装到简化的 SONETOC-192（级联）帧中，完成与光纤传输系统相连接。需要注意的是，广域网物理层具有某些 SONET/SDH 功能，但是并不支持整个 SONET/SDH 标准。

4. 10 吉比特以太网 MAC 帧格式

10 吉比特以太网在帧传输的过程中是将多个帧封装在一个 OC-192 中，这就出现一个问题，即如何识别所封装的多个帧。10 吉比特以太网采用物理层修改 MAC 帧格式封装到 OC-192 帧的方法。即在原帧格式前增加一个“长度”字段，原前导码 7B 分为 2B 和 5B 两部分，分别为“长度”字段和“前导码”字段。同时在原“帧前定界符”和“目的地址”之间增加了一个 2B 的“帧头校验”字段，其作用是对它前面的“长度”“前导码”“帧前定界符”8 个字节进行 CRC-16 校验，如图 3-23 所示。

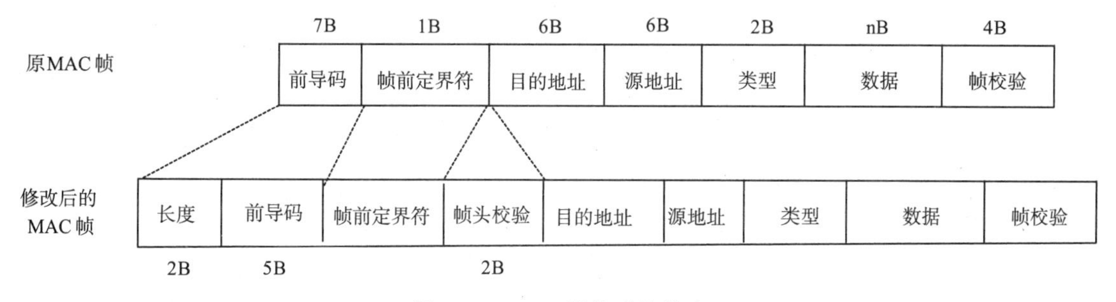

图 3-23　MAC 帧格式的修改

其过程是当发送端开始发送帧时，帧从 MAC 层传送到物理层，物理层再封装到 OC-192 帧，如果各帧之间需要标识则修改原 MAC 帧的结构再进行传送。当接收端物理层接收到 OC-192 帧后，对其进行拆分并还原出原 MAC 帧，然后提交给 MAC 层处理。在整个封装和拆分 OC-192 帧的过程中，只对物理层的传输过程有效，对 MAC 层是透明的，所以并不是真正修改了 MAC 帧结构。

5. 10 吉比特以太网应用

随着网络带宽需求的日益增加，以太网技术也经历了一个不断发展进步的过程：1982 年制定了 10 Mbit/s 以太网标准 IEEE 802.3；1993~1995 年制定了 100 Mbit/s 以太网标准 IEEE 802.3u；1995~1999 年制定了吉比特以太网标准 IEEE 802.3z 和 IEEE 802.3ab；2000 年制定了吉比特以太网标准 IEEE 802.3ad；2000~2002 年制定了 10 Gbit/s 以太网标准 IEEE 802.ae。经过 20 多年的不断发展，不但以太网的速度从 10 Mbit/s、100 Mbit/s、1 Gbit/s 到 10 Gbit/s 不断提高，而且其应用范围也不断扩大。

10 吉比特以太网技术不仅可以应用于局域网，也能很好地应用于城域网和广域网，它能使局域网与城域网和广域网实现无缝连接。10 吉比特以太网作为主干网主要应用在企业网、园区网和城域网中，可以省略主干网中的 ATM 或 SDH/SONET 链路，简化网络设备。

以太网从最初的 10 Mbit/s 到 100 Mbit/s 快速以太网，再到如今 10 Gbit/s 的 10 吉比特以太网，从这一发展演进可以看到以太网具有一些不可替代的优势：

① 可扩展的（从 10 Mbit/s 到 10 Gbit/s）。

② 灵活的（多种媒体、全 / 半双工、共享 / 交换）。

③ 易于安装。

④ 稳健性较好。

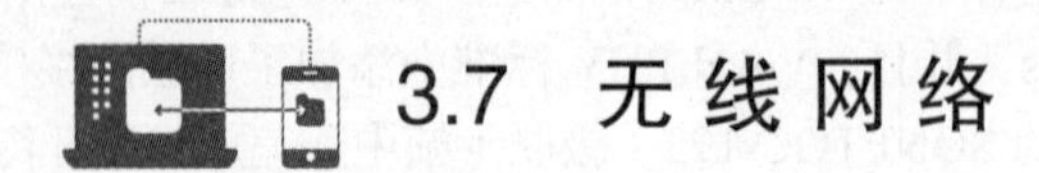

3.7 无线网络

1. 无线局域网概述

无线局域网（Wireless LAN，WLAN）是指使用无线传输媒介的计算机局域网。它利用无线通信技术在一定的局部范围内建立网络，广泛应用于站点移动和难于布线的情况下，如地理环境极其恶劣的山地、丘陵和湖海等，以微波、激光与红外线等无线电波作为传播介质在移动的环境下提供有线局域网的功能。

无线局域网的发展源于网络领域中的重要研究课题——移动计算。移动计算要求在任何时间、地点都能为用户提供及时、准确的信息，它是将计算机网络和移动通信技术结合起来，为用户提供移动的新的计算模式。通常的计算机网络的传媒介质主要依赖铜缆或光缆，即有线网络，但是这种有线网络要受到布线的限制，网中的各结点不可移动，无法满足移动计算的要求，无线网络的出现解决了上述有线网络的问题。移动计算包括两类：移动计算网络和移动 Internet。其中，移动计算网络指主机或局域网可以在网络中漫游，支持通话、高速数据和视频等多种多媒体业务，以实现通信为主要目的，支持移动计算的无线网络技术包括无线局域网和无线城域网。移动 Internet 是指基于 Internet 的移动计算网络，是目前移动计算领域中的研究热点。

1997 年 IEEE 制定出无线局域网的协议标准 802.11，此协议提供了物理层和 MAC 子层的规范，ISO/IEC 批准其标准编号为 ISO/IEC8802-11，IEEE802.11 无线局域网是目前最有影响的。随着网络发展的进一步需要，又出现了 IEEE802.11a、IEEE802.11b 和 IEEE802.11g 等新的物理层标准来支持更高的速率。

2. 无线局域网的组成

无线局域网主要分为两大类：固定基站的无线局域网和无固定基站的无线局域网。所谓固定基站，是指有预先就建立起来的固定基础设施，能够覆盖一定地理范围的基站，如广泛使用的移动电话就是固有基站类；而无固定基站是无固定基础设施的。

（1）有固定基础设施的无线局域网

IEEE802.11 标准规定无线局域网的最小构件是基本服务集（Basic Service Set，BSS），而基本服务集 BSS 包括一个基站和若干个移动站。在基本服务集中，所有的移动站之间可以相互直接通信，但和本基本服务集以外的移动站通信时必须通过本基本服务集的基站进行中转，基站也称为接入点（Access Point，AP），起到中转连接的作用。基本服务集覆盖的地理范围称为基本服务区（Basic Service Area，BSA），其大小由移动设备所发射的电磁波辐射范围决定，通常为几十米的直径范围。

在固定基站无线局域网中，一个基本服务集可以孤立存在，但通常是由若干个基本服务集

通过各自的接入点 AP 连接到一个主干分配系统（Distribution System，DS），构成一个扩展的服务集（Extendeded Service Set，ESS），如图 3-24 所示。

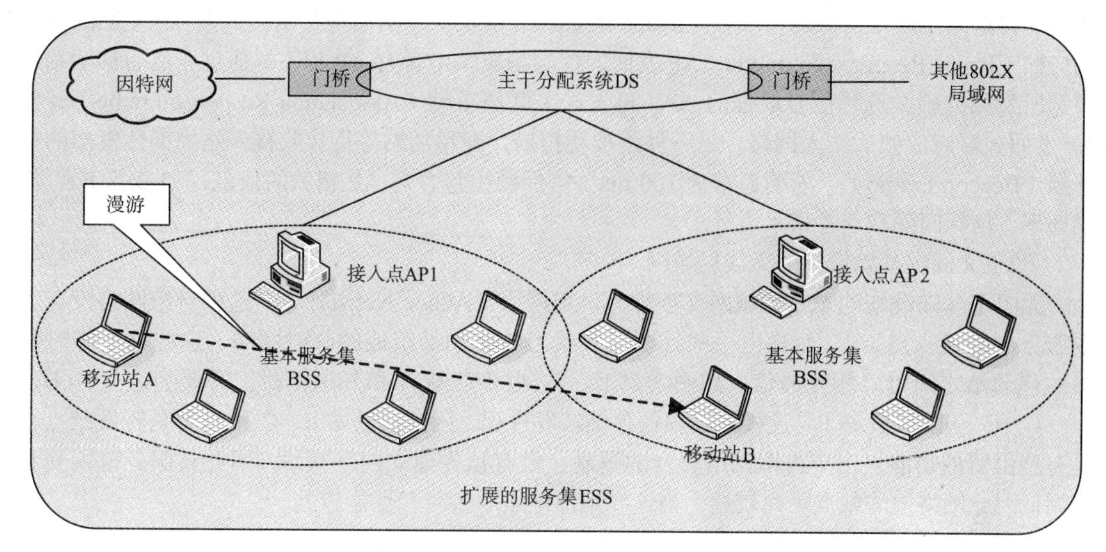

图 3-24　IEEE 802.11 的扩展服务集

这样对上一层来说，分配系统使扩展的服务集如同一个基本的服务集。分配系统最常使用的是以太网，也可以使用点到点链路或其他无线网络。此外，扩展服务集 ESS 还可以通过门桥（Portal）连接到有线网络，门桥的作用如同网桥一样，因此无线局域网的用户可以通过它接入到因特网。在一个扩展服务集内有多个不同的基本服务集，它们之间也会有相交的部分。

按照 IEEE802.11 标准的规定，当一个移动站要加入到某一个基本服务集 BSS 时，必须先与这个基本服务集 BSS 的接入点 AP 建立关联，告诉 AP 移动站的身份和地址，这样接入点 AP 可以将信息传送给扩展服务集 ESS 的其他接入点，以便进行选择和数据传输。此后，该移动站就可以通过这个接入点进行发送和接收数据。而当位于同一个扩展服务集中的两个移动站进行通信时，移动站 A 从某一个基本服务集漫游到另一个基本服务集，此时仍然可以保持与 B 的通信，但 A 所属的基本服务集不同，就要更改接入点 AP，使用重建关联（Reassociation）服务就能将一个已经建立的接入点关联转移到另一个接入点。重建关联服务可以使转移过程不丢失数据，其过程如下：

① 移动站时刻跟踪它所关联的接入点 AP1 的信号强度，在基本服务集中信号强度大，越到边界越减弱。

② 当移动站移动到边界处，它跟踪的 AP1 信标的信号强度变弱，因此搜索更强的接入点 AP 信号。

③ 移动站开始搜索探测。

④ 收到所探测接入点发回的探测响应帧。

⑤ 移动站选择信号最强的接入点 AP2，并向 AP2 发出重关联请求帧，帧中包含之前关联的 AP1 的有关信息。

⑥ AP2 发回重关联响应帧。

⑦ 根据接入点间协议（InterAccess Point Protocol，IAPP），AP2 通过主干分配系统 DS 通知 AP1 该移动站发生了越区切换。其中，IAPP 规定了管理主干分配系统和扩展服务集的规范，以及移动站在漫游过程中保持信息连续性等机制。

当一个移动站要离开一个ESS或关机时，必须要先使用分离（Dissociation）服务以便终止关联，这样网络的上层连接就中断了。移动站与接入站建立关联的方法有两种：一种是主动扫描，即移动站主动发出探测请求帧（Rrobe Request Frame），然后等待从接入点AP发回的探测响应帧（Rrobe Response Frame），AP发回的探测响应帧中含有AP相关的信息，然后移动站点根据所发回的帧，选择信号最强的AP，再发送关联请求帧（Association Response Frame），等AP发回关联响应帧后接入网络；另一种是被动扫描，即移动站等待接收接入站周期性发出的信标帧（Beacon Frame），周期通常为100 ms。信标帧中包含与AP相关的信息，如BSS ID、传输速率、信标间隔和业务指示表等。

（2）无固定基础设施的无线局域网

无固定基础设施的无线局域网又被称为自组网络（Adhoc Network）。这种自组网络没有基本服务中的接入点AP，而是由一些处于平等状态的移动站组成的临时网络，这些处于临时网络的移动站之间可以相互通信。如图3-25所示，当移动站A和E通信时，需要经过A→B、B→C、C→D和D→E，这样一连串的存储转发过程，因此移动站B、C和D都是转发结点，具有路由器的功能。由于自由网络自身的限制，没有预先建立网络基站，因此其服务范围受到限制，因此网络中的站点距离较近，当这些用户站点增多时，性能较差。

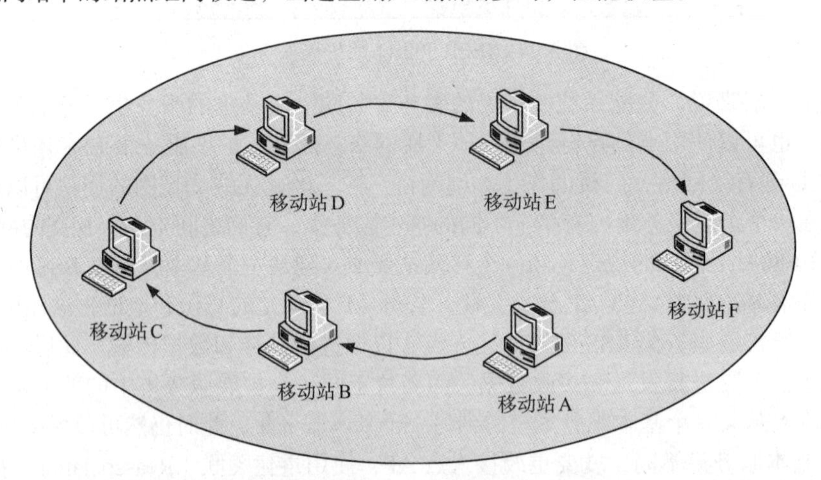

图3-25　自组网络

通过空气传输信号的网络称为无线网络，空气提供了一种无法触摸的网络传输数据方式。如几十年来，广播电台和电视塔运用空气以模拟信号的形式传输信息，空气也能够传输数字信号。

根据局域网的应用环境和需求的差异，无线局域网可采取不同的网络结构实现连接：

① 网桥连接。不同的局域网之间利用无线网桥实现点对点连接。无线网桥提供两者之间的物理与数据链路层的连接，也为分属于两个局域网的用户提供较高层的路由与协议转换。

② 基站接入。无线局域网有固定基站时采用基站接入。具体地，当采用类似移动蜂窝的通信网接入方式组建无线局域网时，各站点之间的通信通过基站接入、数据交换方式来实现。

③ Hub接入。组建星形结构的无线局域网时利用无线Hub接入，它与有线Hub组网具有相似的优点。以这种方式组建的无线局域网，可以采用交换型以太网的工作方式，Hub只需要具有简单的网内交换功能。

④ 无中心结构。即自组网络，没有固定基础设施的无线网络。这样结构的无线局域网一般使用公用广播信道，网中的任意两个站点都可以通信，MAC层采用CSMA类型的多址接入协议。

3. IEEE802.11 物理层

IEEE802.11 标准的制定是无线局域网发展的里程碑，其定义了无线局域网物理层（PHY）及介质访问控制层（MAC）标准，对无线局域网的业务及应用环境、功能条件等提出了具体要求。

无线局域网的物理层负责 MAC 帧的发送和接收，分为两层结构：物理汇聚子层 PLCP 和物理媒体相关子层 PMD。其中，PLCP 子层连接 MAC 子层和物理层，类似桥梁的作用，主要负责对数据进行处理，以便数据在 MAC 层和 PMD 层之间传输；PMD 子层用于无线收发信息，是物理层与传输媒介之间的接口。

无线局域网信息数据在物理层进行传输时，由于噪声信道的干扰，需要提前对所发送的数据信号增强抗干扰性，这就需要运用扩频技术，它是在物理层进行数据传输的关键技术。所谓“扩频技术”，是宽带无线通信技术，指在更宽的频段上有规则地扩展发射信号的带宽，接收方再利用相关技术将所接收到的信息恢复到原信息带宽，其出发点是：在窄带噪声信道增加发送信号带宽，使其具有很强的抗干扰能力。物理层定义了三种扩频通信方式，分别为跳频扩频、直接序列扩频和红外技术。

① 跳频扩频（Frequency Hopping Spread Spectrum，FHSS）是扩频技术中常用的一种。发送方发送数据的频率按某种随机模式不断跳变，跳变的模式只有发送方和接收方知道。由于数据信号传输频率一直在改变，因此不易受到干扰。

跳频扩频使用 2.4 GHz（即 2.4000~2.4835 GHz）的 ISM 频段，共有 78 个信道可供跳频使用。此频段可以在世界大部分地区使用，无授权限制。第一个频道的中心频率为 2.402 GHz，以后每 1 MHz 带宽有一个跳频频道，78 个频道分为 3 组，每组 26 个：（0，3，6，…，75）、（1，4，7，…，76）、（2，5，8，…，77），一个基本服务集 BSS 可任选其中的一组。如果发送方的中心频率在 n 个不同频率间变化，那么带宽将是基本带宽的 n 倍。带宽为 1 MHz 的频道可采用 2 元或 4 元高斯频移键控（即信息的载波频率按一定规律在整个频带内跳变）调制方式对信号进行调制，可提供速率分别为 1 Mbit/s 或 2 Mbit/s 的数据传输。

② 直接序列扩频（Direct Sequence Spread Spectrum，DSSS）是另一种重要的扩频技术。它也使用 2.4 GHz 的 ISM 频段，不同的是，DSSS 先将传输数据的每个比特扩展成 n 个码片组成的码片序列，再用调制解调器发送所有的码片。由于码片只是数据比特的 $1/n$，因此 DSSS 信号的传输带宽是未采用扩频时的 n 倍，即使丢失的码片达到 40%，原来的传输内容也可以重建。DSSS 采用 2 元或 4 元相对移相键控（即用高速伪噪声码序列与信息码序列模 2 加后的复合码序列控制载波的相位）调制方式，可提供速率分别为 1 Mbit/s 或 2Mbit/s 的数据传输。

③ 红外技术使用波长为 850~950 mm 的红外线作为传输介质用于室内传输，传输距离在 10~20 m。因红外线有较强的方向性，受太阳光干扰影响比较大，一般不用于室外传输，可提供速率分别为 1 Mbit/s 或 2 Mbit/s 的数据传输。

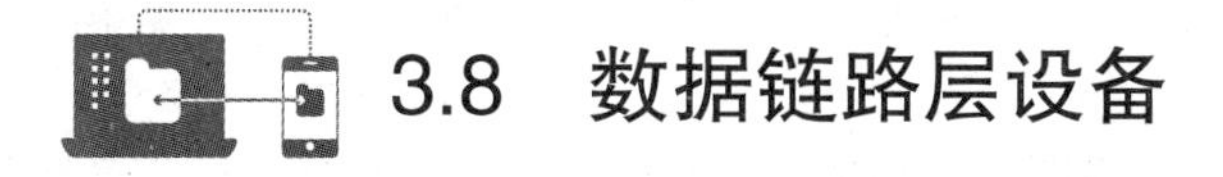

3.8 数据链路层设备

3.8.1 网桥

网桥（Bridge）又称桥接器，工作在数据链路层中 MAC 子层的一种存储转发设备，其功能是连接两个或多个局域网网段以实现局域网之间帧的存储和转发。网桥的每一个端口连接一个局域网网段，这样就隔离了不同网段之间的数据通信量，使得本地的通信流保留在本网段中，过滤了局域网通信流。而网桥连接起来的局域网逻辑上又是一个网络，可以看作为网桥将两个或多个独立的物理网络连接在一起，构成一个单个的逻辑局域网。

1. 网桥的工作原理

在网桥中存在一张 MAC 地址表，其中记录了连接在网桥上所有网络设备的 MAC 地址，网桥所连接的局域网具有相同的逻辑链路控制协议 LLC，而媒体访问控制协议 MAC 可以不相同，网桥就是通过查看 MAC 地址来决定是否转发数据帧，从而达到过滤网络的业务量的目的。

当网桥接收到数据帧时，网桥将读取数据帧携带的目的 MAC 地址并与其转发表中的 MAC 地址进行比较，根据帧所携带的目的 MAC 地址，决定是否转发该帧。如果数据帧目的 MAC 地址与源 MAC 地址处于同一网段，网桥就将该帧删除，不进行转发；反之，如果数据帧目的 MAC 地址与源 MAC 地址处于不同网段，网桥则进行路径选择，并按照指定路径将帧转发给目的端口；若数据帧携带的目的 MAC 地址在网桥中的 MAC 地址表中没有记录，网桥则以广播的方式发送该数据帧。如图 3-26 所示，当 LAN A 中 MAC 地址为 A02 结点要与 A03 结点通信时，结点发送的数据帧被网桥接收后，网桥进行地址过滤后认为源地址和目的地址在同一网段上，不需要转发并将其删除；当 LAN B 中 MAC 地址为 B01 结点要与 LAN D 中 MAC 地址为 D02 的结点通信时，网桥接收到 B01 结点发送的数据帧后对其进行过滤，发现源地址和所携带的目的地址不在同一网段中，网桥转发该数据帧。在整个过程中，网桥并不修改数据帧的结构和内容，只进行地址过滤，删除或转发帧，因此网桥应用在使用相同协议的子层之间。

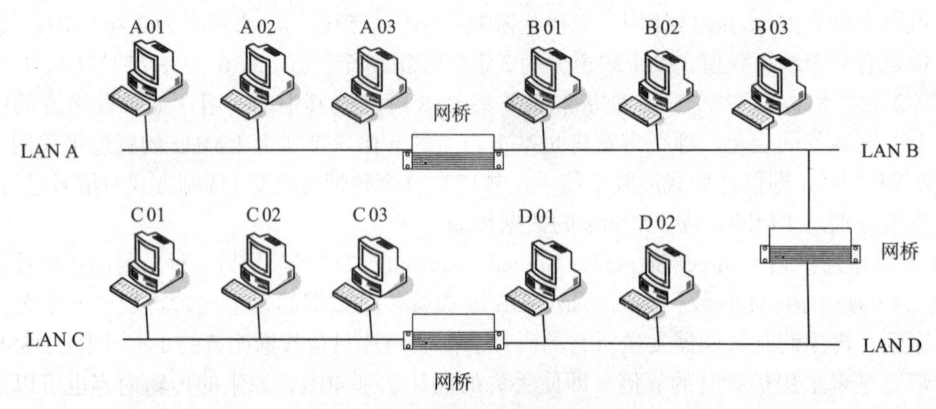

图 3-26　网桥的工作原理

对于用户来说，网桥是“透明”的，局域网 A、B、C、D 就像是逻辑上的同一个网络一样，网桥不修改帧的结构和内容，所以用户不能感觉到网桥的存在。

2. 网桥的类型

IEEE 的 802.1 与 802.5 两个委员会制定了两种网桥类型，透明网桥（Transparent bridge）和源路由选择网桥（Source routing bridge），它们的区别在于所采用的路由算法不同。

（1）透明网桥

透明网桥又称自适应性网桥，其选择算法为：透明网桥通过输入的数据帧，读取帧中的源 MAC 地址并把这个地址复制到网桥的 MAC 地址表中，记录 MAC 地址所对应的局域网端口，通过向后学习算法，建立目的主机 MAC 地址与转发网络一一对应的路由选择表以学习转发路由。透明网桥由各网桥自己决定路由选择，局域网中的各结点不负责路由选择。

（2）源路由选择网桥

源路由选择网桥由发送帧的源结点负责路由选择，即源结点在发送帧时就已经明确知道该

帧是送往本段局域网还是其他局域网，在数据帧的首部详细记录了路由信息。网桥只须关注帧首部目的地址的高位，置为 1 则表示该数据帧送往其他局域网段，进行转发处理。

源路由选择网桥是网桥假定网络中的各结点在发送帧时都清楚地知道发往各个目的结点的路由的算法，那么各网络中的结点是如何寻找确切的路由的呢？源结点如果不知道目的结点所在的局域网，则通过发送广播帧询问该目的地址，网桥将广播帧转发到每一个局域网，当所询问的目的结点收到该广播帧后，发送给源结点——回答响应帧，这样源结点就获得了确切的路由信息。

综上所述，网桥能够连接多个局域网构成具有多个网段的系统，实现网络系统地理范围的扩展，也能够将系统分割成若干个局域网段，实现系统的扩展；在数据帧的处理上，网桥比集线器更智能，能够对收到的数据帧分析并根据地址信息进行转发或丢弃处理，维护地址表和控制对网络的广播。

3.8.2　二层交换机

交换机的发展从传统的交换机、三层交换机到高层交换机。二层交换机即传统的交换机，交换机可以看作是改进的、具有流量控制能力的多端口网桥。交换机的多个端口可以并行地工作，既能同时接收从不同端口发送来的信息帧，又能将信息帧转发到许多其他端口上，显著地提高网络的性能。

交换机的端口可以在半双工模式和全双工模式下工作。如 10 Mbit/s 的端口，在半双工模式下带宽为 10 Mbit/s，在全双工模式下带宽为 20 Mbit/s；100 Mbit/s 的端口，在半双工模式下带宽为 100 Mbit/s，在全双工模式下带宽为 200 Mbit/s。

1. 交换机的工作过程

交换机作为连接设备工作在网络的第二层。与网桥类似，基于 MAC 地址表对数据帧进行转发。当交换机接收到数据帧后，首先读取首部的源 MAC 地址和目的 MAC 地址，以获知它们的各连接端口，决定其输出路由，这一过程与网桥完全相同。交换机的端口对信息帧的转发处理主要有 3 种方式：存储式转发（Store-forward）、直通式转发（Cut-through）、无碎片式转发（Fragment-free）。

① 存储式转发。数据帧进入交换机时，先全部暂存在该端口的高速缓存中，交换机读取整个数据帧，以 CRC 校验形式对数据帧进行错误检测，然后按照帧的目的地址查询生成的地址表，找到相应的输出端口号后进行转发。这是一种最常用的转发方式，优点是可靠性高，缺点是延迟时间长，延迟时间等于整个帧的传输时间。

② 直通式转发：交换机只要接收到数据帧的目的地址，就开始查询地址表寻找相应的端口号，将数据帧全部转发出去，包括有差错的帧。直通式转发不进行错误检测，缩短了延迟时间，其缺点是数据帧传输的可靠性低。

③ 无碎片式转发：综合上述两种类型转发方式的优点，当交换机接收到数据帧的前 64 个字节时，确定该帧不是冲突帧，然后根据目标地址查询地址表，获取输出端口号进行转发。这是一种既减少了数据传输过程中的等待时间，又保证了数据可靠性的方式。

2. 交换机的结构

交换机有 4 种不同的交换结构：软件执行交换结构、矩阵交换结构、总线交换结构和共享型存储器交换结构。是否能够在输入端口和输出端口之间快速地建立数据通道是交换机的核心，而其结构又是实现这一核心的关键。

（1）软件执行交换结构

如图 3-27（a）所示，该结构是以特定软件来实现交换机端口之间的帧交换。CPU 将来自端口 A 的数据帧的串行代码转换成并行代码，暂存在快速 RAM 中。CPU 查看帧中的目的地址并搜寻 RAM 中的端口地址表，找到输出端口 B，建立连接，再将暂存在 RAM 中的并行代码转换为串行代码经数据端口输出。这种交换结构灵活，但是当交换机端口数多时，CPU 的负载太重，交换机堆叠实现较为困难。

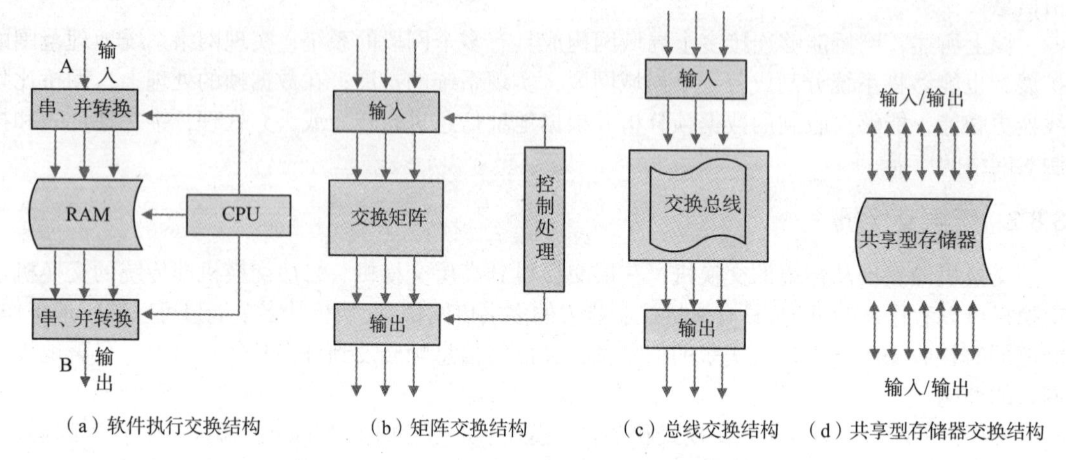

（a）软件执行交换结构　（b）矩阵交换结构　（c）总线交换结构　（d）共享型存储器交换结构

图 3-27　交换机结构

（2）矩阵交换结构

此种结构采用硬件的方法实现交换机端口之间的帧交换，其内部结构如图 3-27（b）所示，输入、输出、交换矩阵和控制处理。其主要特点是根据在端口地址表中寻找的输出端口号，能够在交换矩阵中找到一条输出端口的路径。同时，为了避免拥塞导致帧丢失，在输入和输出部分增加帧缓冲区。由于这种结构是利用硬件交换，故交换速度快，延迟时间短，但端口数据多时，难于实现交换机性能监控和运行管理。

（3）总线交换结构

如图 3-27（c）所示，这是一种在交换机的背板上配置一条总线的交换结构。输入端口都可以往总线上发送数据帧，所发送的数据帧按时隙在总线上传输，找到输出端口后输出数据帧。这种交换结构实现了多对一的输入 / 输出，容易实现帧的广播，易于叠堆扩展和监控管理，但是其要求的带宽很高，经济性较差。

（4）共享型存储器交换结构

如图 3-27（d）所示，共享型存储器交换结构不需要复杂的背板，数据可以从存储器直接传输到输出端口，使用大量高速 RAM 存储输入数据，结构中增加了冗余交换引擎，较为复杂成本也高，易于实现叠堆扩展，因此适用于小型交换机或者箱体式交换机中的交换模块。

3. 交换机的作用

① 提高了系统的带宽。在交换机中每个端口都提供专用带宽，由于其端口与背板联通，流经背板的流量为交换机的总流量。例如，交换机的每个端口提供的带宽为 x Mbit/s，则 n 个端口可提供 nx Mbit/s 的流量。

② 流量控制。当多个网站突发访问时，信息量瞬时增大，交换机采用弹性缓冲技术，可按需要自动调整缓冲器的容量，通过流量控制进而消除拥塞。

③ 采用专用集成电路处理器，这也是交换机实现快速转发的原因之一。

④ 拓展网络的范围。交换机的端口将所连接的网络分割为一个个独立的局域网，每个局域网是一个独立的网段，扩大了网络直径。

习　　题

一、单选题

1. 以下（　　）不是数据链路层的功能。

A. 流量控制　　B. 差错控制　　C. 帧同步　　D. 路由选择

2. 交换机运行在 OSI 模型的（　　）。

A. 物理层　　B. 数据链路层　　C. 网络层　　D. 高层

3. 数据链路层的数据传输单位是（　　）。

A. 帧　　B. 分组　　C. IP 数据报　　D. 报文

二、填空题

1. 数据链路层提供的功能主要有链路管理、________、________、________、________、________。

2. 基本的网络拓扑结构类型是总线、________、________ 3 种类型。

3. 若下列数据采用水平垂直偶校验，请填充空白处：

0 1 0 1 1 0 1 0

1 1 1 0 0 0 0（　）

0 0 0（　）1 1 0 0

1 0（　）1 1 1 0 1

0 0 0 0（　）0 1（　）

三、简答题

1. 什么是局域网？局域网主要特点有哪些？

2. 简述数据链路层的主要功能。

3. 描述停止 - 等待协议的工作原理。

4. 简述交换机的工作过程。

5. 已知传送数据为 1010101，生成多项式为 $X^4+X^3+X^2+X+1$，求其 CRC 校验码。

6. 叙述集线器与中继器的共同点和区别。

7. 简述网桥的工作原理。

第4章 网 络 层

网络层是网络体系结构中重要的一层，主要是解决网络互联的问题；本章介绍网际协议 IP、地址解析协议、逆向地址解析协议、因特网报文控制协议以及因特网组管协议，介绍网络地址转换 NAT 技术，讲解几种常用的路由协议，介绍网络互连设备——路由器，并以 Cisco 为例叙述路由器上的路由配置。

学习目标

- 了解网络层的功能及网络层提供的两种服务。
- 理解网络互连的基本概念。
- 重点掌握 IP 协议，子网划分、CIDR。
- 掌握地址解析协议 ARP 的工作过程。
- 理解 NAT 的工作原理。
- 学会分析 IP 报文，理解 IP 分片技术。
- 重点掌握 RIP、OSPF、BGP4 的工作原理。
- 掌握路由器的工作过程，了解路由器的配置方法。
- 了解多播技术。

4.1 网络层的基本概念

4.1.1 网络层需要解决的问题

网络层的主要任务是通过路由选择算法，为分组通过通信子网选择适当的路径，实现路由选择、拥塞控制与网络互联等基本功能。网络层使用了数据链路层的服务，同时为传输层的端到端传输连接提供服务。在设计网络层服务时要解决以下几个问题：

① 网络层服务应独立于通信子网所采用的技术。

② 向传输层提供服务不应受通信子网的数量、类型和拓扑结构的影响。

③ 网络层所能使用的网络地址将使用统一的编址方案，它可以实现跨局域网、城域网、广

域网的寻址能力。

④ 实现逻辑地址和物理地址的转换。

⑤ 路由选择，为分组通过通信子网选择最佳的路径。

⑥ 避免网络拥塞，减少因网络拥塞而造成的分组丢失。

⑦ 为了防止网络拥塞和死锁进行流量控制的方法。

⑧ 网络互联构建互联网络。

4.1.2　网络层的地位与作用

网络层位于参考模型的第三层，介于数据链路层和传输层之间，提供两台主机之间的通信服务，是资源子网访问通信子网最关键的一层。关系到通信子网的运行控制，解决如何使数据分组跨越通信子网，到达目的主机的问题。

网络层的功能有：

① 将若干逻辑信道复用到一个单一数据链路上。

② 提供路由选择。

③ 提供交换虚电路和永久虚电路的连接。

④ 提供有效的分组传输，包括顺序和分组的确认。

⑤ 对通过 DTE-DCE 间的接口分组进行差错及流量控制。

⑥ 检测和恢复分组层的差错。

⑦ 为某些网络提供附加数据报业务。

4.1.3　网络层提供的两种服务

网络层为传输层提供面向连接和无连接两种服务，面向连接（也称虚电路）是先建立连接，在通信期间保持整个连接，所有的分组或数据报都沿着这个连接链路传送，通常网络会给每个会话分配一个标识符，不必让所有的数据包都带有源地址和目的地址，而只需要填写虚电路的编号（一个整数），因而减少了分组的开销。这种通信方式如果再使用可靠的传输网络协议，就可以使所发送的分组无差错按序到达终点，在通信结束后要释放建立的虚电路，图 4-1（a）所示是网络提供虚电路服务的示意图。

虚电路有两类：一类是交换虚电路。交换虚电路是通过虚呼叫临时建立的，因此，虚电路的呼叫包括建立、数据传输与拆除虚电路 3 个阶段。也就是说，虚电路在呼叫建立阶段由呼叫分组通过路由选择固定下来，在本次通信过程中所有的信息都经过该路由传输，通信结束后该电路才被拆除掉。另一类是永久虚电路是在两个特定的用户间固定地分配了一条虚电路，无须建立与拆除。

数据报传输提供的是一种无连接服务，如图 4-1（b）所示，每个分组带有源地址和目的地址，沿不同路由并发地到达接收端，在中间结点上每个分组要进行路由选择，由于分组到达接收端顺序不同，所以接收端需要重装排序。采用数据报传输网络的利用率高、传输延时小，但由于需要排序后重装、差错检测、丢失重发等问题，所以网络管理要复杂。

因特网采用的设计思想是在网络层向上只提供简单灵活的、无连接的、尽最大努力交付的数据报服务。由于传输网络不提供端到端的可靠传输服务，这就使得网络中的路由器可以做得比较简单，因而降低了造价。如果主机中的进程之间需要可靠通信，就由主机的传输层负责（包括差错处理、流量控制等）；功能越来越强大的主机系统正好可以胜任这些工作。这就是因特网得到广泛应用的重要原因。

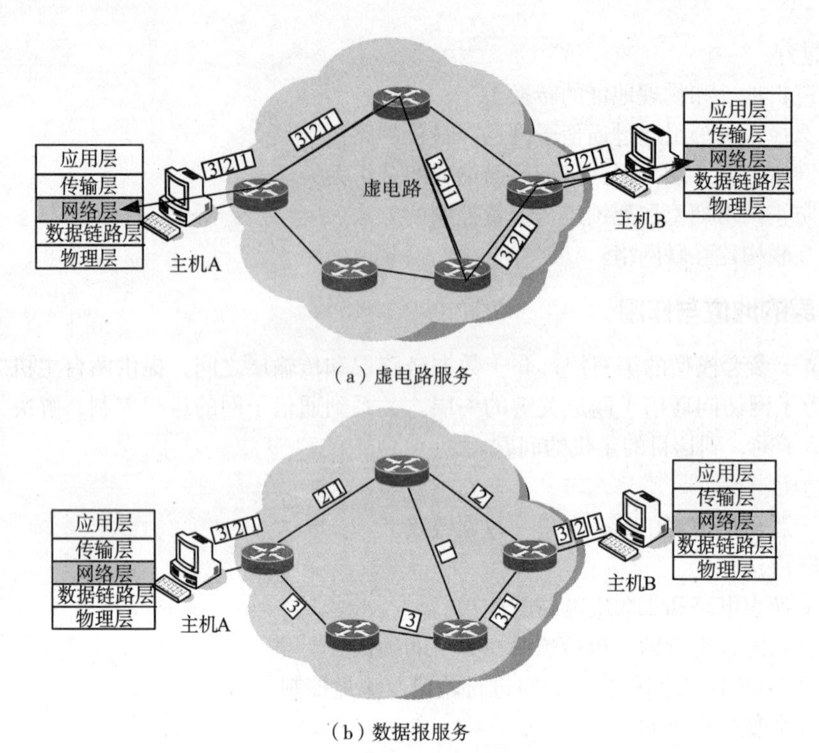

（a）虚电路服务

（b）数据报服务

图 4-1 网络层提供的两种服务

4.1.4 网络互联的基本概念

现在大多数企业、机构、部门和学校都有自己的局域网，这些局域网之间存在差异性，如网络类型不同、数据链路层协议不同、计算机的类型不同、使用的操作系统不同等；利用路由器将两个或两个以上的网络互相连接起来构成的系统称为互联网（internet），internet（互联网）和 Internet（因特网）是两个不同的概念，因特网是使用 TCP/IP 协议族的覆盖全球范围的网际网。在研究网络层和网络层协议时，我们将通过路由器把局域网、城域网、广域网连接起来的复杂网络称虚拟互联网络，如图 4-2 所示。

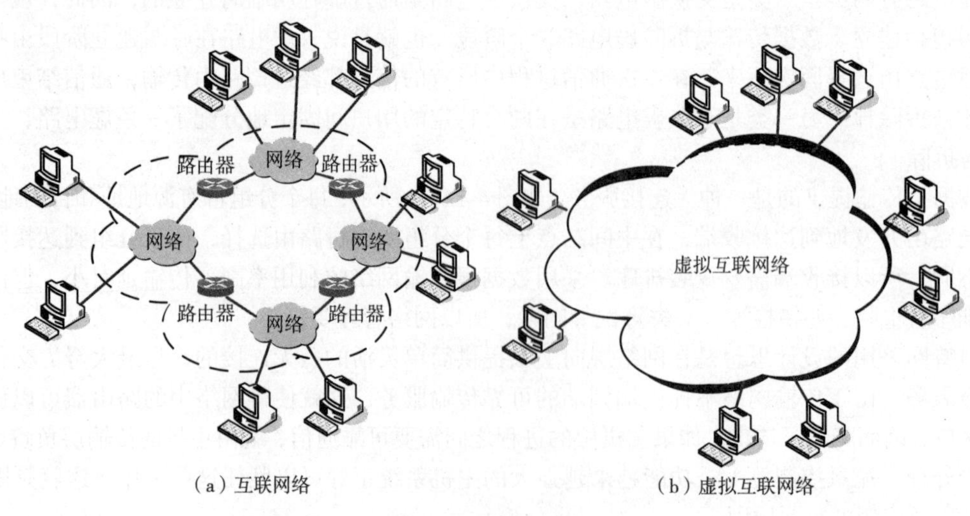

（a）互联网络

（b）虚拟互联网络

图 4-2 虚拟互联网

4.2　网际协议

网际协议（Internet Protocol，IP）是因特网 TCP/IP 协议族使用在网络层的传输协议。是 TCP/IP 系列协议的核心，主要负责 IP 分组的传输，从而实现广域异构网络的互联。IP 第 6 版（IPv6）陆续开始使用，但大家常用的还是第 4 版（IPv4）。与 IP 协议配套的还有 4 个协议：

① 地址解析协议（Address Resolution Protocol，ARP）。

② 逆地址解析协议（Reverse Address Resolution Protocol，RARP）。

③ 网际控制报文协议（Internet Control Message Protocol，ICMP）。

④ 网际组管协议（Internet Group Management Protocol，IGMP）。

图 4-3 表示 4 个协议和 IP 协议的关系，IP 协议下面的 ARP 和 RARP 是 IP 协议要用到的两个协议，完成地址转换。上面的 ICMP 和 IGMP 要用到 IP 协议进行管理。在 TCP/IP 体系结构中网络层被称为网际层或 IP 层。

移动 IP 是用于移动通信的技术，它是基于固定网络环境设计的 IP 的一种扩展，使其能够从一个网络转移到另一个移动网络。

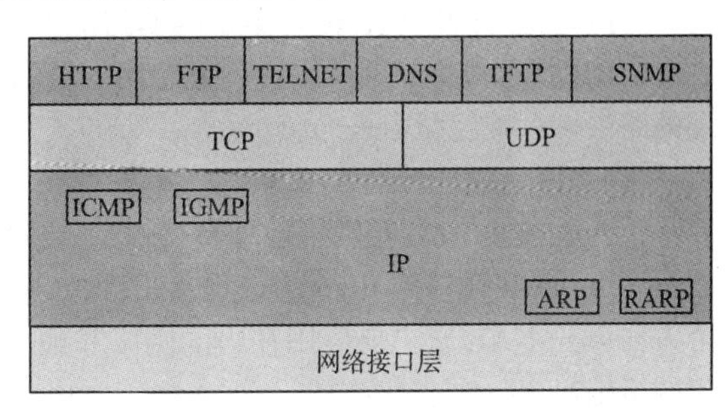

图 4-3　网际协议 IP 及其配套协议

4.2.1　IPv4

IP 提供不可靠的、无连接的、尽最大努力交付的分组传输机制。“不可靠”的含义是它不能保证 IP 分组成功地传送到目的主机，其可靠性必须通过上层协议（如 TCP）来提供。“无连接”指的是 IP 不维护任何后续分组的状态信息，每个分组的处理都是相互独立的。也就是说，分组可以沿不同的路径到达目的主机，而且也可能不是按发送的顺序到达目的主机。IP 提供的是“尽最大努力交付”的服务，指的是 IP 协议尽力发送每个分组，并不随意丢弃分组，只有当资源用完或底层网络出现故障才可能出现不可靠。

IP 定义提供了 3 个重要的内容：

① IP 定义了数据传输所用的基本单元，即规定了传输的数据格式。

② IP 规定 IP 分组的路由机制。

③ 一组体现不可靠交付思路的规则，指明了主机和路由器应该如何处理 IP 分组、何时及如何发出错误信息、什么情况下可以放弃分组等。

4.2.2　IP 地址

基于 TCP/IP 技术构建的互连网可以看成是一个虚拟网络，它把处于不同物理网络的所有主机都互连起来，并通过这个虚拟网络进行通信，这样就隐藏了不同物理网络的底层结构，简化了不同网络间的互联。为了能够进行有效的通信，虚拟互联网络中的每一个设备（主机或路由器）都需要一个全局的地址标识，这个地址就是 IP 地址。

目前广泛使用的 IPv4 地址是一个 32 位的二进制地址，每个接入 Internet 的主机或路由器都必须至少有一个 IP 地址，本书如果不特别说明，IP 地址指的是 32 位的 IPv4 地址。

1. IP 地址处理技术的发展过程

IP 地址的发展大致可以划分为 4 个阶段：

（1）标准分类的 IP 地址

IP 地址是由网络号和主机号两层地址结构组成的，长度是 32 位，用点分十进制表示，构成标准的分类 IP 地址。IP 的种类有标准 IP 地址、特殊 IP 地址与保留 IP 地址。

（2）划分子网的三级地址结构

在标准 IP 地址的基础上，增加子网号的三级结构，原因是 Internet 发展太快，人们对 IP 地址的匮乏表示担忧，1991 年提出了子网掩码的概念（RFC950），构造子网就可以将一个大的网络划分成几个较小的子网络，传统的 IP 地址改变分为网络号 + 子网号 + 主机号。

（3）构成超网的无类域间路由 CIDR 技术

第三阶段是 1993 年提出的无类域间路由 CIDR 技术（RFC1519），该技术的出现解决了两个问题，一个是 32 位的地址可能在第 40 亿台主机接入 Internet 前已经被消耗完，另一个是越来越多的网络地址的出现，使得主干网的路由表增大，路由器的负荷加重服务质量降低。

CIDR 技术也称超网技术，构成超网的目的是将现有的地址合并成较大的，具有更多主机地址的路由域，减轻路由表的负担。

（4）网络地址转换 NAT 技术

第四阶段是 1996 年网络地址转换 NAT 技术（RFC2993、RFC3022）。IP 地址已经十分短缺，而整个 Internet 迁移到 IPv6 的进程又很缓慢。人们迫切需要有一个来解决网络地址的方法。这个方法就是 NAT, 它主要应用在内部网络和虚拟专用网络中，或者 ISP 为拨号进入 Internet 的用户网络中。

NAT 的基本思想是：为每个公司分配一个或者少量的 IP 地址，用于接入 Internet。在公司内部的每一台主机分配一个只能在内部使用的专用地址（RFC1918）。专用地址用于内部网络的通信，如果需要访问外部 Internet 主机，必须由运行网络地址转换 NAT 的主机或路由器，将内部的专用 IP 地址转换为能够在 Internet 上使用的 IP 地址。

2. IP 地址的结构

IP 地址采用分层结构，标准的 IP 地址结构如图 4-4 所示，由标识网络的网络地址号和标识网络中的主机的主机号组成。

0	31
网络号（net ID）	主机号（host ID）

图 4-4　IP 地址的结构

IP 地址是一个逻辑地址，共 32 位二进制表示，为了便于交流，我们用点分十进制数字表示，每个字节加一个小圆点分隔，其间的数字都用十进制表示。如 202.204.208.2，其中 202.204.208 表示网络号，2 表示主机号。

3. IP 地址的类型

（1）分类 IP 地址

分类 IP 地址可以分成 5 类，即 A 类、B 类、C 类、D 类、E 类，如图 4-5 所示。

A 类地址的网络号长度占 8 位，第一位为 0，其余的 7 位可以分配，网络号为全 0 和网络号为全 1 的网络地址号留作特殊用途，因此 A 类地址有 126 个网络号可以分配，使用 A 类 IP 地址的网络称为 A 类网络。每个 A 类网络可以分配的主机号为 2^{24}-2 = 16 777 214 个，主机号全 0 和全 1 两个地址用于特殊目的。A 类地址的覆盖范围为 1.0.0.0 ~ 127.255.255.255。

B 类地址网络号的前两位为 10，其余的 14 位可以分配，由于 B 类地址的前两位为 10，所以不会出现网络号全 0 全 1 的问题，因此 B 类地址有 2^{14} = 16 384 个网络号可以分配，使用 B 类 IP 地址的网络称为 B 类网络。每个 B 类网络可以分配的主机号为 2^{16}–2 = 65 534 个，主机号全 0 和全 1 两个地址用于特殊目的。B 类地址的覆盖范围为 128.0.0.0 ~ 191.255.255.255。

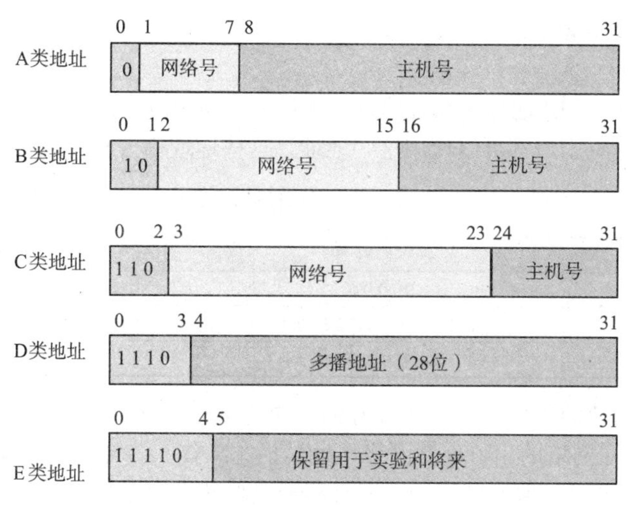

图 4-5 分类 IP 地址

C 类 IP 地址的网络号长度占 24 位，主机号长度是 8 位，C 类地址的网络号前三位为 110，其余的 21 位可以分配，由于 C 类地址的前三位为 110，不会出现网络号全 0 全 1 的问题，因此有 2^{21} = 2 097 152 个 C 类网络，每个 C 类网络可以分配的主机号为 2^8-2 = 254 个，主机号全 0 和全 1 两个地址用于特殊目的。C 类地址的覆盖范围为 192.0.0.0 ~ 223.255.255.255。

D类IP地址不标识网络，地址的覆盖范围为224.0.0.0 ~ 239.255.255.255，D类地址用于组播。

E 类地址暂时保留用于实验和将来使用，地址覆盖范围为 240.0.0.0 ~ 247.255.255.255。

（2）特殊 IP 地址

特殊的 IP 地址包括直接广播地址、受限广播、组播地址、0 地址、“这个网络的特定主机”地址、环回地址。

① 直接广播地址。在 A 类、B 类和 C 类的 IP 地址中，如果主机号为全 1，就是该网络的直接广播地址。如 202.204.208.255 就是 202.204.208 网络的直接广播地址，路由器将目的地址为直接广播地址的分组，以广播的方式发送给网络地址为 202.204.208.0 的所有主机。

② 受限广播地址。如果网络号与主机号的 32 位为全 1 的 IP 地址为受限广播地址，它是将一个分组以广播方式发送给该网络中的所有主机，路由器则阻挡该分组通过，其广播功能只限制在该网络内部。

③ 组播地址。和广播地址相似之处是都只能作为 IP 数据报的目的地址，和广播地址的区别是广播地址按主机的物理位置来划分各组（属于同一子网），而组播地址是指定一个逻辑组，逻辑组的主机可能遍布整个 Internet 网，它的主要应用是视频会议、视频点播等。

④ 0 地址：主机号为 0 的 IP 地址，表示该网络本身。

⑤ “这个网络上的特定主机”地址：IP 地址的网络号为全 0，主机号为确定的值，如 0.0.33.16 为“这个网络上的特定主机”地址，目的地址为“这个网络上的特定主机”地址的分组，表示该分组限定在该网络内部，如目的地址为 0.0.33.16 的分组表示由该网络的主机 33.16 接收该分组。路由器不转发该分组到外网。

⑥ 环回地址。A 类 IP 地址 127.0.0.0 是环回地址，用于网络测试或本地进程间通信。TCP/IP 协议规定含网络号为 127 的分组不能出现在任何网络上，主机和路由器不能为该地址广播任何寻址信息。“PING”应用进程可以发送一个环回地址作为目的地址的分组，来测试 IP 软件能否接收或发送一个分组。一个客户进程可以用环回地址发送一个分组给本机的另一个进程，

用来测试进程之间的通信状况。

（3）私有 IP 地址

在 A 类、B 类、C 类 IP 地址中都有部分地址作为保留地址，没有分配给任何因特网用户，也就是说 Internet 上所有用户都可以使用这些地址，这些地址称为私有地址，如表 4-1 所示。

表 4-1　私有地址

类	网络地址	网络数
A	10.0.0.0	1 个 A 网
B	172.16.0.0 ~ 172.31.0.0	16 个 B 网
C	192.168.0.0 ~ 192.168.255.0	256 个 C 网

当 IP 地址比较紧缺的单位，一个比较好的解决方案是局域网内部使用私有 IP 地址，若要与因特网连接，只要在网络的出口处做网络地址转换（NAT），转换为分配的合法 IP 地址。这样做一方面可以解决 IP 地址紧缺的问题，还有利于提高网络的安全性。

IP 地址的获得要向因特网编号管理局（IANA）的有关机构申请，获得合法 IP 地址后，网管员原则上可以自行分配和管理，一般为路由器分配 IP 地址时，为了便于网管员记忆，为路由器的接口分配较特殊的 IP 地址，如该网段的最大或最小的 IP 地址。

4. 主机和路由器的网络接口与 IP 地址

一台主机通过网卡接入到网络中，通常将主机和接入网络的网卡和链路之间的边界称为“接口”，每个接口要分配一个唯一的 IP 地址。一台计算机只需一条链路接入网络，分配一个 IP 地址即可，路由器通过不同的链路接入与之互联的多个网络，路由器的每一条链路都对应一个接口，就需要给每个接口分配不同的 IP 地址，如图 4-6 所示。

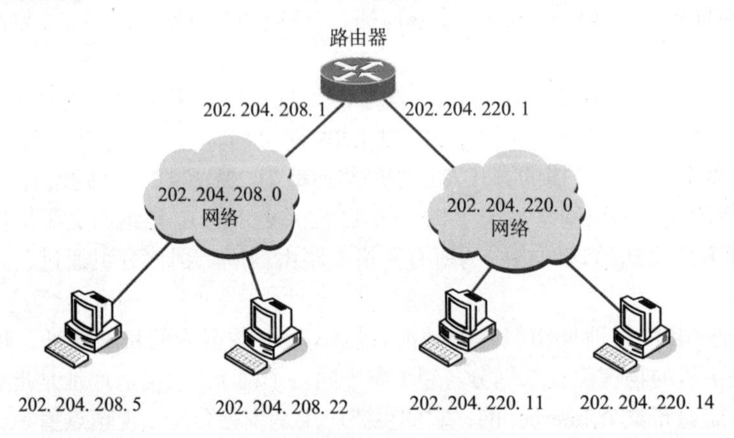

图 4-6　网络接口与 IP 地址

5. 网络传输过程中地址的变化

从网络体系结构的层次结构上可知，物理地址是数据链路层和物理层使用的地址，而 IP 地址是网络层和以上各层使用的逻辑地址，如图 4-7 所示。

发送数据时，应用层产生的数据交给传输层，传输层将数据封装成 TCP 或者 UDP 报文，再交给网络层，网络层将报文作为数据部分，在前面加上一个 IP 首部构成 IP 数据报，IP 地址被包含在 IP 首部中，网络层再将 IP 数据报交给数据链路层，IP 数据报被数据链路层当作数据被封装成 MAC 帧，MAC 帧在传送时使用的源地址和目的地址都是物理地址，这两个物理地址都写在 MAC 帧的首部。

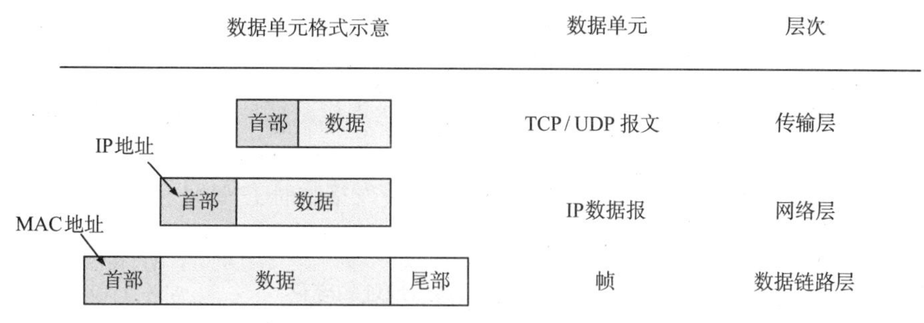

图 4-7　IP 地址和物理地址的位置

连接在网络中的主机或路由器，是根据 MAC 帧首部的物理地址来接收 MAC 帧，数据链路层是看不见封装在数据部分的 IP 地址。只有剥去了数据帧的首部和尾部，上交到网络层后，网络层才能在 IP 数据报的首部中找到 IP 地址。

IP 地址放在 IP 数据报的首部，硬件地址放在 MAC 帧首部，网络层和网络层以上使用的是 IP 地址，数据链路层和物理层使用的是物理地址。图 4-8 列出了不同层次地址的变化情况。

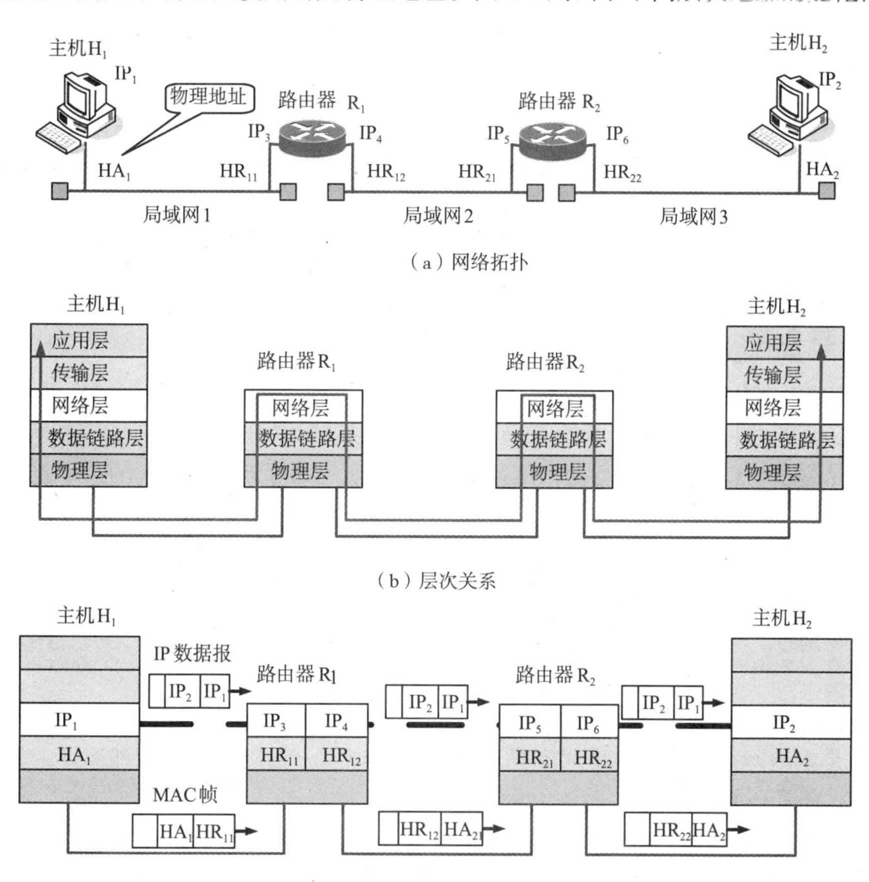

图 4-8　不同层次看 IP 地址和物理地址

图 4-8（a）表示的是 3 个局域网通过两个路由器连接起来的网络拓扑关系，主机 H_1 和主机 H_2 进行通信，主机 H_1 的 IP 地址是 IP_1，物理地址是 HA_1，主机 H_2 的 IP 地址是 IP_2，物理地址是 HA_2。路由器 R_1 接入局域网 1 接口的 IP 地址为 IP_3 物理地址为 HR_{11}，接入局域网 2 的 IP 地

址为 IP_4，物理地址为 HR_{12}。同样路由器 R_2 接入局域网 2、3 的 IP 地址为 IP_5 和 IP_6，物理地址为 HR_{21} 和 HR_{22}。

图 4-8（b）所示强调的是通信系统中的层次关系。主机是五层的体系结构，路由器是三层的体系结构。

图 4-8（c）所示为不同层次看数据单元在封装、转发接收时 IP 地址和物理地址的变化。不同层次、不同网段 IP 地址和物理地址的变化总结如表 4-2 所示。

表 4-2 IP 地址和物理地址的变化

网 段	IP 地址		物理地址	
	源地址	目的地址	源地址	目的地址
从 H_1 到 R_1	IP_1	IP_2	HA_1	HR_{11}
从 R_1 到 R_2	IP_1	IP_2	HR_{12}	HR_{21}
从 R_2 到 H_2	IP_1	IP_2	HR_{22}	HA_2

可以看出，在网络层（网际层）看到的是 IP 数据报，虽然 IP 数据报经过了两个路由器，但 IP 数据报没有改变，它的源地址和目的地址始终是 IP_1 和 IP_2，路由器只根据数据报的目的 IP 地址进行路由选择，而在数据链路层看到的是数据帧，IP 数据报封装在帧的数据部分，网络传送时，MAC 帧的首部信息是要重新封装的，由开始的 HA_1 到 HR_{11}，路由器根据对路由选择对数据报重新封装为新的 MAC 帧，源地址变为 HR_{12}，目的地址为 HR_{21}，再从 R_1 的 HR_{12} 发送到 HR_{21}，同理路由器 R_2 重新封装后传给主机 H_2。

对于网络层来说根本看不到 MAC 帧首部的这些变化，就是说屏蔽了下层这些复杂的细节，对上层提供了透明的传输。

4.2.3 ARP 与 RARP

基于 TCP/IP 技术的互联网络可以看成是一个虚拟网络，所以在这个网络中的主机使用 IP 地址来标识，主机之间也使用分配的 IP 地址来发送和接收 IP 分组。而实际在物理网络中，两台主机之间是通过物理地址来进行通信的。完成 IP 地址到物理地址的映射的技术就是地址解析协议（ARP）。

1. 地址解析协议 ARP

在分组传输中使用了两类地址，一个是逻辑地址，另一个是物理地址。

所谓逻辑地址，就是 IP 地址，逻辑地址通过软件实现的，与物理设备无关，网络层以上都使用逻辑地址。

所谓物理地址，指的是硬件地址或者 MAC 地址或者数据链路层地址。物理地址是本地地址，其适用范围是本地网络。物理地址通常是通过硬件实现的，如以太网的物理地址，就是写在以太网网卡中，而且还是唯一的。

考虑不同网络的物理地址长度不同和 32 位的 IPv4 地址的关系，有不同的解决方案。

① 当物理地址小于 IP 地址时，如 ProNET 令牌环网的物理地址为 8 位，只要它的 IP 地址或物理地址两者之一可以自由选择，就可以让它们某些部分相同，或通过数学运算给出转换关系，即实现映射。如网管员可以为 202.204.208.36 的主机对应物理地址为 36 的主机。

② 当物理地址大于 32 位的 IP 地址时，可以通过静态映射或动态映射来解决，静态映射就是手工创建 IP 地址与物理地址的映射关系，建立映射表。当已知 IP 地址查找物理地址时，通过查找映射表得到对应的物理地址。动态映射是通过一种协议实现映射，有两个协议来完成动

态地址的映射：地址解析协议 ARP 和逆地址解析协议。

（1）ARP 的工作原理

在图 4-9 所示的网络中，主机 A 和主机 B 通信，需要知道主机 B 的 MAC 地址，就向网络中广播 ARP 请求分组，ARP 分组的内容是我的 IP 地址是 202.204.220.14，MAC 地址是 0B32110C102D，要知道 202.204.220.11 的 MAC 地址，网络中的所有主机都能收到该请求，因为只有主机 B 的 IP 地址和 IP 请求分组的目的地址相同，202.204.220.11 收到该分组之后给出应答，用单播的方式回应主机 A，告诉 A 主机 B 的 IP 地址和 MAC 地址，实现和主机 B 的通信。

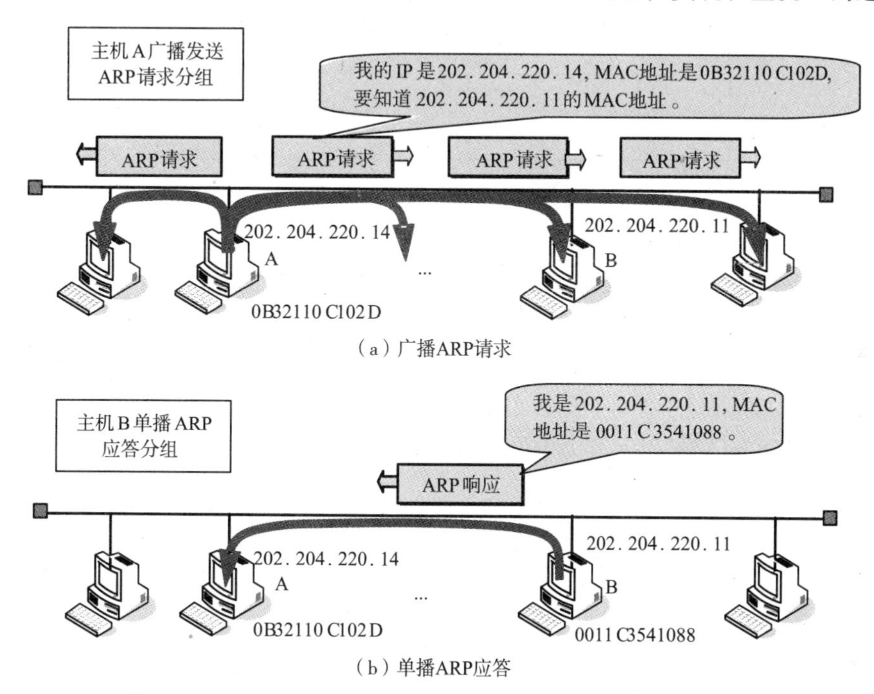

（a）广播ARP请求

（b）单播ARP应答

图 4-9　ARP 的工作原理

一般来说在主机和路由器都考虑使用高速缓存，在 ARP 的高速缓存中存放 IP 地址和物理地址的绑定，目的是为了提高 ARP 的效率，图 4-10 给出了 ARP 请求的实现流程，图 4-11 给出了 ARP 应答的实现流程。

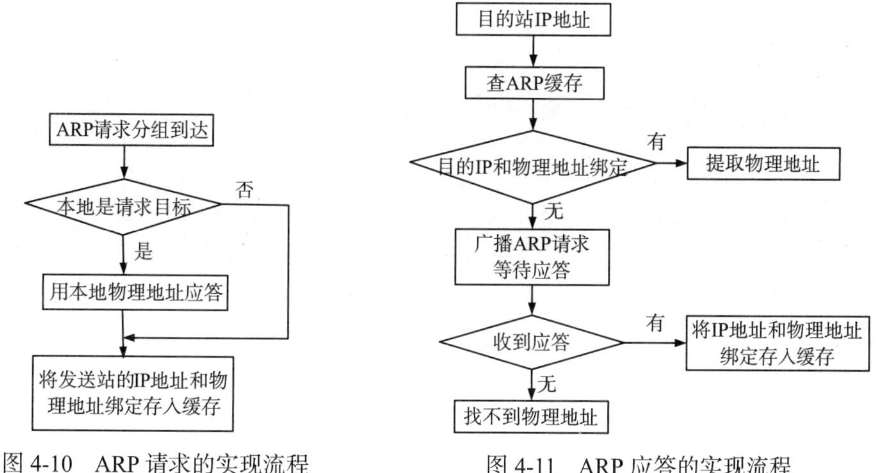

图 4-10　ARP 请求的实现流程

图 4-11　ARP 应答的实现流程

在 ARP 的管理中，使用了超时计时器，每条地址绑定信息有一个计时器，当计时器超时后该绑定信息就会被删除，典型的计时器时间为 20 min。

（2）ARP 分组格式

ARP 分组的格式如图 4-12 所示。

硬件类型		协议类型
硬件长度	协议长度	操作
发送站硬件地址		
发送站协议地址		
接收站硬件地址		
接收站协议地址		

图 4-12　ARP 的分组格式

硬件类型：占 16 bit，定义运行 ARP 的物理网络类型，如表 4-3 所示。

表 4-3　ARP 协议中定义的硬件类型

类　型	描　述
1	以太网
2	实验以太网
3	业余无线电 AX.25
4	令牌环
5	混沌网
6	IEEE802.X
7	ARC 网络

协议类型：占 16 bit，定义发送方提供的高层协议类型，ARP 可用于任何高层协议，如 IPv4，值为 $(0800)_{16}$。

协议长度：占 8 bit 定义以字节为单位的逻辑长度，如 IPv4 的协议长度为 4。

操作：16 bit，定义分组的类型。若是 ARP 请求，该值为 1；若为 ARP 应答，该值为 2；RARP 请求为 3，RARP 应答为 4。

发送站硬件地址：可变长字段，定义发送站的物理地址，对于以太网该字段为 6 字节长。

发送站协议地址：可变长字段，定义发送站逻辑地址，对于 IPv4，该字段为 4 字节长。

目的站硬件地址：可变长字段，定义目的站的物理地址。

目的站协议地址：可变长字段，定义目的站的逻辑地址。

ARP 分组在数据链路层封装成帧进行传输。

ARP 的命令格式可以通过 DOS 命令查询到，如 arp。ARP 命令格式如图 4-13 所示。

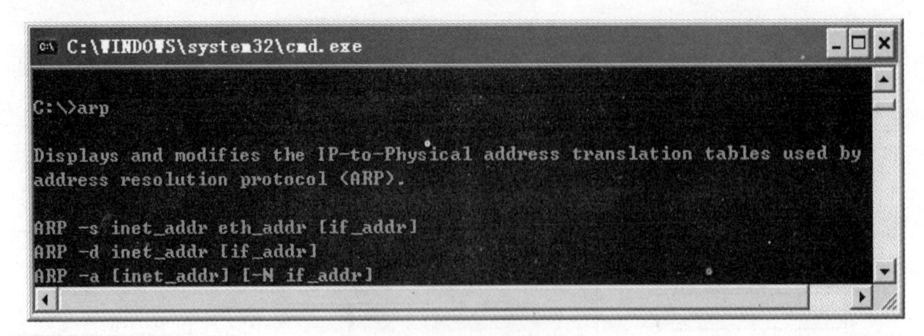

图 4-13　ARP 命令格式

参数说明：

-a：显示当前的 ARP 地址表。

-d：删除指定的 IP 地址——物理地址的绑定。

-s：在 ARP 的地址表中添加 IP 地址——物理地址的绑定。

其他参数可以通过 ARP 命令查看帮助信息。

（3）代理 ARP

使用代理 ARP 技术可以实现两个物理网络的互联，如图 4-14 所示，连接两个网络的路由器充当了代理 ARP，代理物理网络 2 的一组主机应答 ARP 的请求，也就是说，在代理 ARP 中保留了网络 2 的所有主机的 IP 地址表。当主机 A 广播请求得到主机 X（202.204.220.5）的物理地址时，由于该分组被路由器隔离无法到达主机 X，但充当 ARP 代理的路由器收到这个请求分组时，就查询其代理的 IP 地址表，发现 IP 地址 202.204.220.5 在其代理的地址表中，这时路由器就把自己的物理地址放到 ARP 应答中发送回主机 A。主机 A 收到 ARP 应答后，将主机 X 的 IP 地址和充当代理的路由器的物理地址绑定存到自己的 ARP 缓存中，然后把 IP 分组在逻辑链路层封装成帧通过物理网络传给路由器，路由器收到 IP 分组后，再通过物理网络 2 把分组发送给目的主机 X。同理代理 ARP 路由器也可以代理网络 1，将网络 2 的 IP 分组传送给网络 1，实现两个网络的互联。

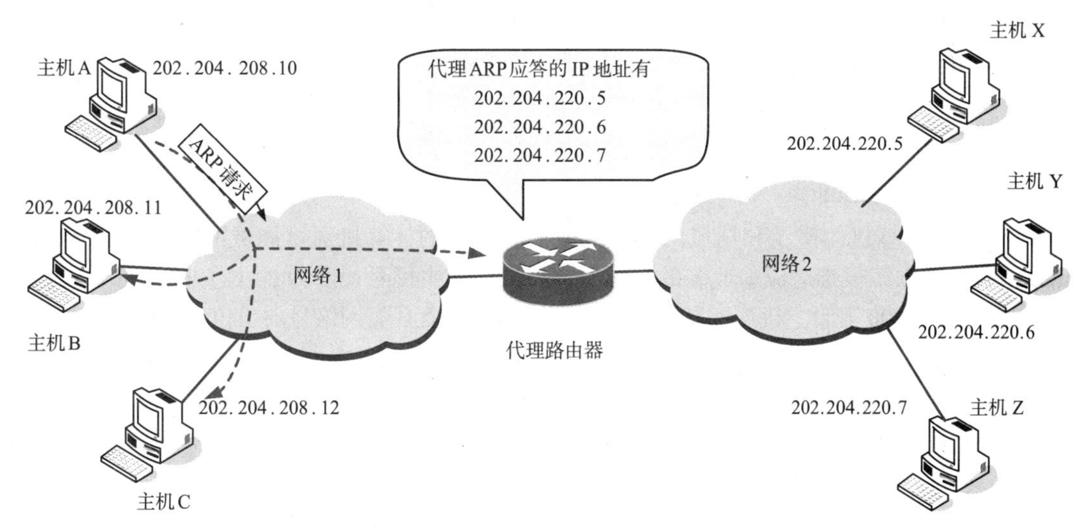

图 4-14　代理 ARP 的工作原理

2. 逆向地址解析协议（RARP）

RARP 实现物理地址到逻辑地址的映射，即知道主机的物理地址，要找到相应的 IP 地址。

在基于 TCP/IP 的互联网中，每台主机或路由器都要有自己的 IP 地址进行通信，IP 地址通常是存储在硬盘的配置文件中，而无盘工作站，只能从 ROM 进行引导，ROM 中不包含 IP 地址，要使无盘工作站也能在 Internet 上工作，可以通过 RARP 获得 IP 地址。

RARP 的工作原理如图 4-15 所示，在物理网络上有一个 RARP 服务器用于 IP 地址的分发，需要获得 IP 地址的主机称为客户机，所以 RARP 的实现是一种客户 / 服务器的工作模式。当客户机 A 向网络上广播 RARP 请求时，RARP 服务器接收 RARP 请求后，用单播的形式发送 RARP 应答，为客户机返回一个 IP 地址。

RARP 分组的格式和 ARP 分组的格式很像，只是操作字段是 3（RARP 请求）或者是 4（RARP 应答），其他字段一样。

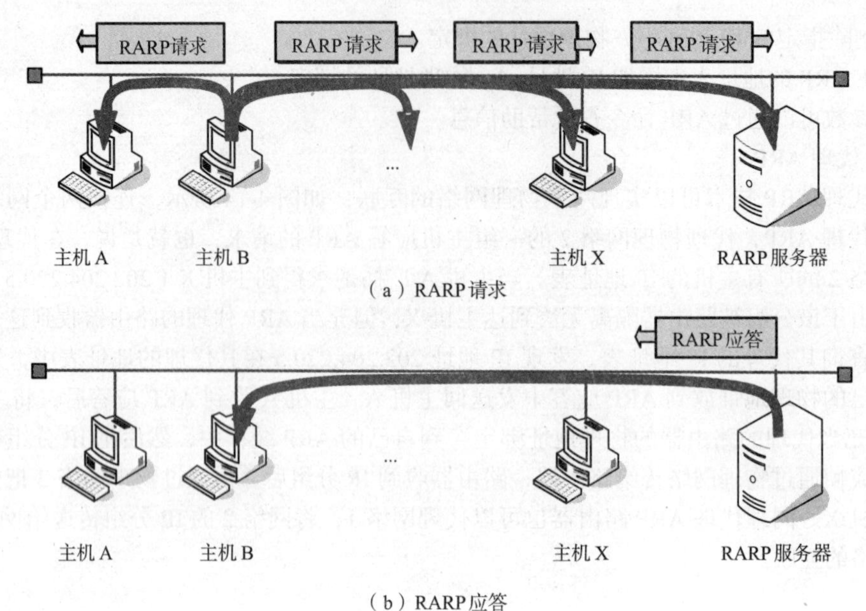

（a）RARP请求

（b）RARP应答

图 4-15　RARP 的工作原理

4.2.4　划分子网

1. 研究子网的目的

随着个人计算机的普及和局域网技术的发展，大量的计算机通过局域网连接到 Internet，Internet 的编址方案很难适应如此多的局域网，A 类地址主机号长度为 24 位，即使是一个大的机构也很难有 1 600 万台主机连入网络。同样一个拥有一个 B 类网络号的单位也很难有 6.5 万台主机接入。而一个 C 类地址只有不超过 256 台主机，这个数目又显得少了一点；如果只有 2 台主机的网络要接入 Internet，那么它要申请一个 C 类地址，就会造成 IP 地址资源的浪费；A 类、B 类 IP 地址的浪费是最突出的。为了便于管理子网的概念应运而生。构造子网就是将一个大的网络划分成几个较小的逻辑网络，每一个网络都有子网地址。

2. 子网掩码与 IP 地址结构的重新定义

1985 年子网在 RFC950 文档中正式被定义，子网划分使 IPv4 地址从两级结构变成了三级结构，如图 4-16 所示。

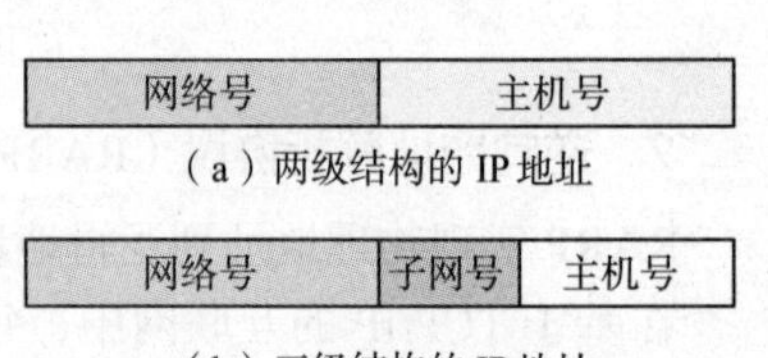

（a）两级结构的 IP 地址

（b）三级结构的 IP 地址

图 4-16　具有子网划分的 IP 地址结构

划分子网的技术要点是：三级结构的 IP 地址由网络号、子网号和主机号组成；同一个子网中所有的主机必须使用相同的网络号和子网号；子网的概念可以应用在 A、B、C 类网络中任何一类 IP 地址；子网之间的距离必须比较近；分配子网是一个单位内部的事情，无需向 Internet 组织声明。在 Internet 文献中一个子网也称作一个网络。

如果给定一个 IP 地址如何判断它属于哪个网络，哪个子网？这一点非常重要，路由器在转发 IP 分组时，要看 IP 分组的目的地址是属于哪个网络，然后再根据路由表实现转发，为了解决这个问题，子网掩码的概念被提出。

子网掩码也称子网屏蔽码，子网掩码是一个 32 bit 的二进制数，在网络中，IP 地址的位数为 32 位，子网掩码的位数也为 32 位，将 IP 地址和子网掩码中各位一一对应，在 IP 地址中对应掩码为1的部分就是该IP地址的网络号和子网号。掩码的概念同样适用于两级结构的A类、B类、C类地址，如图4-17所示。

用点分十进制表示A类网络的子网掩码为255.0.0.0，B类网络的子网掩码为255.255.0.0，C类网络的子网掩码为255.255.255.0。

对于三级结构的IP地址，IP地址和子网掩码的关系如图4-18所示。

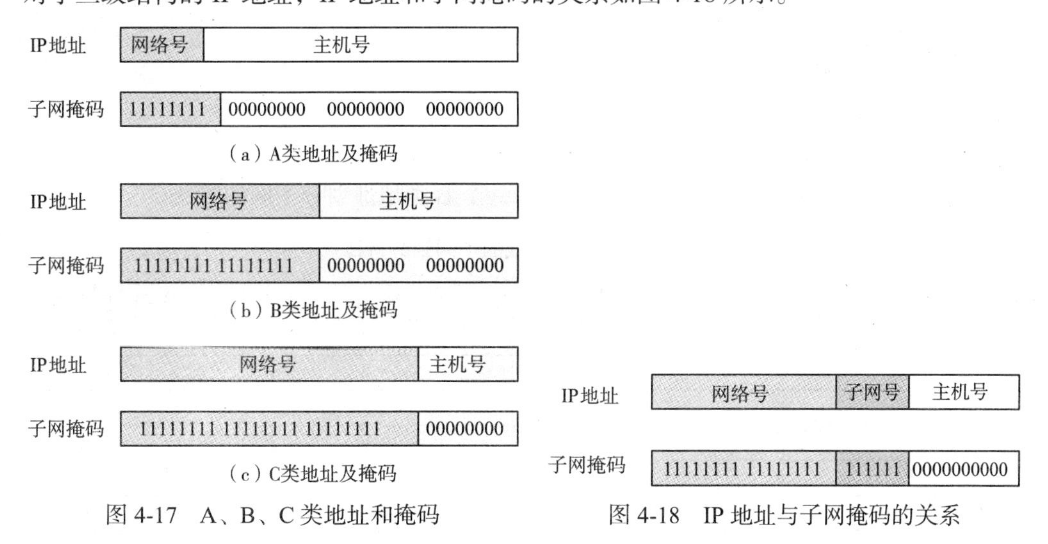

图4-17　A、B、C类地址和掩码　　图4-18　IP地址与子网掩码的关系

通过图4-18所示的IP地址和子网掩码的对应关系，对它们对应的二进制数逐位相“与”操作，得到了网络号和子网号。

图4-19所示是一个IP地址是165.69.37.5，掩码为255.255.240.0，判断它的网络号和子网号的例子。首先把点分十进制的IP地址和掩码地址转换为二进制地址表示，将二进制的IP地址和掩码地址逐位相“与”操作，然后将结果再转换为十进制方式表示。

IP地址	二进制	10100101	01000101	00100101	00000101
	十进制	165	69	37	5
子网掩码	二进制	11111111	11111111	11110000	00000000
	十进制	255	255	240	0
网络号	二进制	10100101	01000101	00100000	00000000
	十进制	165	69	32	0

图4-19　采用子网掩码计算网络地址

路由器在处理一个IP分组时，通过IP地址的前三位即可知道该地址属于A、B、C类地址，上例中165.69.32.5的IP地址中二进制的前三位以10开头，说明它是B类地址，所以它的网络号为165.69.0.0，B类地址的掩码为255.255.0.0，而实际给的掩码地址为255.255.240.0，说明该网络划分了子网，通过掩码的计算得出它的子网号为32。所以该网络为165.69.32.0。

IP协议关于子网掩码的定义中没有要求0和1是连续的。但是，不连续的子网掩码不便于分配主机地址和路由表的理解。而且现在的路由器也很少支持这种子网掩码。所以在实际中通常采用连续方式的子网掩码。

3. 子网划分的方法

划分子网的方法是根据划分的子网数量，确定向主机位借位来实现的。在实现时可以有两种策略，一个是使用定长的掩码，另一个是使用变长的掩码。

（1）定长子网掩码

所谓定长掩码，是划分的各个子网的掩码值相同。利用定长子网掩码划分子网的步骤为：

① 确定需要划分的子网数量。

② 确定被网络中主机部分的位数。

③ 根据子网数量，确定子网部分所需的位数，位数和子网个数的关系为 $2^n \geqslant m+2$，求满足公式的最小值（n 为位数，m 为子网数）。

④ 计算子网掩码。

⑤ 确定每个子网的地址范围

下面以表 4-4 为例说明利用定长子网掩码为一个 B 类地址划分子网的方法。

表 4-4　B 类地址的子网划分选择

子网号的位数	子网掩码	子网数	每个子网的主机数
2	255.255.192.0	2	16382
3	255.255.224.0	6	8190
4	255.255.240.0	14	4094
5	255.255.248.0	30	2046
6	255.255.252.0	62	1022
7	255.255.254.0	126	510
8	255.255.255.0	254	254
9	255.255.255.128	510	126
10	255.255.255.192	1022	62
11	255.255.255.224	2046	30
12	255.255.255.240	4094	14
13	255.255.255.248	8190	6
14	255.255.255.252	16382	2

在上面的 B 类 IP 的分配方案中，子网数是根据子网位数 n，除去子网号为全 0 和全 1 的情况，计算出可能得到的子网数为 2^n-2，因为根据 RFC950 文档，子网号不能为全 0 全 1。随着无分类域间路由选择 CIDR 的广泛使用（在 4.2.5 节中介绍），现在全 0 全 1 的子网号也可以使用，但是一定要注意选择的路由器是否支持子网号为全 0 全 1 的技术。

通过上面的分析，可以看出，划分子网增加了灵活性，便于网络管理，但却减少了连接在网络上的主机数，也就是以牺牲主机数为代价。

同理，A 类地址和 C 类地址的子网划分都可以用类似的表格列出。

【例 4.1】某单位分到一个 C 类地址 202.204.220.0，需要将网络划分为 2 个子网。试划分子网，计算子网地址、子网掩码及每个子网中的主机范围。

解：

需要划分的子网数量是 2；C 类地址的网络部分占 24 位，主机部分占 8 位；子网所占的位数为 n，满足 $2^n \geqslant m+2$ 的最小值为 2，即子网部分为两位。

子网掩码为 24 位 +2 位 =26 位连续的 1，后面为 6 个连续的 0，即 11111111 11111111 11111111 11000000，用点分十进制表示为 255.255.255.192。

总的子网地址如表 4-5 所示。

表 4-5　例 4.1 中总的子网地址

子网地址	第一字节	第二字节	第三字节	第四字节
202.204.220.0	11001010	11001100	11011100	00 000000
202.204.220.64				01 000000
202.204.220.128				10 000000
202.204.220.192				11 000000

除特殊地址外，一般来说子网号和主机号不允许是全 0 或全 1，去掉子网号为全 0 和全 1 的地址，得到可分配的地址空间，如表 4-6 所示。

表 4-6　例 4.1 中的子网地址、子网掩码和主机地址范围

子网地址	子网掩码	主机地址范围
202.204.220.64	255.255.255.192	202.204.220.65 ~ 202.204.220.126
202.204.220.128	255.255.255.192	202.204.220.129 ~ 202.204.220.190

（2）变长子网掩码

所谓变长子网掩码允许以每个物理网络（网段）为单位选择子网部分，一旦选定了某种子网划分方法，则该网络中的所有设备都必须遵守。

利用变长子网掩码划分的步骤是：

① 按每个子网所含的主机地址从小到大排列。

② 计算每个子网所需主机部分的位数。

③ 对主机部分位数从小到大的顺序进行编码，要忽略子网号为 0 的编码。

④ 确定划分得到的子网地址和子网掩码

【例 4.2】 获得一个 C 类网络 202.204.220.0，需要划分 3 个子网，每个子网包含的主机数分别是 60、10 和 20，网络连接方法如图 4-20 所示。要求为路由器 1、2、3 留出两个点对点连接的子网。

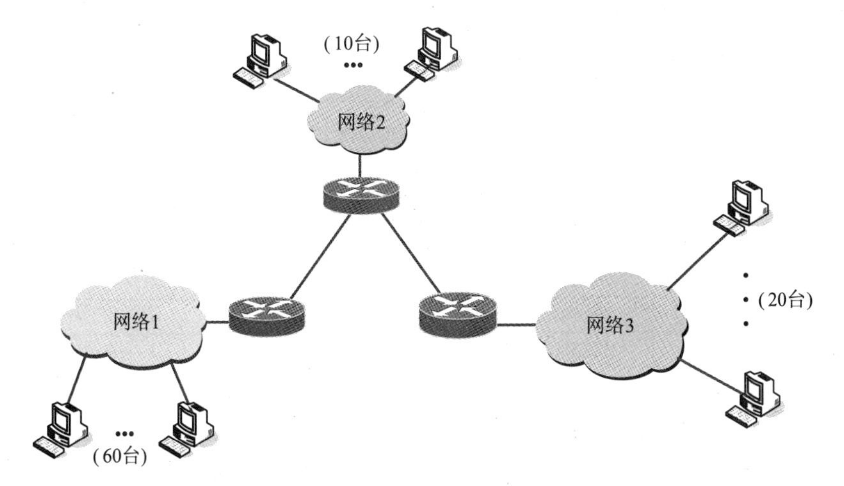

图 4-20　例 4.2 网络拓扑结构

解：

根据划分步骤，在该系统中，共有 5 个网络，每个网络的主机数分别为 2、2、10、20、60。

计算每个子网所需的主机部分的位数为 2、2、4、5 和 6。

对主机部分位数从小到大进行编码，首先对所含主机部分位数为 2 的子网号进行编码，忽

略子网号为 0 的编码，为主机号占 2 位的子网编号如表 4-7 所示，其中 * 为已占位置，也就是要分配出去的地址。

表 4-7　主机号占 2 位的子网号编码

网　络　号	子　网　号	主　机　号
202. 204. 220	000001	**
	000010	**
已用地址	0000**	**

主机号占 4 位的子网编号如表 4-8 所示。

表 4-8　主机号占 4 位的子网号编码

网　络　号	子　网　号	主　机　号
202. 204. 220	0000	****
	0001	****
已用地址	000*	****

主机号占 5 位的子网编号如表 4-9 所示。

表 4-9　主机号占 5 位的子网号编码

网　络　号	子　网　号	主　机　号
202. 204. 220	000	*****
	001	*****
已用地址	00*	*****

主机号占 6 位的子网编号如表 4-10 所示。

表 4-10　主机号占 6 位的子网号编码

网　络　号	子　网　号	主　机　号
202. 204. 220	00	******
	01	******

划分的子网地址和掩码地址如表 4-11 所示。网络连接示意图如图 4-21 所示。

表 4-11　划分的子网地址和子网掩码

主　机　数	子 网 地 址	子 网 掩 码	子　网　号
2	202.204.220.4	255.255.255.252	000001
2	202.204.220.8	255.255.255.252	000010
10	202.204.220.16	255.255.255.240	0001
20	202.204.220.32	255.255.255.224	001
60	202.204.220.64	255.255.255.192	01

【例 4.3】 某机构得到一个 C 类网络地址 202.204.208.0，需要分配给 5 个子网和 6 个点对点链路连接子网，每个子网的主机数分别为 10、20、30、50、60，点对点链路子网的地址数为 2，试采用变长子网掩码划分子网。

解：

共有 11 个子网，按每个子网所含主机地址数从小到大排列为 2、2、2、2、2、2、10、20、30、50、60。

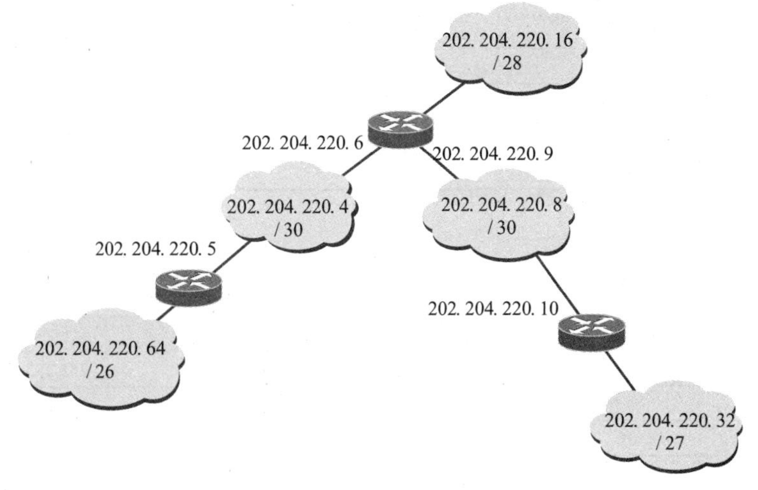

图 4-21　例 4.3 用可变长掩码划分子网

对每个子网所需主机部分的位数分别是 2、2、2、2、2、2、4、5、5、6、6。

对主机位数从小到大进行顺序编码，首先对所有含主机部分位数为 2 的子网号进行编码，如表 4-12 所示。

表 4-12　主机号占 2 位的子网号编码

网　络　号	子　网　号	主　机　号
202.204.208	000001	**
	000010	**
	000011	**
	000100	**
	000101	**
	000110	**
已用地址	0001**	**

主机部分位数为 4 的子网号进行编码，如表 4-13 所示。

表 4-13　主机号占 4 位的子网号编码

网　络　号	子　网　号	主　机　号
202. 204. 208	0001	****
	0010	****
已用地址	001*	****

主机部分位数为 5 的子网号进行编码，如表 4-14 所示。

表 4-14　主机号占 5 位的子网号编码

网　络　号	子　网　号	主　机　号
202. 204. 208	001	*****
	010	*****
	011	*****
已用地址	01*	*****

主机部分位数为 6 的子网号进行编码，如表 4-15 所示。

表 4-15　主机号占 6 位的子网号编码

网 络 号	子 网 号	主 机 号
202.204.208	01	******
	10	******
	11	******

划分的子网如表 4-16 所示。

表 4-16　例 4.3 采用可变长子网掩码划分子网表

子 网 数	子 网 地 址	子 网 掩 码
2	202.204.208.4	255.255.255.252
2	202.204.208.8	255.255.255.252
2	202.204.208.12	255.255.255.252
2	202.204.208.16	255.255.255.252
2	202.204.208.20	255.255.255.252
2	202.204.208.24	255.255.255.252
10	202.204.208.32	255.255.255.240
20	202.204.208.64	255.255.255.224
30	202.204.208.96	255.255.255.224
50	202.204.208.128	255.255.255.192
60	202.204.208.192	255.255.255.192

4. 使用子网的分组转发

使用子网后，路由器的路由表要进行相应的变化，增加了子网掩码，所以路由表要包含以下 3 项内容：目的网络地址、子网掩码和下一跳地址。路由器转发分组的算法为：

① 从收到的数据报的首部提取目的 IP 地址。

② 从路由表的第一条记录的子网掩码和目的 IP 地址的各位逐位相“与”，看结果是否和对应的这条记录的目的网络地址相符，如果相符就把该分组在数据链路层封装成帧，转发给本条记录的下一跳，否则执行 ③。

③ 再将目的 IP 地址和下一条记录的子网掩码逐位相“与”，看结果是否与这条记录的目的网络地址相符，若相符，就将分组从该条记录的下一跳转发出去，否则执行 ③。

④ 一般来说路由器的路由表最后一条记录是一个默认路由，也就是说如果和前面的所有记录进行了匹配，没有找到相匹配的网络，最后从默认的路由端口进行转发，如果没有默认的路由，就报告出错信息或丢弃该分组。

【例 4.4】 如图 4-22 所示的网络以及路由器 R_1 的路由表信息，现在主机 A 要和主机 B 进行通信，分析路由器转发分组的过程。

解： 主机 A 向主机 B 发送分组 X，分组 X 的目的地址为 202.204.220.40，首先是主机 A 将分组 X 的目的主机 IP 地址和本子网的子网掩码 255.255.255.192 逐位相“与”，得到网路地址为 202.204.220.0，不等于主机 A 所在的网络地址（202.204.220.64），说明主机 B 和主机 A 不在同一个子网，主机 A 不能将分组直接交付给主机 B，而是要将分组交给连接本子网的路由器 R_1 转发。

路由器 R_1 收到分组 X 后，先找路由表的第一条记录的子网掩码（255.255.255.192），将子网掩码和分组 X（202.204.220.40）的目的地址逐位相“与”，得到网络地址 202.204.220.0，和第一条记录的网络地址不匹配；取第二条记录的子网掩码（255.255.255.240）和分组 X 的 IP 地址（202.204.220.40）得到的网络地址为 202.204.220.32，和第二条记录的目的网络地址也不匹配，再取第三条记录的子网掩码（255.255.255.224）和分组 X 的目的地址（202.204.220.40）逐位相"与"得到网络地址为 202.204.220.32，和第三条记录的目的网络地址相匹配，则将分组 X 从第三条记录的下一跳路由器 R_2 转发出去。

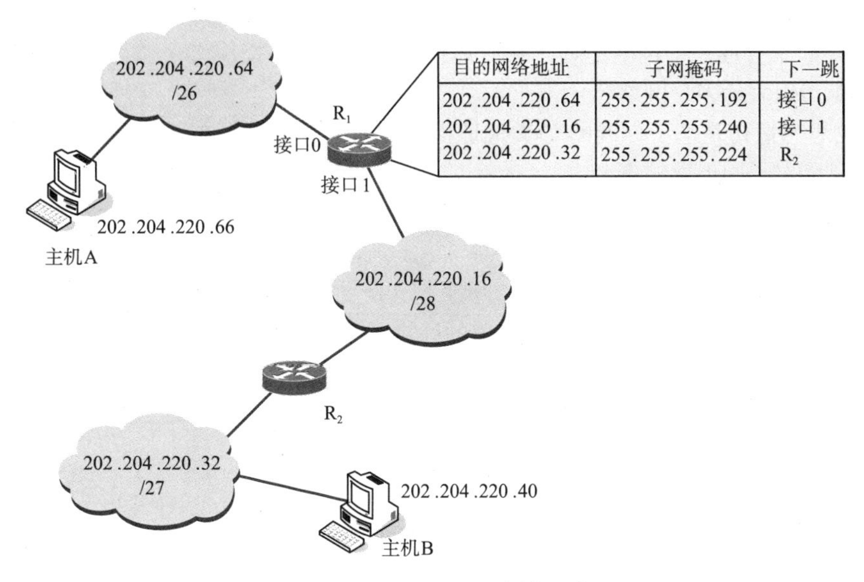

目的网络地址	子网掩码	下一跳
202.204.220.64	255.255.255.192	接口 0
202.204.220.16	255.255.255.240	接口 1
202.204.220.32	255.255.255.224	R_2

图 4-22　路由器在子网中转发分组

4.2.5　无分类域间路由选择（CIDR）技术

1. 无分类域间路由选择概念和特点

无分类域间路由选择（Classless Inter-Domain Routing，CIDR）也称超网，是在可变长子网掩码的基础上研究出来的无分类编址方法，在 RFC1518、RFC1519 和 RFC1520 中进行了具体的描述。"无分类"的含义是可以不考虑 IP 地址所属的 A 类、B 类、C 类的区别，路由决策完全基于整个 IP 地址的掩码来操作。

CIDR 的主要特点有：

① CIDR 消除了传统的 A、B、C 类地址和子网的概念，因而有效利用了 IPv4 的地址空间。

CIDR 将 32 位的 IP 地址划分成两个部分，网络前缀和主机部分，网络前缀用来指明网络部分的位数。可以看出 CIDR 将 IP 地址从三级编址又回到了二级编址，但和以前的二级编址意义不同，CIDR 使用"斜线记法"或 CIDR 记法表示 IP 地址，斜线后面的数字表示网络前缀占的位数。例如 202.204.208.5/20，表示该网络的前 20 位为网络号，后面的 12 位表示该网络的主机号。

② CIDR 把网络前缀都相同的连续的 IP 地址组成"CIDR 地址块"，只要知道地址块中的任何一个地址，就可以知道该地址块的最小和最大 IP 地址。如 200.200.200.5/20,（相当于 16 个 C 类地址）。

200.200.200.5/20=<u>11001000 11001000 1100</u>1000 00000101

前 20 位为网络前缀，该网络的最小地址和最大地址为：

最小地址 200.200.192.0　110010001100100011000000 00000000

最大地址 200.200.207.254　110010001100100011001111 11111111

当然，主机号为全 0 和全 1 不能用，鉴于 CIDR 地址块已经表明了网络部分的位数，掩码可以不使用，但是由于目前还有一些网络使用子网划分子网掩码，所以 CIDR 中还可以沿用子网掩码的概念。

2. CIDR 实现路由聚合的方法

CIDR 的研究是在子网划分技术之后的事情，由于 B 类地址的缺乏，一些单位采用申请多个 C 类地址，采用适当的方式，使得这些 C 类地址聚合成一个地址，如 16 个 C 类地址聚合成一个地址。或者一个 ISP（因特网服务提供商）的同一个连接点分配了一定数量的不同网络，希望这些网络能够聚合成一个网络地址，相应地在路由器上也不反应多个路由记录，而是只有一条路由记录就可以表示多个网络。

CIDR 的思想最初是基于标准的 C 类地址提出的，但并不局限在 C 类地址，可以把地址聚合的思想扩展到对子网地址的聚合中。

实现聚合的步骤如下：

① 首先把点分十进制转换成二进制。

② 提取地址中相同部分（网络部分）。

③ 对每块地址聚合成一个地址，掩码值的计算：其中地址值相同的部分掩码为 1，不同的部分掩码为 0。

【例 4.5】某个校园网申请到 16 个 C 类地址，202.204.208.0 ~ 202.204.223.0，计算网络前缀和掩码。

解：

202.204.208.0 11001010 11001100 11010000 00000000

202.204.209.0 11001010 11001100 11010001 00000000

202.204.210.0 11001010 11001100 11010010 00000000

202.204.211.0 11001010 11001100 11010011 00000000

202.204.212.0 11001010 11001100 11010100 00000000

202.204.213.0 11001010 11001100 11010101 00000000

202.204.214.0 11001010 11001100 11010110 00000000

......

202.204.223.0 11001010 11001100 11011111 00000000

该 IP 地址块的前 20 位相同，网络前缀为 20 位，所以该地址块记为 202.204.208.0/20，子网掩码为 255.255.240.0。对于接入该校园网络的上层路由器的路由表，由原来的 16 条记录反映该校园网的转发工作，可以通过一条记录 202.204.208.0/20、掩码为 255.255.240.0 来表示即可，大大减少了路由表中的路由记录条数。

表 4-17 给出了最常用的 CIDR 地址块，其中 k 表示 1 024。

表 4-17　最常用的 CIDR 地址块

CIDR 前缀	子 网 掩 码	包含的地址数	相当于分类地址的网络数
/13	255.248.0.0	512k-2	8 个 B 或者 2 048 个 C
/14	255.252.0.0	256k-2	4 个 B 或者 1 024 个 C
/15	255.254.0.0	128k-2	2 个 B 或者 512 个 C
/16	255.255.0.0	64k-2	1 个 B 或者 256 个 C
/17	255.255.128.0	32k-2	128 个 C
/18	255.255.192.0	16k-2	64 个 C
/19	255.255.224.0	8k-2	32 个 C

续表

CIDR 前缀	子 网 掩 码	包含的地址数	相当于分类地址的网络数
/20	255.255.240.0	4k-2	16 个 C
/21	255.255.248.0	2k-2	8 个 C
/22	255.255.252.0	1k-2	4 个 C
/23	255.255.254.0	512-2	2 个 C
/24	255.255.255.0	256-2	1 个 C
/25	255.255.255.128	128-2	1/2 个 C
/26	255.255.255.192	64-2	1/4 个 C
/27	255.255.255.224	32-2	1/8 个 C

从表中可以看出一个 CIDR 中包含了多个 B 或者 C 类地址，所以称其为超网。

3. 路由器的转发

在 CIDR 中，IP 地址由网络前缀和主机号组成，因此在路由表中的项目也要有所变化，可以由网络前缀和下一跳组成。但是在查找路由表时可能会得到不止一个匹配结果。因为网络前缀越长表示的网络越具体，所以应该选择匹配结果中具有网络前缀最长的路由进行转发。

【例 4.6】学校的地址段为 202.204.208.0/20，计算机系的地址段为 202.204.220.0/24，路由器的接口 0 属于 202.204.208.0 网段，接口 1 属于 202.204.220.0 网段，如果有一个 IP 数据报的目的地址为 202.204.220.14，问路由器由哪个端口转发？

解：

202.204.220.14 和 202.204.208.0/20 的掩码逐位相“与”得到 202.204.208.0/20 网络，和学校的网络前缀相匹配。

202.204.220.14 和 202.204.220.0/24 的掩码逐位相“与”得到 202.204.220.0/24 网络，和计算机系的网络前缀相匹配。

根据最长网络前缀匹配的原则，所以该 IP 数据报由接口 1 转发。

4.2.6 网络地址转换

1. NAT 的基本概念

Internet 中的每一台主机都必须分配一个全球唯一的 IP 地址，才能实现主机之间的相互通信，路由器只能为目的地址为全球统一的 IP 地址的分组进行路由选择，但是现在 IP 地址资源非常紧缺，有的单位希望接入因特网的用户远远大于实际得到的 IP 地址数，如何解决这个难题，网络地址转换 NAT 就是一个较好的方法。

RFC2663、2993、3022、3027、3235 对 NAT 技术进行了详细的讨论。

在实际应用中经常见到图 4-23 所示的网络结构，像这种结构在很多小型机构或者家庭局域网中使用非常普遍，在 IP 地址中曾经讨论过私有地址，它们是 10.0.0.0/8、172.16.0.0/12、192.168.0.0/16。

在本地局域网中使用这些私有地址，局域网用户通过 ADSL 路由器接入 Internet，ADSL 路由器被 ISP 动态分配了一个全球 IP 地址，本地局域网的所有主机分配一个私有 IP 地址，当本地网络的用户要将分组发送到 Internet 上的主机时，那么 IP 分组的源地址为本地 IP 地址，ADSL 路由器收到这样的分组之后，将该分组的源 IP 地址转换成它的全球 IP 地址，实现 Internet 通信能力，这种将本地 IP 地址和全球 IP 地址的转换功能就是网络地址转换（Network Address Translation，NAT）。

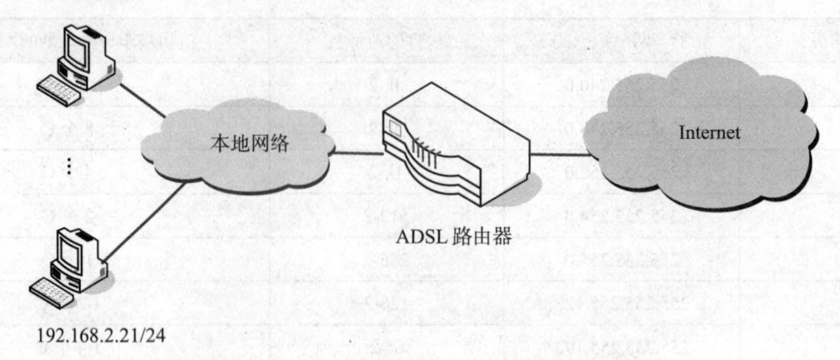

图 4-23　本地私有地址和全球 IP 地址的共存

网络地址转换适用于四类应用领域，一是 ISP、ADSL、有线电视的地址分配；二是无线接入地址分配；三是对接入 Internet 受限的用户群体；四是专用网络。

NAT 可分为“一对一”和“多对多”，“一对一”是配置一个内部网络的专用 IP 地址，对应一个公用的全球 IP 地址，属于静态 NAT；所谓“多对多”内部网络的多个用户共享多个全球 IP 地址，属于动态 NAT。

2. NAT 的工作原理

NAT 的工作原理如图 4-24 所示。

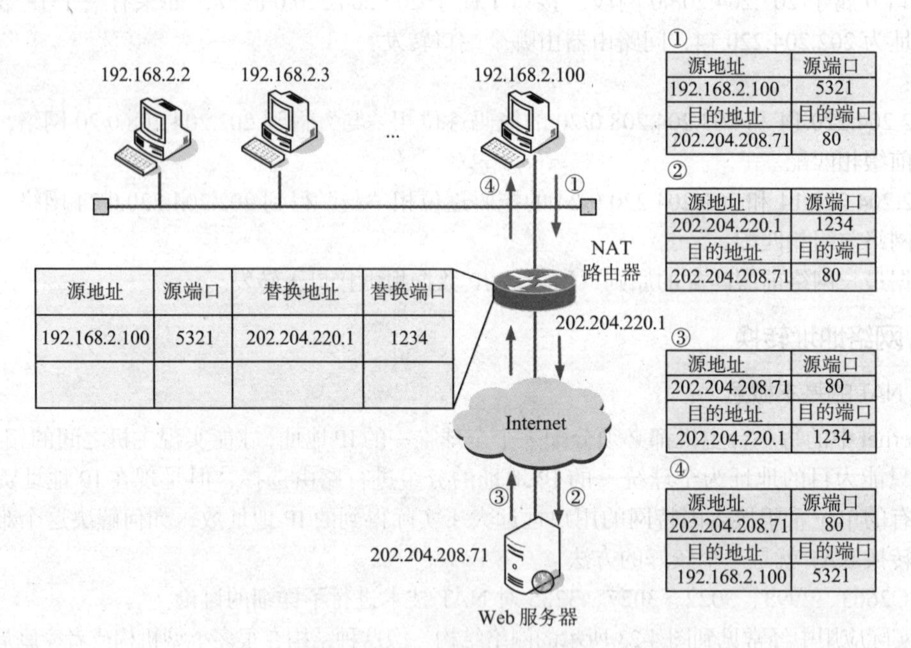

图 4-24　NAT 的基本工作原理

当局域网中的主机或多台主机要访问 Internet 的服务器时，路由器就将它们访问 Internet 的 IP 分组的源地址换成自己的全球 IP 地址，然后转发出去，这些分组就有了相同的源地址，而服务器回复给这些局域网的主机的 IP 分组的目的地址都相同，路由器如何能够从这些目的 IP 相同的 IP 分组中鉴别出属于哪个主机？这里用到一个端口的概念，端口在传输层将会做详细说明，在这里暂且认为是一个主机和逻辑链路连接的接口标识。这样标识 IP 分组的源地址信息和目的地址信息就包含两个部分，一个是 IP 地址，另一个是端口号。所以路由器中有一个地址转化表，存放着所有逻辑连接的关系，如图 4-25 所示。

源地址	源端口号	替换 IP 地址	替换端口号
192.168.2.100	5321	202.204.220.1	1234
…	…	…	…

图 4-25　基于端口的地址转换表

路由器使用全球 IP 地址和端口信息取代原分组的源地址和端口信息，然后在地址转换表中记录下来这个连接关系，当服务器的回复分组信息到达路由器时，用该分组的目的端口号去检索地址转换表，找到相应的项，用对应项的源地址和源端口号取代 IP 分组的目的 IP 地址和目的端口号，然后转发给局域网。

图 4-24 中，本地局域网的主机使用的本地地址 192.168.2.0，本地地址只在本地局域网中有效，路由器分配了一个全球 IP 地址 202.204.220.1，现在主机 192.168.2.100 要访问 Internet 上的一个 WEB 服务器 202.204.208.71，它实现过程是主机 192.168.2.100 将分组的源地址写为 192.168.2.100，源端口写为 5321，目的地址为 202.204.208.71，目的端口为 80，分组到达路由器后，源地址被替换为 202.204.220.1，源端口为 1234，目的 IP 和目的端口不变，转发出去后路由器还将该连接关系写到地址转换表中，如图 4-25 所示，当 202.204.208.71 服务器回应分组时，它的目的地址为 202.204.220.1，目的端口为 1234，源地址为 202.204.208.71，端口为 80；路由器（202.204.220.1）收到这个分组后查看目的端口为 1234，在地址转换表中查找替换端口号为 1234 的那条记录，提取它的源 IP 地址和原来的端口号，替换分组中的目的地址和目的端口号，转发分组给主机 192.168.2.100，这种方式也称端口地址转换。

3. 动态 NAT

动态 NAT 和基于端口的地址转换不同，它分配给内部网络一组全球 IP 地址，所有希望访问 Internet 的主机先申请一个全球的 IP 地址，如果分配给该组的 IP 地址未分配完，路由器就分配一个给主机，在整个会话（连接）过程中，该地址一直被该主机使用，只有会话结束后，路由器才收回该主机的 IP 地址。

设一个部门有 1 000 台主机，分配了一组全球 IP 地址为 202.204.220.0/24，本地主机 192.168.1.2 要访问 Web 服务器 202.204.208.71，当 192.168.1.2 向服务器发送第一个分组时，路由器从还没有分配的全球 IP 地址中选择一个 IP 地址 202.204.220.2 分配给该主机，并将地址转换关系和终端开始的会话绑定在一起，写到转发表中，如图 4-26 所示。

地址转换关系		会话标识符			
源 IP 地址	替换 IP 地址	源 IP 地址	目的 IP 地址	源端口号	目的端口号
192.168.1.2	202.204.220.2	192.168.1.2	202.204.220.2	5321	80

图 4-26　动态 NAT 的地址转换表

以后该主机的属于本次会话的 IP 数据报都使用 202.204.220.2 作为它的源地址，同样路由器收到目的地址为 202.204.220.2 的分组，就将目的地址还原为 192.168.1.2。路由器再收到向 Internet 发送的分组，需要一个全球的 IP 地址，路由器如果没有可分配的全球 IP 地址，路由器将丢弃该 IP 分组。图 4-27 所示为动态 NAT 实现地址转换的过程。

4. 静态 NAT

无论是基于端口的地址转换还是动态的 NAT，都只能实现从内部网络到外部网络单方向的会话，如果想实现双向会话，就要在边界路由器建立本地主机 IP 地址和某个全球 IP 地址之间的映射关系，这种地址转换方法就是静态NAT。这样外部网络就可以发起和内部网络主机的会话。图4-28所示为静态NAT实现地址转换的过程。

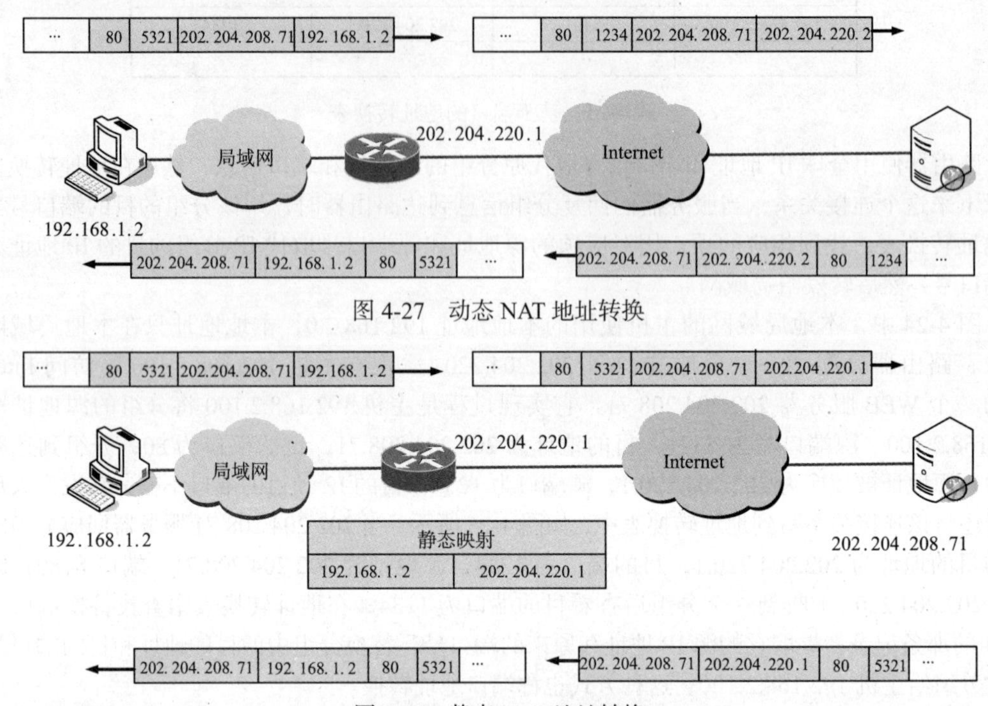

图4-27　动态NAT地址转换

图4-28　静态NAT地址转换

网络地址转换NAT技术可以通过一个或多个全球IP地址映射多个内部IP地址的方法支持地址的重用。NAT方法弥补了IP地址的短缺，但对网络性能、安全和应用都产生一定的影响，在实际应用中NAT路由器要考虑传输层的端口问题。

对于IPv4地址资源的枯竭，人们实现了从划分子网、构造超网、可变长子网到网络地址转换等方法来解决这个问题，实践证明，这些方法只能是暂缓了IP地址短缺的矛盾，根本解决方法是新的地址方案IPv6。

4.2.7　IP数据报

1. IP数据报的结构

IP数据报的结构（RFC791）如图4-29所示，IP数据报包含报头和数据两个部分，报头长度是可变的，为32的整数倍。

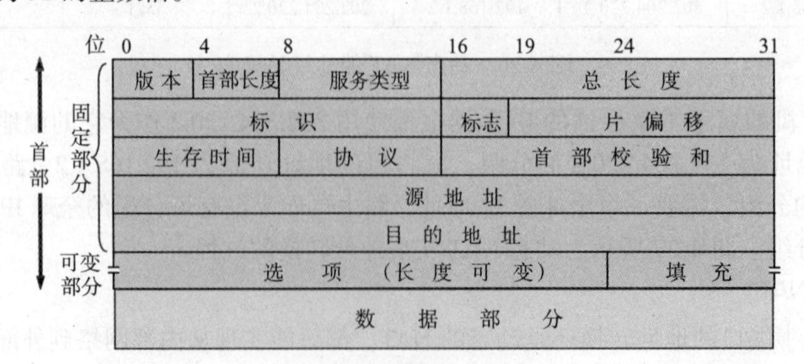

图4-29　IP数据报格式

2. IP数据报的格式

IP数据报报头由20个字节的固定长度和40个字节可选项的可变长度组成，IP数据报的基本报头为20个字节。

① 版本。长度为4位，它表示使用的IP协议的版本号，目前常用的是IPv4，下一代为IPv6，如果版本为IPv4则该位置的值就是4。无论是主机还是路由器在处理接收到的IP数据报之后，首先检查它的版本号，以确保用正确的协议版本处理它。

② 首部长度。长度占4位，该字段的长度单位为32位，表明本数据报的报头为多少个4字节，该字段的最小值为5，最大值为15，也就是说IP数据报的最少为20个字节，最大为60个字节。

③ 服务类型。长度为8位，用于指示路由器如何处理该数据报。服务类型由4位服务类型和3位优先级类型组成，其结构如图4-30所示。

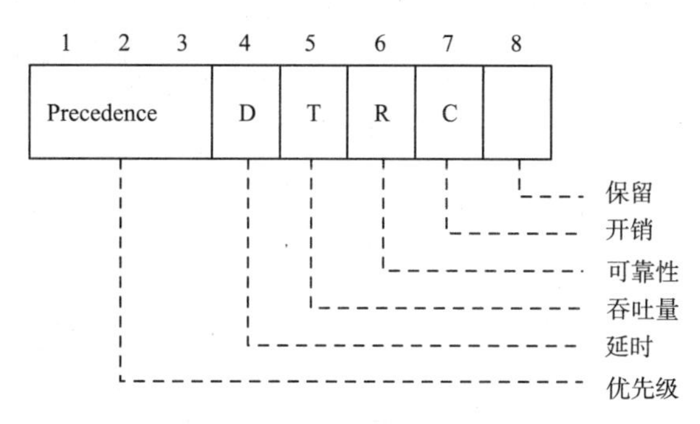

图4-30　IP数据报服务类型结构

a. 优先级（Precedence）：占3位，当数据报在网络之间传输时，有的应用需要网络提供优先服务，重要的服务信息的处理等级比一般服务信息的处理等级高，例如网络管理信息数据报的优先级设定要比HTTP数据报的等级高，当网络处于高负荷运行时，尤其是网络拥塞时，路由器将只接收高等级的数据报，丢弃一些等级较低的数据报。

IP数据报的优先级从000 ~ 111共分为8级，数值越大优先级越高，如111表示具有最高优先级的网络控制数据报。表4-18给出了各优先等级的值。

表4-18　服务优先等级列表

优先等级	描述
000	路由信息
001	优先权信息
010	立即传送
011	迅速传送
100	最优先传送
101	关键信息
110	网间控制
111	网络控制

目前，只有少数特殊的网络如AUTODINII、ARPANET使用优先级服务，大多数IPv4的网络很少使用。

b. D：延时，D=1，表示该IP分组要求短的时延，D=0为正常。

c. T：吞吐量，T=1，表示该分组要求高的吞吐量，T=0为正常。

d. R：可靠性，R=1，表示要求有更高的可靠性，就是说在数据传输过程中，被结点交换机丢弃的概率更小。

e. C：要求选择更低廉的路由。

以上这些标识可以帮助路由器选择对应的传输路径，另外不同的应用程序对这 4 个参数的要求是不相同的，如表 4-19 所示。

表 4-19　典型应用程序的服务类型参数位组合列表

协　议	DTRC 位	描　述
ICMP	0000	正常
BOOTP	0000	正常
NNTP	0001	最小代价
SNMP	0010	最高可靠性
FTP（数据）	0100	最大吞吐量
FTP（控制）	1000	最小时延
TFTP	1000	最小时延
SMTP（数据）	0100	最大吞吐量
SMTP（命令）	1000	最小时延
DNS（区域）	0100	最大吞吐量
DNS（TCP 查询）	0000	正常
DNS（UDP 查询）	1000	最小时延

④ 总长度。占 16 位，定义了以字节为单位的数据报的总长度（报头长度 + 数据部分长度），最大长度为 2^{16}-1 = 65 535 字节。

⑤ 标识。标识符为一个无符号的整数值，它是 IP 协议赋予数据报的标识，属于同一个数据报的分组具有相同的标识符。标识符的发放决不能重复，IP 协议每发送一个数据报，标识符的值就加 1，作为下一个数据报的标识符。标识符占 16 位，2^{16} 足够保障在重复使用一个标识符时，上一个相同的标识符早就在网络中消失了，可以避免不同的数据报具有相同的标识符的可能性。

⑥ 标志。占 3 位，只有低两位有效，为 DF 和 MF。

图 4-31 给出了标志部分的格式。

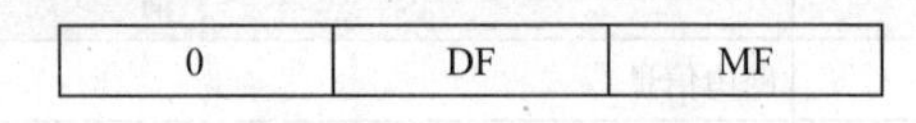

图 4-31　标志部分的格式

a. DF：禁止分段标志。

b. MF：最终分段标志。

当 DF=1 时，该数据报不能被分段，假如此时 IP 数据报的长度大于网络的 MTU（最大传输单元）值，则根据 IP 协议把该数据报丢弃，同时向源站返回出错信息。

当 MF=1 时，说明该分组后面还有分组；当 MF=0 时，表示这是原报文的最后一个分组。

⑦ 片偏移。片偏移是以 8 个字节为单位给出该分组在原数据报中的位置。数据报的第一个分组的片偏移为 0；除最后一个分组的其他分组的数据部分长度一定是 8 字节的整数倍。由于该字段占 13 位，推算出 IP 分组的最大长度为 $2^{13} \times 8$=65 536 字节。

⑧ 生存时间。此字段用于限制 IP 分组存在时间的一个计数器，假定该计数器以秒为计算单位，IP 分组允许存在的最长时间为 255 s，目前，该字段只是作为最大跳数使用，IP 分组每经

过一个路由器为一跳，那么分组经过 255 个路由器后生存时间就为 0，表示该 IP 分组被丢弃了，并发送一个警告信息给源主机。设置该字段的目的是为了避免 IP 分组因为网络的某种原因而在网络上无休止地转发的事情发生。

⑨ 协议。该字段指明使用此 IP 数据报的高层协议类型，协议字段长 8 位。协议字段值与所表示的高层协议类型如表 4-20 所示。

表 4-20　协议字段值与所表示的高层协议

协议字段值	高层协议
1	ICMP
2	IGMP
6	TCP
8	EGP
14	TELNET
17	UDP
41	IPv6
89	OSPF

⑩ 首都校验和。该字段只验证报头（IP 首部），首部校验和的算法是将首部校验和的初值置为 0，然后将首部以 16 位为单位，累加后结果的反码为校验和。当接收到 IP 分组时，同样以 16 位为单位累加取反，结果为 0 表示接收到的 IP 分组首部正确，不为 0 表示错误。

⑪ 源地址。占 32 位，存放发送主机的 IP 地址。

⑫ 目的地址。存放该分组到达的目的主机 IP 地址，在 Internet 上，数据报的传输过程中无论经过什么样的传输路径和如何分片，源地址和目的地址都始终保持不变。

⑬ 选项。实现的功能是：

a. 允许以后的协议版本提供原始设计中遗漏的信息。

b. 允许经验丰富的人实验一些新的想法。

c. 避免在报文首部中固定分配一些并非常用的信息字段。

表 4-21 列出了 5 种 IP 可选项。

表 4-21　IP 可选项

可选项	描述
保密	制定 IP 分组如何保密
严格的源站选路	给出用于传输 IP 分组的完整路由
不严格的源站选路	给出不允许遗漏的一些路由列表
记录路由	每一个经过的路由器将它的 IP 地址添加到 IP 分组中
时间戳	每一个经过的路由器将它的 IP 地址和时间戳添加到 IP 分组中

保密：该选项给出如何保密 IP 分组，和军事相关的路由器可以用该选项来避开某些不安全的地方。

严格源站选路：给出从源站到目的站完整的传输路径 IP 列表，IP 分组必须严格遵循该路径。系统管理员可以用这种功能在路由表损坏的情况下发送紧急 IP 分组，或者发送测量时间参数的 IP 分组。

不严格源站选路：该选项要求 IP 分组一定要按顺序经过给定的路由器。例如从剑桥大学到悉尼大学的 IP 分组必须经过美国西部，而不是美国东部，选项可指定经过纽约、洛杉矶、檀香山的路由器。主要应用在该 IP 分组必须经过或者避免经过的地区和国家。

记录路由：通过记录路由，可以帮助网管员查出路由算法中存在的一些问题，现在看来 40 个字节记录路由有点少。

时间戳：和记录路由不同的是不仅记录路由还记录 32 位的时间戳，该选项主要是用来记录路由算法发生错误的时间。为了网络的安全，大多数情况下路由器选择关闭这些可选项功能。

4.2.8 IP 数据报的分片与重组

1. 为什么要进行分片和重组

网络层的数据单元 IP 数据报必须通过数据链路层来传输，在数据链路层 IP 数据报是数据帧的数据部分，一个数据报可能要通过多个不同的网络。所以连接每个网络的路由器要将收到的帧进行拆分、处理和重新封装成适合另一个网络传输的数据帧。帧的长度和格式取决于各网络采用的协议。例如每个网络都规定了帧的数据域的最大字节长度，称为最大传输单元（Maximum Transfer Unit，MTU）。不同网络的 MTU 的长度不同，下面列出几种典型网络中数据帧的 MTU 值：

① Token Ring 网的 MTU 长度为 17 914 B（RFC1042）。

② FDDI 环网的 MTU 长度为 4 352 B（RFC1188）。

③ Ethernet 网的 MTU 长度为 1 500 B（RFC894）。

④ X.25 网的 MTU 长度为 576 B（RFC877）。

⑤ PPP 协议的 MTU 长度为 296 B（RFC1144）。

IP 数据报总长度最大为 65 535 B。可以看出这些典型的通信网的数据帧的 MTU 的长度远远小于 IP 数据报的长度，所以要对 IP 数据报进行分片处理，每个分片的值要不大于数据链路层的 MTU 的长度。在传输过程中，由于不同网络的数据链路层的 MTU 值不同，连接这些网络的路由器在收到数据报时，先检查该数据报要去的目的网络，然后再决定由哪一个接口进行转发，而且转发出去的网络的最大传输单元是否能装载得下该数据报，根据需要对数据报进行分片处理。

2. 分片的基本方法

当 IP 数据报需要分片时，先检查要通过的网络的数据链路层的 MTU 的值，将原始的 IP 数据报的数据部分进行分割，方法是用 MTU 减去每个分片的头部（也就是 IP 数据报的首部）的位数，得到帧的数据部分真正能承载数据的位数，用这个数去分割原始 IP 数据报的数据部分，得到所分片的数据部分；这就是分片的方法，如图 4-32 所示。每个分片要加上 IP 数据报的头部信息，这些数据报的头部信息要进行相应的改变，这就是分片后的再次封装。

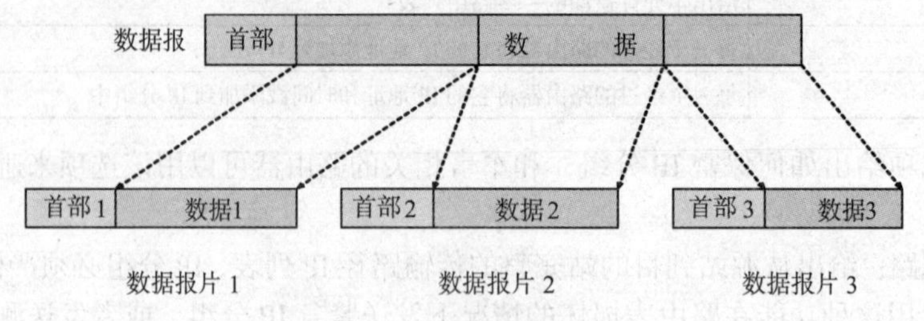

图 4-32 IP 数据报的分片方法

3. 报文分片

和分片相关的数据报报头信息有标识域、标志域和片偏移。

（1）标识域

每个数据报都有一个标识信息，共 16 位可以产生 65 535 个标识，是识别不同数据报的标志，当一个数据报进行分片后，所有的分片都是同一个标识，说明它们是属于同一个数据报的不同分片，在目的主机中进行组装时依据的就是标识域的值。

（2）标志域

标志域的 DF 表示是否可以分片，当 DF=1 时，表示不能对该数据报进行分片，DF=0 时表示可以对数据报进行分片，有一种情况是当数据报的长度超过 MTU，而该数据报的 DF=1，那么路由器只能丢弃该数据报，并将 ICMP 差错报文返回给源主机。

标志域的 MF 表示是否为最后一个分片，MF=0 表示该分片为数据报的最后一个分片。

（3）片偏移

片偏移的值表示该分片的数据部分在原数据报数据部分的位置，片偏移值的单位是 8 字节，例如如果某分片的值为 175，那么它在原数据报数据部分的位置为 175 × 8=1 400 B。

【例 4.7】 一个标识为 11111 数据报的总长度为 5 000 B，使用的是固定的 IP 首都，现在该数据报通过以太网，以太网的 MTU（最大传输单元）为 1 500 B，问如何进行分片，每个数据报片的总长度、MF、DF 和片偏移为多少？

解: 数据报总长度为 5 000 B，使用的是固定的 IP 首部 20 B，所以数据部分的长度为 4 980 B。

由于以太网的 MTU 为 1 500，所以该数据报一定要进行分片处理，每个数据报片的减去 IP 固定长度的首部 20 B，那么每个数据报片数据部分的数据长度为 1 480 B，所以共分 4 个数据报片，分别为 1 480 B、1 480 B、1 480 B、540 B，分片的情况如图 4-33 所示。

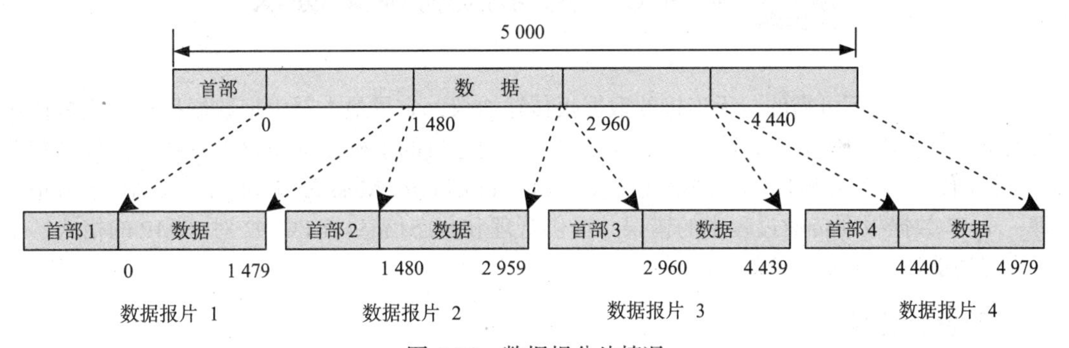

图 4-33　数据报分片情况

表 4-22 给出了 IP 数据报首部及各分片首部和分片相关的几个参数值。

表 4-22　例 4.7 与分片相关的参数值

数据报 / 分片	总 长 度	标　识	MF	DF	片 偏 移
原数据报	5000	11111	0	0	0
数据报片 1	1500	11111	1	0	0
数据报片 2	1500	11111	1	0	185
数据报片 3	1500	11111	1	0	370
数据报片 4	560	11111	0	0	555

图 4-34 给出了原始数据报和分片后的数据报的对照关系。

4	5	服务类型	5 000	
11111	0	0	0	0
255	89	首部校验和		
源IP地址				
目的IP地址				
数据部分(0~4 980)				

4	5	服务类型	1 500	
11111	0	0	1	0
255	89	首部校验和		
源IP地址				
目的IP地址				
数据部分(0~1479)				

4	5	服务类型	1 500	
11111	0	0	1	185
255	89	首部校验和		
源IP地址				
目的IP地址				
数据部分(1 480~2 959)				

4	5	服务类型	1 500	
11111	0	0	1	370
255	89	首部校验和		
源IP地址				
目的IP地址				
数据部分(2 960 ~ 4 439)				

4	5	服务类型	560	
11111	0	0	0	555
255	89	首部校验和		
源IP地址				
目的IP地址				
数据部分(4 440 ~ 4 979)				

图 4-34　原始数据报和分片后各数据报的对照关系

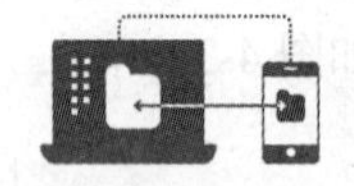

4.3　网际控制报文协议

IP 协议是一种不可靠的、无连接的数据报传输协议，它尽最大努力把数据报从源主机传送到目的主机，但不能保证所有数据报都可以成功地到达目的主机。IP 协议不具备差错控制和差错纠正机制，它必须依赖网际控制报文协议（Internet Control Message Protocol，ICMP）来报告处理一个 IP 数据报在传输过程中的错误并提供管理和状态信息。RFC792 对 ICMP 的格式、工作过程与功能做了详细的定义。

4.3.1　ICMP 的功能

ICMP 运行在 IP 协议之上，但通常被认为是 IP 协议的一部分。

图 4-35 给出了 ICMP 协议在网络层的位置。

ICMP	IGMP			
IP				
			ARP	RARP

图 4-35　ICMP 在网路层的位置

ICMP 协议提供了一种机制，用于反映 IP 数据报处理时产生的错误信息并提供管理和状态信息。在数据报的传输过程中，可能会因为某些原因产生目的主机不可达，路由器没有足够的缓存空间接收和发送数据报，或者通知主机必须用较短的路径传送数据报，产生这样的错误时，主机或路由器将产生一个 ICMP 报文。ICMP 报文只报告 IP 数据报产生的错误，不报告 ICMP 数据单元本身的错误。

4.3.2　ICMP 报文的封装

ICMP 报文以 IP 数据报的形式传输，ICMP 报文被封装在 IP 数据报的数据部分，在 IP 数据报的首部的协议字段中设置为 1 表示该 IP 数据报的数据部分为 ICMP 报文。图 4-36 为 ICMP 报文封装的过程。

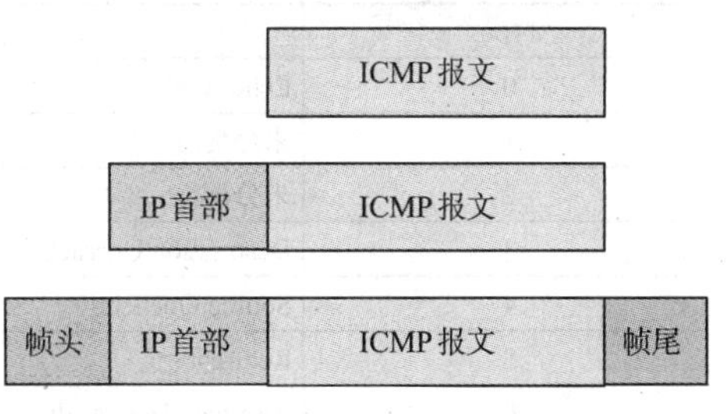

图 4-36　ICMP 报文封装的过程

从封装的过程可以看出，ICMP 高于 IP 协议，但从协议体系来看 ICMP 的差错控制或状态信息通告只是解决 IP 协议可能出现的不可靠问题，它不能独立于 IP 协议，所以把它看为 IP 协议的一部分。

对于封装有 ICMP 报文的 IP 数据报，首部中的原地址是发现错误的主机或路由器的 IP 地址，目的地址是接收 ICMP 报文的主机或路由器的 IP 地址。

4.3.3　ICMP 报文的类型

ICMP 报文分为两大类：差错报告报文和查询报文。

差错报告报文反映了 IP 数据报在传输和处理过程中产生的错误信息，共分为 5 类：目的站不可达、源站抑制、超时、参数问题、改变路由。查询报文反映了从一个主机或路由器得到的特定信息，成对出现，共分为 4 类：环回请求和应答、时间戳请求和应答、地址掩码请求和应答、路由器询问和通告。表 4-23 为 ICMP 报文的类型。

表 4-23　ICMP 报文的类型

类　型	类型代码	报　文
差错报告报文	3	目的站不可达
	4	源站抑制
	11	超时
	12	参数问题
	5	改变路由（重定向）
查询报文	8 或 0	环回请求 / 应答
	15 或 16	信息请求 / 应答（已经不用）
	13 或 14	时间戳请求 / 应答
	17 或 18	地址掩码请求 / 应答
	9 或 10	路由请求 / 通告

ICMP 报文的格式如图 4-37 所示，ICMP 报文包括 8 B 的报文首部和长度可变的数据部分。对于不同的报文类型，其报文的格式是不一样的，但是它的前 3 个字节是一致的。

0　类型	8　代码	16　校验和　32
报文首部的其他部分		
数据部分		

图 4-37　ICMP 报文的格式

① 类型。可以在网络上发送的 ICMP 消息的类型，表 4-24 列出了基于 IANA 文档的 ICMP 类型说明。最新的版本可以查阅 http://www.iana.org。

表 4-24　ICMP 类型列表

Type	名称	参见
0	Echo Reply	RFC792
1	未分配	
2	未分配	
3	Destination Unreachable	RFC792
4	Source Quench	RFC792
5	Redirect	RFC792
6	Alternate Host Address	
7	未分配	
8	Echo	RFC792
9	Router Advertisement	RFC1256
10	Router Solicitation	RFC1256
11	Time Exceeded	RFC792
12	Parameter Problem	RFC792
13	Timestamp	RFC792
14	Timestamp Reply	RFC792
15	Information Request	RFC792
16	Information Reply	RFC792
17	Address Mask Request	RFC950
18	Address Mask Reply	RFC950
19	预留（为安全）	
20 ~ 29	预留（为健壮性试验）	
30	Traceroute	
31	Datagram Conversion Error	RFC1393
32	Mobile Host Redirect	RFC1475
33	IPv6 Where -Are -You	
34	IPv6 I-Am-Here	
35	Mobile Registration Request	
36	Mobile Registration Reply	
37	Domain Name Request	
38	Domain Name Reply	
39	SKIP	
40	Photuris	
41 ~ 255	预留	

② 代码。每种类型都有代码字段，而且不同类型的代码字段表示不同的含义，具体代码字段在 4.3.3 中做详细的介绍。

③ 校验和。用于字段传输过程中的差错控制，ICMP 的检验和与 IP 首部的校验和计算方法一样，都是采用反码算术运算。

④ 首部的其余部分：其余部分因报文的不同而不同，如标识为“Unused”，则该字段为 0，保留为以后使用。

⑤ 数据部分：其内容因报文的不同而不同，提供了 ICMP 差错和状态报告信息。根据 RFC1812 的规定，对于差错报告报文类型，数据字段必须同时包括 ICMP 差错信息和 ICMP 的整个原始报文，其长度不能超过 576 B，该规定和早期的 RFC792 有些差别，RFC792 允许数据

字段包含 ICMP 差错信息和原始数据报的首部和数据部分的前 8 B。

4.3.4　ICMP 报文

1. 目的站不可达

数据传输过程中，路由器可能因为某种原因无法确定目的网络的路径，或者目的主机中不存在数据报首部中指定的上层协议，或者某个端口不是活动端口，此时路由器或目的主机都会丢弃该数据报，并向源主机发送一个 Destination Unreachable 报文，这是一个差错报告报文，类型为 3，供路由器和目的主机使用。

该报文的格式如图 4-38 所示

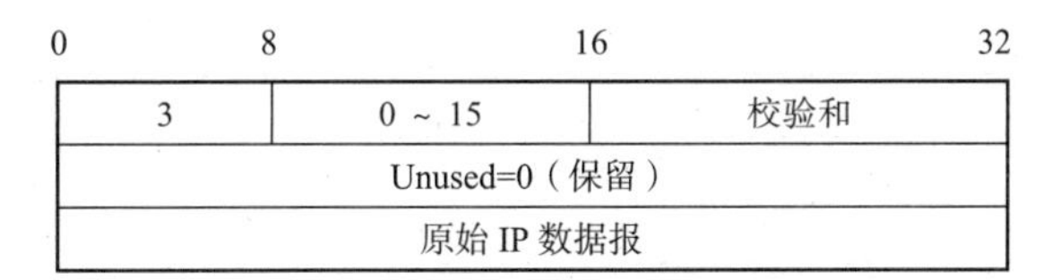

图 4-38　目的站不可达报文格式

代码部分的值表示出错的原因，共 16 种，如表 4-25 所示。

表 4-25　代码字段描述

代　码	定　义	描　述
0	网络不可达	路由器找不到目的网络
1	主机不可达	路由器找不到目的主机
2	协议不可达	数据报指定的高层协议不可用
3	端口不可达	数据报要交付的应用程序为运行
4	需要分段，但 DF 为 1	数据报要分片但 DF 设置为 1
5	源路由失败	源路由选项中定义了路由但无法通过
6	目的网络未知	路由器无法识别目的网络
7	目的主机未知	路由器无法识别目的主机
8	源主机被隔离	现在已经弃用
9	目的网络管理上禁止	禁止访问目的网络
10	目的主机管理上禁止	禁止访问目的主机
11	对指定的服务类型，网络不可达	因得不到指定的服务类型而不能访问目的网络
12	对指定的服务类型，主机不可达	因得不到指定的服务类型而不能访问目的主机
13	对过滤的通信管理禁止	对该主机的访问被禁止
14	违反主机优先级	请求的优先级对该主机是不允许的
15	优先级中止生效	报文的优先级低于网络中的最小优先级

2. 源站抑制

IP 协议是一种无连接的协议，而且缺乏流量控制机制，容易导致路由器或者目的主机被过多的数据报堵塞。目的主机可能因为缓冲存储器空间不足，不能及时接收发来的数据报，只能将其丢弃；路由器可能因为数据报进入的速度太快来不及处理和转发，而丢弃数据报；主机或路由器丢弃数据报之后，向源主机发送一个 Source Quench 源站抑制的报文。

源站抑制报文是一个差错报告报文，类型为 4，代码为 0，用于要求源站减慢发送速度，图 4-39 为源站抑制报文格式，源站在收到源站抑制的报文后，将信息传给高层协议如 TCP，来实现减速工作。

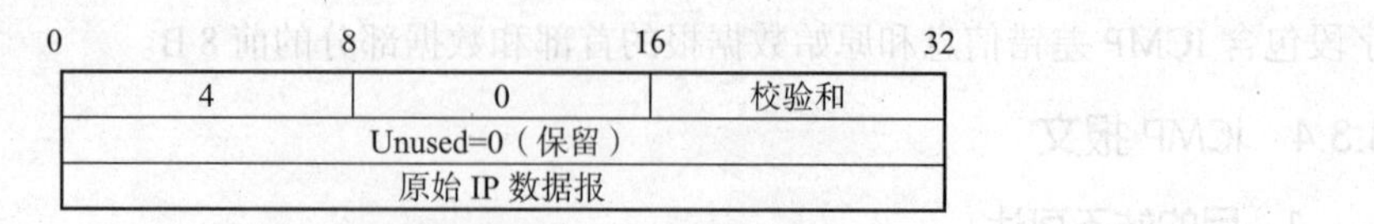

图 4-39 源站抑制报文格式

3. 超时

每个 IP 数据报都有一个 TTL 值来限制在网络中的最长时间，当路由器收到 TTL 为 0 的数据报时，就丢弃该数据报，向源主机发送一个 Time Exceeded 超时报文。超时报文的类型为 11，代码为 0 或者 1，图 4-40 给出了超时报文的格式，表 4-26 给出了代码类型的说明。

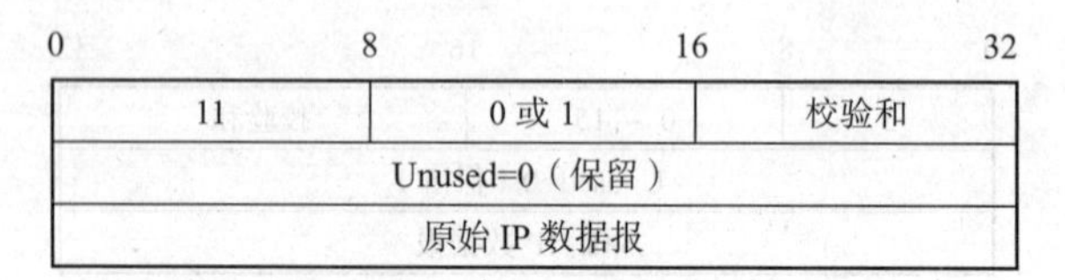

图 4-40 超时报文格式

表 4-26 超时类型列表

代 码	定 义	描 述
0	传输超时	路由器收到 TTL 为 0 的数据报丢弃后发送超时报文
1	重组超时	目的主机没有在规定的时间收到数据报的所有的分片，则丢弃已收到的分片后，发送超时报文

4. 参数问题

在传输过程中，路由器或目的主机发现数据报的首部参数有问题，则必须丢弃该数据报，发送参数问题的 ICMP 报文。类型为 12，代码为 0、1 或 2，指针字段指明 IP 数据报出现错误的位置，图 4-41 给出了超时报文的格式，表 4-27 给出了代码类型的说明。

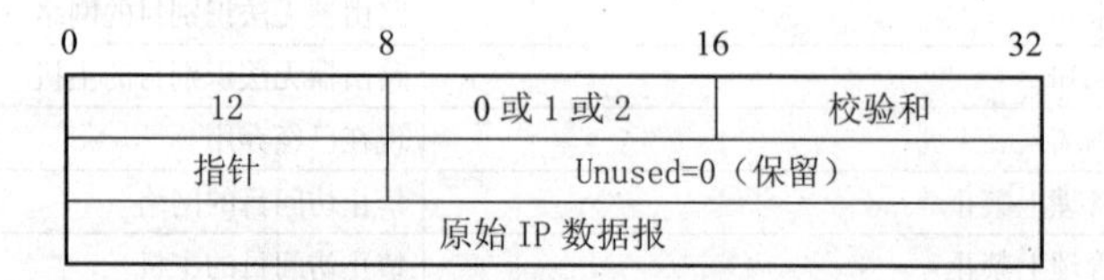

图 4-41 参数错误报文格式

表 4-27 参数错误类型列表

代 码	定 义	描 述
0	原始数据报首部错误	由指针来指明出错的位置，0 为第一个字节，1 为第二个字节
1	缺失特定选项	原始数据报未提供路由器或目的主机需要的特定选项
2	长度不对	首部长度不正确

5. 重定向（改变路由）

源主机的路由选择表在最初建立时信息相对较少，通常情况下只包含默认路由的 IP 地址，因此源主机有可能将一个数据报发给一个不合理的路由器，该路由器会将数据报转发给正确的路由器，然后给源主机发送一个重定向报文，通知源主机更改路由选择表，重定向报文格式和类型列表如图 4-42 和表 4-28 所示。

0 8 16 32

<table>
<tr><td>5</td><td>0～3</td><td>校验和</td></tr>
<tr><td colspan="3">目标路由器的 IP 地址</td></tr>
<tr><td colspan="3">原始 IP 数据报</td></tr>
</table>

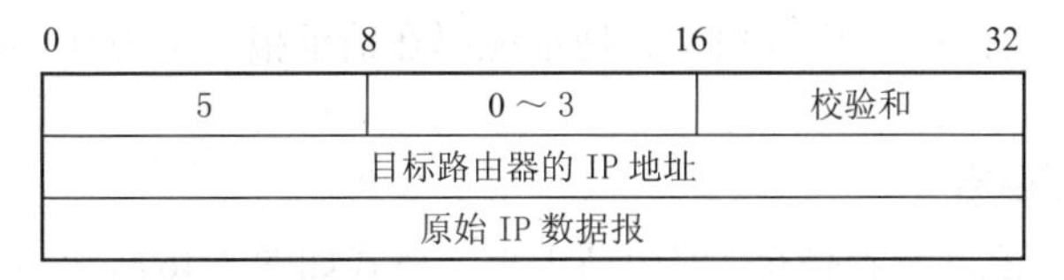

图 4-42 重定向报文格式

表 4-28 重定向类型列表

代 码	定 义
0	网络重定向
1	主机重定向
2	服务类型和网络重定向
3	服务类型和主机重定向

6. 环回请求 / 应答

用于测试两个主机之间的连通性。在经常使用的 PING 命令时，就可以捕捉到 ICMP 报文，环回请求（Echo Request）和环回应答（Echo Reply）报文格式如图 4-43，报文的类型是 8 为回送请求报文，类型 0 为环回应答报文，请求标识符、序列号和对应的应答标识符、序列号一致。

0 8 16 1

<table>
<tr><td>8 或 0</td><td colspan="2">0</td><td>校验和</td></tr>
<tr><td colspan="2">标识符</td><td colspan="2">序列号</td></tr>
<tr><td colspan="4">原始 IP 数据报</td></tr>
</table>

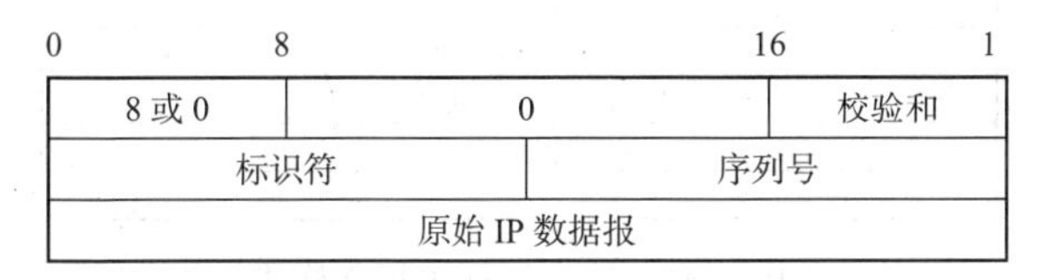

图 4-43 环回请求 / 应答报文格式

7. 时间戳和时间戳应答

用于确定 IP 数据报在源主机和目的主机之间往返所需要的时间，也可作为源端到目的端主机的时钟同步，报文格式如图 4-44 所示。

0 8 16 1

<table>
<tr><td>13 或 14</td><td>0</td><td>校验和</td></tr>
<tr><td colspan="2">标识符</td><td>序号</td></tr>
<tr><td colspan="3">原始时间戳</td></tr>
<tr><td colspan="3">接收时间戳</td></tr>
<tr><td colspan="3">发送时间戳</td></tr>
</table>

图 4-44 时间戳和时间戳应答报文格式

类型 13 为时间戳请求，14 为时间戳应答，两种类型的标识符和序号是对应的，原始时间戳、接收时间戳和发送时间戳的时间是以午夜开始的毫秒数（格林威治时间）。

8. 掩码地址请求和应答

掩码地址请求和应答用于获得一个主机所在网络的子网掩码，格式如图 4-45 所示。

0 8 16 32

<table>
<tr><td>17 或 18</td><td>0</td><td>校验和</td></tr>
<tr><td colspan="2">标识符</td><td>序号</td></tr>
<tr><td colspan="3">地址掩码</td></tr>
</table>

图 4-45 子网掩码 / 子网掩码应答报文格式

类型 17 为请求报文，18 为应答报文，地址掩码在请求报文中为 0，在应答报文中为目的主机子网掩码。

9. 路由器请求和通告

用于主机和路由器之间交换信息。路由请求报文格式如图 4-46 所示，路由通告报文如图 4-47 所示。

0	8	16　　　　　　1
10	0	校验和
保留		

图 4-46　路由请求报文格式

类型为 10 是请求报文，收到请求报文的路由器会创建一个通告报文在网络上广播。即使没有请求报文路由器也会定时发送通告报文，告之自己的存在。

0	8	16　　　　　　1
9	0	校验和
地址数		
地址项目长度		
寿命		
路由器地址 1		
地址参考 1		
路由器地址 2		
地址参考 2		
……		

图 4-47　路由器通告报文格式

寿命为路由器地址在多长时间内有效（单位为秒），路由器地址为路由器的 IP 地址，参考地址为路由器的等级，如果参考地址为 0 表示为默认路由器。

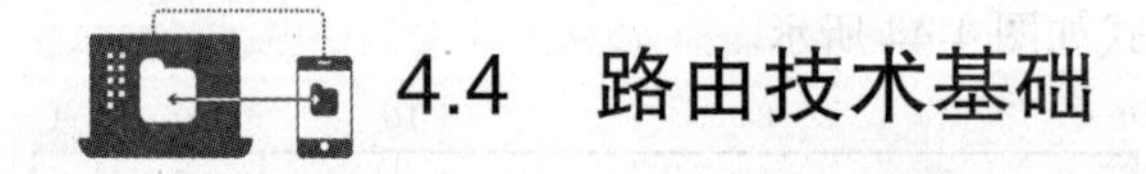

4.4　路由技术基础

在讨论路由技术的理论知识的同时，本节中经常会以现有市场占有率最大的 Cisco 设备作为用例，将理论与实际相结合。

4.4.1　路由器的基本功能

作为网络层实现网络互联的设备——路由器（见图 4-48）必须具备两个最基本的功能，即路由选择和数据转发。

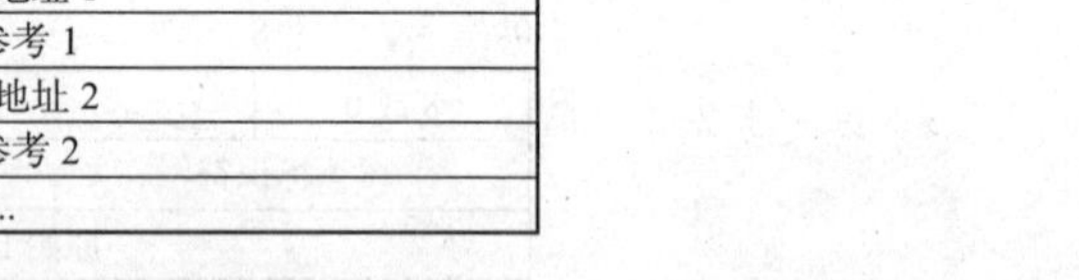

网络A　网络B

图 4-48　路由器实现网络互连

（1）路由选择

所谓路由选择，就是路由器通过路由选择算法确定从源主机到达目的主机的最佳路径。具体步骤如下：

① 路由器通过路由选择算法，建立并维护一个路由表。

② 在路由表中包含有目的网络，下一跳路由器地址等多种信息。

③ 路由表的信息是实时更新的能反映当前网络连接状态的信息，它能告诉每一台路由器应该如何正确地将数据包转给下一跳路由器地址。

④ 路由器根据路由表提供的下一跳地址将数据包封装转发。

⑤ 通过路由器的逐级转发，最终将数据包传送到目的主机。

路由器的路由表的生成可以通过静态配置或者路由协议（路由选择算法）动态生成。目前在自治域系统中使用比较多的是链路状态路由选择算法和距离矢量路由选择算法。

（2）数据转发

路由器的另一个基本功能是数据转发，如图 4-49 所示的数据包的转发过程，R_1 路由器收到主机 A 的数据报，查看数据报的目的地址，根据路由表确定是否可以转发，如果路由表中没有它的下一跳地址就丢弃，如果查到有它的下一跳地址就从相应端口转发给路由器 R_2，路由器 R_2 同理将数据报转发给 R_3 路由器，我们管这种交付方式为间接交付。路由器 R_3 收到该数据报后，发现该数据报的目的网络和自己在同一个网络中，R_3 就将数据报直接通过连接该网络的端口交付给目的主机，这种交付方式为直接交付。

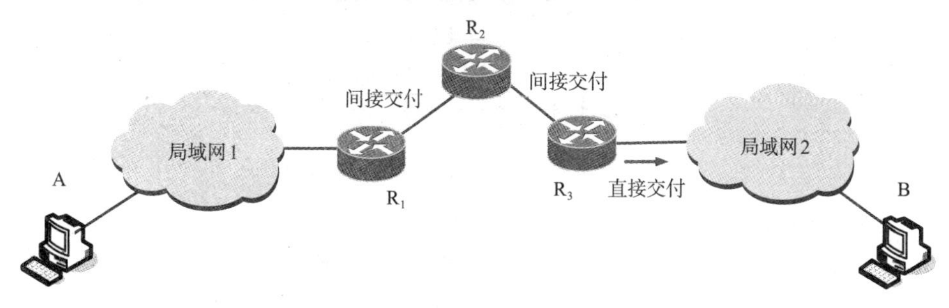

图 4-49　数据包的转发过程

4.4.2　路由器的结构

路由器的构成有 4 个部分：输入端口、输出端口、交换结构和路由选择，如图 4-50 所示。

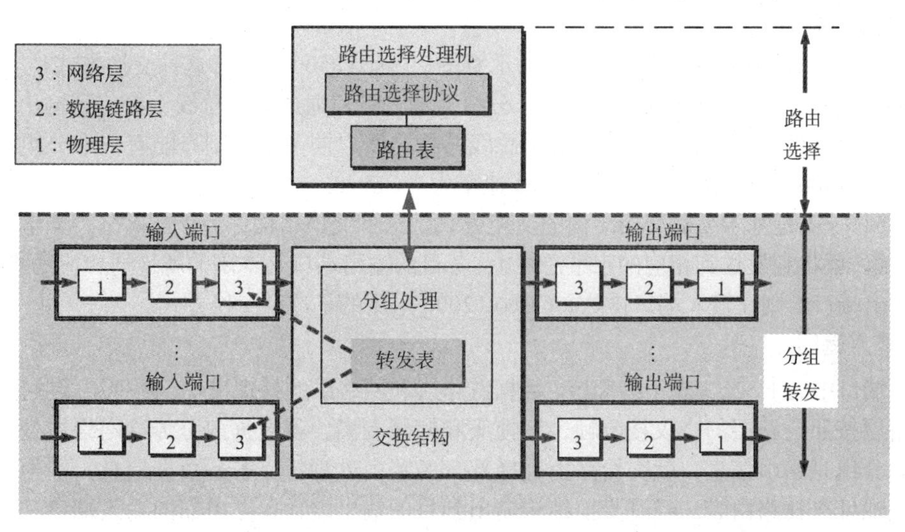

图 4-50　路由器的结构

路由选择部分的核心构件是路由选择处理机，它的任务是根据路由协议构造出路由表，并且经常或定期和相邻路由器交换路由信息，不断地更新和维护路由表。详细内容将在后面的章节讨论。

交换结构、输入端口和输出端口统称为分组转发，下面分别讨论各部件。

1. 交换结构

交换结构的作用是根据转发表对分组进行处理，也就是说将某个输入端口进入的分组从一个合适的端口转发出去。交换结构是路由器的关键构件，实现交换有多种方法，图 4-51 列出了常用的 3 种交换方法，

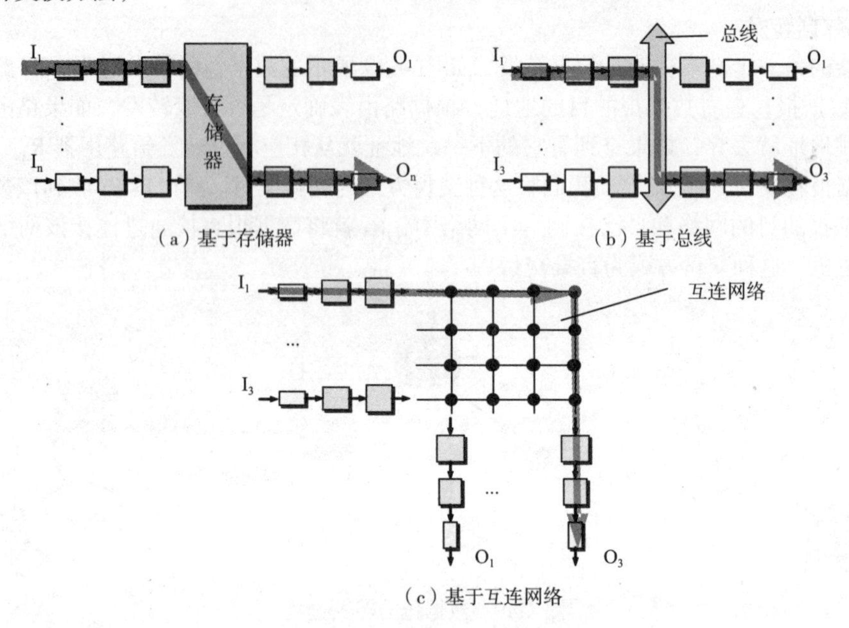

图 4-51　三种常用的交换方法

当路由器的某个输入端口收到一个分组时，用中断的方式通知路由选择处理机，然后将分组从输入端口复制到存储器中，分组处理机从分组的首部提取目的地址，查找路由表，再将分组复制到输出端口的缓存中。

图 4-51（a）为基于存储器进行交换的示意图，Cisco 8500 就属于这种交换方式。

图 4-51（b）是基于总线的交换方式，分组从输入端口通过共享总线直接传到输出端口，不需要路由选择处理机干预，由于采用的是总线结构，所以同一个时刻只能有一个分组通过总线转发。Cisco 1900 采用这种交换方式，总线速率为 1 Gbit/s。

图 4-51（c）是基于纵横交换结构的交换方式，这种交换结构称为互连网络，当输入端口收到一个分组，就将它发送到相应的水平总线上，若目的输出端口是空闲的就连通相应的水平总线，若目的输出端口忙则在输入端口排队。Cisco 12000 采用的是这种交换方式。

2. 输入端口

输入端口中的 1、2、3 表示物理层、数据链路层和网络层的处理模块，物理层接收比特流后，数据链路层按照链路层的协议接收帧，把帧头和帧尾剥离，将数据部分传给网络层处理模块，若收到的分组是路由信息，就交给路由选择部分的路由处理机，若是数据信息，则根据分组首部的目的地址查找路由表，经过交换结构输出到目的输出端口，路由器的输入端口和输出端口都集成在线路接口卡（简称线卡）上，为了能提高查找和转发的速度，将交换功能分散，一般将转发表复制到每一个输入端口中，路由选择处理机负责对各端口的副本进行更新，如图 4-52 所示。

3. 输出端口

从交换结构接收分组，如果发送速率低于交换结构转发过来的速率时，分组暂放在缓存中

排队，溢出时就丢弃。数据链路层将分组进行封装，通过物理层发送出去，如图 4-53 所示。

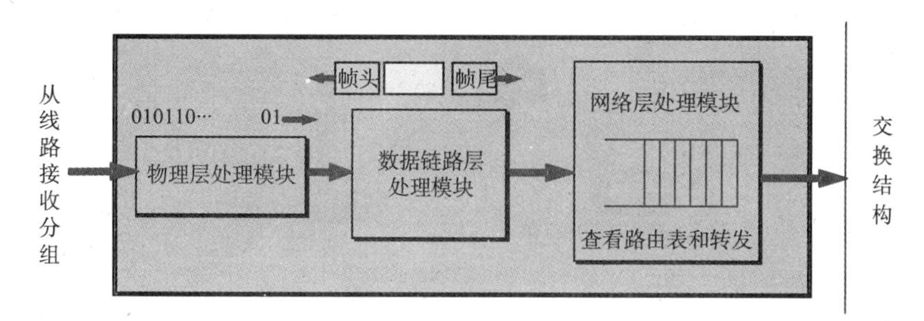

图 4-52　输入端口

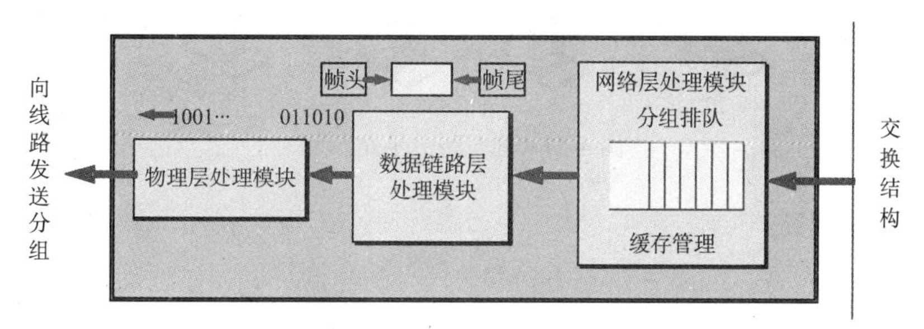

图 4-53　输出端口

4.4.3　路由选择策略

1. 路由器的工作原理

路由器根据接收到的数据报所含的目的地址，在转发表中查找所含的目的网络地址，若找到了目的网络地址，就将数据报的 TTL 值减 1，重新计算校验和，在数据链路层帧的首部修改 MAC 地址、校验等相关信息后，将数据报进行封装，当数据报被送到输出端口时，需要按照顺序等待、发送。

所谓路由选择策略，就是指选择路由的方法和方式，典型的路由选择策略有静态路由和动态路由。

静态路由是指由网管员根据网络拓扑结构手动配置的路由信息。

动态路由是通过网络中路由器之间相互通告，传递路由信息生成的、自动更新的路由表。

2. 静态路由

静态路由是最简单的路由形式，由网管员负责完成，适合静态路由配置的情况有：

① 小型网络，网络变化小，或者没有冗余链路。

② 当专线故障时，路由器需要拨号线路做备份动态地呼叫另一台路由器。

③ 单位有很多小的分支结构，并且只有一条链路到达外网。

为了对静态路由有一个感性认识，下面以 Cisco 为例说明静态路由的配置过程。

使用 ip route 全局配置命令配置静态路由有两种形式。

第一种形式为点到点拓扑网络（如专线），可以简单地指明接口，命令格式为“ip route 目的网络 掩码 外出端口”。

另外一种形式适合所有拓扑结构，格式为“ip route 目的网络 掩码 下一跳路由器的 IP 地址”。

【例 4.8】有 3 台 Cisco 2500 路由器分别为 R_1、R_2、R_3，按照图 4-54 所示的拓扑图连接，完成 3 个路由器的静态路由配置。

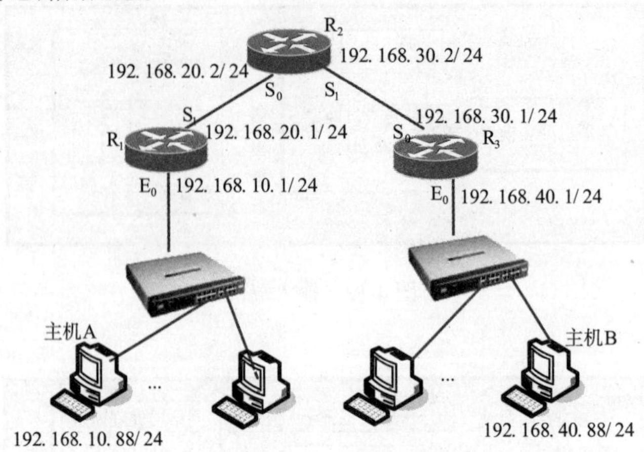

图 4-54　静态路由配置实例

解：

第一步　接口配置。

路由器 1：

Interface FastEthernet 0/0

Ip address 192.168.10.1 255.255.255.0

Interface serial 1/1

Ip address 192.168.20.1 255.255.255.0

路由器 2：

Interface serial 0/0

Ip address 192.168.20.2 255.255.255.0

Interface serial 0/1

Ip address 192.168.30.2 255.255.255.0

路由器 3：

Interface FastEthernet 0/0

Ip address 192.168.40.1 255.255.255.0

Interface serial 1/1

Ip address 192.168.30.1 255.255.255.0

第二步　使用 ip route 命令配置静态路由。

路由器 1：

Ip route 192.168.40.0 255.255.255.0 192.168.20.2

路由器 2：

Ip route 192.168.10.0 255.255.255.0 192.168.20.1

Ip route 192.168.40.0 255.255.255.0 192.168.30.1

路由器 3：

Ip route 192.168.10.0 255.255.255.0 192.168.30.2

3. 动态路由选择策略

动态路由是按照一定的算法，发现、选择和更新路由的过程。一个好的动态路由选择算法应该是：

① 算法必须正确完整，也就是说分组沿着该算法设计出的路径可以到达目的主机。

② 算法要简单，不能加大系统开销。

③ 算法能适应网络结构的变化，在网络结构发生变化时，能及时改变路由表信息，要有自适应能力。

④ 能适应信息量的变化，当通信量增大时，能均衡各链路的负载。

⑤ 算法具有相对的稳定性，当网络没有变化时，算法要相对稳定。

⑥ 算法是公平的，对网络中的所有用户应该是平等的。

⑦ 通过算法得到的结果应该是最佳路径。

动态路由协议可以动态地随着网络拓扑结构的变化而变化，并在较短的时间内自动更新路由表，使网络达到收敛状态。动态路由协议按照区域划分，可分为内部网关协议 IGP(Interior Gateway Protocol) 和外部网关协议 EGP（Exterior Gateway Protocol），目前内部网关协议用得比较多的是路由信息协议（Routing Information Protocol，RIP）和开放式最短路径优先协议（Open Shortest Path First，OSPF），外部网关协议用得较多的是 BGP，目前常用的版本是 BGP4。

4.4.4　自治系统和层次路由选择协议

因特网的规模非常庞大，如果让路由器知道所有网络如何到达，这样的路由表处理起来是非常困难的，而且很难预料这些路由器之间交换信息占用的带宽该是多少，所以因特网的路由器不是这样设计的。因特网将整个互联网划分成一些较小的自治系统（Autonomous System，AS），具体 AS 的描述可参见 RFC4271，自治系统的定义是在单一的技术管理下的一组路由器，这些路由器使用一种 AS 内部的路由选择协议和共同的度量以确定分组在该 AS 内的路由，同时还使用一种 AS 之间的路由协议确定分组在 AS 之间的路由，一个大的 ISP 就是一个自治系统。

图 4-55 给出了自治系统和路由选择协议的关系。

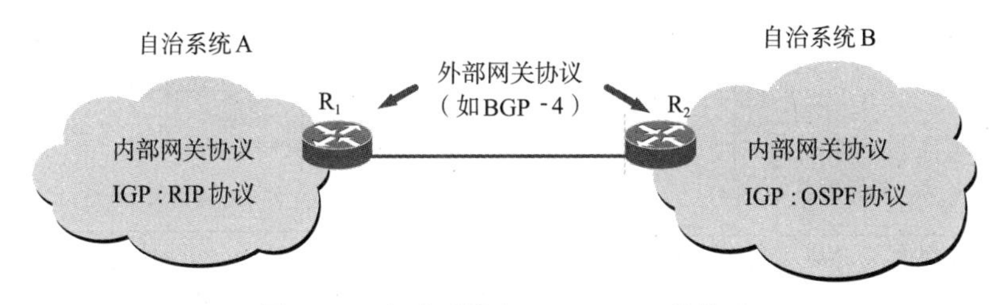

图 4-55　自治系统和 IGP、EGP 的关系

对于比较大的自治系统，还可以将网络划分为若干区域网，在区域网之上，再建速率较高的主干网络，每个区域网通过本地的路由器连接主干网络，主干网络的路由器之间用高速链路连接。当在一个区域网中找不到目的站时，就通过主干路由器在别的区域网中找，甚至通过自治系统的边界路由器在别的自治系统中查找。

4.4.5　内部网关协议 RIP 和 OSPF

1. 路由信息协议

（1）工作原理

路由信息协议（Routing Information Protocol，RIP）是一种基于距离向量的路由选择协议，可参见 RFC1058，RIP 协议的特点是简单，适合小型网络。

RIP 要求网络中的每个路由器都要记录本路由器到其他网络的距离，由于从远站到目的站，是经过一串路由器，也叫距离向量。所谓距离，就是从一个路由器到直接连接的网络定义为 1，通过一个路由器，距离加 1。RIP 的距离也称跳数，每经过一个路由器跳数加 1，RIP 认为最佳路径就是跳数小，在 RIP 中规定最大跳数为 15，也就是说最多通过 15 个路由器，如果跳数等于 16，就是目的主机不可达。

路由信息协议是一种分布式路由协议，运行 RIP 协议的路由器定时发送路由信息告之网络的变化，RIP 的特点如下：

① 每台运行 RIP 协议的路由器只和相邻的路由器交换信息。

② 路由器之间交换的信息是本路由器的路由表中的所有信息。

③ 按固定的时间周期性地交换信息，默认的周期时间为 30 s，根据收到的信息更新自己的路由表，当网络发生变化时，通过相邻路由器的通告，很快就会传到全网，所有路由器的路由表都会反映网络的这种变化。

路由表中的主要信息有：目的网络地址，到达目的网络的最小距离（跳数），下一跳路由地址。RIP 计算最短路径的算法是距离向量算法。

通过图 4-56 显示 2 个路由器连接 3 个子网来看 RIP 协议的工作过程。

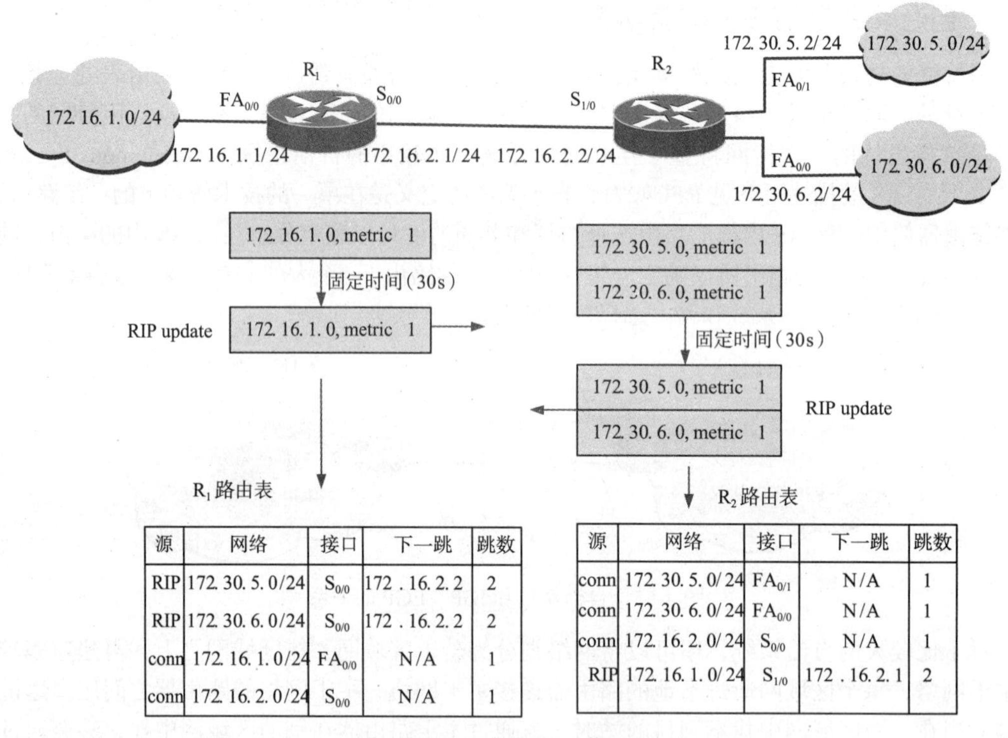

源	网络	接口	下一跳	跳数
RIP	172.30.5.0/24	$S_{0/0}$	172.16.2.2	2
RIP	172.30.6.0/24	$S_{0/0}$	172.16.2.2	2
conn	172.16.1.0/24	$FA_{0/0}$	N/A	1
conn	172.16.2.0/24	$S_{0/0}$	N/A	1

源	网络	接口	下一跳	跳数
conn	172.30.5.0/24	$FA_{0/1}$	N/A	1
conn	172.30.6.0/24	$FA_{0/0}$	N/A	1
conn	172.16.2.0/24	$S_{0/0}$	N/A	1
RIP	172.16.1.0/24	$S_{1/0}$	172.16.2.1	2

图 4-56 RIP 协议的工作过程

从上面的 RIP 的工作过程，可以反映出下面几个知识点：

① 度量。RIP 使用跳数来计算，初始度量值为 1，也就是说直接连接的网络的度量值为 1.

② 周期。重复固定周期路由器就发布一次路由通告，默认值为 30 s。

③ 完全更新。路由器发布的路由通告的信息是该路由器的路由表的全部信息。

（2）距离向量算法

对相邻路由器发来的 RIP 报文，具体操作步骤为：

① 对地址为 X 的相邻路由器发来的 RIP 报文，先修改此报文中的所有项目，把下一跳字段

中的地址改为 X，并把所有的距离字段的值加 1。每个项目都有 3 个字段，到目的网络 N，距离是 d，下一跳路由是 X。

② 对修改后的 RIP 报文中的每一项，进行以下操作：

a. 若原来的路由表中没有网络 N，则把该项目添加到路由表中。

b. 若原来的路由表中有网络 N，查看它的下一跳是否为 X，若下一跳是 X 则把收到的项目替换原项目，若下一跳不是 X 则比较原项目和收到的项目的跳数，选择跳数小的项目。

③ 若 3 min 没有收到相邻路由器的 RIP 报文，则把此相邻路由器记为不可达路由器，即把距离置为 16。

④ 返回。

【例 4.9】已知路由器 R_1 的路由表如表 4-29 所示，现收到相邻路由器 R_2 发来的路由更新信息如表 4-30 所示，试更新路由器 R_1 的路由表。

表 4-29　R_1 的路由表

目 的 网 络	距　离	下一跳路由器
net1	1	直接交付
net2	2	R_2
net3	4	R_3

表 4-30　R_2 的路由表

目 的 网 络	距　离	下一跳路由器
net1	2	R_1
net2	1	直接交付
net4	2	R_4

解：按照距离向量算法先将新发来的更新路由信息（即表 4-28）的距离加 1，更新下一跳路由器为 R_2，更新后的表如表 4-31 所示。

表 4-31　更新后的表

目 的 网 络	距　离	下一跳路由器
net1	3	R_2
net2	2	R_2
net4	3	R_2

更新后的表和原 R_1 的路由表比较，原路由表中有 net1 而且距离小于更新后的距离，则保持不变；第二条记录，在原路由表中有 net2，而且下一跳就是 R_2，尽管距离一样，还是要更新路由表中的这一项。第三条记录，在原路由表中没有 net4，则在原路由表中增加这条记录。

R_1 更新后的路由表如表 4-32 所示。

表 4-32　路由器 R_1 更新后的路由表

目 的 网 络	距　离	下一跳路由器
net1	1	直接交付
net2	2	R_2
net3	4	R_3
net4	3	R_2

（3）使用 RIP 时避免环路的问题

当路由失效时，RIP 协议有导致路由环路的风险。在有的书中也称路由毒化，也就是说，RIP 使用路由毒化的方法传播路由失效的坏消息，广播的坏消息为度量值为无穷大的度量值，RIP 中的无穷大为跳数 16。

下面通过示例图 4-57 显示由于路由失效产生网络环路，导致路由毒化的问题。

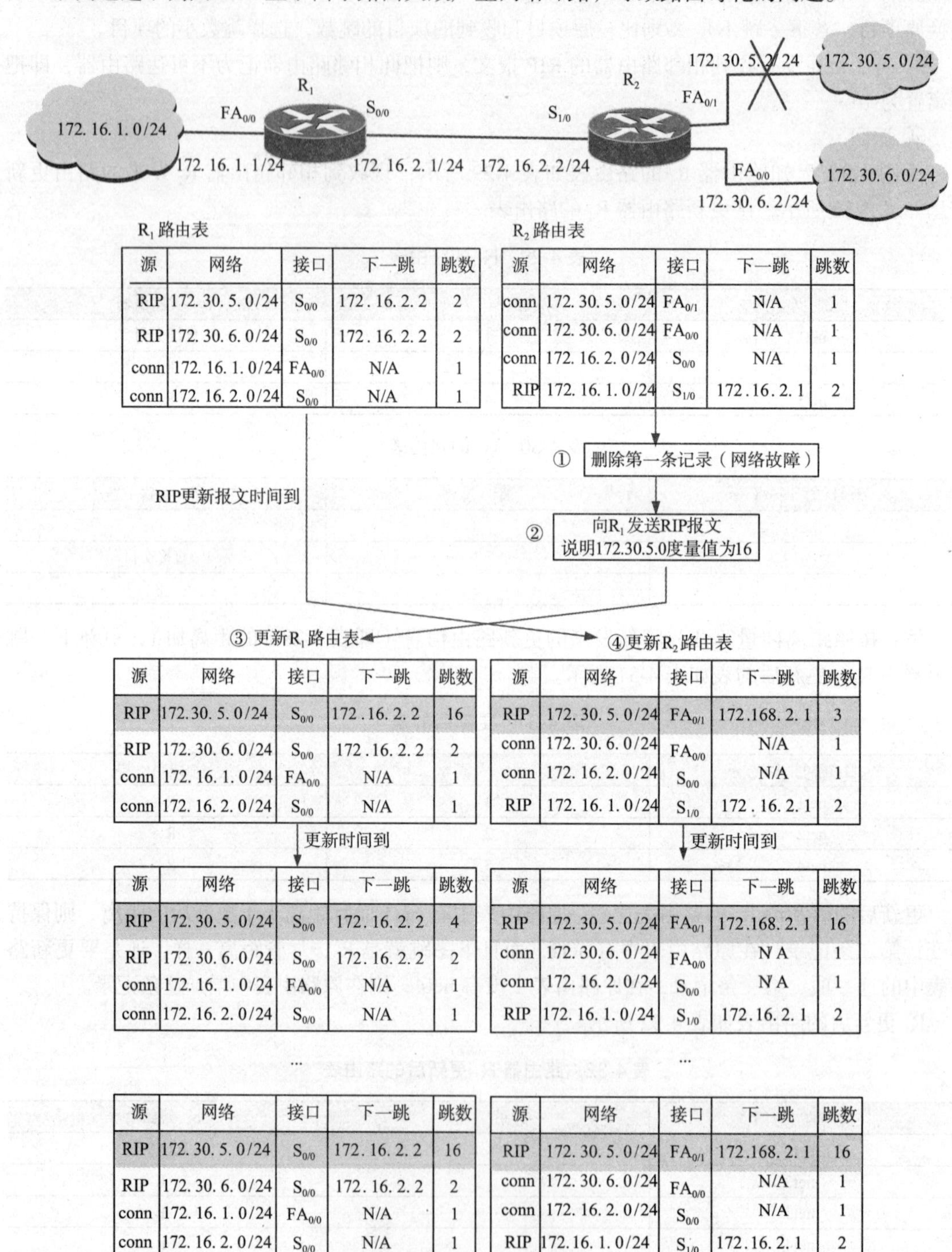

R_1 路由表

源	网络	接口	下一跳	跳数
RIP	172.30.5.0/24	$S_{0/0}$	172.16.2.2	2
RIP	172.30.6.0/24	$S_{0/0}$	172.16.2.2	2
conn	172.16.1.0/24	$FA_{0/0}$	N/A	1
conn	172.16.2.0/24	$S_{0/0}$	N/A	1

R_2 路由表

源	网络	接口	下一跳	跳数
conn	172.30.5.0/24	$FA_{0/1}$	N/A	1
conn	172.30.6.0/24	$FA_{0/0}$	N/A	1
conn	172.16.2.0/24	$S_{0/0}$	N/A	1
RIP	172.16.1.0/24	$S_{1/0}$	172.16.2.1	2

③ 更新R_1路由表

源	网络	接口	下一跳	跳数
RIP	172.30.5.0/24	$S_{0/0}$	172.16.2.2	16
RIP	172.30.6.0/24	$S_{0/0}$	172.16.2.2	2
conn	172.16.1.0/24	$FA_{0/0}$	N/A	1
conn	172.16.2.0/24	$S_{0/0}$	N/A	1

④更新R_2路由表

源	网络	接口	下一跳	跳数
RIP	172.30.5.0/24	$FA_{0/1}$	172.168.2.1	3
conn	172.30.6.0/24	$FA_{0/0}$	N/A	1
conn	172.16.2.0/24	$S_{0/0}$	N/A	1
RIP	172.16.1.0/24	$S_{1/0}$	172.16.2.1	2

源	网络	接口	下一跳	跳数
RIP	172.30.5.0/24	$S_{0/0}$	172.16.2.2	4
RIP	172.30.6.0/24	$S_{0/0}$	172.16.2.2	2
conn	172.16.1.0/24	$FA_{0/0}$	N/A	1
conn	172.16.2.0/24	$S_{0/0}$	N/A	1

源	网络	接口	下一跳	跳数
RIP	172.30.5.0/24	$FA_{0/1}$	172.168.2.1	16
conn	172.30.6.0/24	$FA_{0/0}$	N/A	1
conn	172.16.2.0/24	$S_{0/0}$	N/A	1
RIP	172.16.1.0/24	$S_{1/0}$	172.16.2.1	2

源	网络	接口	下一跳	跳数
RIP	172.30.5.0/24	$S_{0/0}$	172.16.2.2	16
RIP	172.30.6.0/24	$S_{0/0}$	172.16.2.2	2
conn	172.16.1.0/24	$FA_{0/0}$	N/A	1
conn	172.16.2.0/24	$S_{0/0}$	N/A	1

源	网络	接口	下一跳	跳数
RIP	172.30.5.0/24	$FA_{0/1}$	172.168.2.1	16
conn	172.30.6.0/24	$FA_{0/0}$	N/A	1
conn	172.16.2.0/24	$S_{0/0}$	N/A	1
RIP	172.16.1.0/24	$S_{1/0}$	172.16.2.1	2

图 4-57　RIP 路由毒化过程

只有两边计数到无穷大时（跳数为 16）才将达网络 172.30.5.0/24 中的路由信息删除，网络中的路由器才知道目的网络 172.30.5.0/24 不可达。在这个过程中，数据包在网络上循环转发，消耗带宽容易使网络瘫痪；计数到无穷大的过程可能需要几分钟时间，这意味着环路可能让用户认为网络失效，幸运的是，RIP 包含了解决计数到无穷大问题的方法有水平分割、毒性反转、触发更新和抑制计时器。

水平分割的方法是：从接口 X 发出的路由更新信息不能包括出口也为 X 的路由信息。换句话说，就是 R_1 从 R_2 处学到的路由，不会再返回给 R_2。

利用水平分割法，上面的示例的发送过程为：

① R_1 在正常的周期内发送更新路由信息为 172.16.1.0 metric 1。

② R_2 在正常的周期内发送更新路由信息为 172.30.5.0 metric 1 和 172.30.6.0 metric 1。

③ R_2 的接口 FA0/1 出现故障。

④ R_2 删除路由表中对应的 172.30.5.0/24 直接连接的记录。然后将无穷大的 RIP 度量值 16，通告给 R_1。

⑤ R_1 暂时将去网络 172.30.5.0/24 的记录更新度量值为 16，之后删除。

⑥ 在下一个更新时间到的时候 R_1 和 R_2 都遵循水平分割方法，R_1 只发送 172.16.1.0 metric 1 的信息，R_2 只发送 172.30.6.0 metric 1。

这样就解决了计数到无穷大的问题，现在大多数路由器的接口都支持水平分割方法。

其他几种环路避免的方法可以参考相关书籍，这里不再详细讨论。

（4）RIP 报文格式

RIPv2 的详细描述可参见 RFC2453，RIPv2 和 RIPv1（RFC1058）在格式上没有太大的变化，在性能上有一些改进，RIPv2 支持可变长子网掩码和 CIDR，还提供简单的鉴别过程支持多播。

图 4-58 是 RIPv1 的报文格式，图 4-59 给出了 RIPv2 的报文格式。

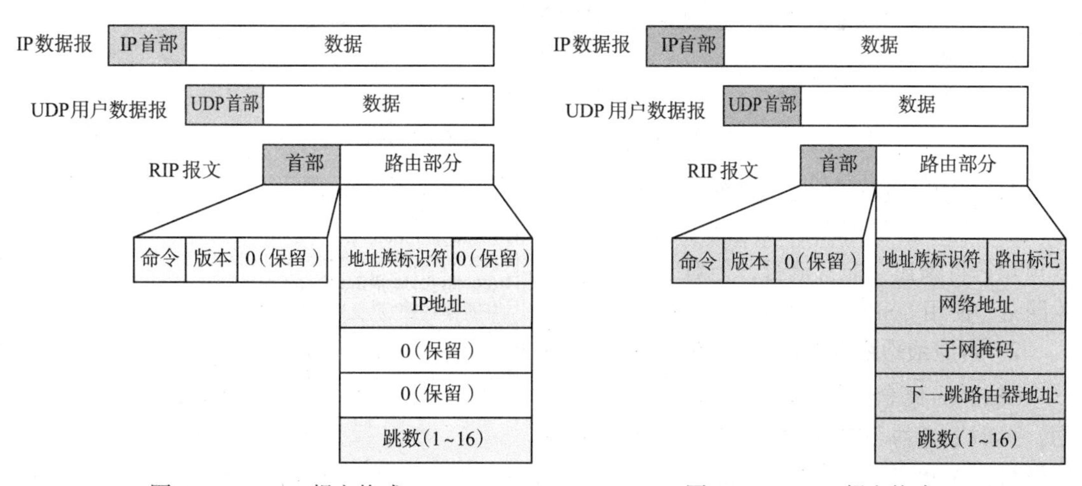

图 4-58　RIPv1 报文格式　　图 4-59　RIPv2 报文格式

RIP 报文由 UDP 报文进行封装，基于 RIP 的路由器在 UDP 的端口号为 520，在网络层由 IP 数据报打包。RIP 的首部占 4 个字节，其中命令占 1 个字节，请求路由信息为 1，请求路由信息的响应或未被请求而发出的路由更新报文为 0；如果版本为 1，版本字段就是 1，否则版本字段就是 2；后面为 0。

RIP 报文的路由部分可以放置多条路由信息，最多为 25 条，如果多于 25 条路由信息要通告，则使用多个 RIP 报文发布。每一条路由信息占 20 个字节，包括的内容有：

① 地址簇标识符。用来标识所使用的地址协议，如果使用的地址协议为IP地址，该字段为2。
② 路由标记。是自治系统的号码。
③ 网络地址。使用RIP协议路由器连接的网络，就是路由表中的网络。
④ 子网掩码。表示网络的掩码。
⑤ 下一跳路由器地址。完成到目的网络转发的下一跳路由器地址。
⑥ 跳数。到达目的网络之间要经过的路由器个数。

（5）Cisco RIP 协议的配置

下面以 Cisco 为例介绍 RIP 协议的配置方法

在 RIPv1 中配置 RIP 路由需要两个配置命令：

```
Router rip
Network class-network-number(分类 IP 网络号)
```

Router rip 命令使用户从全局配置模式进入 RIP 配置模式，network 命令告诉路由器哪个接口开始使用 RIP。

例 4.9 在路由器 R_1 的所有端口上配置 RIP 的方法如图 4-60 所示。

```
R1# conf t
Enter configuration commands, on per line . End with CNTL/Z
R1(config)# router rip
R1(config-router)# network 172.16.0.0
R1(config-router)# ^z
R1#
```

图 4-60　在 R_1 上配置 RIP

在 RIPv2 中配置 RIP 命令需要指明版本号：Router rip version 2。

【例 4.10】一个网络拓扑关系图如图 4-61 所示，试为路由器 R1 配置 RIP 路由协议。

解：配置方法见图 4-62 所示。

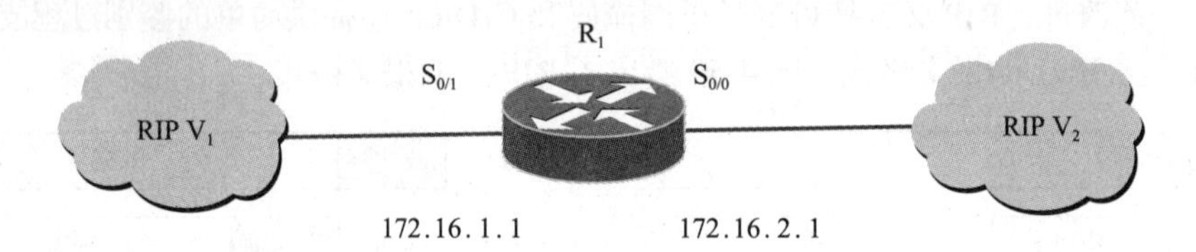

图 4-61　两个版本同时存在的网络

```
R1# configure terminal
Enter configuration commands, on per line . End with CNTL/Z
R1(config)# router rip
R1(config-router)# network 172.16.0.0
R1(config-router)# interface Serial 0/0
R1(config-router)# ip rip send version 2
R1(config-router)# ip rip receive version 2
R1(config-router)# ^z
R1#
```

图 4-62　例 4.10 的配置方法

因为 RIP 协议的安装、设置和管理相对简单，至今仍广泛使用在小型的网络系统中，可以预知它将来还会非常流行，但对于复杂的企业网络，使用 OSPF 协议更加适合。

2. 开放最短路径优先协议 OSPF

OSPF 的概念在 20 世纪 80 年代中期提出的，那时 RIP 协议越来越不适应大规模的异构网络，OSPF 是因特网工程部 IETF 为 IP 网络开发的一种路由协议，其概念和运行过程详见 RFC2328。其中“开放”指的是 OSPF 协议是一种公开的标准，不受厂商的限制；最短路径优先指的是使用了 Dijkstra 提出的最短路径优先算法（SPF）。

和 RIP 不同的是在选择最佳路径时，不仅仅局限在经过的路由器的个数作为度量单位，而是考虑带宽、距离、延时或费用等参数共同作用的度量单位，我们将 OSPF 中的带宽、延时、费用等因素统称为代价，在选择最佳路径时选择代价最小的。

（1）OSPF 的特点

① OSPF 采用分布式链路状态协议，RIP 采用的是距离向量协议。

② 运行 OSPF 协议的路由器之间交换的路由信息是与本路由器相邻的所有路由器的链路状态信息，包括本路由器和哪些路由器相邻，以及链路的费用、距离、时延、带宽等。

③ 当链路状态发生变化时，用洪泛法向所有的路由器发送信息。

④ 通过多次路由信息交换，在自治系统中，所有运行 OSPF 的路由器都能建立一个链路状态数据库，在这个数据库能反映全网的拓扑结构关系。

⑤ 为了适应规模更大的网络，OSPF 允许将一个自治系统再划分为若干范围更小的区域（area），每个区域有一个 32 位的区域标识，一个区域的路由器数不超过 200 个。

两点解释：

解释 1：用洪泛法发布链路更新信息

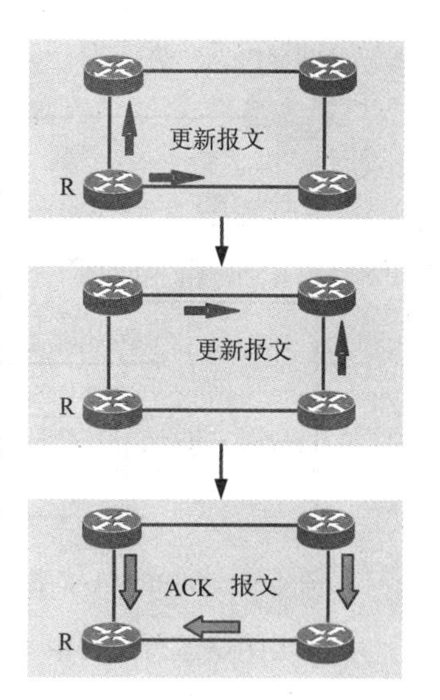

图 4-63　洪泛法发布链路变更信息

OSPF 使用洪泛法向全网发布链路状态更新分组，如图 4-63 所示，路由器 R 向相邻路由器发送链路状态更新分组，沿着箭头方向发送，收到更新分组的路由器会回送确认分组信息。

解释 2：自治系统内部的区域划分

划分区域的好处是交换链路状态信息的范围可以限制在一个区域内，避免了在整个自治系统中占用带宽资源，隶属于某一个区域的路由器只需知道本区域的网络拓扑结构，没有必要知道其他区域的网络结构，如果要和其他区域交换信息，可以上交给主干区域转发。就是说 OSPF 协议采用了层次结构的设计思想，它将一个自治系统划分为一个主干区域和若干个区域的二级结构，由主干区域连接多个区域，如图 4-64 所示。

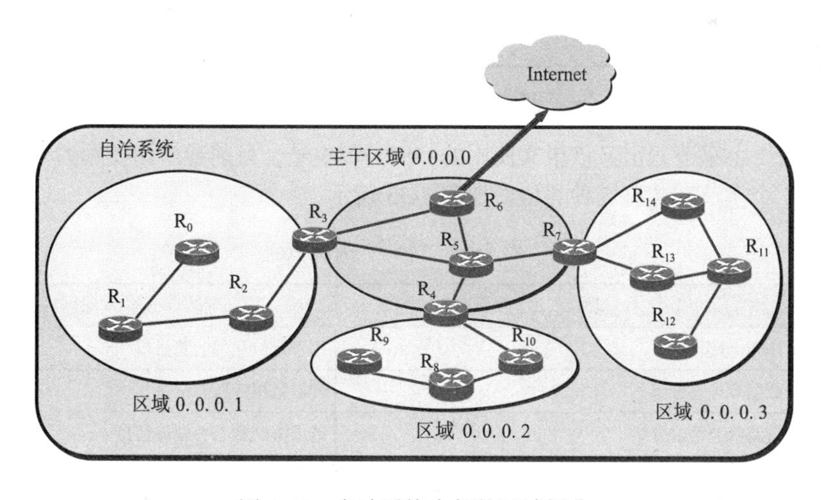

图 4-64　自治系统内部的区域划分

（2）路由器运行 OSPF 的过程

OSPF 协议的执行过程如图 4-65 所示，图 4-66 给出了 OSPF 的结构关系。

① 当路由器开始工作时，它通过定期发送“问候分组”（Hello 包）完成邻居发现功能，默认为 10 s，得知有哪些工作着的路由器和它相连，以及将数据发往相邻路由器所需的代价。

② 路由器用数据库描述分组和相邻路由器交换本数据库中已有的链路状态摘要信息。

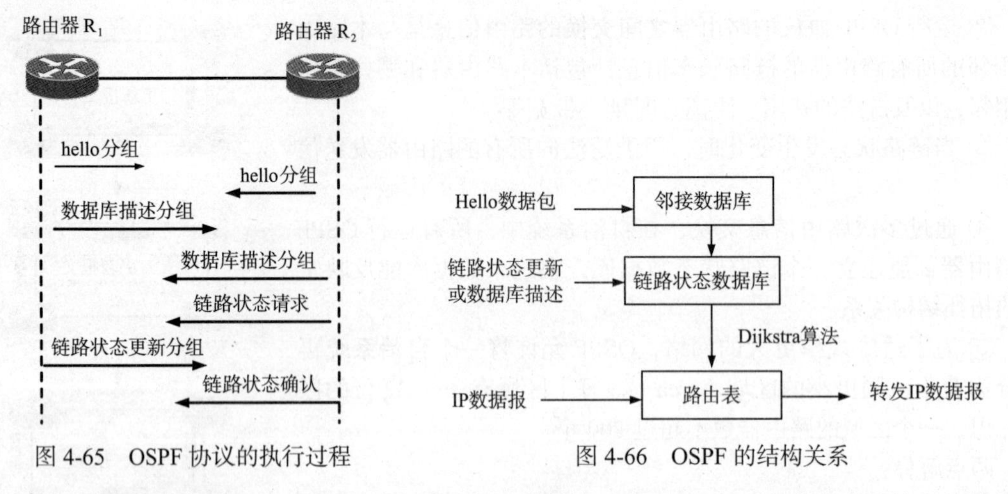

图 4-65　OSPF 协议的执行过程　　　图 4-66　OSPF 的结构关系

③ 当网络运行过程中，只要有一个路由器的链路状态发生变化，该路由器就使用链路状态更新分组，用洪泛法向全网发布，每隔 30 min 要刷新一次数据库中的链路状态。通过各路由器之间交换链路状态信息，全网路由器的数据库信息是一致的，每个路由器可以从反映链路状态的数据库中计算出最佳路径，得出路由表。

（3）OSPF 报文格式

图 4-67 显示了 OSPF 报文的格式。

版本号	类型	数据报长度
路由器地址		
区域标识		
校验和		鉴别类型
鉴别		

图 4-67　OSPF 报文格式

版本号：占 1 个字节，定义该报文使用的 OSPF 版本号，目前最广泛使用的是第 2 版。

类型：占 1 个字节，共有 5 种类型，如表 4-33 所示。

表 4-33　OSPF 类型

类型编号	类　型	描　述
1	Hello 分组	用于定位相邻的路由器
2	数据库描述分组	转发数据库所有信息
3	链路状态请求分组	请求链路状态数据库信息
4	链路状态更新分组	将链路状态更新信息发送到全网
5	链路状态确认分组	表示已收到链路状态更新信息

数据报的长度：OSPF 包首部和数据部分长度之和，单位为字节。

路由器地址：标识发送该数据报的路由器的接口的 IP 地址。

区域标识：数据报所属的区域的标识符，可以用点分十进制表示，在同一个区域中所有 OSPF 报文的区域标识一致。

校验和：用来检测数据报的差错。

鉴别类型：有两种设置，0 表示不用，1 表示有鉴别口令。

鉴别：鉴别类型为 0，该字段就为 0，如果鉴别类型为 1，该字段为 8 个字符的口令。

（4）单区域的 OSPF 配置

配置 OSPF 路由的基本命令为

```
Router ospf process-id
Network address wildcard-mask area area-id
```

Router ospf process-id 进入路由配置模式，定义路由协议为 OSPF，指定的进程号用于区分路由进程，取值范围为 1 ~ 65535。

Network 命令中的 3 个参数描述见表 4-34

表 4-34　network 命令的三个参数

Network 命令参数	描　述
address	可以是网络、子网或接口地址
Wildcard-mask	表示 IP 地址中需要被匹配的部分，0 代表需要匹配，1 代表不需要匹配
Area-id	该路由器所属的区域

【例 4.11】为图 4-68 所示的路由器配置 OSPF 协议。

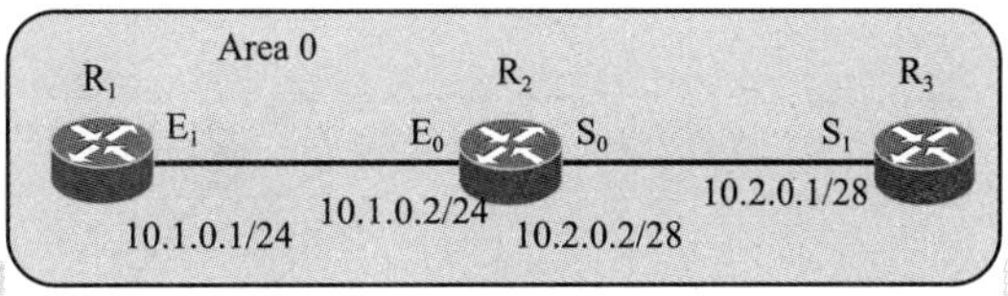

解：

```
Router 1:
interface ethernet1
ip address 10.1.0.1 255.255.255.0
router ospf 1
network 10.1.0.0 0.0.0.255 area 0
Router 2:
interface ethernet0
Ip address 10.1.0.2 255.255.255.0
Interface serial0
Ip address 10.2.0.2 255.255.255.240
Router ospf 1
Network 10.2.0.0 0.0.0.15 area 0
Network 10.1.0.0 0.0.0.255 area 0
Router 3:
Interface serial1
Ip address 10.2.0.1 255.255.255.240
Router ospf 1
Network 10.2.0.0 0.0.0.15 area 0
```


图 4-68　例 4.11 的网络拓扑结构图

在 OSPF 协议中使用代价来度量，代价和路由器的接口和外部路由信息相关，某路径的代价可以通过“100000000/ 带宽”来计算，另外网管也可以用如下命令修改重新配置代价：

Ip ospf cost number

4.4.6　边界网关协议

边界网关协议（Border Gateway Protocol，BGP）在不同 AS 之间的路由器中交换路由信息，现在常用的 BGP 协议是 BGP-4，参见 RFC4271。

1. BGP 在 AS 之间选择路由的策略

在 AS 之间交换可达性信息时，不必用内部网关协议中所谓的代价，AS 和 AS 之间的边界路由器告诉相邻路由器“到达目的网络 N 可以经过 ASx”。

另外出于政治、经济、安全等方面的考虑，有时考虑一些特殊的数据报不经过或必须经过指定的 AS，这种策略并不是 BGP 本身制定的，这些路由策略的实现可以让网管来完成设置。

BGP 采用路径向量路由选择协议，力求找到一条能够到达目的网络的较好路由，而不一定是最佳路由。

在配置 BGP 时，每个自治系统的管理员要为本自治系统至少选择一个边界路由器，作为该自治系统的 BGP 发言人，和其他自治系统的 BGP 发言人连接，交换路由信息，如图 4-69 所示。

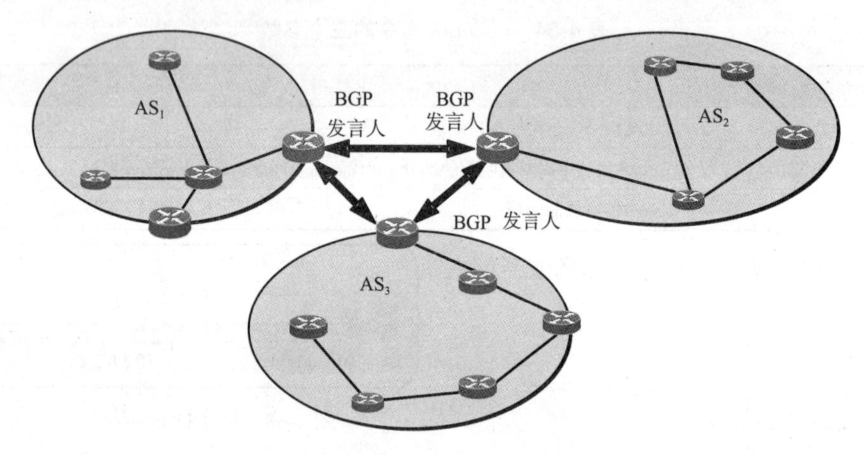

图 4-69 BGP 发言人和 AS 的关系

2. BGP 报文的种类

RFC4271 中规定 BGP-4 的报文种类有 4 种：

① OPEN（打开）报文。用来与相邻 BGP 发言人建立联系，实现通信初始化。

② UPDATE（更新）报文。用来通告某一路由的更新信息。

③ KEEPALIVE（保活）报文。用来周期性地证实邻站的连通性。

④ NOTIFICATION（通知）报文。用来发送检测到的差错信息。

3. BGP 的工作过程

BGP 发言人和 BGP 发言人之间交换路由信息时，要先建立 TCP 连接，TCP 连接的端口号为 179，在建立的连接链路上实现新增路由、撤销过时路由以及报告出差错的报告的信息交换。

BGP 刚开始运行时，BGP 邻站交换的路由信息是它的整个 BGP 路由表，以后只需要在发生变化时更新有变化的信息，这样做可以节省网络带宽，减少路由器的处理时间。

若两个相邻的路由器属于不同的自治系统，其中一个路由器要和相邻的路由器定期交换路由信息，要有一个协商过程，路由器用 OPEN 报文来发起协商，如果相邻路由器接受协商，就发送 KEEPALIVE 报文响应。这样两个 BGP 发言人就建立了邻站关系。

邻站关系建立后要保持这种关系，必须定期地交换 KEEPALIVE 报文，默认的周期为 30 s，保活报文只有 19 个字节长度，因此不会造成网络太大的开销。

如果有新的路由信息通告或者撤销以前通知过的路由信息，就用 UPDATE 报文。

4. BGP 报文格式

4 种类型的 BGP 报文都有相同的首部，共 19 个字节，格式如图 4-70 所示。

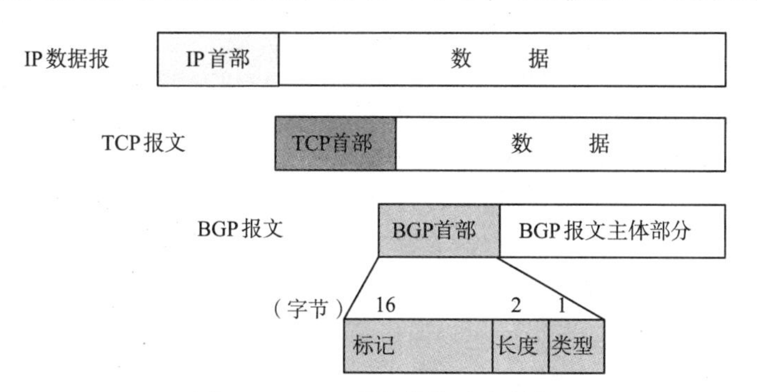

图 4-70　BGP 报文的格式和封装

标记字段占 16 B，用来鉴别 BGP 报文，当不使用鉴别时，该字段的值全部置 1。

长度字段占 2 B，指出包括首部在内的整个报文的长度，最小值是 19，最大值为 4 096。

类型字段占 1 B，其值为 1~4，分别对应了 BGP 的 4 种报文类型。

（1）OPEN 报文的格式

版本	本自治系统号	保持时间	BGP 标识符	可选参数长度	可选参数

版本号：占 1 B，目前的版本号为 4。

本自治系统号：占 2 B，是由 ICANN 地区登记机构分配，16 位编号。

保持时间：占 2 B，是指保持为邻站的时间，单位为秒。

BGP 标识符：占 4 B，通常填入该路由器的 IP 地址。

可选参数长度：占 1 B。

（2）UPDATE 报文的格式

不可行路由长度	撤销的路由	路径属性总长度	路径属性	网络层可达性信息

不可行路由长度：占 2 B，指明撤销的路由字段的长度。

撤销的路由：列出所有需要撤销的路由。

路径属性总长度：占 2 B，指明路径属性字段的长度。

路径属性：指明新增加的一个路径的属性。

网络层可达性信息：指明发出此报文的网络，包括网络前缀的位数、IP 地址前缀。

（3）KEEPALIVE 报文的格式

KEEPALIVE 报文只有 BGP 报文的首部信息。

（4）NOTIFICATION 报文的格式

差错代码	差错子代码	差错数据

差错代码：占 1 B。

差错子代码：占 1 B。

差错数据：给出差错的数据诊断信息。

（5）BGP 协议的配置

BGP 的基本命令包括：

① “Router bgp 自治系统号码”命令：作用是激活 BGP 路由协议。

② “network 网络号”命令：作用是广播该路由连接的网络。

③ “neighbor IP 地址 remote-as 自治系统号码”命令：作用是激活 BGP 会话。

【例 4.12】 图 4-71 为两个不同自治系统的连接拓扑图，R_1 为自治系统 1000 的 BGP 发言人，连接的网络为 5.0.0.0；R_2 为自治系统 2000 的 BGP 发言人，连接网络为 6.0.0.0；为 R_1、R_2 配置 BGP 协议。

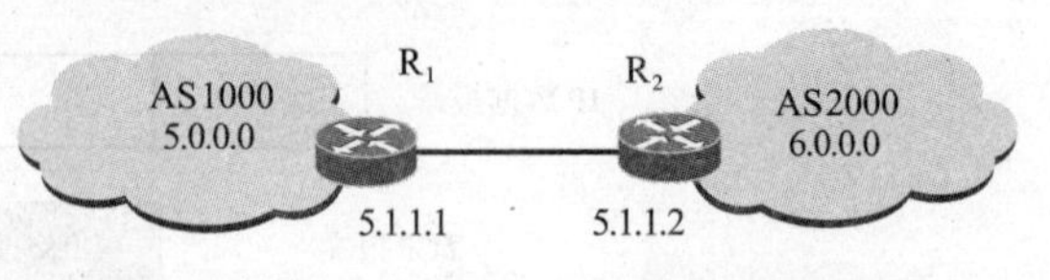

图 4-71　两个 BGP 发言人互连的网络拓扑

解：

Router1 的配置：

```
R1#config t
R1(config)#router bgp 1000
R1(config-router)#network 5.0.0.0
R1(config-router)#neighbor 5.1.1.2 remote-as 2000
R1(config-router)#∧z
```

Router2 的配置：

```
R2#config t
R2(config)#router bgp 2000
R2(config-router)#network 6.0.0.0
R2(config-router)#neighbor 5.1.1.1 remote-as 1000
R2(config-router)#∧z
```

测试 BGP：

```
R1# ping 5.1.1.2 返回成功的消息
显示 BGP 的联机状态
R1# show ip bgp
R1# show ip bgp summary
可以显示 BGP 的路由表和联机状态信息汇总。
```

4.5 IP 多播与 IGMP

4.5.1 IP 多播的基本概念

随着因特网用户数量的增加和多媒体技术的广泛应用，人们对网络的要求越来越高，如网上查看股市行情，网络会议等，IP 多播是为实现用户更多的网络智能而提供的一种服务，早在 1992 年 IETF 就在因特网上实现了 IETF 会议声音的 IP 多播，今天在因特网上 IP 多播已经得到了较好的应用。

所谓多播，是在源点发送一个多播分组，经过多播路由器，将数据报复制多份传到相应的链路上，最终到达多播的目的主机。和单播相比这种多播方式可以大大地节约网络资源，图 4-72 给出了单播和多播的对比。如果需要发送 1 000 个同样的分组给目的主机，在单播方式下要发送 1 000 个分组，分别传给目的主机；在使用多播的情况下，服务器只需要发送一个多播分组，经过支持多播的路由器，将该分组进行复制，分别传向相应的链路上，经过多个这样的多播路由器，到达目的网络，由于局域网具有硬件多播功能，连接局域网的路由器不需要再复制分组，局域网中的多播成员都能收到这个多播分组，从而实现了多播的功能。

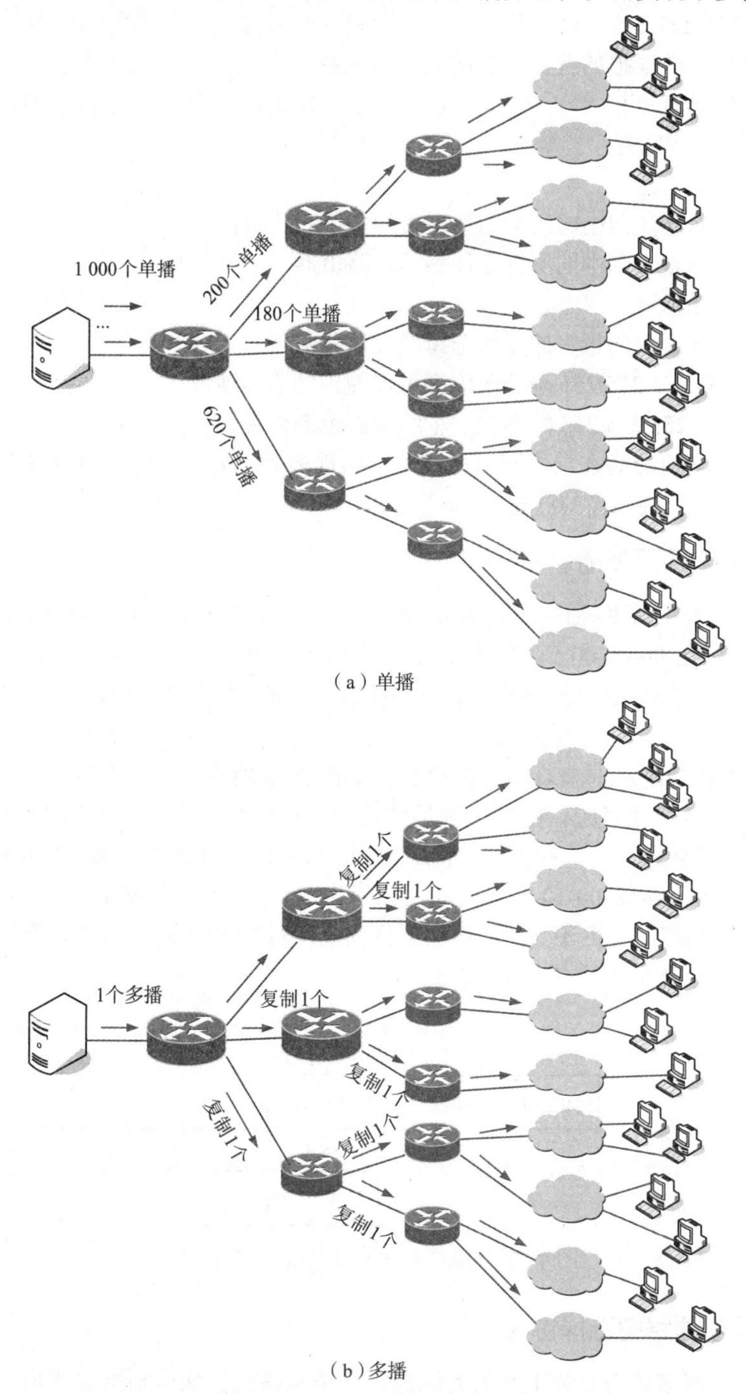

（a）单播

（b）多播

图 4-72　单播和多播的对比

在实现多播的过程中，使用具有识别多播数据报并能复制和转发多播数据报功能的设备就是多播路由器。路由器的多播功能的实现是使用多播协议，在多播路由器上也可以转发普通单播的分组。在因特网上进行多播称为 IP 多播。

实现 IP 多播的数据报首部的目的地址为多播地址，在前面的地址分类中讨论过 D 类地址为多播地址，D 类地址的前四位为 1110，后面的 28 位为可分配的多播地址，多播地址的范围为 224.0.0.0 到 239.255.255.255，每一个地址可以标识一个多播组，多播数据报不可能将成千上万个目的主机地址写入数据报的首部，目的地址写入的是标识多播组的多播地址。让多播组的地址和目的主机的 IP 地址进行关联。首部的协议字段为 2，表示使用的是网际组管理协议（IGMP）。

D 类地址的使用规定有：

224.0.0.0　保留

224.0.0.1　表示本子网中的所有参加多播的主机和路由器

224.0.0.2　表示本子网中的所有参加多播的路由器

224.0.0.3　未指派

224.0.0.4　基于距离向量多播路由选择的多播路由器 DVMRP

224.0.1.0 ~ 238.255.255.255 全球范围都可以使用的多播地址

239.0.0.0 ~ 239.255.255.255 限制在一个组织的范围内使用

IP 多播在实现上可分为在局域网上通过硬件实现多播，另一种是在因特网上实现多播，下面先讨论在局域网上实现多播的过程。

4.5.2　在局域网中实现多播

在局域网中实现多播主要是完成多播地址和物理地址的转换关系，如以太网的地址块 00-00-5E，拥有 00-00-5E-00-00-00 到 00-00-5E-FF-FF-FF 的地址范围，其中规定第一个字节的最低位是 1 位多播，则它拥有的多播地址是从 01-00-5E-00-00-00 到 01-00-5E-7F-FF-FF 的多播地址范围。

将 MAC 的多播地址范围和 D 类地址比较，如图 4-73 所示，可以将 IP 多播地址的后 23 位和 MAC 地址的后 23 位相对应，将 D 类地址的后 23 位移到 MAC 地址的后 23 位上，实现多播地址和 MAC 地址的转换。有一种特例的情况，如 IP 地址 224.128.16.5 和 224.0.16.5，它们对应的 MAC 地址都为 01-00-5E-00-10-05，由此可以看出 IP 地址和多播 MAC 地址不是一一对应的关系，所以收到数据报的主机还要在网络层进行判断，对 IP 地址进行过滤，把不是本主机的数据报不上交给上层主机。

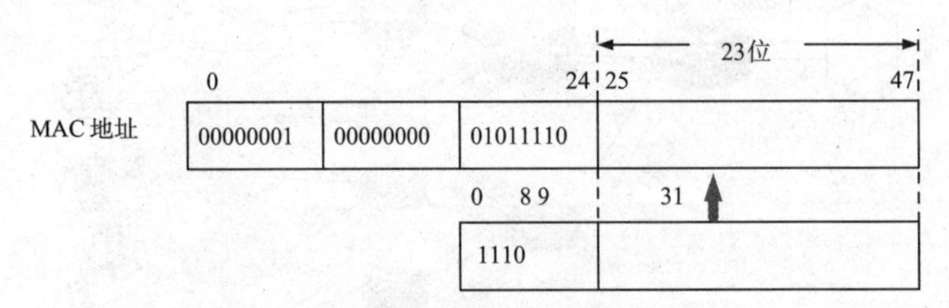

图 4-73　MAC 多播地址和 D 类 IP 地址

4.5.3　IGMP 和多播路由选择协议

在因特网上实现多播需要解决两大类问题，一个是路由器如何知道多播组成员，另一个是网络中的多播路由器如何协同工作完成多播数据报的转发工作。

早在 1989 年因特网就在研究 IGMP（Internet Group Management Protocol），实现让本地局域网的多播路由器知道本局域网是否有主机参加或退出某个多播组。只有 IGMP 是无法实现多播转发的，连接在局域网中的多播路由器还必须和因特网中的其他路由器协同工作，将多播数据报发送到多播组中的所有成员，这就需要有多播路由选择协议的支持。

1. 网际组管理协议 IGMP

IGMP 协议历经了 RFC1112、RFC2236 到 RFC3376 三个版本，现在使用的是 2002 年 10 月公布的 RFC3376 建议标准，IGMP 的数据是用 IP 数据报进行封装。

（1）IGMP 的工作过程

① 当某个主机加入新的多播组时，该主机向多播组的多播地址发送 IGMP 报文，声明自己要成为该组的成员；本地多播路由器收到这个 IGMP 报文之后，还要利用多播协议将这种组成员关系通知给因特网中的其他多播路由器。

② 本地多播路由器周期性地询问本地局域网上的主机，以便知道是否还有主机是某些组的成员，只要有一台主机回应了消息，路由器就认为该组为活跃状态。如果经过几次询问仍没有主机回应，路由器就认为本网络中没有主机是该组的成员，因此也不会将该组成员关系转发给其他路由器。

（2）IGMP 的实现策略

① 在主机和多播路由器之间的通信使用 IP 多播方式，通常用硬件实现 IGMP 报文的发送，没有参加多播的主机不会收到 IGMP 报文。

② 多播路由器在询问组成员关系时，采用周期性地询问方式，可以对所有组发送一个询问报文，也可以只对一个组发送询问报文，默认的询问周期为 125 s。

③ 当一个网络中连接多个多播路由器时，只要选择一个多播路由器完成询问组成员关系即可。

④ 在 IGMP 的询问报文中的有一个最长响应时间字段，默认值为 10 s，当收到询问报文后，主机在 0~10 s 随机选择一个值作为发送延时的时间，如果一个主机同时参加多个多播组，主机就会选择不同的延时时间来发送响应报文。

⑤ 同一个组内的每一台主机都要监听响应报文，组中只要有一台主机发送了响应报文，其他主机就不需要再发送，这样可以减少通信量。

由此可以看出 IGMP 只是知道在本地网络中有没有组的成员，并不关心本地有多少主机是组的成员；如果一台主机有多个进程都加入到一个多播组，那么多播组发给这一主机的数据报，路由器只接收一个副本，并给主机的每个进程发送一个本地复制的副本。

2. 多播路由选择协议

在多播过程中多播组的成员是动态的，多播组成员可以随时加入和退出多播组，多播路由选择实际上就是要找出以源主机为根的多播树，多播分组就沿着多播树从根结点流向叶子结点，中间的路由器根据路由策略以不在互联网上兜圈子为前提，将多播数据报转发给多播组的成员。目前已经有多个多播路由选择协议在使用，但还未形成标准化。

（1）洪泛与剪除方法

路由器开始转发数据报时使用的是洪泛法，为了避免兜圈子，采用一种叫反向路径广播（Revrese Path Boroadcasting，RPB）的方法，RPB 的策略是每一个路由器在收到一个多播数据报时，以本路由器为源点反向追踪到发送的该数据报的源点，找出它的最短路径，即反向路径，在反向路径中的第一个路由器是否为刚才转发的路由器，若是，就向其他方向转发该多播数据报，若不是，就丢弃不转发。如果本路由器有多条路径，而且长度相等，那么它选择相邻路由器中 IP 地址最小的一个路径进行接收。

用图 4-74 的例子来说明反向路径广播和剪除的方法，假定每个路由器和路由器之间的距离都是 1，则多播数据报的转发和丢弃过程如下：

① 路由器 R_1 收到源点发来的多播数据报后，使用洪泛法向 R_2 和 R_3 转发。

② R_2 发现 R_1 在自己到源点的最短路径上的第一个路由器，所以就向 R_3 和 R_5 转发，同理

R_3 收到多播数据报后，向 R_4 和 R_5 转发，当 R_2 收到 R_3 发来的多播数据报时，发现 R_3 不在最短路径上就丢弃，R_3 也丢弃 R_2 转发来的多播数据报。

③ R_4 收到多播数据报，发现在它的下游没有多播组成员，就把它和下游树枝一起剪除；如果有新的组成员，可以再接入多播转发树。

④ R_5 路由器收到 R_2 和 R_3 发来的多播数据报，两条路径 $R_5 \rightarrow R_2 \rightarrow R_1$ 和 $R_5 \rightarrow R_3 \rightarrow R_1$，最短路径值相等，假定 R_2 的 IP 地址小于 R_3 的 IP 地址，那么 R_5 就接收 R_2 的多播数据报，丢弃 R_3 发来的多播数据报。R_5 再转发该多播数据报给 R_6。

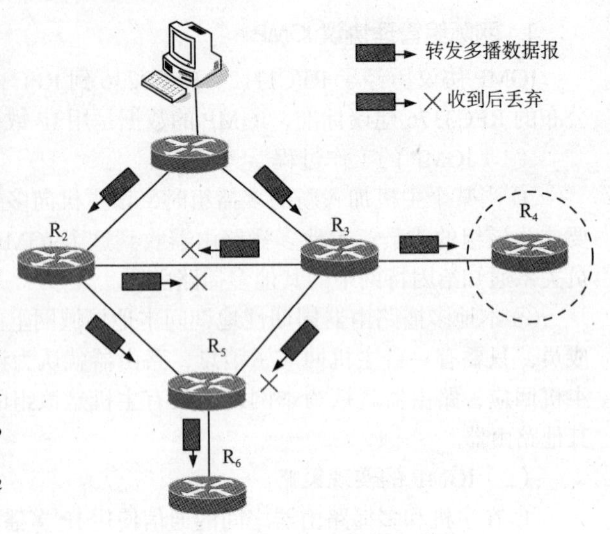

图 4-74　反向路径广播和剪除

洪泛和剪除方法适用于小型多播组。

（2）隧道技术

在因特网上不是所有的网络都支持多播，那么多播数据报如何通过不支持多播的网络？可以考虑使用隧道技术来完成，所谓隧道技术，就是在两个路由器之间架起一个“隧道”，让多播数据报通过。具体地说就是将多播数据报进行再次封装成普通的 IP 数据报，通过单播的方式通过网络到达支持多播的网络后，再除去 IP 首部，还原多播数据报的技术。图 4-75 所示为利用隧道技术实现多播的过程。

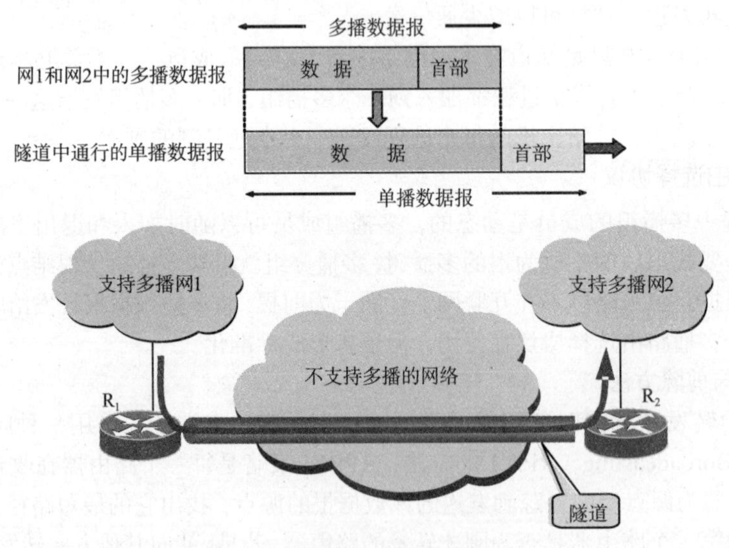

图 4-75　利用隧道技术实现多播的过程

（3）基于核心的发现技术

基于核心的发现技术是在多播组中指定一个核心路由器，给出它的单播地址，以该核心路由器为根建立多播树，当有路由器要发送多播数据报时，先沿路径发送给核心路由器，核心路由器再向多播组成员转发。

因特网上还没有一个统一的路由选择协议，目前已经使用的路由选择协议有：

① 距离向量多播路由选择协议 DVRMP（RFC1075）。
② 基于核心的转发树 CBT（RFC2189、RFC2201）。
③ 开放最短通路优先的多播扩展 MOSPF（RFC1585）。
④ 协议无。多播——稀疏方式 PIM-SM（RFC2362）。
⑤ 协议无关多播——密集方式 PIM-DM（RFC3973）。

4.6 网络层设备

4.6.1 路由器

1. 路由器的定义

路由器是工作在参考模型的第三层——网络层的数据包的转发设备。路由器通过转发数据包来实现网络互联。虽然路由器可以支持多种协议，但是现在大多数路由器运行的是 TCP/IP 协议。

路由器通常被用来连接两个或者多个子网，或者是点对点协议标识的逻辑端口，至少有一个物理端口，路由器根据收到的数据包中的网络地址和路由表信息决定数据包的重新封装和转发。路由器的路由表是根据网络的拓扑结构，静态和动态维护的。

路由器是连接网络的核心设备。

2. 路由器的组成

路由器由硬件和软件两个部分组成，硬件部分包括处理器、内存、接口、控制端口等。

（1）处理器（CPU）

路由器的 CPU 执行操作系统的指令，包括系统初始化、路由功能以及网络接口控制等功能。

（2）内存

路由器主要采用 4 种类型的内存：ROM、RAM、Flash RAM、NVRAM。

① ROM（只读内存）。保存着路由器的操作系统 IOS 的引导部分，负责路由器的引导和诊断。它保存着路由器的启动程序，负责路由器进入正常的工作状态。ROM 一般在一个或者多个芯片上，或者插接在主板上。

② RAM（随机存储器）。主要用于存放 IOS 软件以及它所需要的工作内存。这其中包括了路由表、运行的配置以及数据包的排队缓冲，这些数据包等待接口转发。在断电或重启时，信息会丢失。

③ Flash RAM（闪存）。用来存储全部的 IOS 映像，在多数路由器启动时，会把闪存中 IOS 软件复制到 RAM 中去，闪存安装在 SIMM 槽上，闪存的内容不会因为断电而丢失。

④ NVRAM（非易失 RAM）：用来保存启动配置文件。保存 IOS 在路由器启动时读入的启动配置数据。当路由器启动时，首先寻找并执行该配置，启动后，该配置就成为“运行配置”修改保存后，运行配置就被复制到 NVRAM 中。下次启动就是新修改的配置。NVRAM 中的信息不会因断电而丢弃。

（3）端口

路由器和各种物理网络连接是通过端口完成的，路由器的端口主要分为局域网端口、广域网端口、配置端口。图 4-76 所示是一个 Cisco2600 路由器。

路由器的软件部分分为路由器的操作系统和运行配置文件组成。通过对路由器操作系统的配置，可以连接不同的网络如 IP 配置、路由协议等。网管员通过命令行界面来生成路由器的逻辑配置文件，通过控制台端口对路由器进行IOS配置，包括运行配置、启动配置，运行配置保存在RAM中，启动配置保存在NVRAM中，运行后启动配置又变成为运行配置。

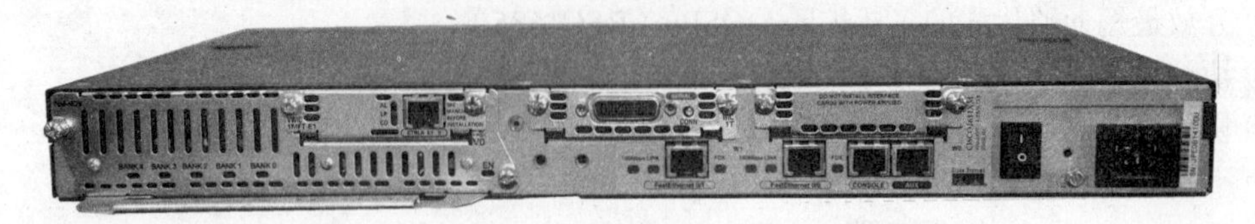

图4-76 路由器的端口

① 局域网端口：

AUI端口：和粗同轴电缆连接，如10base-2。

RJ-45端口：双绞线以太端口，10base-T的RJ-45端口标识为“ETH”，100base-TX的RJ-45标识为“10/100bTX”。

SC端口：光纤端口，连接快速以太网和千兆位以太网交换机，以“100bFX”或“1000bFX”。

② 广域网端口：

高速同步串口：可连接DDN、帧中继和X.25。

同步/异步串口：用于Modem或Modem池的连接，实现远程计算机通过公共电话网接入。

ISDN BRI端口：用于ISDN线路接入。

③ 配置端口：

AUX端口：异步端口，主要用于远程配置、拨号备份、Modem连接。

Console端口：异步端口，主要连接终端或支持终端仿真程序计算机，在本地配置路由器，在网络管理中，网管员第一次配置路由器时，都要使用此端口。

3. 路由器的主要特点

① 路由器可以互联不同的MAC协议、不同的拓扑结构和不同的传输速率的异种网，它有很强的异种网互联能力。

② 路由器也可以用于广域网互联的存储转发设备，有很强的广域网的互联能力，被广泛应用于局域网—广域网—局域网的互联。

③ 路由器可以互联不同的逻辑子网，并且可以隔离子网间的广播风暴。

④ 路由器具有流量控制、拥塞控制能力。

⑤ 多协议路由器可以支持多种网路层协议（如TCP/IP、IPX），可以转发多种网络协议的数据包。

⑥ 路由器通过检查网络层地址，转发数据包，这样路由器就可以根据该特点，进行包过滤，协助网管员完成过滤策略，对符合转发条件的包正常转发，对于不符合条件的包丢弃，网管为了网络安全，防止黑客攻击，可以利用该功能实现对某些站点和对某些子网的访问权限控制，甚至可以对应用层的某些信息进行访问控制。

4. 路由器的分类

当前路由器的分类方法各异，一般来说可以按照交换能力、系统结构、在网络中的位置、设备功能以及接口性能等划分。

（1）按能力划分

可分为高、中、低端路由器，通常由路由器的吞吐量的大小判断，吞吐量大于40 Gbit/s的路由器称为高端路由器，如Cisco的12000系列；吞吐量在25 Gbit/s ~ 40 Gbit/s之间为中档路由器如Cisco的7500；吞吐量低于25 Gbit/s称为低端路由器。这个标准各厂家也不完全一致，而且随着技术的发展，这个标准也会发生变化。在实际路由档次划分中还要考虑分组延时、路由表的规模、收敛速度、组播容量、服务质量等综合指标。

（2）按系统结构划分

可分为模块化结构和非模块化结构。非模块化路由器通常由端口配置固定路由器，模块化可根据需求灵活配置，通常高、中端路由器是模块化的，低端的路由器是非模块化的。

（3）按在网络中的位置划分

可分为核心路由器和接入路由器。核心路由器位于网络中心，通常使用高端路由器。核心路由器要求有快速包的交换能力与高速的网络接口，接入路由器位于网络的边缘，通常使用中、低端路由器，要求相对低速的端口和较强的接入能力。但也不是绝对的，现在网络接入用户越来越多，带宽的需求越来越大，除了接入用户外，还要对用户流量进行识别和控制，所以也有用高端路由器做接入路由器的。

（4）按照功能划分

分为通用路由器和专用路由器。一般的路由器是通用路由器；实现特定功能的或对路由器的接口、硬件做专门优化的为专用路由器。如VPN路由器增加隧道处理能力及硬件加密，宽带接入路由器增加接口数量等。

（5）按接口性能划分

分为线速路由器和非线速路由器。线速路由器完全可以按传输线路的速率进行传输，没有间断和延时，高端路由器为线速路由器，中、低端路由器为非线速，但是一些宽带接入路由器也有线速。

4.6.2　三层交换机

1. 三层交换机的基本概念

在大型局域的构建过程中，经常将网络按功能或地域划成一个个小的局域网，目的是为了减小广播风暴的危害，这就使VLAN技术在网络中得以广泛应用，而各个不同VLAN间的通信都要依赖路由器来完成转发。随着网间互访的不断增加，单纯使用路由器来实现网间访问，不但由于端口数量有限，而且路由速度较慢，从而限制了网络的规模和访问速度。基于这种情况三层交换机便应运而生，三层交换机是基于IP设计的，接口类型简单，拥有很强的帧处理能力，非常适用于大型局域网内的数据路由与交换，它既可以工作在协议第三层替代或部分完成传统路由器的功能，同时又具有几乎第二层交换的速度，且价格相对便宜。

三层交换机就是在二层交换机的基础上增加了部分路由功能的交换机设备，其主要目的是加快大型局域网内部的数据交换能力，所具有的路由功能也是为这个目的服务的，传统的二层交换机工作在数据链路层，根据数据帧的MAC地址实现转发，而三层交换机工作在网络层，根据IP地址实现数据包的转发，三层交换机既有交换机线速转发IP数据报的能力，又有路由器的主要功能，因而得到广泛的应用。

在实际应用过程中，处于同一个局域网中的各个子网的互联以及局域网中VLAN间的路由，用三层交换机来代替路由器，也就是三层交换机用于单位网络的核心层，用三层交换机上的千兆端口或百兆端口连接不同的子网或VLAN。三层交换机使用的目的是加快大型局域网内部的数据交换，所具备的路由功能也多是围绕这一目的而展开，所以它的路由功能没有同一档次的专业路由器强。在安全、协议支持等方面还有许多不足之处，不能取代路由器工作。

2. 三层交换机提供的功能

三层交换机除了具有一些传统的二层交换机的功能，还具备如下能力：

（1）分组转发

三层交换机在连接多个子网时，会根据设定的路由协议完成 IP 数据报的转发工作。

（2）路由处理

三层交换机具有连接大型网络的能力，功能基本上可以取代某些传统路由器，通过内部路由选择协议（RIP 或者 OSPF）创建并维护其路由表。

（3）内置安全机制

三层交换机可以与普通路由器一样，具有访问列表的功能，可以实现不同 VLAN 间的单向或双向通信。通过在访问控制列表中进行设置，可以限制用户访问特定的 IP 地址，访问控制列表不仅可以用于禁止内部用户访问某些站点，也可以用于防止外部的非法用户访问内部的网络资源，从而提高网络的安全。

（4）具备 QoS 的控制功能

三层交换机具有 QoS 的控制功能，可以给不同的应用程序分配不同的带宽。

（5）其他功能

三层交换机提供数据报的封装和拆分数据帧与分组，以及流量优化等功能，因为三层交换机可以识别数据包中的 IP 地址信息，因此可以统计网络中计算机的数据流量，可以按流量计费；也可以统计计算机连接在网络上的时间，按时间进行计费，普通的二层交换机就难以同时做到这两点。

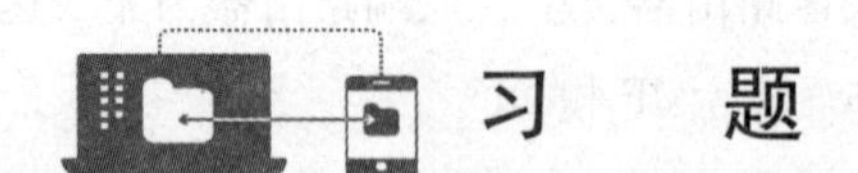

习　题

一、选择题

1．路由表的大小取决于（　　）。

A．互联网中主机的数目

B．互联网中网络的数目

C．互联网中 C 类网络的数目

D．互联网中 C 类网络所能容纳的最大主机数目

2．在互联网中路由器报告差错或意外情况信息的报文机制是（　　）。

A．ARP　　B．RARP　　C．ICMP　　D．IGMP

3．路由器无法转发或传送 IP 数据报时，向源主机发回一个报文为（　　）。

A．目的站不可达　　B．源站抑制　　C．重定向　　D．数据报超时

4．RIP 规定，有限路径长度不得超过（　　）字节。

A．10　　B．15　　C．20　　D．30

5．运行 RIP 的路由器广播一次路由交换信息的时间间隔是（　　）秒。

A．5　　B．10　　C．20　　D．30

6．开放最短路径优先协议是基于（　　）。

A．向量距离算法　　B．链路状态路由选择算法

C．拥塞避免算法　　D．以上都不是

7．在计算机网络中，网络层的中继设备是（　　）。

A．中继器　　B．网桥　　C．应用网关　　D．路由器

8．主机 IP 地址为 202.204.151.100，子网掩码为 255.255.252.0，对应的网络号是（　　）。

A．202.204.151.0　　B．202.204.148.0　　C．202.204.150.0　　D．202.204.151.1

9．以下关于 IP 协议的陈述正确的是（　　）。

A．IP 协议保证数据传输的可靠性

B．各个 IP 数据报之间是互相关联的

C．IP 协议在传输过程中可能会丢弃某些数据报

D．到达目标主机的 IP 数据报顺序与发送的顺序必定一致

二、填空题

1．网络层为传输层提供两种类型的服务，分别是________、________。

2．在网络层和 IP 协议配套的协议还有________、________、________、________。

3．主机号为 0 的 IP 地址表示________。

4．网络层看不到________首部的地址变化，为上层提供透明的传输。

5．路由器工作在参考模型的第________层。

6．静态路由的配置命令是________。

三、简答题

1．简述 ARP 的工作过程。

2．某单位分配到一个 C 类地址 198.6.1.0，该单位有三个分部，每个分部有主机 20、30、50，为该单位设计一个网络解决方案，采用变长子网掩码划分子网。

3．一个固定首部的数据报长度为 4 000 B，经过以太网传输。试问应划分几个数据报片，写出各数据报片的总长度、片偏移、MF 和 DF 参数。

4．有如下 4 个地址块：

202.204.132.0/24

202.204.133.0/24

202.204.134.0/24

202.204.135.0/24

试进行最大可能的路由聚合。

5．简述 Tracert 命令是如何利用 ICMP 协议实现路由跟踪的。

6．某学院有一个本部和三个远端的教学分部，分配到的网络前缀是 202.204.220.0/24，该学院的网络分布图如下，本部有五个系，其中 lan1-lan4 连接在路由器 R_1 上，R_1 通过 LAN5 和 R_2 相连，R_2 通过广域网和路由器 R_3、R_4、R_5 相连，每个局域网旁边的数字表示该局域网的主机数，给每个局域网分配一个网络前缀，试配置路由器实现该网络设计。

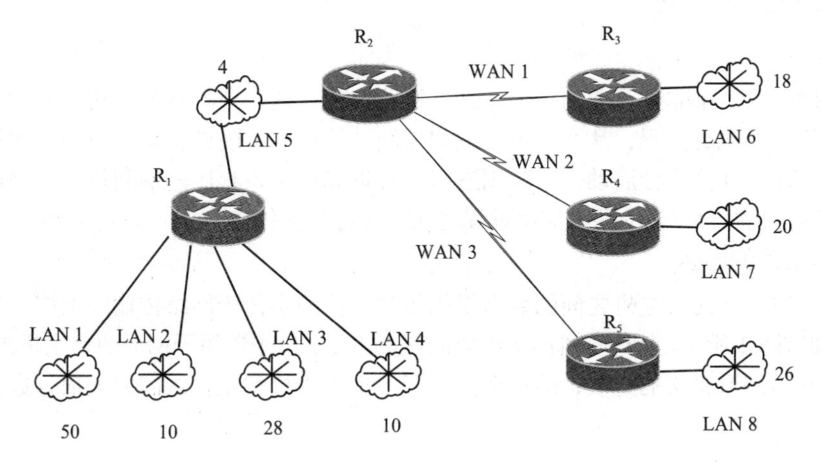

第5章 传 输 层

传输层的任务是保证两个主机进程之间的实现通信，为上面的应用层提供通信服务。为了实现这个任务，在传输层有两个重要的协议：传输控制协议（TCP）和用户数据报协议（UDP）。本章重点介绍TCP和UDP协议。

学习目标

- 了解进程、端口、套接字的基本概念。
- 理解传输层的基本功能。
- 学会分析TCP、UDP报文。
- 掌握实现可靠传输的工作原理。
- 重点掌握TCP的连接建立和链路释放的过程。
- 掌握TCP传输控制和流量控制的基本原理。
- 重点掌握TCP的拥塞控制策略。

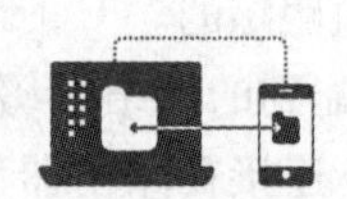

5.1 传输层概述

5.1.1 传输层的几个概念

1. 进程

进程是操作系统中非常重要的一个概念，所谓进程，是一个具有独立功能的程序对某个数据集在处理机上的执行过程，从而达到管理和控制计算机软、硬件资源的目的。在计算机中运行一个应用程序，计算机会启动一个应用进程来管理和维护该程序的顺利执行。当两台主机在通信时，实际上是两台主机的两个应用进程之间在进行数据传输。

2. 进程之间的通信

网络层可以实现两台主机之间的数据报的传输，传输层位于网络传输的上层，用户应用功能的下层，如图5-1所示。从计算机网络组成的观点出发，位于资源子网的两台主机进行通信时，发送方在传输层进行报文的封装，通过通信子网实现了主机和主机之间的通信，数据报到达目的主机后，才将数据报的首部抽离出去，上交到传输层，所以只有资源子网部分的主机才有传输层，而通信子网的路由器在实现分组转发的过程中是不会用到传输层的，路由器是三层交换设备。

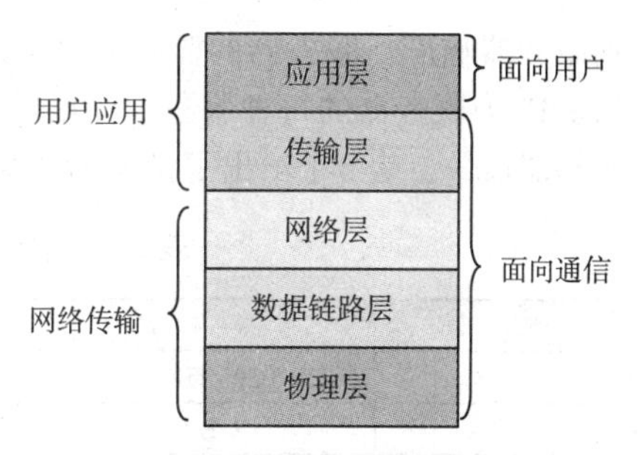

图 5-1　传输层的地位

下面通过一个示例来看传输层的位置，如图 5-2 所示，局域网 1 的主机 H_1 和局域网的主机 H_2 进行通信，两个网络通过广域网互连，局域网 1 通过路由器 R_1 接入广域网，局域网 2 通过路由器 R_2 连入广域网，主机 H_1 的应用进程 1、应用进程 2 分别和主机 H_2 的应用进程 3、应用进程 4 进行通信，应用进程 1 和应用进程 2 产生的报文通过端口分别传给传输层，传输层使用复用技术，将应用进程的数据封装后共享网络层提供的服务。这些报文沿着图中所示的链路到达目的主机后，传输层使用分用技术，通过不同的端口将报文送给相应的应用进程。所以从传输层的角度来看通信实际上是在两个主机的应用进程之间进行。

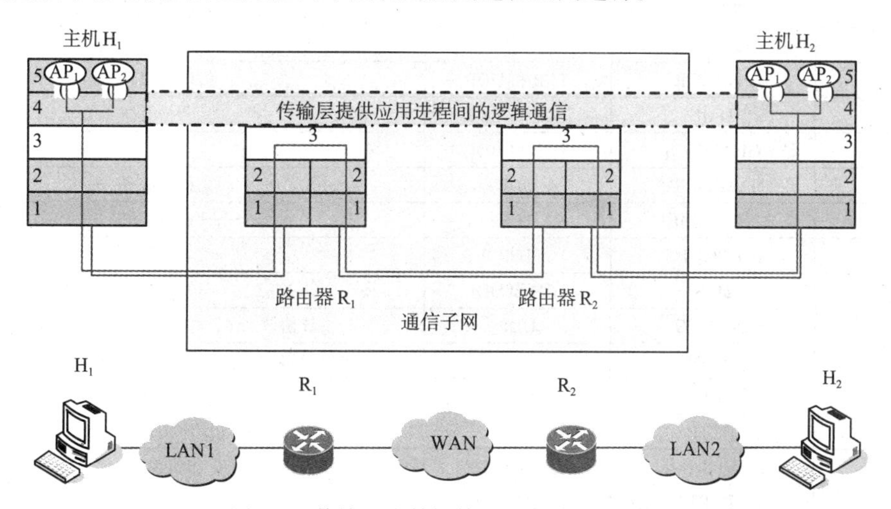

图 5-2　传输层为数据传输提供的逻辑通信

3. 端口

大多数因特网用户在使用网络时，会同时运行多个应用程序，如打开一个 Web 浏览器看新闻，使用文件传输上传或下载文件，同时可能使用中继聊天（IRC）程序和朋友聊天。所以网络中的主机往往同时使用多个应用程序进行网络通信，因此需要有能够识别具体是哪个应用进程产生的数据的标识，这就是传输层的端口技术。传输层有两个主要的协议：TCP 和 UDP，为接收和发送应用进程的数据，TCP 和 UDP 为应用进程提供了 16 位端口号码，用于特定应用进程间建立连接和识别应用进程。

端口号有三个类型：熟知端口号、注册端口号、动态端口号。

熟知端口号（0~1023）：分配给系统的主要和核心服务。

注册端口号（1024~49151）分配给行业应用程序和进程。虽然 IANA 将 1024~49151 作为注册端口号，但一些 TCP/IP 系统还会将它们当作临时端口号。

动态端口号（49152~65535）又称短暂端口，用作某些连接的临时端口。

简单地说，我们将网络中为用户提供服务的主机称为服务器，享用服务器提供服务的主机称为客户机。客户机通过访问服务器的端口，向服务器特定的后台监控程序发出请求，从而得到服务器响应。服务器的监听程序会监听每一个特定端口的客户请求信息，为客户提供服务。TCP/IP 为服务器的每种服务程序设定了全局端口号，每个客户进程都知道相应的服务器进程的熟知端口号，表 5-1 给出了常见的熟知端口。

表 5-1 常见的熟知端口号和服务器进程的说明

端口号	服务进程	使用的协议	说明
1	TCPMUX	TCP	TCP 端口多路复用服务
5	RJE	TCP	远程任务入口
7	ECHO	TCP 和 UDP	ECHO（回应）
11	USERS	TCP 和 UDP	当前活跃用户
13	DAYTIME	TCP 和 UDP	日期时间
17	QUOTE	TCP 和 UDP	本日引述
20	FTP-DATA	TCP	文件传输 - 数据
21	FTP	TCP	文件传输 - 控制
23	TELNET	TCP	远程登录
25	SMTP	TCP	简单邮件传输
35	PRINTER	TCP 和 UDP	打印机服务
37	TIME	TCP 和 UDP	时间
41	GRAPHICS	TCP 和 UDP	图形
42	NAMESERV	UDP	主机名服务
43	NICNAME	TCP	查阅用户身份
49	LOGIN	TCP	登录
53	DNS	TCP 和 UDP	域名服务
67	BOOTPS	UDP	引导协议 / 动态主机配置协议（服务器）
68	BOOTPC	UDP	引导协议 / 动态主机配置协议（客户机）
69	TFTP	UDP	简单文件传输协议
80	HTTP	TCP	超文本传输协议
101	HOSTNAME	TCP 和 UDP	NIC 主机名服务器
110	POP3	TCP	邮局协议 3
111	RPC	TCP 和 UDP	远程过程调用
123	NTP	UDP	网络时间协议
137	NETBIOS-NS	TCP 和 UDP	NetBIOS 名称服务
138	NETBIOS-DG	TCP 和 UDP	NetBIOS 数据报服务
139	NETBIOS-SS	TCP 和 UDP	NetBIOS 会话服务
143	IMAP	TCP	因特网报文访问协议
161	SNMP	UDP	简单网络管理服务
179	BGP	TCP	外部网关协议
194	IRC	TCP	因特网中继聊天系统
443	HTTPS	TCP	安全套接字层上的超文本传输协议
500	IKE	UDP	IPsec 因特网密钥交换
520	RIP	UDP	路由信息选择协议（RIP-1 和 RIP-2）
521	RIPng	UDP	下一代路由信息选择协议

注册端口号用于没有采用 RFC 标准化的协议，所以多数限制在小范围里使用，表 5-2 给其中一部分 TCP/IP 的注册端口号和应用程序说明。

表 5-2　一部分 TCP/IP 的注册端口号和应用程序

端　口　号	服 务 进 程	使用的协议	说　　明
1512	WINS	TCP 和 UDP	微软 Windows 因特网命名服务
1701	L2TP	UDP	第二层隧道协议
1723	PPTP	TCP	点到点隧道协议
2049	NFS	TCP 和 UDP	网络文件系统
6000~6063	X11	TCP	X-Window 系统

4. 客户机 / 服务器交互中端口的使用举例

客户机和服务器的应用程序交换信息时，客户机会分配一个短暂端口号，会用作客户机的 TCP/IP 请求报文的源端口，服务器收到该请求后，产生一个回应报文，在构建回应报文时，服务器把目的端口和客户机端口做一个调换。就是说回应的数据通过熟知端口或者注册端口返回给客户机的短暂端口。

图 5-3 是一台客户机访问 WWW 服务器的示例，客户机的 IP 地址为 165.10.72.8，服务器的 IP 地址为 202.204.208.71，提供 WWW 服务的端口为 80，现在客户机向服务器发送 HTTP 的请求，客户机的应用程序从短暂端口池中分配一个临时端口号如 3456 给该请求，该请求报文的源地址为 165.10.72.8，端口为 3456，目的地址为 202.204.208.71，端口为 80。当 HTTP 请求到达服务器时，它将被传送到 80 端口，HTTP 服务器进程接收到这个请求，将服务器的 Web 页面数据打包成回应报文，回应报文的源地址是 202.204.208.71，端口是 80，目的地址为 165.10.72.8，端口为 3456。这样两个进程就实现了信息交换。

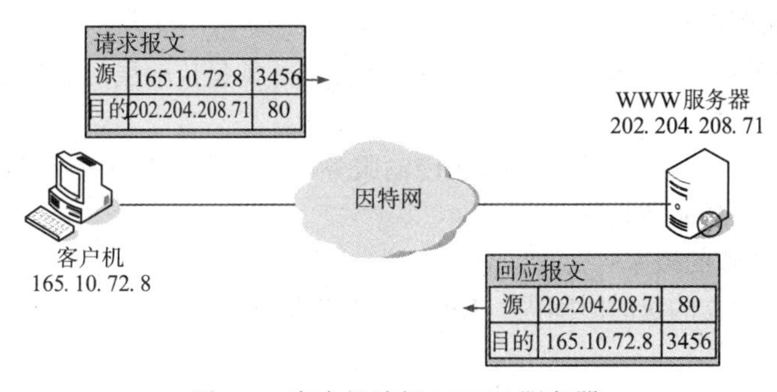

图 5-3　客户机访问 WWW 服务器

5.1.2　传输层的作用与功能

1. 传输层的作用

传输层为应用进程之间提供有效、可靠、保证质量的通信服务，而网络层是实现主机和主机之间逻辑通信。图 5-4 所示为传输层和网络层提供服务的作用范围的比较。

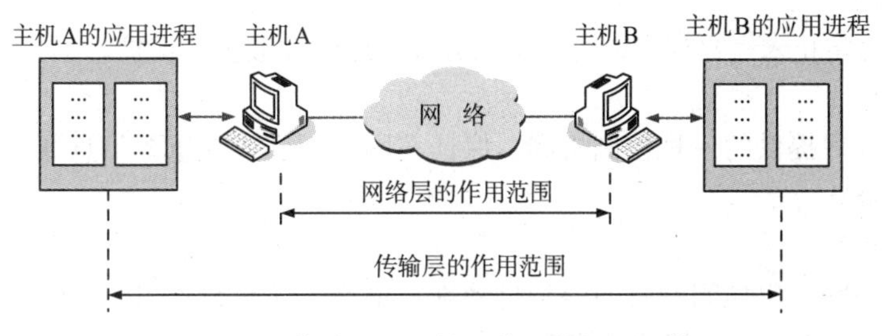

图 5-4　传输层和网络层作用范围的比较

2. 传输层的基本功能

由于历史的原因，计算机网络的发展在数据通信部分借助了电信部门的网络系统，使用电信部门网络系统要比自己建设通信子网要经济得多。所以一般来说计算机网络的通信子网就是公共数据交换网，公共数据网的品质好坏是用户和网络建设部门不能控制的，如果通信子网的服务不能满足用户的需求，传输层必须对通信子网的服务加以完善，通过执行传输层的协议，屏蔽通信子网在技术和设计上的差异和服务质量的不足，向上层提供一个标准的、完善的通信服务。

因为传输层可以起到隔离通信子网的技术差异性，如网络拓扑、通信协议的差异，改善传输可靠性的作用，所以应用层的网络应用程序可以不必担心不同的子网接口和不可靠的数据传输。

传输层的服务是通过两个实体的运输层执行相同的协议来实现的，传输层的协议和数据链路层的协议非常相似，要解决差错控制、流量控制和分组拆装等问题，在因特网中传输层有两个主要的协议，一个是面向连接的 TCP 协议，另一个是无连接的 UDP 协议。

3. 传输层提供的服务质量

在前面的讨论中谈到了传输层向高层用户屏蔽了下面通信子网的细节，使应用进程看见的好像在两个传输层实体之间有一条端到端的逻辑链路实现报文的传输。因为这条逻辑链路上使用的协议不同，对上层提供的服务品质（Quality of Service，QoS）是有差异的。当传输层使用 TCP 协议时，尽管下面的通信子网是不可靠的，其为上层提供的是一条全双工的可靠链路；当传输层使用无连接的 UDP 协议时，为上层提供的是不可靠的链路，这种“不可靠”可以理解为上层收到的数据不保证没有差错。

对于传输层，服务质量（QoS）是一个十分重要的概念。衡量传输层的服务质量的重要参数有：

（1）连接建立延时

针对面向连接服务，连接建立延时是从传输服务用户请求建立连接到收到连接确认所经历的时间，延时越短，服务品质越好。

（2）连接建立失败的概率

是指在最大连接建立的延时时间内，未能建立起连接的概率。造成连接失败的可能性很多，如网络拥塞等。

（3）吞吐量

吞吐量是指每秒传输的用户数据的字节数。

（4）传输延时

传输延时是从发送端发送用户报文到接收端接收到报文所经历的时间。

（5）残余误码率

残余误码率为测量丢失和乱序的报文数占整个报文的百分数。

（6）安全保护

安全保护是为防止未经授权和许可的第三方读取或修改数据的保护。

（7）优先级

优先级是为用户提供的一种控制机制，保证在网络拥塞或者重要信息通过等情况下，优先级高的优先享用服务。

（8）恢复功能

恢复功能是当网络出现问题时的一种自动恢复策略，该参数给出了传输层本身出现内部问题和拥塞的情况下自发终止连接的可能性。

在 QoS 指标中，有很多指标是底层网络技术决定的，传输层可以改善的是它的可靠性，如延时是通信子网的物理指标，通过传输层协议是无法改善的，可以改善的是连接建立失败的概率、残留误码率等可靠性指标。

4. 传输层的服务原语

传输层是用户可以直接调用完成网络服务的层次，传输层的服务原语是用户调用网络服务的方法；OSI 规范给出了 4 种 12 个原语，如表 5-3 所示。

表 5-3　传输服务原语

类　型	服 务 原 语
建立连接	T-CONNECT.request(called address;calling address;expedited data option;quality of service;data)
	T-CONNECT.indication(called address;calling address;expedited data option;quality of service;data)
	T-CONNECT.response(quality of service;responding address;expedited data option;data)
	T-CONNECT.confirm(quality of service;responding address;expedited data option;data)
释放连接	T-DISCONNECT.request(data)
	T-DISCONNECT.indication(disconnect reason;data)
面向连接的数据传送	T-DATA.request(data)
	T-DATA.indication(data)
	T-EXPEDITED-DATA.request(data)
	T-EXPEDITED-DATA.indication(data)
无连接的数据传输	T-UNITDATA.request(called address;calling address;quality of service;data)
	T-UNIEDATA.indication(called address;calling address;quality of service;data)

传输层面向连接的服务原语的实现过程如图 5-5 所示。

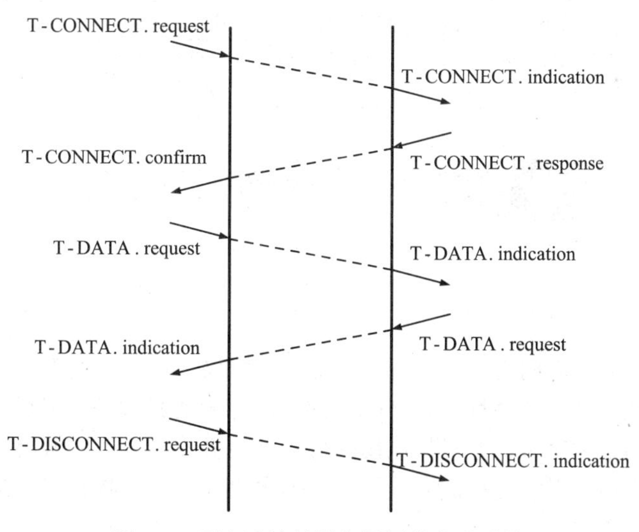

图 5-5　面向连接的服务原语的实现过程

5.1.3 TCP/IP 体系结构中的传输层

TCP/IP 的传输层有两个不同的协议，如图 5-6 所示：

① 传输控制协议（Transmission Control Protocol，TCP）。

② 用户数据报协议（User Datagram Protocol，UDP）。

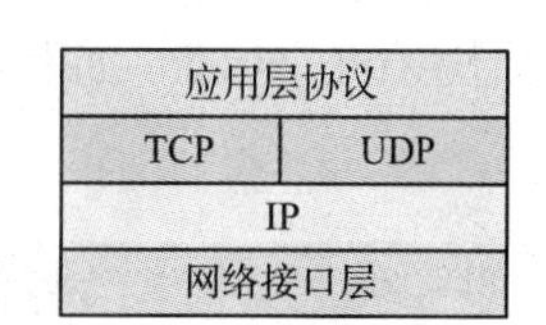

图 5-6　TCP/IP 体系结构中的传输层协议

TCP 协议是面向连接的，在数据传输前必须先建立连接，数据传送完成后要释放连接，TCP 不提供广播或多播服务。为了能够提供可靠的、面向连接的传输层服务，TCP 要有流量控制机制、确认机制、计时器和连接管理等功能，增加一些系统开销是不可避免的。

UDP 在数据传输前不必建立连接，目的主机收到 UDP 报文后，也不必给出确认，虽然 UDP 不提供可靠交付，但在某些条件下，UDP 的运行速度要比 TCP 的运行速度快约 40%，在网络状态好的系统中 UDP 是一种有效的工作方式。

在传输层还有一个协议 SCTP，这里不做介绍，后面的两节将对 TCP 和 UDP 协议进行较为详细的讨论，表 5-4 是对 TCP 和 UDP 进行简要的比较。

表 5-4　TCP 与 UDP 的简要比较

特　征	UDP	TCP
一般描述	简单、高速、功能简单的包装协议，只负责将应用层和网络层连接在一起	保证应用层数据的可靠发送，不必担心网络不可靠
协议连接设置	无连接，直接发送数据	面向连接，发送数据之前必须建立连接
到应用层的数据接口	基于报文，将数据封装在包中发送	基于流，不用特定的结构发送数据
可靠性和确认	无可靠性，无确认的尽最大努力交付	可靠报文交付，所有数据都要被确认
重传	无，如果需要由应用层完成	自动重传丢失数据
数据流管理特性	无	使用滑动窗口管理流控制；用窗口大小进行调节；有拥塞避免方法
开销	很低	和 UDP 相比开销较高
传输速率	很高	高，但没有 UDP 高
数据量的适应性	少量到中等的数据量（最多几百字节）	少量到大量的数据（最多可以达到几吉字节）
适用范围	适合数据交付速率高于数据完整性的应用、发送数据量较小的应用、使用多播和广播的应用	适合要求发送的数据必须可靠地交付到接收端的应用
适用的上层协议	多媒体应用、DNS、BOOTP、DHCP、TFTP、SNMP、RIP	FTP、TELNET、SMTP、DNS、HTTP、POP、IMAP、BGP、IRC

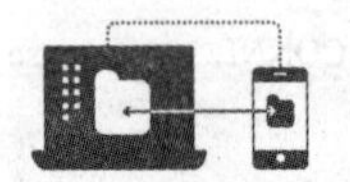

5.2　传输控制协议

5.2.1　TCP 概述

传输控制协议是一种面向连接的、可靠的传输层协议。TCP 中包含大量的机制确保能够可靠地将数据从源地址传到目的地址，TCP 的关键操作有滑动窗口确认机制，该机制使主机记录自己已经发送出去的数据字节，并对从连接的另一台主机收到的数据做出接收确认，未被确认的数据最终会自动重传，滑动窗口的参数可以根据主机和连接的状态需要自行调节。在主机之间提供缓冲和流控制能力。

TCP 的定义标准是 RFC793，但在 RFC793 中没有囊括所有的 TCP 操作的细节，所以在 RFC793 之后还有几个标准，如表 5-5 所示。

表 5-5　TCP 的补充标准

RFC 文档	名　称	描　述
RFC813	TCP 的窗口和确认策略	TCP 的滑动窗口确认系统，说明了其中可能发生的某些问题，提出了纠正这些问题的方法

续表

RFC 文档	名　称	描　述
RFC879	TCP 最大段长度及相关专题	研究控制 TCP 报文长度的最大段长度（MSS），并将这一参数和 IP 数据报长度联系起来
RFC896	IP/TCP 互联网中的拥塞控制	讨论了拥塞问题以及如何利用 TCP 来处理拥塞
RFC1122	因特网主机要求——通信各层	介绍了如何在主机上实现 TCP 的重要细节
RFC1146	TCP 候选检验和选项	制定了一种使 TCP 设备使用候选检验和生成的方法的机制
RFC1323	高性能的 TCP 扩展	为高速链路和新的 TCP 选项定义的 TCP 扩展
RFC2018	TCP 选择性确认机制	TCP 的增强功能，允许 TCP 设备选择性地指定具体的段进行重传
RFC2581	TCP 的拥塞控制	介绍了 4 种拥塞控制方法：慢启动、拥塞避免、快速重传和快速恢复
RFC2988	计算 TCP 重传定时器	讨论了与 TCP 重传定时器相关的一些问题，重传定时器决定了一台设备在重传已发送数据之前须等待的时间

5.2.2　TCP 的连接

TCP 实现的是两个端点的连接，在计算机网络中表示端点的是套接字（Socket），也称插口，RFC793 中定义套接字是由端口号拼接到 IP 地址构成的。套接字的表示方法是在点分十进制的 IP 地址后面写上端口号，中间用冒号或逗号分开。例如主机 202.204.208.71，端口号为 80 的套接字表示为 (202.204.208.71:80)，所以套接字的定义为

Socket：：=(IP 地址：端口号)

每一条 TCP 的连接链路由两个端点组成的，因此 TCP 连接定义为

TCP 连接：：={socket1，socket2}：：={(IP1: 端口 1), (IP2：端口 2)}

IP1 和端口 1 是主机 1 的 IP 地址和端口号，IP2 和端口 2 是主机 2 的 IP 地址和端口号，TCP 的连接是由这两个套接字构成的，也就是说是在两个应用进程之间建立了一条 TCP 连接，同一个主机可以同时有多个不同的 TCP 连接，在不同的主机上也可以出现相同的端口号。

5.2.3　TCP 的功能和特点

1. TCP 协议的功能

（1）寻址和复用

有很多的高层应用协议在使用 TCP，对这些不同的应用进程产生的数据，在传输层进行复用，以便能够使用下面的网络层协议将它们发送出去，利用 TCP 端口来标识这些高层应用进程。到达目的主机后再将它们分用到相应的应用进程，如图 5-7 所示。

（2）创建和管理和释放连接

主机通过协商建立一条 TCP 连接的逻辑链路，数据可以通过该逻辑链路传输数据，并且管理和处理连接中可能出现问题的方法，当主机用完一条 TCP 连接后释放该链路。

（3）处理并打包数据

在 TCP 中定义了一种机制，应用程序可以从高层发送数据给 TCP，TCP 封装成报文传给目的 TCP 的软件，目的软件将报文解包，并上交给目的主机的应用程序。

（4）传输数据

发送方主机负责将封装好的数据包转交给另一台主机的 TCP 进程，遵循分层的原则，实际上是将数据包交给下面的网络层协议，完成传输任务的。

（5）提供可靠性和传输服务质量

通过滑动窗口确认等机制保证了可靠传输服务质量的传输服务，对应用程序不必担心数据

在传输过程中会产生错误。

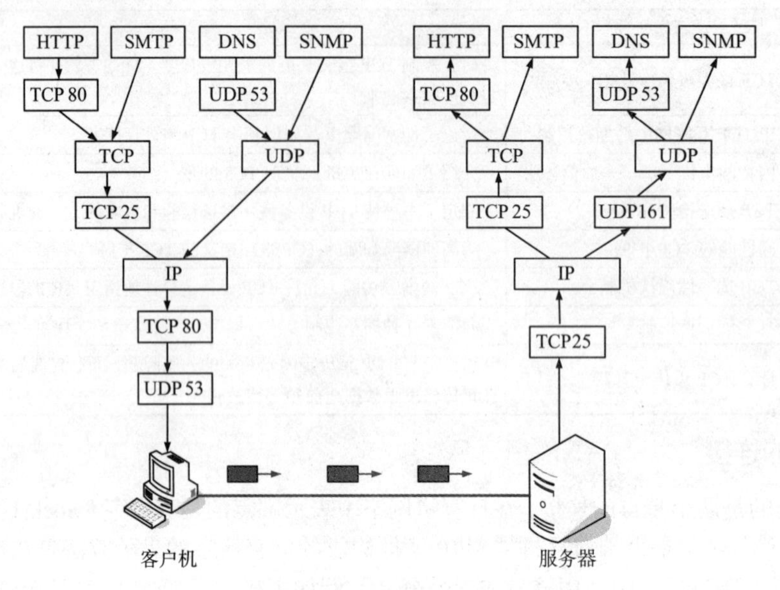

图 5-7 TCP/UDP 端口的复用和分用

（6）提供流控制和避免拥塞

TCP 允许在两台主机之间的数据流加以控制和管理，提供拥塞避免的方法。

2. TCP 协议的特点

（1）面向连接

在数据流传输之前，源进程和目的进程必须建立一条逻辑链路，一旦连接建立，两个进程之间就可以发送和接收数据，面向连接是保证数据可靠传输的重要手段。

（2）全双工通信

不管是哪方先发起的连接，连接一经建立，在 TCP 的链路上就可以双向传输数据。

（3）高可靠性

基于 TCP 的通信被认为是可靠的，因为 TCP 对已发送和接收的数据进行跟踪记录以确保所有数据均能到达自己的目的地。

TCP 保证高可靠性的主要方法是确认和超时重传，TCP 的协议数据单元是报文段，TCP 的首部设定检验和，目的是检测数据在传输过程中是否出现错误，发送方发出一个报文段后，启动一个计时器；当接收端收到报文段后，先进行检测，如果报文段正确就发送确认报文。如果在规定的时间发送方未收到确认报文，就重传该报文。

（4）支持多点连接和端口标识

在两台主机中使用套接字来标识 TCP 的连接端点，这样每台主机可以能够同时连接一台或多台主机的 TCP 连接链路，每条链路是相互独立的，不会产生冲突。

（5）支持流传输

TCP 运行应用程序向自己发送连续的数据流，不必费心把这个数据流划分成一个个小的传输单元，通过 TCP 的连接链路，可以保证数据流从一端“流”到另一端，并且不区分数据流是二进制、ASCII 字符还是 EBCDIC 字符，对流的解释有双方的应用程序负责。

（6）提供流量控制和拥塞控制

TCP 采用大小可变的滑动窗口进行流量控制。TCP 还给出了慢开始、拥塞避免、快重传和快恢复 4 种算法进行拥塞控制。

5.2.4　TCP 报文

TCP 的数据传输单元是报文段（Segment），每一个 TCP 报文段由 TCP 首部和数据部分组成。

TCP 报文段的首部有以下几种用途：

① 进程寻址。利用端口号来标识源主机和目的主机上的进程。

② 实现滑动窗口。利用序列号、确认编号和窗口长度字段实现滑动窗口的技术。

③ 设置控制比特和字段。通过特殊比特实现各种控制功能。

④ 其他功能。通过检验和字段实现数据保护，通过其他选项完成连接设置等。

TCP 报文段的首部长度为 20~60 B，前 20 B 是固定的，后 40 B 是选项部分。图 5-8 给出了 TCP 报文段的格式。

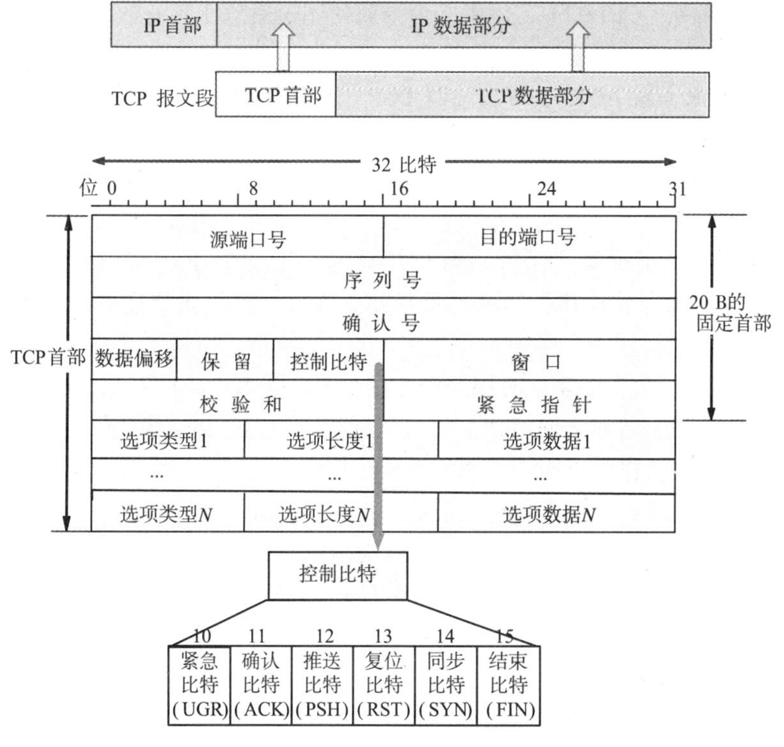

图 5-8　TCP 报文段的格式

① 源端口号。占 2 个字节，这是在源主机上发出本 TCP 报文段的进程的 16 比特端口号，在通常情况下，对于客户机向服务器发送的请求来说，这是一个临时的端口号，对以服务器向客户机发送回应的报文段来说是熟知或注册的端口号。

② 目的端口号。占 2 个字节，是 TCP 报文段要到达的目的端口号。对于客户机向服务器发送的请求来说，这是一个熟知或注册的端口号，对以服务器向客户机发送回应的报文段来说是临时的端口号。

③ 序列号。序列号的长度为 32 位，由于 TCP 协议是面向数据流的，它所传送的报文段可以看成连续的数据流，因此需要给发送的每个字节一个编号，该字段放的是 TCP 报文的第一个字节的序列号，当客户机发送连接请求的时候，为自己选定一个初始序列号，放在连接请求报文段（也称 SYN 报文）中。

④ 确认号。长度为32位，表示接收端希望接收的下一个TCP报文段的第1个字节的序列号，ACK字段置为1时，本字段才表示确认。

⑤ 数据偏移。长度为4位，该字段详细说明了报文段的数据部分距离TCP首部的位置，相当于指明了TCP首部含有多少个32比特的数据，在字段的值乘以4就是首部的字节数，之所以被称为数据偏移就是因为它指明了数据的起点距TCP报文段开头偏移了多少个32比特。

⑥ 保留。占6位，留给将来使用，发送时置为0。

⑦ 控制比特。占6位，TCP不为控制报文使用单独的格式，通过控制比特来设定控制信息的传递。

a. 紧急比特UGR。当UGR=1时，表明紧急指针字段有效。它告诉系统此报文中有紧急数据（相当于有高优先级的数据），应尽快传送，不要按原来的顺序来传送。例如要发送一个很长的程序在远端执行，在此过程中发现了错误，要停止该程序的执行，于是采用中断命令（Ctrl+C），该中断命令就使用了紧急比特有效，通知远端应用程序终止运行。

b. 确认比特ACK。当ACK=1时，说明TCP报文段携带了一个确认信息，确认号字段值就是期望下一个报文段的序列号。如果ACK=0，确认号字段值无效。

c. 推送比特PSH。报文段将PSH字段的值置为1，请求立即将报文段中的数据推送到主机的应用程序，而不是等到整个缓存填满后再上交到应用程序。

d. 复位比特RST。也称重置比特。当RST=1时，表明TCP连接出现严重的差错（如主机崩溃），必须释放连接，然后再重新建立连接。复位比特还可以用来拒绝一个非法的报文段或拒绝打开一个连接。

e. 同步比特SYN。在连接建立时用来同步序列号，当SYN=1且ACK=0时，表示是一个连接请求报文段。若对方同意建立连接，则相应的回应报文段为SYN=1且ACK=1。

f. 结束比特FIN。也称终止比特。用来释放连接，当FIN=1，表明此报文段的发送方数据已经发送完毕，请求释放该方向的连接。

⑧ 窗口。占2个字节，该字段表明发送方愿意从接收方一次接收多少个8比特数据，通常为分配给该条链路用以接收数据的缓冲区的当前大小。同时也是接收主机的发送窗口大小。

⑨ 校验和。占2个字节，检验和字段的检验范围包括首部和数据两个部分，在计算校验和时要加上12个字节的伪首部。

TCP的伪首部信息取自IP首部和TCP报文段，用于计算校验和的伪首部内容如图5-9所示。

源地址：占4个字节，取自IP首部，是IP数据报的发送方的IP地址。

目的地址：占4个字节，取自IP首部，是IP数据报的接收方的IP地址。

保留：占1个字节，由8个比特的0组成。

协议：占1个字节，指明IP数据报所携带数据的高层协议，在此很明确，该高层协议为TCP，所以该字段的值为6。

TCP报文段的长度：包括首部和数据部分的长度。

在计算校验和时，校验和的初始值为0，以16字节为单位将伪首部和TCP首部、TCP数据部分进行逐位叠加，按二进制反码运算求和，得到的16位的二进制数求反就是校验和的值，伪首部在计算完校验和之后就被丢弃，在接收端，也用加入伪首部的方法进行校验。图5-10给出了校验和的计算范围。

⑩ 紧急指针。占2个字节长度，当URG=1时，该字段才有效，该字段的值为紧急数据最后一个字节的偏移量。例如一个报文段中包含400个字节的紧急数据，且后面还有200字节的

常规数据，则 URG=1, 紧急指针字段的值为 400。

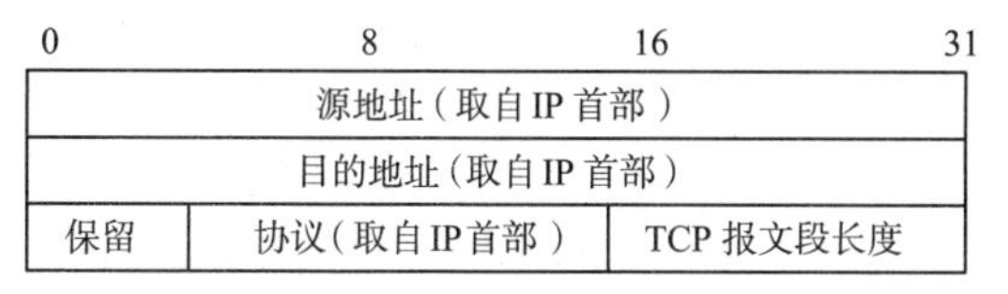

图 5-9　用于计算校验和的伪首部信息

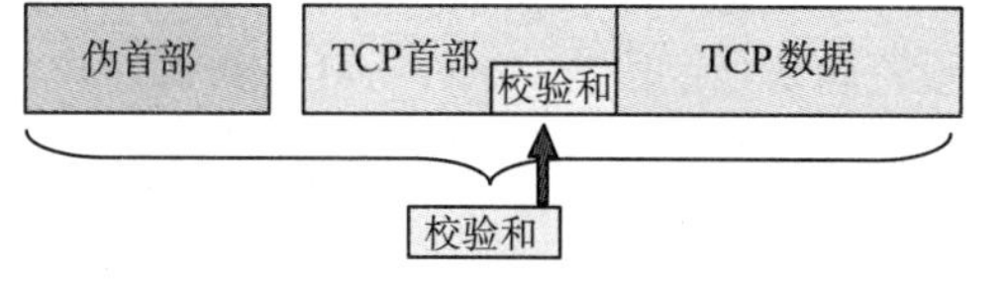

图 5-10　校验和的计算范围

⑪ 选项。长度可变，选项包括两大类：单字节选项和多字节选项，单字节选项有选项结束（类型 0）和无操作（类型 1）；多字节选项有最大报文段长度（类型 2）、窗口扩展（类型 3）、选择性确认的数据块（类型 5）、替换校验和（类型 15）等。

最早出现的选项就是最大报文段长度 MSS(RFC879)，然后又陆续增加了窗口扩大选项、时间戳选项（RFC1323）以及选择确认选项（RFC2018），这里简述最大报文段长度选项。

最大报文段长度（MSS）是指一个 TCP 报文能够持有的最大数据量，不包括首部，如 MSS=100，如果是固定长度的首部，那么 TCP 报文段的长度就是 120。如果设置 MSS 过大，在网络层的 IP 数据报可能要遭遇分片的问题，如果 MSS 设置得太小，使每个数据报携带的数据量减少，增大了网络的开销，为了解决这个问题，TCP 建立了一个尽可能大的默认 MSS，这个值的设定参考了 IP 网络的最小 MTU 为 576 字节，减去 TCP 首部的 20 个字节和 IP 首部的 20 个字节，还剩 536 字节，这就是 TCP 的标准 MSS。

⑫ 填充。当选项字段不是 32 比特的整数倍时，在首部的填充字段填充足够多的 0，使其成为 32 的整数倍。

⑬ 数据。可变长，是 TCP 报文段要发送的数据。

5.2.5　TCP 的连接管理

TCP 是面向连接的协议，在传送 TCP 报文段之前，必须先建立 TCP 的连接，数据传输完毕后要进行链路的释放。

下面就讨论如何建立和释放 TCP 的连接。

1. TCP 连接的建立

假设一台客户机的一个进程要和一台服务器的进程建立连接，客户机的应用进程首先通知客户机的 TCP，它要和服务器的某个进程建立连接。客户机的 TCP 会通过以下三步完成 TCP 的连接建立过程。

① 客户机的 TCP 向服务器的 TCP 发送一个 TCP 报文，这个报文数据部分不包含应用层数据，在报文的首部中的 SYN 标识位为 1，所以这个报文也称 SYN 报文段，另外客户机会产生一个随机选择的起始序列号 client_n，该 client_n 放置在 SYN 报文的序列号字段，该 SYN 报文段说明了："我的序列号为 client_n，希望建立和你的 TCP 连接"，SYN 报文被封装在 IP 数据报中传送给服务器。

② TCP 的 SYN 报文到达服务器后，服务器会从 IP 数据报的数据部分取出 TCP 的 SYN 报文段，为该 TCP 连接分配一个 TCP 连接的缓存和变量，并向客户机的 TCP 发送允许连接的报文段，该报文段的数据部分也不包含应用层数据，却包含 3 个重要的信息，一个是 SYN 字段为 1，另一个是首部的确认号字段为 client_n+1，再一个是服务器选择一个初始序列号 server_n 放在该 TCP 报文段的序列号字段。这个允许连接的报文段说明了："我收到你的连接请求，我同意和你建立连接，希望下次收到你的 client_n+1 报文段，我的序列号为 server_n，希望建立和你的另一方向的 TCP 连接"。这个 TCP 报文段也称 SYNACK 报文段。

③ 客户机一旦收到 SYNACK 报文段，客户机也要为该连接分配缓存和变量；客户机还要向服务器发送一个报文段，对服务器发来的另一个方向的连接表示确认，在这个确认的报文段中设置确认号字段为 server_n+1，SYN 字段置为 0。

通过以上三步，就建立起客户机和服务器之间的 TCP 连接，这个连接是全双工的。为了建立这个连接，在客户机和服务器之间发送了 3 个分组，所以该连接的建立过程也称三次握手，三次握手的过程可以参见图 5-11。

为什么要采用三次握手而不是两次握手呢？主要是为了防止已经失效的报文段又传到服务器。正常情况下，客户端发送 TCP 连接请求，服务器接收该连接请求并确认，TCP 连接建立，如果发送的请求连接报文段丢失后，客户机在超时后，重新发送一次连接的请求 SYN 报文段，假设在异常情况下，连接请求报文段没有丢失，而是在网络上有一个较长时间的滞留，当客户机在超时后又重新发送了一个请求连接的报文段，那么之前延误的请求报文段就是一个已经失效的报文段，服务器再收到请求连接的 TCP 报文段，以为是一个新的连接请求，予以确认后，如果两次握手后 TCP 连接就建立，这时又建立了一个 TCP 的连接，等待客户机的数据传输，显然造成了资源的浪费。采用三次握手就解决了上述问题，当失效的请求报文到达服务器，服务器确认该连接报文段到达客户机后，客户机不会对服务器的确认报文予以确认，服务器由于收不到确认报文，等待一定的时间后，服务器就知道该连接不能建立。

以上探讨了正常情况下 TCP 连接建立的过程，如果服务器不想建立 TCP 连接的情况又如何？下面举例来说明：

假设客户机希望和某个特定的服务器的 80 端口建立 TCP 连接，我们知道 80 的端口对应的是 WWW 服务，而该服务器没有在 80 端口提供 WWW 服务，所以请求连接报文段中的 IP 地址、端口和服务器的套接字对不上，这样端口 80 不接受这个连接，服务器向源发送主机发送一个重置报文段，该报文段的 RST 字段为 1，在网络层介绍过 ICMP，其实服务器要发回的报文就是目的端口不可达差错报告报文。

2. TCP 连接的释放

当数据传输完毕，TCP 连接的两个应用进程中的任何一个都能提出终止连接的请求，连接释放后，客户机和服务器的资源（包括缓存和变量）得到释放。整个释放的过程有 4 步：

第一步，客户机向服务器发送一个释放请求报文段，也称 FIN 报文段，其中 FIN 字段为 1，序列号 client_x 是最后一个数据报文段序列号 +1 的值，放置在该报文段的序列号字段，该报文段的数据部分不包含应用程序的数据。该报文段的含义是客户机请求和服务器断开 TCP 的连接。

第二步，服务器收到 FIN 报文段后通知上面的应用进程，并发送确认报文段允许该方向 TCP 连接的释放，该确认报文段的 ACK 字段为 1，确认号字段的值为 client_x+1，序列号为 client_y。

至此，从客户机到服务器方向的 TCP 连接就释放了，等待某一时刻完成第三步和第四步就可以释放从服务器到客户机的 TCP 连接。

第三步，服务器向客户机发送请求释放的 TCP 报文段，其中 FIN 字段为 1，序列号字段为 server_z，数据部分不携带数据。说明服务器请求释放和客户机的 TCP 连接。

第四步，客户机给服务器一个确认该方向连接释放的报文段，其中 ACK 字段置为 1，确认号为 server_z+1。等待一个固定的时间，真正关闭 TCP 的连接。

经过以上 4 步，TCP 连接的双向的链路就被释放，释放过程如图 5-12 所示。

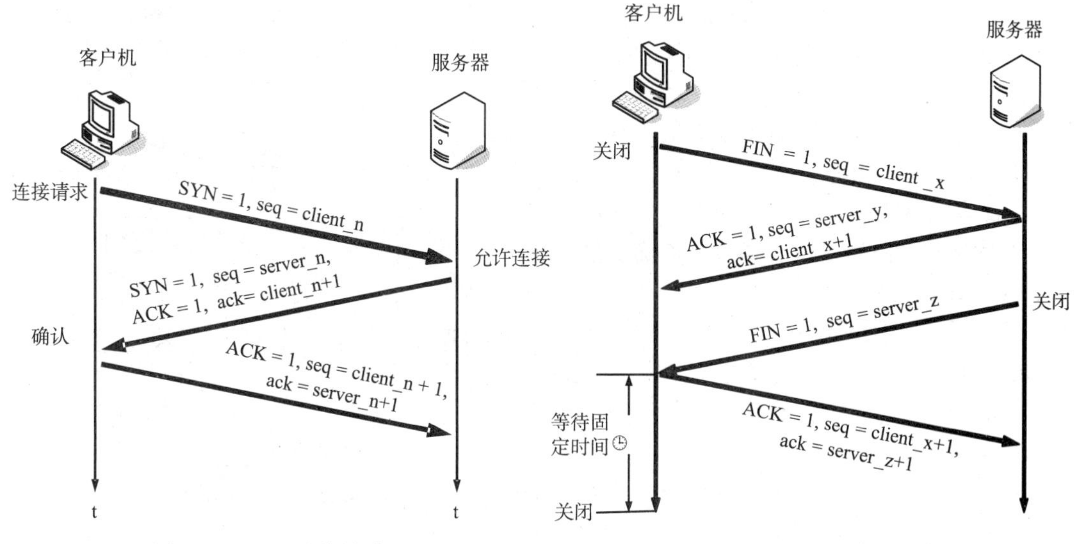

图 5-11　TCP 连接的建立　　　　图 5-12　TCP 连接的释放

3. 主机的 TCP 状态变化

在一个 TCP 连接的生命周期中，客户机和服务器拥有各种不同的 TCP 状态。图 5-13 是客户机经历的一系列典型的 TCP 状态。

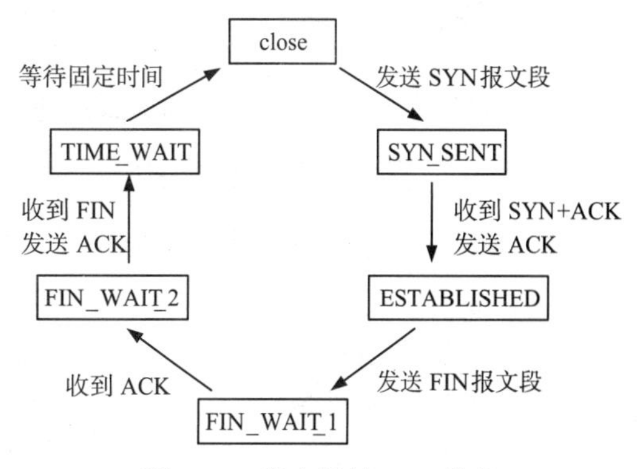

图 5-13　客户机的 TCP 状态

客户机 TCP 开始时处于 CLOSED（关闭）状态，当客户机的应用程序要启动一个 TCP 的连接时，客户机的 TCP 向服务器的 TCP 发送一个 SYN 报文段，客户机的 TCP 进入 SYN_SENT（同步发送）状态，等待服务器的 TCP 对客户机发送 SYN=1 的确认报文段。当收到一个服务器发过来的确认报文段后，发送 SYN=0 对服务器 TCP 确认的确认报文段，此时客户机的 TCP 进入 ESTABLISHED（已建立）状态。

假设客户机的应用程序希望关闭该 TCP 的连接，客户机的 TCP 发送一个 FIN=1 的 TCP 报文段，进入 FIN_WAIT_1（释放等待 1）的状态，此时若收到服务器发来的确认释放的 TCP 报文段，客户机进入 FIN_WAIT_2（释放等待 2）的状态。客户机等待来自服务器的 FIN 报文段，收到服务器的 FIN 报文段后，客户机 TCP 对服务器的报文段进行确认，进入 TIME_WAIT（时间等待）状态。等待一个固定时间 2MSL，MSL 称为最大报文段寿命，RFC793 建议为 2 分钟，这样这个等待时间就是 4 分钟，等待的时间显然有点长，所以 TCP 允许不同的实现可以根据具体的情况选用较小一点的 MSL 值，因此固定时间的长短和具体的实现有关，有可能是 30 s，也可能是 1 min 或 2 min。之后连接正式关闭，客户端所有的 TCP 连接资源被释放。

为什么要等待 2MSL 的时间后才释放 TCP 的连接呢？原因有两个：

一个是为了使客户机的 ACK 报文段能够到达服务器。假设客户机在 FIN_WAIT_2 状态后发送的 ACK 报文段丢失，服务器就不会收到对 FIN+ACK 报文段的确认，当 FIN+ACK 的报文段计时器超时后，服务器会重新发送 FIN+ACK 报文段，这时如果没有等待 2MSL 的时间，客户机就不会收到 FIN+ACK 的报文段，同样也不会发送对该报文段的确认报文段，客户机是处于关闭状态，而服务器则处于无法关闭的状态。

另一个是防止出现已失效的连接请求报文段出现在TCP连接中。就是说客户机在发送完最后一个ACK报文段后，经过2MSL的时间后，将本次连接产生的所有报文段都会从网络上消失，保证下一次连接中不会出现以前连接请求产生的报文段。

图5-14说明了服务器TCP状态的正常变迁，其中连接建立之初，服务器应用程序创建一个监听套接字，被动地等待客户机的连接请求，收到客户机发来的SYN报文段后发送SYN+ACK确认报文段，进入SYN_RCVD（同步收到）状态，收到客户机的ACK确认后，连接就建立了，服务器的TCP进入ESTABLISHED（连接建立）状态。数据传输完毕后，双方均可以释放连接，假设客户机先向服务器发出释放连接的请求，服务器收到客户机的FIN报文段后，发送ACK报文段，TCP此时的状态为CLOSE_WAIT(释放等待)状态，通知主机应用程序，这样从客户机到服务器方向的TCP连接就被释放，客户机就不能向服务器方向发送数据，但是服务器还是可以向客户机发送数据的。若服务器没有数据要发送给客户机，应用程序就通知释放TCP连接，向客户机发送FIN报文段，进入LAST_ACL（最后确认）状态，等待客户机的确认信息，当收到客户机的ACK之后，最后进入CLOSE（关闭）状态，回收所有资源。

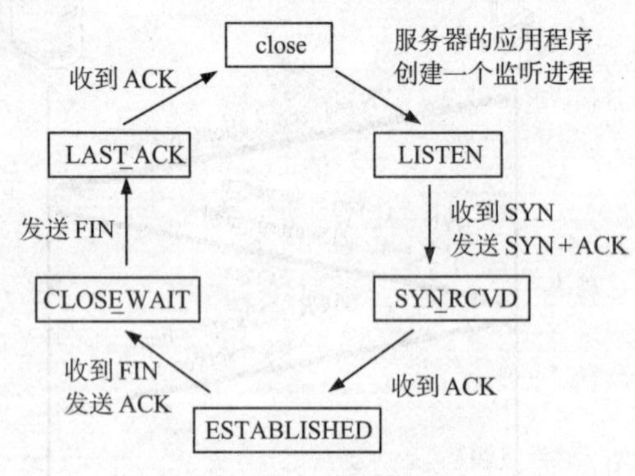

图5-14 服务器的TCP状态

5.2.6 TCP可靠传输的工作原理

1. 实现可靠传输的停止等待协议

TCP报文段交给IP层来传输，而IP层服务是不可靠的，IP不保证数据的可靠交付，不保证数据报的按序交付，也不保证数据报数据的完整性，IP层的服务是一种尽最大努力的服务。

TCP在IP的不可靠的尽力而为服务的基础上，如何保障数据的可靠传输？理想状态是传输信道不产生差错，接收方有足够的资源处理收到的数据，这种理想的条件在实际传输网络中是不可能存在的，但是我们可以使用可靠传输协议，如果数据出现差错，就让发送方重新发送出错的报文段，如果接收方来不及处理收到的报文段，就告诉发送方降低发送速率。下面我们探讨一下提供可靠服务的传输协议。

首先了解一下最简单停止等待协议。停止等待协议的基本原理是每发送完一个报文段就停止发送，等待接收方的确认报文段，在收到确认报文段后再发送下一个报文段。为了方便讨论我们设主机H_1为发送方，主机H_2为接收方，TCP连接已经建立，在TCP连接上传送报文段，下面分几种情况讨论停止等待协议的工作过程。

（1）无差错的情况

图5-15（a）给出了停止等待协议的工作过程。H_1发送一个报文段M_1给H_2，暂停发送等待H_2的确认，H_2收到M_1后向H_1发送确认报文段，H_1在收到对M_1的确认后，才能发送M_2报文段，同理在收到对M_2的确认后才能发送M_3。

（2）报文段出现差错的情况

图5-15（b）所示是报文段出现差错的情况，H_2收到M_1后检测出差错，则丢弃M_1，H_1主机在一定的时间范围内未收到对M_1的确认报文段，就认为前面发送的报文段丢失，于是就重传M_1报文段，这称为超时重传。为了实现超时重传，每发送一个报文段就启用一个计时器，如果在规定的时间内收到了确认报文段，就撤销设置的超时计时器，如果在固定的时间没有收到确

认报文段，就启用超时重传。如果 M_1 报文段丢失，也可以使用超时重传的方法。

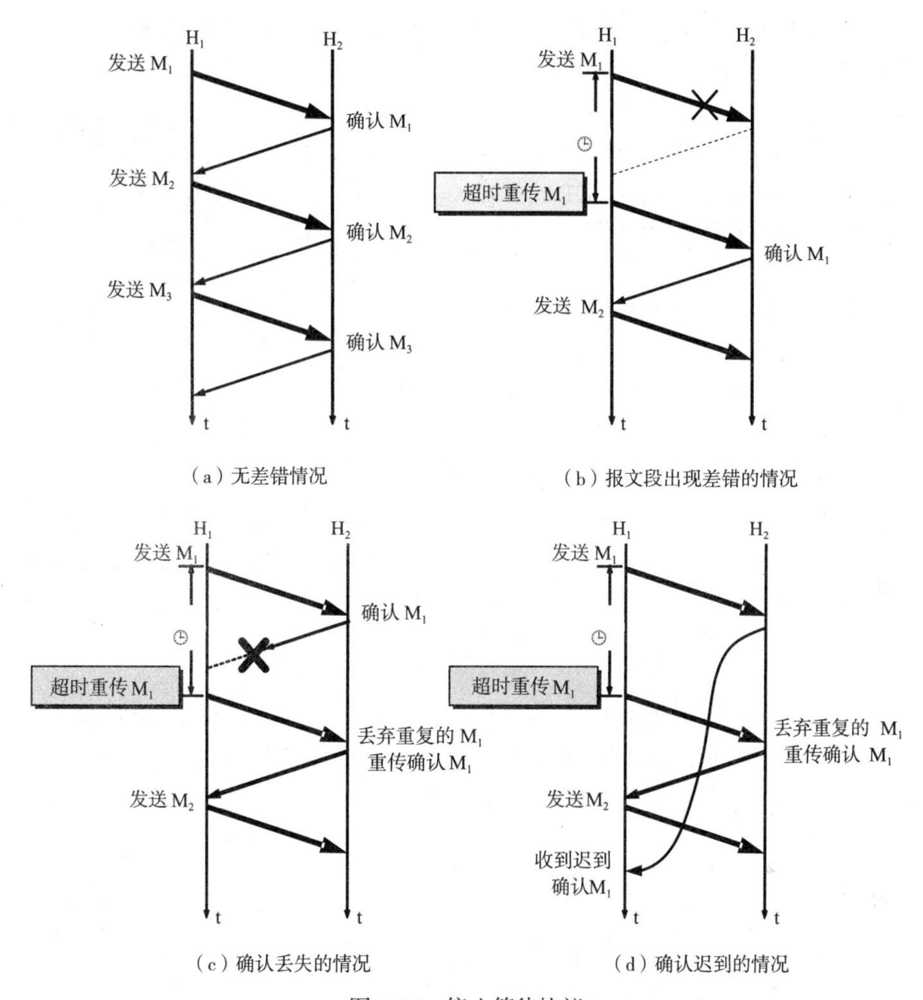

（a）无差错情况　（b）报文段出现差错的情况

（c）确认丢失的情况　（d）确认迟到的情况

图 5-15　停止等待协议

在实现超时重传的过程中，每发送一个报文段后，必须暂时保留已发送的报文段的副本，为超时后重传做准备；另外还要对每个发送的报文段设定序列号，否则就无法知道是对哪个报文段进行的确认。再者超时计时器的设置的时间应该比数据报在两个主机之间的平均往返时间更长一些，如果重传时间设置的过长，信道的利用率降低，如果重传时间设置得太短，往往会产生不必要的重传，网络资源被浪费。超时重传时间的设定是一个比较复杂的问题，在后面的章节再详细讨论。

（3）确认报文丢失的情况

图 5-15（c）所示是确认丢失的情况，当 H_2 收到 M_1 后向 H_1 发送对 M_1 的确认，但在传输过程中确认报文段被丢失了，H_1 在规定的时间内没有收到确认信息，采用超时重传机制再次发送 M_1 报文段，接收端会收到两次 M_1 的报文段，H_2 的操作是丢弃重复的 M_1，再次向 H_1 发送对 M_1 的确认。

（4）确认报文迟到的情况

图 5-15（d）所示是确认报文段迟到的情况，H_1 会收到重发的确认报文段，对于重复的确认报文段予以丢弃，主机 H_2 也会收到同样的 M_1 报文段，对于重复的报文段也采用丢弃的方法，

并重传对 M_1 的确认报文段。

通过以上确认和重传机制，就可以在不可靠的网络上实现可靠的数据传输。

2. 停止等待协议的信道利用率问题

对于高速网络环境下，停止等待协议对信道的利用率实在太低，下面通过一个例子来评估一下停止等待协议的性能，有两台主机系统利用光缆连接，光速的往返传播时延 RTT 大约为 40 ms，信道的传输速率 R=1 Gbit/s，现在有一个分组长度为 L=1000 字节要传输到目的主机，如图 5-16 所示。

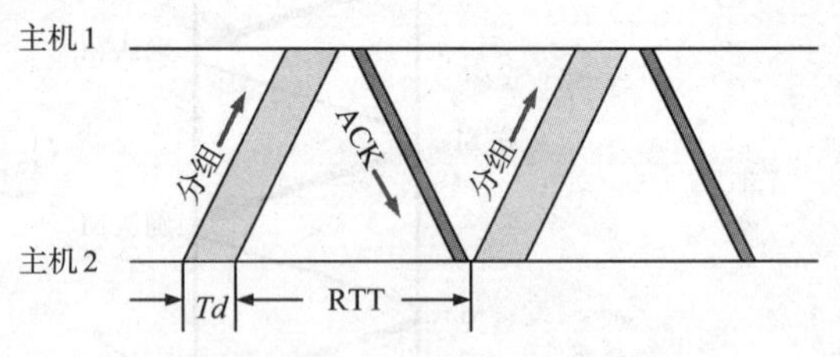

图 5-16 评估停止等待协议信道的利用率

在 1 Gbit/s 的链路上发送一个分组所需要的时间是

$$T_d = \frac{L}{R} = \frac{1000 \times 8}{10^9} = 8\ \mu\text{s}$$

经过 20 ms 之后到达目的主机，为了简化起见，假设 ACK 分组很小，暂不计算它的发送时延，接收方在接收到分组的最后一个字符后就发送 ACK，ACK 在 t=RTT+L/R=40.008 ms 到达发送方，发送方信道的利用率为发送方发送分组的时间与发送时间之比，那么发送方信道的利用率 U：

$$U = \frac{L/R}{\text{RTT} + L/R} = \frac{0.008}{40.008} = 1.9996 \times 10^{-4} = 0.02\%$$

就是说在 40.008 ms 的时间内只能发送 1 000 个字节，其有效吞吐量为 200 kbit/s，即使有 1 Gbit/s 的链路，但是这种协议的信道只能得到 200 kbit/s 的吞吐量，这还不包括发送方和接收方底层协议的处理时间，以及网络中路由器等设备的处理时延和排队时延，可见其性能实在是太低了。

为了解决这个问题，发送方可以不使用停止等待协议，允许发送方发送多个分组而无须等待确认，如图 5-17 所示，发送 5 个分组之后，再等待确认，其利用率就是原来的 5 倍。由于从发送方向接收方发送多个分组像流水线一样在信道中传输，所以这种技术被称为流水线。对于在流水线出现差错，其恢复的方法有两种一种是回退 N 步 (Go-Back-N)，另一种是选择重传，下面章节将讨论 Go-Back-N 协议和选择重传协议。

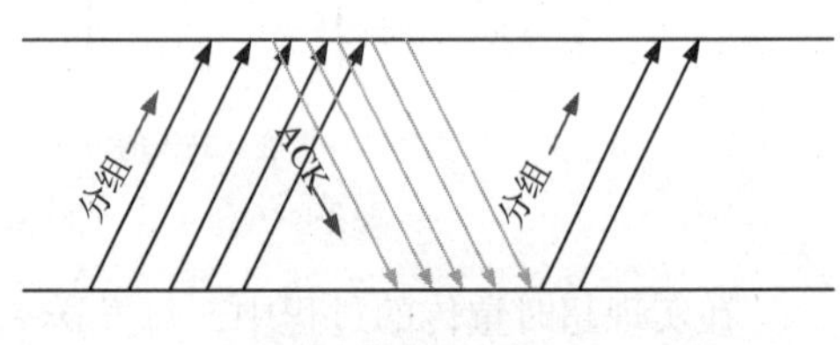

图 5-17 流水线传输

5.2.7 TCP 的传输控制

在 5.2.6 节中介绍了实现可靠传输的等待协议，为了提高信道的利用率，使用了流水线的技术，这里我们通过 Go-Back-N 方法和选择确认 SACK 来探讨 TCP 的传输控制。

1. Go-Back-N 方法

在实现 TCP 的可靠传输中用到了滑动窗口的技术，这是 TCP 协议的精髓所在，在发送端有一个发送窗口，它作用是：位于发送窗口中的分组可以连续发送出去，无须等待确认，发送出去的分组数据，在没有收到确认前暂存在缓存中，以便在超时重传时使用，发送窗口中的序号，表示可以发送的字节序号，窗口越大，传输效率越高，发送窗口后沿外面的部分为已经发送并且得到确认的部分，发送窗口的前沿外面的数据是不允许发送的数据，只有收到了对已发送数据的确认，发送窗口才能向前移动；在接收端有一个接收窗口，接收窗口的意义是位于接收窗口的分组是允许接收的，而不在接收窗口的分组是不能被接收的，只有按序收到了正确的分组交付到主机，接收端才能删除这些数据，接收窗口才能向前移动。为了便于理解滑动窗口的技术，图 5-18 给出了发送窗口和接收窗口的示意图。

图 5-18（a）中序号 1 ~ 5 的数据是发送出去的并且已经收到了确认的数据，发送窗口的大小为 10，序号 6 ~ 9 是已经发送出去但未收到确认的数据，序号 10 ~ 15 是允许发送的数据，16 以后的数据是不允许发送的。

图 5-18（b）中接收端的序号 1 ~ 5 是交付给了主机，并且已经向发送端发送了确认的，在接收窗口中序号 6 是允许接收但未收到的数据，而序号 7 和 8 是先于 6 到达的数据，9 ~ 15 是允许接收的数据序号，16 以后的序号数据是不允许接收的。假定现在收到了序号为 6 的数据，确定序号 6 的数据正确无误后将收到的 6、7、8 的数据交付给主机，从接收窗口中删除这些数据，接着把接收窗口向前移动 3 个序号，同时向发送端发送确认，确认序号 9，说明确认 9 号之前的数据，希望下次收到 9 号数据，如图 5-18（c）所示。

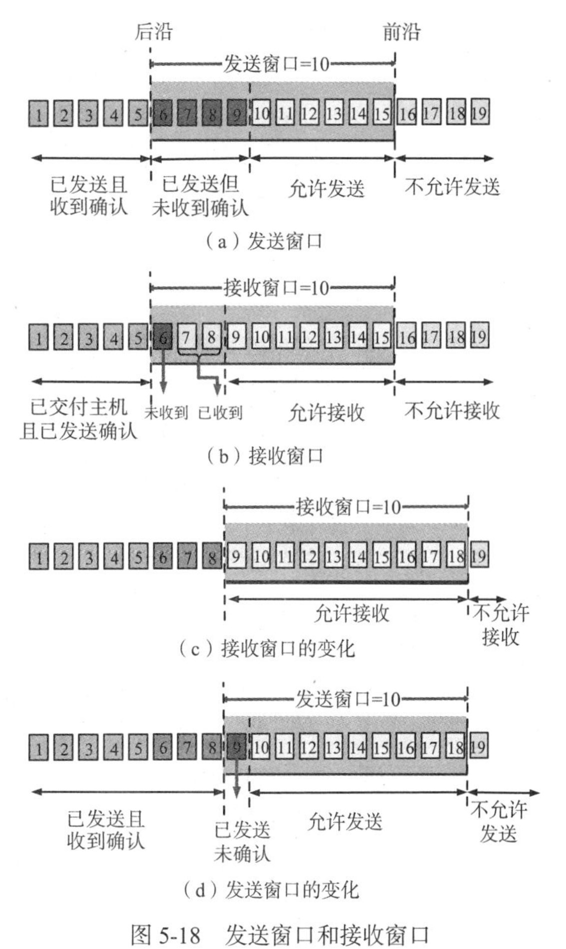

图 5-18　发送窗口和接收窗口

发送端收到确认号为 9 的报文段后，将发送窗口向前移动 3 个序号，16、17、18 号数据就成为可发送的数据，依次往复完成数据的发送，如图 5-18（d）所示。这就是利用滑动窗口技术实现数据的可靠传输的方式。

在前面的介绍中提到过一个发送缓存和接收缓存的概念，就是说应用程序产生的数据先暂存在发送缓存，接收端的应用程序从 TCP 的缓存中读取数据，那么发送缓存和发送窗口是什么关系，接收缓存和接收窗口又是什么关系。首先声明一点：缓存空间和序号空间都是有限的，而且都是循环使用的。

发送缓存是用来暂时存放应用程序准备让 TCP 发送的数据，其中有的是已经发送出去，但还没有得到确认的数据。发送窗口是发送缓存的一部分，如图 5-19（a）所示，已经发送出去而且已经得到确认的数据从发送窗口和 TCP 缓存中删除，发送窗口的数据要么是已经发送出去未得到确认的，要么是允许发送但未发送的数据；在发送缓存中而未在发送窗口中的数据是要发送但还不能发送的数据。这里有一点值得研究，发送端应用程序必须控制写入缓存的速度，如果太快，会把发送缓存的空间填满，发送窗口是会随着网络拥塞的状况和接收窗口的变化而变化。

接收端缓存是用来存放按序到达的还没有被主机读取的数据，或者是未按序到达暂时存放的数据，如图 5-19（b）所示，如果到达的分组发现出现差错，接收端的处理方法是丢弃，想象一下，如果接收端的应用程序来不及接收缓存中的数据，缓存的空间将会用完，反之，应用程序能很快地从缓存中读取数据，接收窗口就可以增大，但最大也不能超过 TCP 接收缓存的大小。

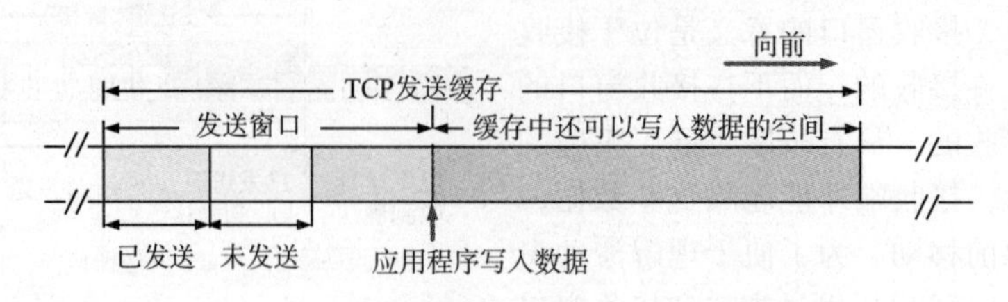

（a）发送缓存和发送窗口

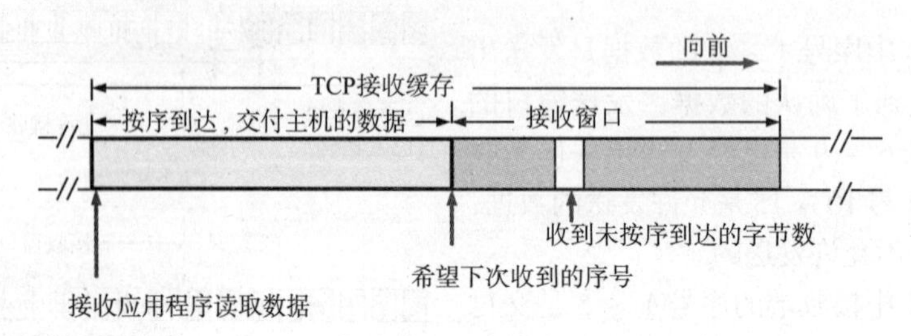

（b）接收缓存和接收窗口

图 5-19　TCP 缓存和窗口的关系

关于发送端窗口的变化在后面的章节中还要详细介绍，在这里简单描述一下，在图 5-18 中我们设发送端的窗口和接收端窗口大小一样，当然它们有着直接的连续，但是这两个窗口的大小并不总是一样大的，当出现网络拥塞时，发送端会适当减少发送窗口的值。

对于不按序到达的数据又如何处理？ TCP 通常的做法是先暂时存放在接收窗口，等待缺少的字节流到达，再交付给主机，如果缺少的字节流没有在规定的时间内到达，发送方会采用超时重传，接收方对于重复序号的字节流会采用丢弃的策略。

TCP 是否对每个序号都要有确认吗？回答是否定的，TCP 要求接收方必须有累计确认的功能，以便于减少网络的开销。接收方在适当的时间对发送方发送确认信息，这个适当的时间要掌握好，如果太长，会产生不必要的重传，反而浪费网络资源。TCP 规定：确认推迟的时间不要超过 0.5 s，若收到一连串的最大长度的报文段，则必须每隔一个报文段发送一个确认报文。利用数据报中捎带确认信息不妨是一个好的方法，但大多数应用程序不同时在两个方向上同时发送数据。

在 TCP 协议中还有一个重要的问题是超时重传的时间选择问题。

设计超时重传的时间是一个非常复杂的问题，影响因素很多。可以肯定超时时间的值应该大于 TCP 连接的往返时延（RTT），即从一个报文段发出到收到其确认为止，否则肯定会造成不必要的重传。那么这个时间到底为多大才合适？下面结合 IETF 关于 TCP 定时器的建议（RFC2988），来探讨 TCP 定时器的管理问题，对于报文段的样本 RTT 是从该报文段交给 IP 时算起，至接收到该报文的确认报文段之间的时间；一般情况下 TCP 不是给每个传送的报文段做 RTT，TCP 不为已重传的报文段计算 RTTs。由于路由器的拥塞和主机系统的变化，每个报文段的 RTT 值会不相同，由于这种变化，任何时间得到的 RTT 值都不能算典型的 RTT 值，所以采用一个加权平均值的办法，在任一时刻仅为一个报文段计算一次加权平均往返时间 RTTs，每测得一个新的 RTT 样本，按下列公式计算一次 RTTs。

$$\text{新的RTTs} = (1-\alpha)\times(\text{旧的RTTs}) + \alpha\times(\text{新的RTT样本})$$

在 RFC2988 中给出了 α 的值为 0.125，那么上面的公式变为：

$$\text{新的RTTs} = 0.875\times(\text{旧的RTTs}) + 0.125\times(\text{新的RTT样本})$$

从公式中可以看出新样本的 RTT 赋予了较大的权值，这很自然，因为越新的样本越能反映出网络当前的拥塞状况。

除了估算 RTT 外，测量 RTT 的变化更有意义，在 RFC2988 中定义了一个往返时延偏差加权平均值 RTT_d，用于估算新的 RTT 偏离加权平均往返时间有多少：

$$新的RTT_d = (1-\beta)\times(旧的RTT_d) + \beta \times \left|RTTs - 新的RTT样本\right|$$

β 的推荐值为 0.25。

假设已经给出了 RTT_d 的值和 RTTs 的值，那么超时重传的时间间隔是多少呢？很明显超时间隔应该大于 RTTs，否则，将造成不必要的重传；但是也不应该比 RTTs 大许多，否则当报文段丢失时，TCP 不能很快地重传该报文段，给上面的应用程序带来较大的传输时延。因此在 RTTs 的基础上加一点余量，当 RTT_d 变化较大时，这个余量加大一些，当 RTT_d 变化较小时，余量的值加小一些。RFC2988 建议使用下面的公式计算超时重传时间（Retransmission Time-Out，RTO）。

$$RTO = RTT_s + 4 \times RTT_d$$

在前面介绍过，在计算往返时延加权平均值时，只要报文段重传了就不使用其往返时间样本，这样做的结果使得计算出的 RTTs 和 RTO 值更加准确。但是也有这样的情况，报文段的时延突然增大，在原定的重传时间内收不到确认报文段，重传是不可避免的，由于不考虑重传的报文样本，这样就无法更新重传的时间间隔。比较合理的一种算法是：报文段重传一次，就将超时重传的时间增加一些，典型的做法是将重传的时间间隔增加一倍，如果不再发生报文段的重传后，再用上面给出的公式计算超时重传时间。这种算法在实际应用中收到了较好的效果。

2. 选择确认 SACK

当接收端收到了未按序到达的无差错的报文段时，是否一定要再次重传这些报文段？回答是否定的，选择确认（Selective ACK）的处理方法就可以实现部分丢失或出错的报文段的重传。

下面通过一个示例说明选择确认的工作原理，如图 5-20 所示。

接收端收到了不连续的字节块，序号 1 ～ 1000 是收到的连续数据，没有收到序号 1001 ～ 2000 的数据，但收到了 2001 ～ 3000 字节块，又缺少了 3001 ～ 3500 的数据，却又收到了 3501 ～ 5000 字节块。收到的这些字节先放在接收窗口内，并通知发送方不要再重复发送这些字节数据。从图 5-20 中，我们看到不连续的每一个字节块都有两个指针，分别表示收到的字节块的边界信息，收到的第一个字节的左边界 L1=2001，表示字节块的起始序号，和右边界 R1=3001，右边界 -1 表示字节块的最后一个序号，同理第二个字节块的 L2=3501，R2=5001。

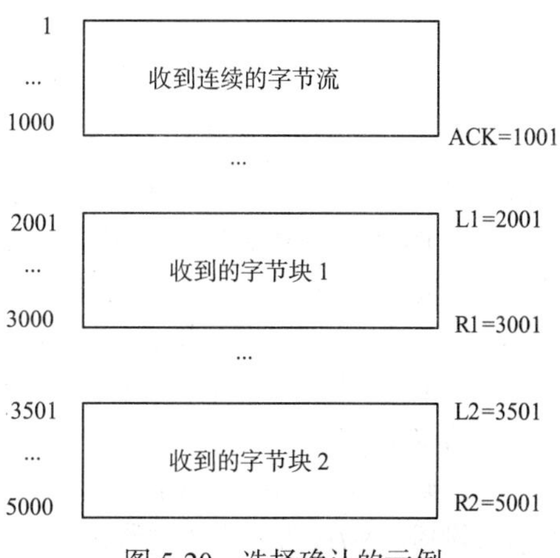

图 5-20　选择确认的示例

如何通知发送方已经收到的字节块？

TCP 报文段的扩展首部有一个选项，称为选择确认选项（RFC 2018）。在 TCP 报文段的扩展首部增加 SACK 选项，以便报告已收到的字节块的边界，一个带有选择确认选项的 TCP 报文段最多可以报告多少个字节块？由于 TCP 首部扩展部分的长度最多为 40 个字节，而指明一个边界信息需要 4 个字节（每个序号占 32 位），而一个字节块有两个边界信息，需要 8 个字节信息，另外还需要 2 个字节指明是 SACK 选项，因此一个 TCP 报文段只能报告 4 个字节块，SACK 的详细信息可参阅 RFC2018。

接收方收到 SACK 报文段后，就可以只重传未被确认的报文段。

5.2.8 TCP的流量控制

一个 TCP 的连接双方都为该连接设置了接收缓存，当 TCP 连接接收到正确的、有序的数据时，先放入接收缓存，对应的应用程序从该缓存中读取数据。所谓流量控制，就是让发送方的发送速率不要太快，让接收方来得及接收，避免数据从接收缓存中溢出。

在 TCP 连接上实现流量控制的机制是滑动窗口。

下面通过一个示例来阐述使用滑动窗口实现流量控制的过程。

如图 5-21 所示，主机 H_1 和 H_2 已经建立 TCP 连接，双方协商初始发送窗口和接收窗口均为 400 个字节（这是一个示例，只是为了说明使用可变窗口实现流量控制的工作原理，所以数据都是虚拟的），设每一个报文段的大小为 100 个字节，数据报的初始序号是 1。

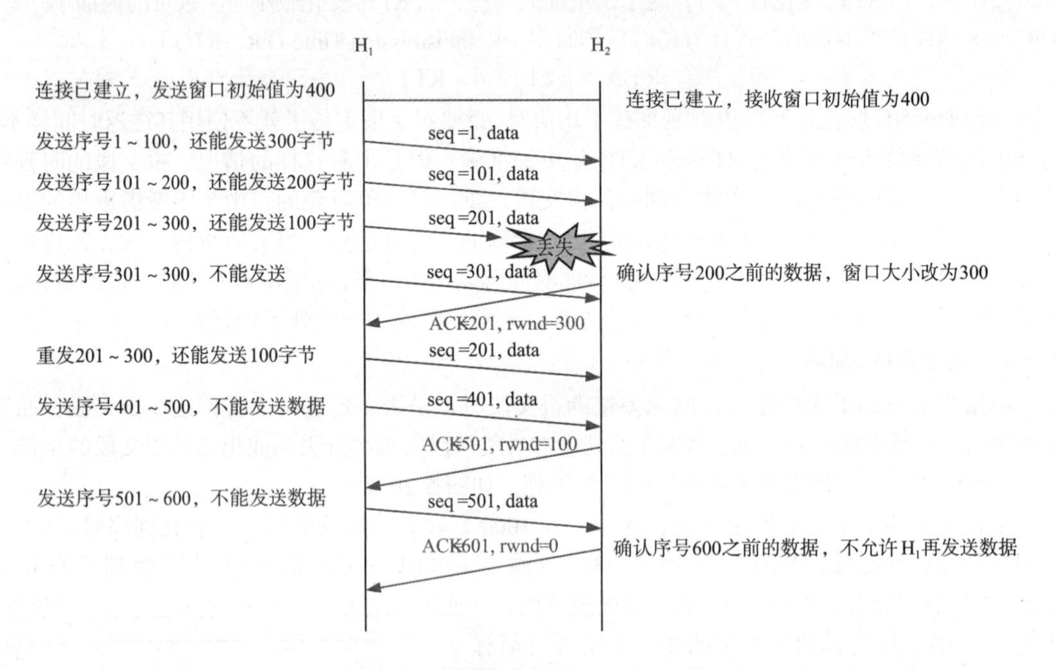

图 5-21 利用可变窗口实现流量控制

上面的示例主机 H_2 经过了 3 次流量控制，第一次减为 300，收到重传报文段后，再次将窗口值修改为 100，最后减至了 0，这时主机 H1 就不能发送数据。

主机 H_1 不能发送数据的状况要延续到主机 H_2 重新发送有新窗口值的报文段。此时有一种异常情况需要讨论，H_2 发送的零窗口报文段后，随着主机 H_2 的应用程序将缓存清空，H_2 又有了新的缓存空间，于是 H_2 向 H_1 发送 RWND=400 的报文段，但是在这个报文段的传输过程中丢失了，而 H_1 一直在等待 H_2 发送非零窗口的报文段，H_2 在等待 H_1 发送数据，这样就形成了一个死锁的状态。

为了解决这个问题，TCP 为每个连接设置了一个持续计时器，TCP 连接的一方收到零窗口报文段后，就启动持续计时器，若持续计时器的时间到期，就发送一个零窗口探测报文段，TCP 规定：即使是对发送方设置了零窗口，接收方也必须接收零窗口探测报文段，所以接收方会无条件地对该探测报文段予以确认，如果收到窗口还是零的报文段，发送方重新启动持续计时器，反之窗口不为零，死锁的问题就解决了。

5.2.9 TCP 的拥塞控制

1. 拥塞控制的概念

TCP 为运行于两个不同主机上的两个应用进程提供了可靠的传输服务，TCP 的另一个关键的功能就是拥塞控制机制。

首先看一下什么是拥塞，在计算机网络中交换结点的缓存和处理机，链路的容量等都是网络的资源，若网络中对资源的需求大于现有的可用资源，网络的性能就下降，这种情况就叫拥塞，用数学公式表示为：

$$\sum 网络资源的需求 > \sum 可用资源$$

产生网络拥塞的原因很多，有可能结点（如路由器）的缓存容量太小，随着网络负荷的增加，到达的分组因没有缓存空间而不得不丢弃，由于这些分组被丢弃，发送端不可能收到对这些分组的确认，而超时重传这些分组，使得本来拥塞的网络更加拥塞；还有可能是处理机的处理速度太慢，也会造成网络的拥塞。

如何解决拥塞问题？能不能这样考虑，当发现结点缓存容量小的情况下，简单地将结点的缓存空间加大，于是所有到达的分组可以暂存在缓存队列中，但是由于链路的容量和处理机的速度并未提高，因此分组在缓存中的排队等待时延就会增加，发送端还会超时重传这些分组，可见简单地增加缓存空间不仅增加了网络资源的开销，还不能有效地解决网络的拥塞问题。如果提高处理机的速率又如何呢？可能会使拥塞得到缓解，但不能保证不将拥塞转移到其他地方，由此可见解决拥塞问题不是一个单一的问题，而是一个牵扯到整个网络的动态的过程。

所谓拥塞控制，是防止过多的数据流入到网络中，使网络中的路由器或链路不致于过载。这就要随时把握目前网络能够承受的网络负荷。

下面探讨一下流量控制和拥塞控制这两个概念的区别。流量控制是对端到端的通信量的控制，它所要做的是控制发送端发送数据的速率，以便接收端来得及接收。而拥塞控制是整个网络的输入负载是否超过了网络能够承受的负载。这两个概念之所以经常被弄混，是因为它们在处理方法上有相同之处，一些拥塞控制算法是向发送端发送拥塞控制报文段，告之网络出现拥塞，减缓或停止向网络中发送数据，这和流量控制相似。

最后探讨一下拥塞控制的作用。在实际工作中，某段时间内网络的资源是一定的，随着网络负荷的增加，网络的吞吐量的增长速度将逐渐减小，当网络的吞吐量达到饱和时，如果继续增加网络的负荷，拥塞就产生了，网络的性能就会下降，如果不及时采用拥塞控制，网络的吞吐量将降为零，网络处于瘫痪状态，这就是死锁。图 5-22 为网络采用拥塞控制和不采用拥塞控制技术以及理想的拥塞控制目标的图示。

理想的拥塞控制是在吞吐量饱和之前随着网络的负荷增加，吞吐量随之增加，两个量值完全匹配，吞吐量曲线是一个 45° 的斜线，当达到饱和状态时，随着网络的负载增加，吞吐量维持在一个固定的水平。这和实际网络大相径庭，由于网络资源有限，随着网络负载逐渐加大，网络的吞吐量将越来越低于理想的值，网络进入轻度拥塞状态，如果不进行拥塞控制，当超过一定的阈值后，网络的吞吐量明显下降直到出现死锁。如果在出现轻度拥塞时，适当地进行拥塞控制，就可以保证吞吐量维持在一个较高的水平。

2. 拥塞控制方法

在实际中采用两种拥塞控制方法，这两种控制方法是根据网络层是否提供给运输层拥塞控制显式的帮助来区分的。

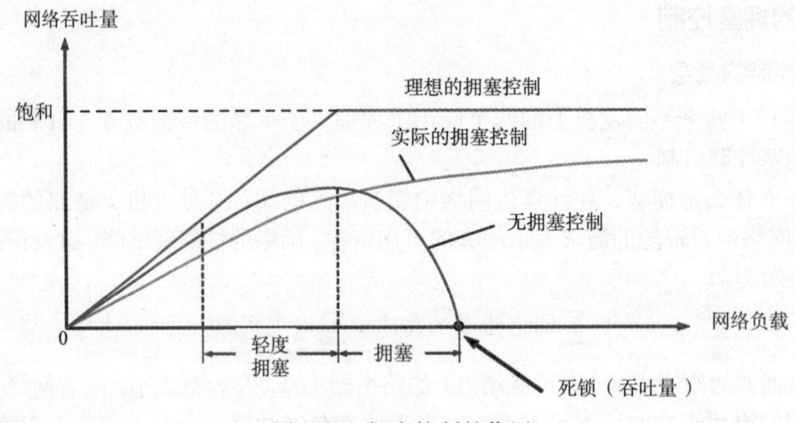

图 5-22　拥塞控制的作用

（1）端到端的拥塞控制

这种控制方法是网络层没有显式地提供拥塞控制信息的方法，网络中是否出现拥塞，端系统必须通过对网络行为的观察来判断，如分组丢失或时延加大等，TCP 报文段的丢失被认为是网络拥塞的一个迹象，发送端适当地减小发送窗口的大小，另外还可以通过往返时延的增加作为网络拥塞程度的判断指标。

（2）网络辅助的拥塞控制

网络中的设备（如路由器）向发送方提供关于网络拥塞状态的显式反馈信息，这种反馈信息有两种方法实现，一种是网络中的路由器采用阻塞分组的方式，告之发送方本路由器发生了阻塞；另一种方法是路由器标记和更新从发送方到接收方的分组信息，在某个字段标识拥塞的产生，接收方收到这个拥塞标记分组后，通知发送方网络发生拥塞。这种方法在早期的 IBM SNA 和 DEC DECnet 等网络体系结构中采用，ATM 的 ABR 传输服务中也有采用。甚至有人建议将其用于 TCP/IP 网络中（RFC2481）。图 5-23 表示了两种用来表示网络拥塞途径的方法。

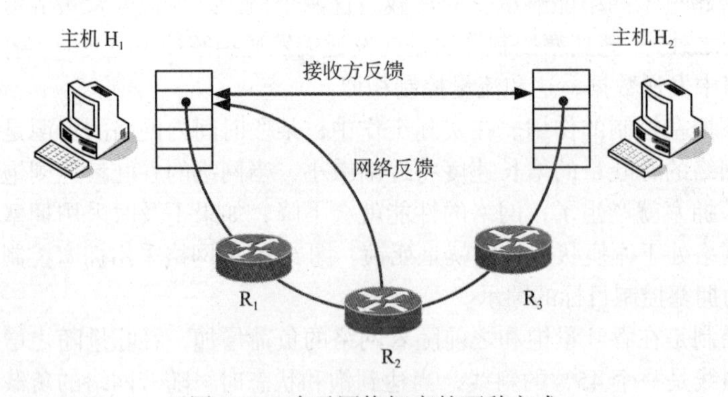

图 5-23　表示网络拥塞的两种方式

3. TCP 拥塞控制

TCP 采用的方法是让每一个发送方根据所感知的网络拥塞的程度，来限制其向网络发送流量的速率。如果一个 TCP 的发送方感知从它到目的主机之间的路径上没有拥塞，则增加发送速率；如果感知该路径上有拥塞，就降低发送速率。这种方法带来 3 个问题：第一，发送方如何限制它的发送速率；第二，发送方如何感知路径上的拥塞；第三，当发送方感知到端到端的拥塞时，采取什么样的算法避免和控制拥塞。

首先，TCP 的发送方是如何限制发送流量的？我们知道，TCP 连接的双方都有一个接收缓存、一个发送缓存和几个变量（如接收窗口大小、指向最后发送的字节、指向最后被确认的字节等），TCP 的拥塞控制机制还让 TCP 连接的双方记录一个额外的变量，即拥塞窗口，通过拥塞窗口对发送方向网络中发送的速率进行限制，保证发送方未被确认的数据量不大于接收窗口和拥塞窗口的最小值，如下面的公式：

（最后发送的字节数 – 最后被确认的字节数）≤ min（拥塞窗口大小，接收窗口大小）

通过调节拥塞窗口值大小的方法限制了发送方未被确认的字节数，因而就限制了发送方的发送速率。另外拥塞窗口的大小可以通过确认机制来改变，如果确认报文段快速到达，则拥塞窗口也可以快速增大，反之拥塞窗口减小。

其次，定义一个 TCP 发送方的“丢失事件”为：要么是超时，要么是收到了来自接收方的 3 个冗余 ACK 报文段，就是说，当出现拥塞时，在这条路径上的路由器的缓存会出现溢出，导致数据报丢弃，接着就引发了发送端的“丢失事件”，在发送方的感知就是超时或者收到 3 个同样的 ACK 报文段，于是发送方就认为路径上产生了拥塞。

最后，TCP 发送方感知到拥塞后，为了调节发送速率所采用的算法就是 TCP 拥塞控制算法，包括慢开始、拥塞避免、快重传和快恢复，详见 RFC2581，以后在 RFC2582、RFC3390 对这些算法又进行了一些改进，TCP 拥塞控制算法就包括了这 4 种算法，下面具体介绍这些算法的原理。

4. 拥塞控制算法

（1）慢开始

慢开始也叫慢启动。拥塞窗口的大小取决于网络拥塞的程度，发送方控制拥塞窗口的原则是：只要网络中没有出现拥塞，拥塞窗口就增大一些，如果网络中出现了拥塞，拥塞窗口就减小一些。

慢开始算法的设计思路是：当主机发送数据时，如果把大量数据注入网络中，很可能引发网络拥塞，这样，在不清楚网络负载的情况下，先进行探测，由小到大逐渐增大发送窗口，同样由小到大增大拥塞窗口（cwnd），最初的时候，先设 cwnd=1MSS（最大报文段）（RFC3390），RFC2581 中规定在一开始的时候 cwnd 的值不超过 2×MSS 个字节，每收到一个对新的报文段的确认后，就把 cwnd 增加 2 倍 MSS 的值，用这样的方法逐步提高拥塞窗口的大小。这样每经过一个 RTT 的轮回将 cwnd 的值翻番，直到发生丢包事件为止，图 5-24 表示每收到一个对报文段的确认，慢开始算法中拥塞窗口的变化。

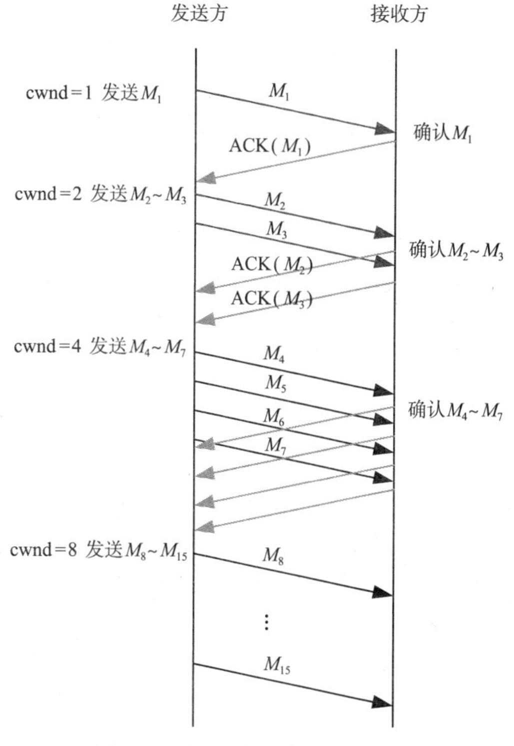

图 5-24　慢开始拥塞窗口的变化

（2）拥塞避免

为了防止拥塞窗口增长过大引起网络拥塞，还要设置一个阈值（threshold）状态变量（阈值的设定后面详述）。

当 cwnd<threshold 时，使用慢开始算法。

当 cwnd>threshold 时，停止使用慢开始算法，改为拥塞避免算法。

当 cwnd=threshold 时，使用慢开始或拥塞避免算法均可。

拥塞避免算法也称加性增、乘性减，其的基本思想是：每经过一个往返时间 RTT，收到一个确认后就把拥塞窗口cwnd的值增加1个MSS，注意此时不是加倍，拥塞窗口按线性速率缓慢增长；只要不出现丢包事件，收到一个确认cwnd就逐渐增加1个MSS，如果出现了一个丢包事件，cwnd的值就减半，cwnd的值有可能继续减小，但不能低至1个MSS，图5-25为拥塞避免图示。

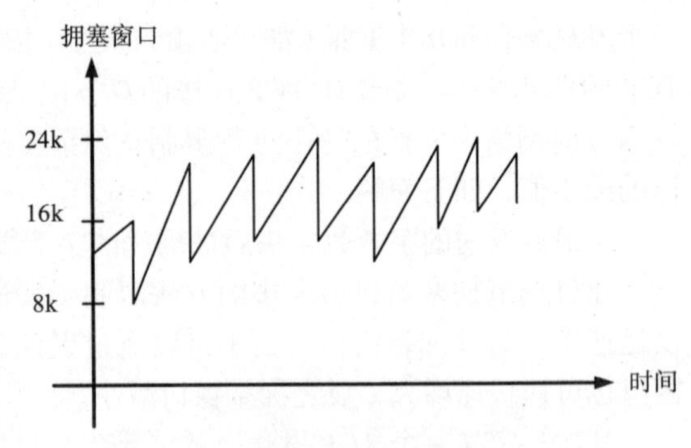

图5-25　拥塞避免中拥塞窗口的变化

无论是慢开始阶段还是拥塞避免阶段，只要网络中出现了拥塞（用没有按时收到确认判断），阈值就等于出现拥塞发生时发送窗口值的一半，最小不能小于2。然后把cwnd的值设置为1，再次执行慢开始算法，目的是让主机迅速减少向网络中发送分组，使发生拥塞的路由器有足够的时间完成队列中分组转发工作。

下面通过一个例子来说明慢开始和拥塞避免的应用过程，如图5-26所示。

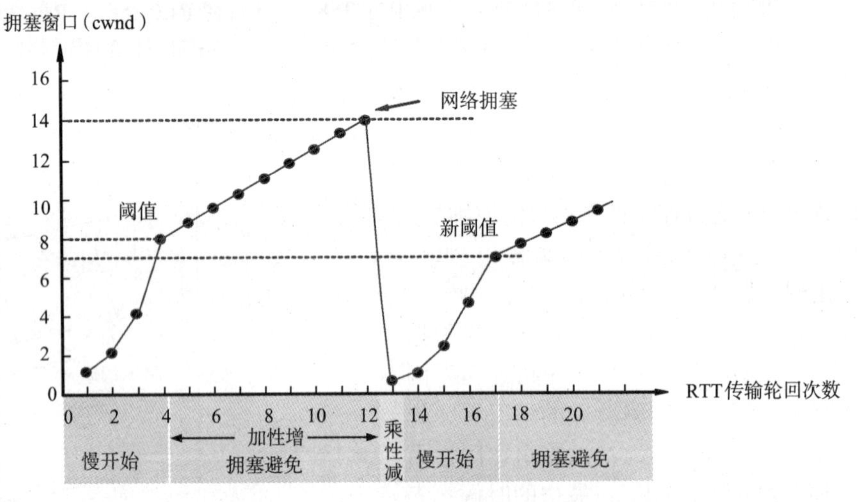

图5-26　慢开始和拥塞避免算法的实现过程

（3）快重传和快恢复

上面讨论的拥塞控制方法是1988年提出的，之后TCP的拥塞控制方法得到了很多改进，如1990年又增加了快重传和快恢复两种新的算法。

快重传算法是：当接收方每收到一个失序的报文段后，就立即发送重复确认报文，以便让发送方尽早知道有报文段没有及时到达接收方，接收方正常情况下是等报文段的超时计时器到时才启动重传机制，如果发送方收到3个连续的重复确认后，不等重传计时器到时，就立即重传，这种算法就是快重传，由于发送方及时得到了重传的信息（3个重复的ACK报文段），做出了重传的工作，所以使得网络的吞吐量提高了20%，如图5-27所示。

快恢复的算法是：当发送方收到三个重复确认后就实行“乘性减”的算法，将阈值减半，目的是预防网络发生拥塞。将拥塞窗口设置为阀值减半后的数值，然后开始执行拥塞避免算法（“加性增”）。

可以想象得出，接收方如果收到3个连续的ACK，说明此时网络的拥塞情况应该不太明显，只是有可能发生了拥塞的情况，没有必要让接收方将它的发送窗口很快地降到1MSS，等待几个RTT之后再进入拥塞避免状态，这样做显然可以提高网络的效率。

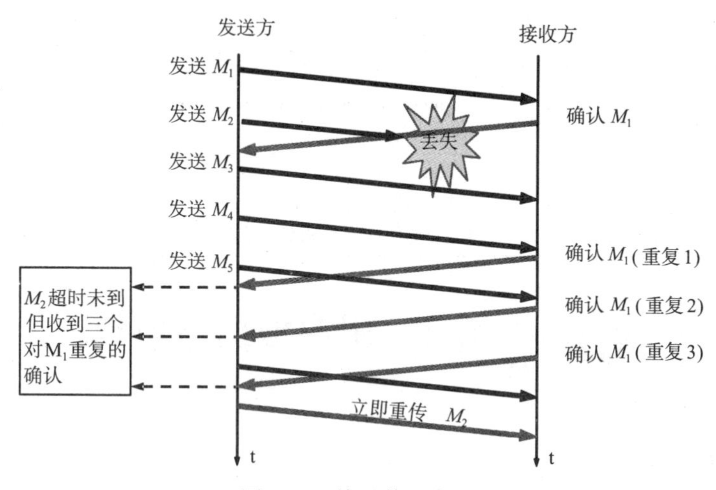

图 5-27　快重传示意图

图 5-28 表明了慢开始、拥塞避免后采用快重传和快恢复的拥塞控制机制的变化过程，是目前使用得很广泛的拥塞控制方法。

在实现时还可以对快速重传进行改进，发送方收到三个重复的确认，表明当拥塞发生后，有三个分组已经离开了网络，这三个分组不再消耗网络资源，而停留在接收方的缓存中，因此可以适当地把拥塞窗口扩大 3 个 MSS，即 cwnd=threshold+3 × MSS。

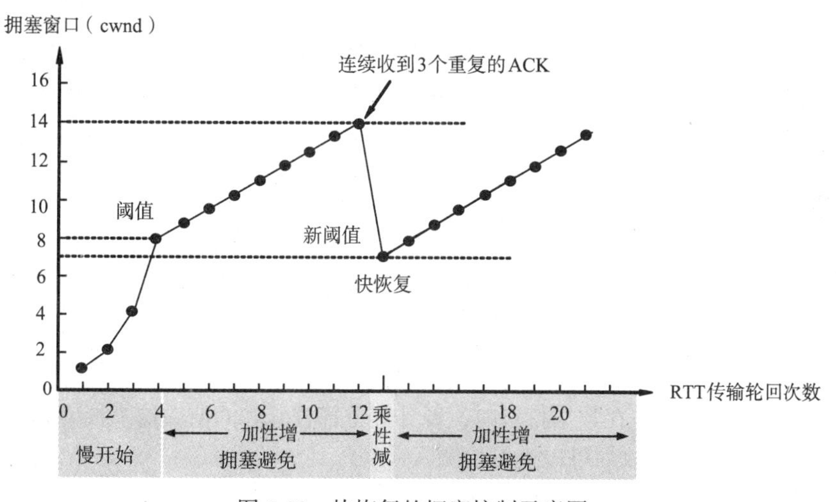

图 5-28　快恢复的拥塞控制示意图

在快恢复算法中只有当 TCP 连接开始时或者出现超时的时候才使用慢开始，之后就是快重传和快恢复，下面通过表 5-6 总结一下 TCP 拥塞控制算法。

表 5-6　TCP 拥塞控制总结

TCP 状态	事　件	拥 塞 控 制	解　释
慢开始	收到对数据报文段的 ACK	cwnd=2 × cwnd 如果 cwnd>threshold 设置 TCP 状态为拥塞避免状态	每经过一个 RTT 轮回 cwnd 的值翻番
拥塞避免	收到对数据报文段的 ACK	cwnd=cwnd+MSS	每经过一个 RTT 拥塞控制窗口就增加 1 个 MSS

续表

TCP 状态	事　件	拥 塞 控 制	解　释
慢开始或拥塞避免	收到 3 个重复的 ACK	threshold=cwnd/2,cwnd=threshold 设置状态为避免拥塞	快重传，实现乘性减，快速恢复，cwnd 不低于 1 MSS
慢开始或拥塞避免	超时	threshold=cwnd/2,cwnd=threshold 设置状态为慢开始	进入慢开始状态
慢开始或拥塞避免	重复的 ACK	对确认报文段增加重复报文段的计数	cwnd 和 threshold 值不变

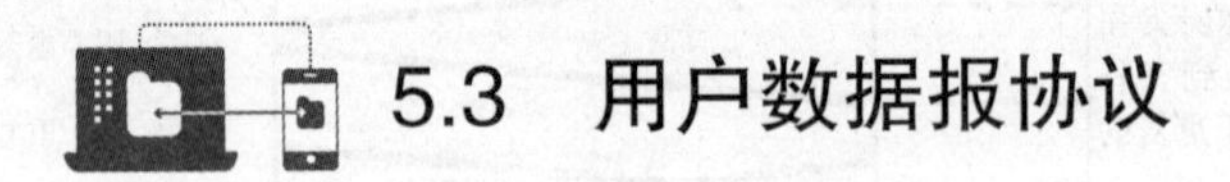

5.3　用户数据报协议

5.3.1　UDP 概述

由 RFC768 定义的用户数据报协议（UDP）只是做了传输层协议应该做的最少的工作，除了多路复用、多路分用功能以及简单的差错检测外，它几乎没有对 IP 增加别的特殊的功能。UDP 从应用进程得到数据，附加上多路复用和分用服务所需的源和目的端口号字段，另外附加长度和校验和字段，形成 UDP 报文段交给网络层。网络层将报文段封装成 IP 数据报，尽力而为地交付给接收主机，如果该报文段到达接收主机，UDP 使用目的端口号将报文段中的数据部分交给相应的应用程序。

UDP 协议的特征：

① 无可靠性机制：数据报没有按序排列，也没有被确认，应用层能更好地控制要发送的数据和发送时间。和 TCP 比较，TCP 有一个拥塞控制机制保证源主机到目的主机的发生拥塞时遏制发送方的发送速率，无论发生什么情况（超时、丢失等）TCP 保证数据报可靠到达目的主机，但是它对延时就不能过于苛求；对于不需要实时服务的应用进程当然是无所谓的，但是对于有实时要求的应用，UDP 显然是较好的选择。

② 无发送保证：数据报不一定发送成功，成功发送的保障由应用层来提供。

③ 无连接处理：数据报在发送前不进行链路的建立等工作，因此主机不需要维持复杂的连接状态表。

④ 标识应用层协议：UDP 的首部包含接收的应用服务和方法的端口地址。

⑤ UDP 首部的校验和：在数据打包时，要计算首部校验和的值，这个校验和包括对首部和数据部分的检验，接收端接收后可以进行检测。

⑥ 无缓冲服务：不提供管理服务的内存。

⑦ UDP 是面向报文的：发送方对应用程序交下来的报文，添加首部信息后就向 IP 层交付，UDP 不提供把较大的消息分成较小的传送块的服务；也没有把这些块按序排列的服务；UDP 仅仅提供发送和接收数据报。

5.3.2　UDP 报文格式

UDP 数据报由首部和数据两个部分组成，每个字段都是占两个字节，如图 5-29 所示。

0　　　　　　15	16　　　　　　31
源端口号	目的端口号
长度	校验和
应用数据（报文）	

图 5-29　UDP 报文格式

① 源端口号：是在源主机上发出本 TCP 报文段进程的 16 比特端口号，对于客户机向服务器发送的请求来说，这是一个临时的端口号，对服务器向客户机发送回应的报

文段来说是熟知或注册的端口号。

② 目的端口号：是 TCP 报文段要到达的目的主机的端口号。对于客户机向服务器发送的请求来说，这是一个熟知或注册的端口号，对以服务器向客户机发送回应的报文段来说是临时的端口号。

③ 长度：UDP 用户数据报的长度，最小值为 8（只有首部）。

④ 校验和：用于检测用户数据报在传输过程中是否有错，如果有错，要么丢弃，要么上传到应用层报告有错。在计算和验证校验和时，要在报文段的首部加一个 12 个字节的伪首部，UDP 用户数据报的伪首部如图 5-30 所示。所谓伪首部就是它本身并不是 UDP 用户数据报的真正首部，只是在计算校验和时，临时添加在 UDP 首部的前面，伪首部既不向上传递也不向下传递，仅仅是为计算检验和的。伪首部的构成是 4 个字节的源 IP 地址，4 个字节的目的 IP 的地址，1 个字节的全零，1 个字节协议字段，该协议字段的值为 17，表示其数据部分交付 UDP 协议处理，和 2 个字节的 UDP 用户数据报的长度，

伪首部不是 UDP 用户数据报的一部分，交付网络层封装 IP 数据报的时候，不带伪首部，UDP 用户数据报的封装如图 5-31 所示。

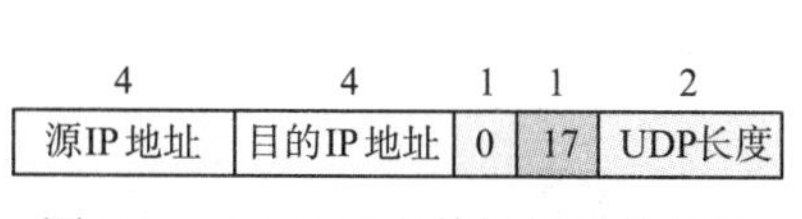

图 5-30　UDP 用户数据报的伪首部

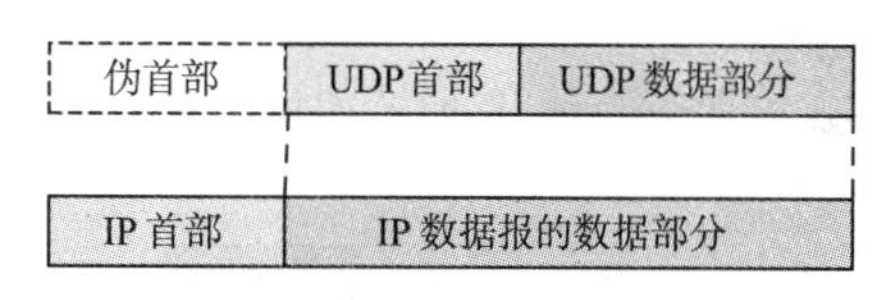

图 5-31　UDP 用户数据报的封装

UDP 计算校验和的方法和计算 IP 数据报的首部校验和的方法基本一致，两者的区别是 UDP 的校验和是把首部信息和数据部分数据加在一起进行检验；而 IP 数据报的校验和只检验了 IP 数据报的首部信息。UDP 用户数据报的校验和的计算方法是：发送方先将校验和字段全部设为 0，把伪首部和 UDP 首部信息全部看成是由 16 位数字串接起来的，以 16 位为一组，数据部分也是 16 位为一组，如果数据部分不足 16 位的整数倍，后面用全 0 填充，注意填充的这些 0 是不发送的，只是用在计算校验和。将以上的这些 16 位一组的数按二进制反码求和。二进制反码求和的方法是：将 16 位二进制数逐位相加，如果高位有溢出，则回加到低位，再将结果求反就是校验和。例如，将 2 个 16 比特的二进制数：

1011001010001011
1001101010110110

这两个 16 比特之和为：

1011001010001011
1001101010110110
―――――――――――――――――
（1）0100110101000001

加到高位有溢出，将溢出的 1 再回加到低位，对结果值求反，校验和是 1011001011011101。

图 5-32 为 UDP 用户数据报的相关信息，通过这个例子来看校验和的计算方法：

14 个 16 位数相加的结果是 0100010111000101，加到高位有溢出，溢出的值为 100，将溢出的 100 再回加到低位，对结果 0100010111001001 求反，校验和是 1011101000110110。

接收方收到 UDP 用户数据报，和伪首部一起按二进制反码和，如果没有差错，其结果为全 1；否则，表明出现差错，结果是丢弃这个 UDP 报文或者上交到应用层并附上出现差错的报告。

12 字节伪首部	192 .168 .1.177			
	202 .204 .220 .11			
	全0	17	15	
8 字节 UDP 首部	1054		53	
	15		全 0	
数据部分	data	data	data	data
	data	data	data	全 0

填充

11000000 10101000 → 192.168
00000001 10110001 → 1.177
11001010 11001100 → 202.204
11011100 00001011 → 220.11
00000000 00010001 → 0 和 17
00000000 00001111 → 15
00000100 00011110 → 1054
00000000 00110101 → 53
00000000 00001111 → 15
00000000 00000000 → 0（校验和）
01010101 00110011 → data
10100011 00001100 → data
01010011 11001100 → data
10001100 00000000 → data 和 0（填充）

二进制反码求和 01000101 11001001

将得出的结果求反码 10111010 00110110 → 校验和

图 5-32 计算校验和的例子

校验和即检查了 UDP 用户数据报的源端口和目的端口号以及 UDP 用户数据报的数据部分，又检查了 IP 数据报的源 IP 地址和目的 IP 地址。

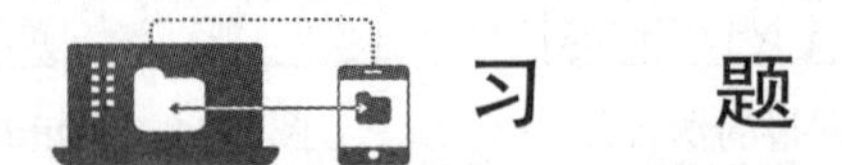

习 题

一、简答题

1. RIP 分组的传输方式是（　　）。

A. 通过 UDP520 端口和 IP 传输　　B. 通过 TCP520 端口和 IP 传输

C. 通过 UDP520 端口和 UDP 传输　　D. 通过 TCP520 端口和 TCP 传输

2. 套接字的定义为（　　）。

A. 端口号：IP 地址　　B. IP 地址：端口号

C. 网络地址：端口号　　D. 端口号：网络地址

3. 端到端通信作用于（　　）。

A. 主机　　B. 网络　　C. 进程　　D. 设备

4. 测试网络连通性的 PING 命令使用了 ICMP 协议的（　　）。

A. 网络可达　　B. 目标可达

C. 超时报文　　D. 回送请求与应答报文

5. UDP 是一个不可靠的传输层协议，但 TCP/IP 仍然采用它的原因是（　　）。

A. UDP 建立在 IP 协议之上　　B. 高效率

C. 流量控制　　D. 差错控制

二、填空题

1. 传输层有两个不同的协议分别是________和________。

2. 滑动窗口的作用是________和________。

3. 设定超时计时器的时间应该大于 TCP 连接的________。

4. 若 CRC 码生成多项式为 $G(x)=x^3+1$ 信息位多项式为 x^6+x^4+1，则 CRC 码的冗余多项式是________。

三、简答题

1. TCP 的连接为什么是三次握手，而不是两次握手？
2. 为什么 TCP 在四次握手后要等待 2MSL 时间后才真正释放 TCP 连接？
3. 简述 TCP 发送缓存和发送窗口的关系；接收缓存和接收窗口的关系。
4. TCP 对于不按序到达的数据如何处理？
5. TCP 对超时重传时间的选择策略是什么？
6. 简述 TCP 流量控制的机制。
7. 流量控制和拥塞控制的区别？
8. 简述 TCP 的拥塞控制策略。

第 6 章 应 用 层

Internet 技术的发展，极大地丰富了网络应用。本章以常用的 Internet 应用层协议为主线，介绍 DNS、WWW、FTP、E-mail、DHCP 服务。

学习目标

- 了解 DNS 的域名结构和域名解析过程。
- 了解 HTTP 的报文格式、客户机 / 服务器工作模式，掌握 WWW 服务器的构建。
- 了解 FTP 的工作过程。
- 掌握 SMTP、POP3 连接建立和邮件发送和接收过程。
- 理解动态主机配置的应用和服务。

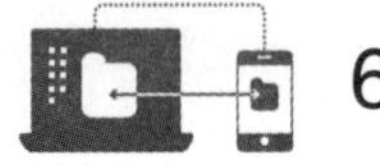

6.1 应用层概述

6.1.1 应用层简介

应用层是网络体系结构的最高层，是直接为应用进程提供服务的，应用层的任务是为用户提供应用的接口，不同的计算机之间提供文件传送、访问和管理，实现电子邮件服务，虚拟终端访问等功能，应用层在体系结构中内容最为丰富的一层。

应用层的一个重要功能是传输文件，不同的文件系统有不同的文件管理原则，不同的命名方法，不同的文本行表示方法，所以不同的文件系统之间传输文件，要处理文件之间的兼容问题，除了这些功能外，还有电子邮件、远程登录、域名解析、动态 IP 地址的获取等各种通用和专用的功能。

6.1.2 客户机 / 服务器模型

在 Internet 中，两个进程之间交互的常用通信方式是客户 / 服务器（Client/Server，C/S）模型，如图 6-1 所示。

客户 / 服务器的工作原理是：服务器程序在一个众所周知的端口上监听客户程序发来的请求，之前服务器的进程一直处于休眠状态，直到有客户程序提出连接请求才被唤醒，服务器对客户请求做出应答，并为客户程序提供相应的服务。

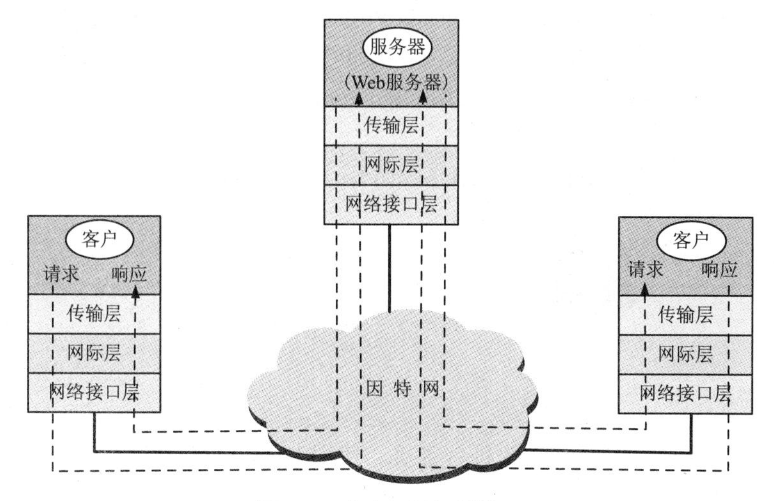

图 6-1 客户 / 服务器模型

运行服务器程序的主机称为服务器，它拥有一般客户机所不具备的各种软、硬件资源和处理能力，从图 6-1 可以看出，一台服务器可以同时为多个客户机提供服务，另外一台服务器上也可以运行多个服务。

服务器程序主要采用了两种方式实现对多个客户的同时访问：重复型服务程序和并发型服务。所谓重复型服务程序，主要针对无连接的客户 / 服务器模型而设计的，其实现过程如图 6-2 所示。并发型服务程序是针对面向连接的客户 / 服务器模型设计的，如图 6-3 所示。

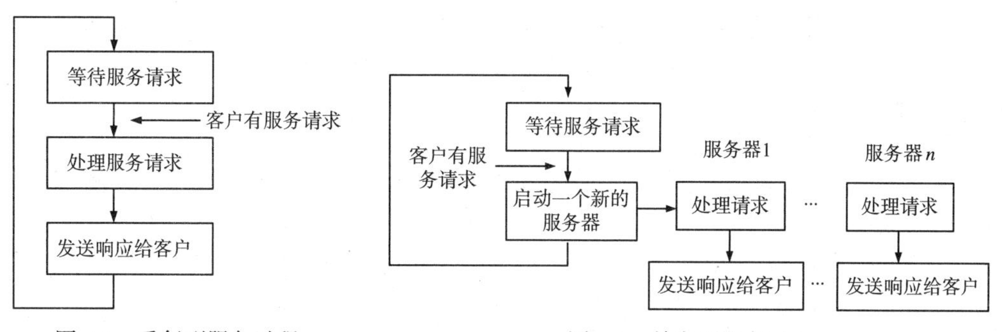

图 6-2 重复型服务过程　　图 6-3 并发型服务过程

重复型服务器程序在完成一个客户请求后才能再为其他客户提供服务，重复型服务器包含一个请求队列，客户请求到达后，首先进入队列中，服务器按先进先出的原则对请求做出逐一的响应；并发型服务器是在系统启动时就启动一个主服务器，处于等待状态，一旦有客户请求到达，主服务器立即产生一个子进程（又称从服务器），由从服务器来响应客户请求，主服务器再次回到等待客户请求状态，如果还有客户请求，主服务器再次产生一个从服务器来响应新的客户请求，就是说每个客户都有自己的服务器。

6.1.3 TCP/IP 应用层协议

在 Internet 中，应用层的常用协议有：

① 域名系统（Domain Name System，DNS）用于实现网络设备名字到 IP 地址的转换服务。

② 超文本传送协议（Hyper Text Transfer Protocol，HTTP）用于提供万维网服务。

③ 文件传输协议（File Transfer Protocol，FTP）在 Internet 上实现交互式文件传输功能。

④ 简单邮件传输协议（Simple MailTransfer Protocol，SMTP）实现电子邮件的发送功能。

⑤ 邮局协议（Post Office Protocol Version 3.0，POP3）实现简单的邮件读取功能。

⑥ 动态主机配置协议（Dynamic Host Configuration Protocol，DHCP）实现动态 IP 地址的分配和管理。

⑦ 简单网络管理协议（Simple Network Management Protocol，SNMP）用于管理和监视网络。

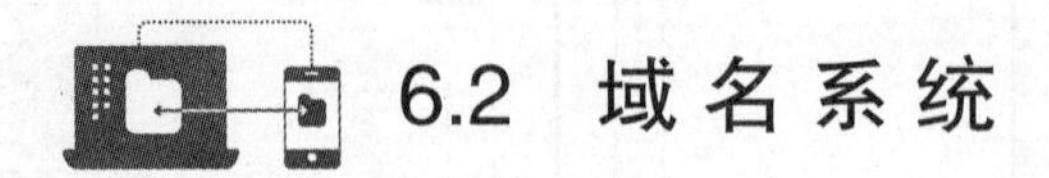

6.2 域名系统

6.2.1 域名系统概述

因特网用 IP 地址来标识网络中的每台主机，使用 IP 地址就可以访问到网络中的主机，但是大多数人是很难记住 32 位二进制数或 4 组十进制数。所以因特网很快采用了一个标识设备的名字系统，在一个名字系统的名字空间中，最重要的是名字体系结构，DNS 的体系结构是基于一个称为域的抽象概念。

所谓域，是指由地理位置或业务范围而联系在一起的一组计算机构成的集合，在一个域中可以拥有多台主机，这些主机隶属于一个域。这个域有自己的名字称之为域名，域名（RFC1032 ~ RFC1035）是由字符、数字和点组成的。

随着 Internet 规模的增大，域和域中的主机数目也在增加，管理一个庞大的域名集合就变得非常复杂，为此提出了一种分级的基于域的命名机制，这就是分级结构的域名空间，域名系统就是利用分布式数据库来管理全球域名的系统，将计算机名字解析成 IP 地址，也就是说通过定义属于某个域中的主机名来友好地定位网络中的主机，通过 DNS 转换成主机或路由器识别的 IP 地址。

域名系统的特点是允许区域自治。在域名系统的设计过程中允许每个域的管理单位设计和定义本域下的子域、子域名和主机名，而不必通知上级管理结构，由本域的 DNS 服务器进行管理和解析。大多数连接因特网接入组织都有一个域名服务器，DNS 服务器除了本地域名服务信息外，还包括连接其他域名服务器的信息，这些服务器形成了一个大的协同工作的域名数据库，所以从本质上讲整个域名系统是以一个大型的分布式数据库的方式工作。

6.2.2 因特网的域名系统

因特网的域名结构是分级的，如图 6-4 所示。在根域名空间下有几百个顶级域名（Top Level Domain，TLD），顶级域名下可以划分多个子域，被称为二级域名，二级域名再划分为三级域名，每个域都对其下面的子域拥有控制权，要创建一个新的子域，必须征得其所属域的授权，加入到上层域的资源记录中，进行管理和维护。

通用顶级域名，分为三大类：

① 国家级顶级域名，如 cn 表示中国，jp 表示日本。国家级顶级域名 296 个。

② 通用顶级域名：如表 6-1 所示，美国的所有的组织几乎都处在顶级域名中，其他国家的组织列在其国家的域名下。通用顶级域名 20 个。

2016 年 10 月 1 日（美国东部时间），美国商务部下属机构国家电信和信息局把互联网域名管理权完全交给位于加利福尼亚的互联网名称与数字分配机构（ICANN），迈出了互联网走向全球共治的一步，ICANN 负责域名系统管理，IP 地址分配，协议参数配置，以及主服务器系统管理等职能。

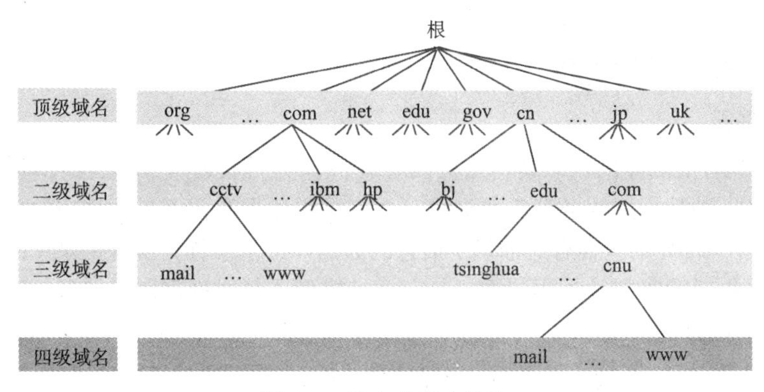

图 6-4　域名的层次结构

表 6-1　部分顶级域名分配表

顶　级　域　名	域　名　类　型
com	商业组织
edu	美国教育机构
gov	政府部门
int	国际组织
mil	军事部门
net	网络服务机构
org	各种非营利组织
Mobi	移动产品与服务的提供者
Asia	亚太地区

③ 基础结构域名：只有一个 arpa，用于方向域名解析。

国家级顶级域名下注册二级域名，由各国自行确定，中国互联网信息中心（CNNIC）负责管理我国的域名解析，我国二级域名分为两类，一类是类别域名（7 个），如表 6-2 所示；另一个是行政区域域名（34 个）。按省、市、自治区定义，如北京为 bj。

表 6-2　我国域名类别列表

二　级　域　名	类　　型
ac	科研机构
com	工、商、金融
edu	教育机构
gov	政府机构
mil	国防机构
net	提供互联网服务的机构
org	非营利性组织

一个组织拥有一个域的管理权后，它就可以决定如何进一步划分子域（三级域名、四级域名），如此层层细分，就形成了因特网的分级结构，一个完整域的名字采用从顶级域名到各级域名串起来，用点来分割。

如：cn　　　　中国
　　edu.cn　　　中国·教育科研网
　　cnu.edu.cn　　中国·教育科研网·首都师范大学

6.2.3 域名服务器和域名解析

1. 域名服务器

在 Internet 中向主机提供域名解析服务的计算机被称为域名服务器（DNS 服务器）。每个域名服务器都是一种数据库服务器，数据库中含有该服务器负责维护的域或地区子域和单个设备的各种信息，在 DNS 中，含有这种名字信息的数据库记录被称为资源记录（RR）。

域名解析服务器的实现是采用层次化分布式的模型，每个域名服务器只管理本域下的域名解析工作，如图 6-5 所示。

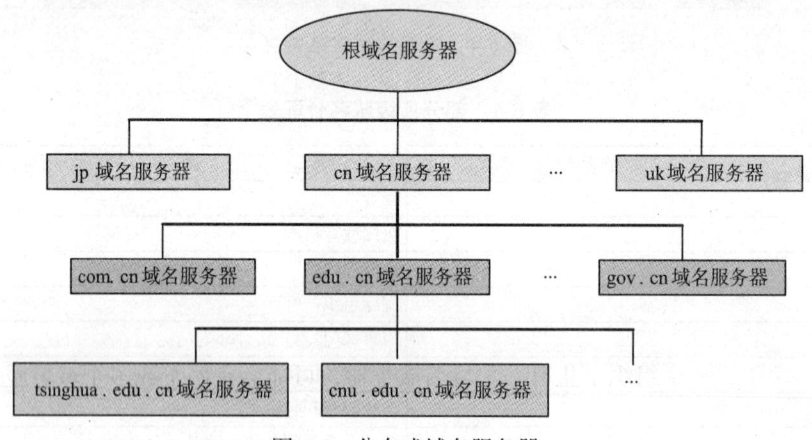

图 6-5　分布式域名服务器

根域名服务器存储了根地区有关的信息，并为根地区内的所有结点提供每个权威服务器的名字和地址的解析服务，从理论上讲，这台域名服务器非常重要，如果出现问题导致其停止运转，则整个 DNS 系统基本上就瘫痪了，由于这个原因，根域名服务器就不应该是一台或两三台，在因特网上共有 13 个不同 IP 地址的根域名服务器，它们的名字是用一个英文字母命名，从 a 一直到 m（前 13 个字母），这些根域名服务器相应的域名分别是：

a.rootservers.net

b.rootservers.net

…

m.rootservers.Net

而实际存在的物理服务器远远大于这 13 台，全世界已经安装了一百多个根域名服务器机器，分布在世界各地。如根域名服务器 f.root-servers.net，就分别安装在 40 个地点，中国有三个，分别在北京、香港和台北，使世界上大部分 DNS 域名服务器都能就近找到一个根域名服务器，这样做的目的是为了方便用户，加快了 DNS 的查询过程，从而更加合理地利用了因特网的资源。通过网络 ftp://ftp.rs.internic.net/domain/named.root 可以查到最新的根域名服务器列表。

给定一个要解析的名字，根可以为该名字选择一个服务器，下一级的服务器可以为上一级的服务器提供回答，为了保证一个域名服务器能和其他服务器取得联系，域名系统要求每个服务器知道至少一个根服务器的 IP 地址和它上一级的服务器地址，除此之外，还要存储本子域的所有服务器的地址。对于该域来讲，此服务器称为本地域名解析服务器。

域名服务器完成的大部分工作是相应名字的解析请求，每个请求都需花费时间和网络资源，并且占用本来可以用于传输数据的互联网带宽，因此DNS服务器采用高速缓存的方式存储之前曾经访问并解析过的名字和IP地址的信息，当下次再有访问该地址的查询报文到达时，直接从该高速缓存中获取，以减轻网络的负担。随着时间的推移，高速缓存中的信息有可能变得陈旧，而导致查询错误，解决这个问题的方法是为每个资源记录RR设定一个称为寿命（TTL）的时间间隔，来指定该条记录在缓存中的保留时间，时间的设定和RR的类型相关。

2. 域名解析服务

域名解析的操作有两个主要的文档RFC1034和RFC1035。

网络中的一台主机可以用主机名表示，也可以用IP地址来表示，人们更愿意用主机名来表示，而网络通信只能用固定长度的IP地址来表示，所以需要能将主机名转换成IP地址的解析服务，这就是域名解析服务。完成域名解析服务的计算机是域名服务器，负责解析的程序是应用层的DNS协议，DNS使用传输层的TCP和UDP提供的服务，实际的应用一般使用UDP协议，通过UDP的53号端口来监听客户端的DNS请求。

DNS除了完成从主机到IP地址的解析外，还提供主机别名、邮件服务器别名、负载均衡等服务。

① 主机别名。有的主机可以有一个或多个别名，因为有的主机别名比正规的主机名更容易记忆，通过调用DNS获得所给的主机别名的正规主机名和IP地址。

② 邮件服务器别名。通常情况下通过设定一个或多个邮件服务器的别名让用户容易记住邮件地址，DNS允许一个机构拥有相同的Web服务器和邮件服务器的别名。

③ 负载均衡。对于任务繁重的域，允许一组DNS服务器来共同分担解析任务。

在实际应用中，一个组织不止有一个域名服务器，可能会有两个或多个域名服务器，以增加域名服务器的可靠性，其中一个是主域名服务器，其他的为备用域名服务器，主域名服务器定期将数据复制到备用域名服务器，如果主域名服务器出现问题，备用域名服务器可以保障DNS查询工作能够继续。

3. 域名解析技术

典型的域名解析类型有标准的名字解析、反向名字解析、电子邮件解析。

① 标准的名字解析。接收一个DNS名字作为输入并确定对应的IP地址。

② 反向名字解析。接收一个IP地址确定与其关联的名字。

③ 电子邮件解析。根据报文中使用的电子邮件地址来确定应该把电子邮件报文发送到哪里。

尽管有多种解析活动，大多数还是名字解析请求，所以这里重点讨论标准的名字解析。

由于DNS的名字信息是以分布式数据库的形式分散在很多服务器上，因此DNS标准定义了两种解析方法，一种是迭代解析，另一种是递归解析。

（1）迭代解析

迭代的方法是：当主机向本地的DNS服务器发出DNS请求，本地DNS服务器不知道该域名的IP地址，就以DNS客户的方式向根域名服务器发出请求，根域名服务器向请求端推荐下一个可查询的域名服务器，本地域名服务器向推荐的域名服务器再次发送DNS请求，回答的域名服务器要么回答这个请求要么提供另一台服务器名字，重复（迭代）上述过程，直到找出正确的服务器为止，图6-6说明了迭代解析过程。

（2）递归解析

递归的方法是：主机向本地的DNS服务器发出DNS请求，如果在本地域名服务器中有其IP地址，就做出正确的回答，如果服务器不知道该域名的IP地址，就以DNS客户的方式向其他服务器发出请求，其他域名服务器要么知道该域名的 IP 地址给出正确回答，要么再以客户身份发出 DNS 请求，重复（递归）上述过程，直到找到正确的服务器为止，将域名对应的 IP 地址再反向回传给开始发出 DNS 请求的主机，图 6-7 说明了递归解析过程。

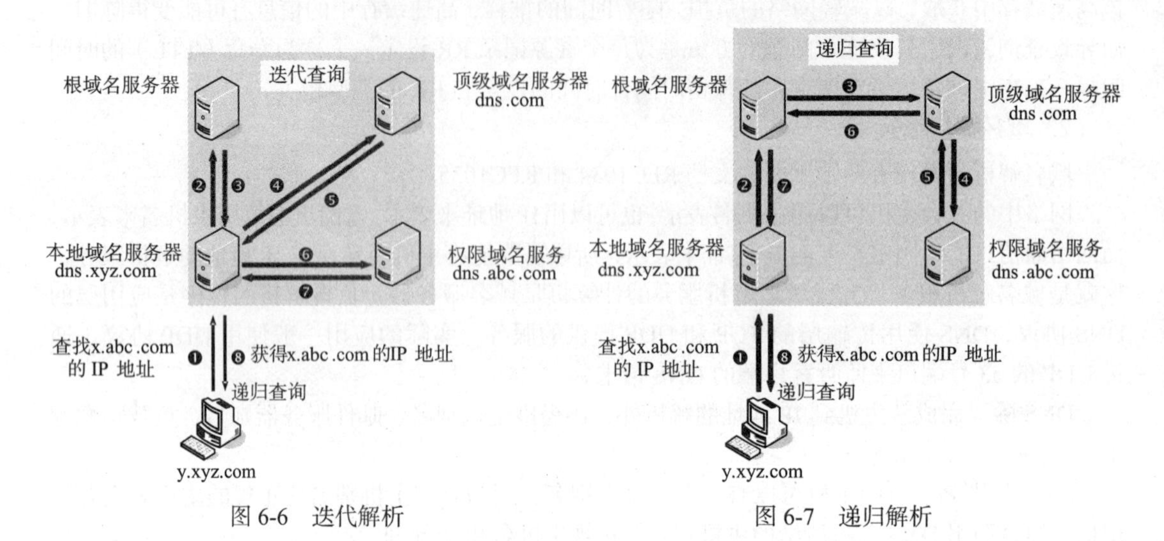

图 6-6　迭代解析　　　　图 6-7　递归解析

使用递归查询的好处是：名字解析速度快，服务器会很快反馈客户端正确的信息或无法找到对应信息的提示。但使用递归查询存在一个问题，即使客户端提供了一个正确的域名，由于服务器中不存在对应的数据而无法正确解析。而迭代查询，只要 DNS 域名正确一定可以通过迭代的方法找到相应的 IP 地址，但迭代查询的过程比较慢，消耗 DNS 服务器的资源。有时会因为客户端提供了错误的域名，而白白浪费 DNS 服务器的资源，因此通常情况下，不采用客户端的 DNS 迭代服务，客户端只使用递归查询。

4. 域名解析过程

下面通过一个例子来说明域名解析的过程，公司 gtld 和学校 ssj.edu.cn，现在 gtld 公司的一名员工通过浏览器要访问 ssj.edu.cn 大学的 www 服务器。

其域名解析的过程是：

① Web 浏览器认出这有一个 DNS 请求，调用本机的名字解析器把 www.ssj.edu.cn 传递给高速缓存。

② 解析器检查自己的高速缓存，看是否有这个域名的地址。

③ 如果有就返回给浏览器，如果没有就向 dns.gtld.com 发送 DNS 请求。

④ 本地域名服务器 dns.gtld.com 首先检查自己的高速缓存，看有没有该名字的 IP 地址，如果有就向主机的解析器发回 IP 地址的信息。

⑤ 如果没有，dns.gtld.com 为该名字产生一个迭代请求给根域名服务器。

⑥ 根域名服务器没有这个名字的解析，返回的是负责 .cn 的名字服务器和地址。

⑦ dns.gtld.com 又产生一个 DNS 迭代请求给 .cn 的服务器。

⑧ .cn 的服务器返回 .edu.cn 域的名字服务器名字和 IP 地址。

⑨ dns.gtld.com 再次产生一个迭代请求给 .edu.cn 的服务器。

⑩ .edu.cn 服务器返回 ssj.edu.cn 域的名字服务器和地址给 dns.gtld.com。

⑪ dns.gtld.com 最后向 dns.ssj.edu.cn 发送一个迭代请求。

图 6-8 所示为域名解析例子。

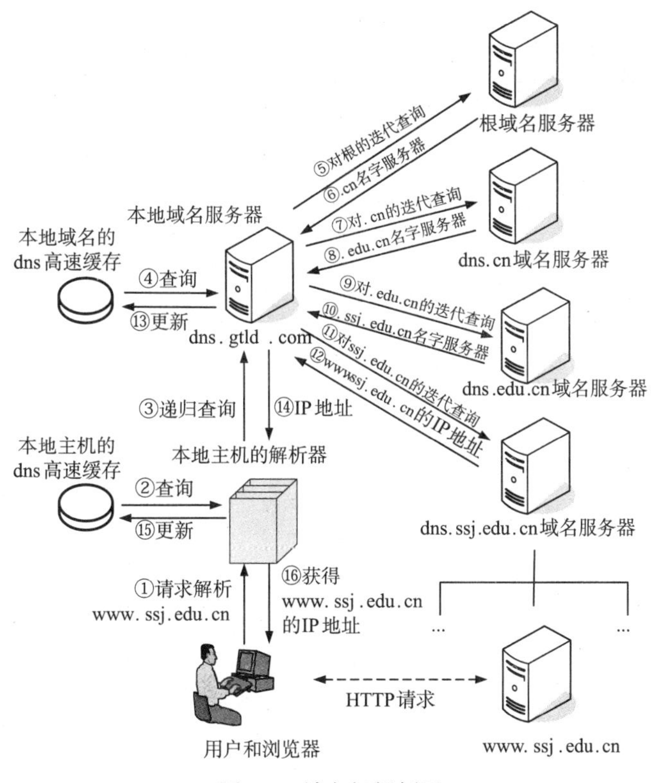

图6-8 域名解析例子

⑫ dns.ssj.edu.cn 域名解析服务器给出了 www.ssj.edu.cn 的 IP 地址。

⑬ dns.gtld.com 将 www.ssj.cnu.edu.cn 和其对应的 IP 地址暂存在其高速缓存中。

⑭ dns.gtld.com 再将这个名字和对应的 IP 返回给本地机器的解析器。

⑮ 本地解析器更新高速缓存，将该信息加入进来。

⑯ 本地解析器把地址提供给浏览器。

在 DNS 服务器中存放的是资源记录（RR），也称为 DNS 记录，它以数据库的形式存放着主机名、主机名与 IP 地址的映射关系信息，为域名解析和额外路由提供服务，DNS 数据库中的每一条记录包括 5 个字段，分别是：

Domain_name	Time_To_Live	Class	Type	Value

Domain_name：域名。

Time_To_Live：寿命，表明该条记录的生存时间，如 86400，表明该条记录的可存活的时间为一天中的 86 400 s，对于不同类型的记录寿命时间会不同。

Class：指明记录属于什么载体类别的信息，如因特网的信息属于“IN”类别。

Type：类型字段，指明该条记录是什么类型的记录，目前 DNS 有几十种类型。常用的有 A、NS、CNAME、SOA、PTR、MX、TXT 等。

表6-3 常用的 DNS 记录类型和描述

RR 类型值	文本编码	类　型	描　述
1	A	地址	最常用的，关联主机和 IP 地址
2	NS	名字服务器	用来记录管辖区域的名称服务器。每个地区都必须有一条 NS 记录指向其主名字服务器，而且这个名字必须有一条有效的地址（A）记录

续表

RR 类型值	文本编码	类　型	描　述
5	CNAME	规范名	用来定义某个主机真实名字的别名，一台主机可以设置多个别名。CNAME 记录在别名和规范名字之间提供一种映射，目的是对外部用户隐藏内部结构的变化
6	SOA	起始授权	用于记录区域的授权信息，包含主要名称服务器与管辖区域负责人的电子邮件账号、修改的版次、每条记录在高速缓存中存放的时间等
12	PTR	指针	执行 DNS 的反向搜索
15	MX	邮件交换	用于设置此区域的邮件服务器，可以是多台邮件服务器，用数字表示多台邮件服务器的优先顺序，数字越小顺序越高，0 为最高
16	TXT	文本字符	为某个主机或域名设置的说明

图 6-9 为一个实际的 DNS 资源记录中的部分信息。

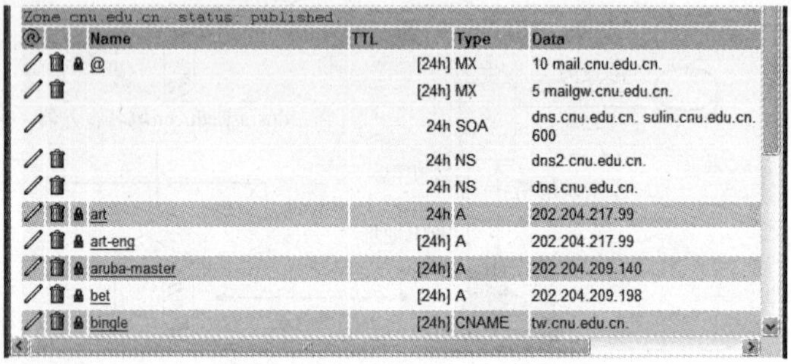

Zone cnu.edu.cn. status: published.

Name	TTL	Type	Data
@		[24h] MX	10 mail.cnu.edu.cn.
		[24h] MX	5 mailgw.cnu.edu.cn.
		24h SOA	dns.cnu.edu.cn. sulin.cnu.edu.cn. 600
		24h NS	dns2.cnu.edu.cn.
		24h NS	dns.cnu.edu.cn.
art		24h A	202.204.217.99
art-eng		[24h] A	202.204.217.99
aruba-master		[24h] A	202.204.209.140
bet		[24h] A	202.204.209.198
bingle		[24h] CNAME	tw.cnu.edu.cn.

图 6-9　RR 中的部分信息

5. DNS 报文格式

DNS 报文交换都是基于客户机和服务器的，客户机向服务器发送 DNS 查询请求报文，作为服务器的主机通过回答做出响应，这种查询响应是 DNS 不可分割的组成部分，在 DNS 报文使用的格式上就能体现出来。

DNS 的通用报文格式如图 6-10 所示，共包含 5 个部分。

首部（12 个字节）
问题（可变长）
回答（可变长）
权威机构（可变长）
附加信息（可变长）

图 6-10　DNS 通用报文格式

① 12 个字节的首部信息，包含了描述报文类型并提供有关报文重要信息的字段，除此之外还包含了说明报文其他部分区域记录数的字段。

② 问题部分：携带一个或多个问题，也就是发送给 DNS 服务器的信息查询。

③ 回答部分：携带一个或多个 RR 回答问题部分提出的问题。

④ 权威机构部分：包括一个或多个权威服务器，用来解析本域内的域名。

⑤ 附加信息部分：传达一条或多条含有与查询相关的附加信息的 RR，这些信息对于回答报文中的查询来说不是必需的。

在 DNS 首部带有数个重要的控制信息，其首部格式如图 6-11 所示。

DNS 报文首部各字段的描述如表 6-4 所示。

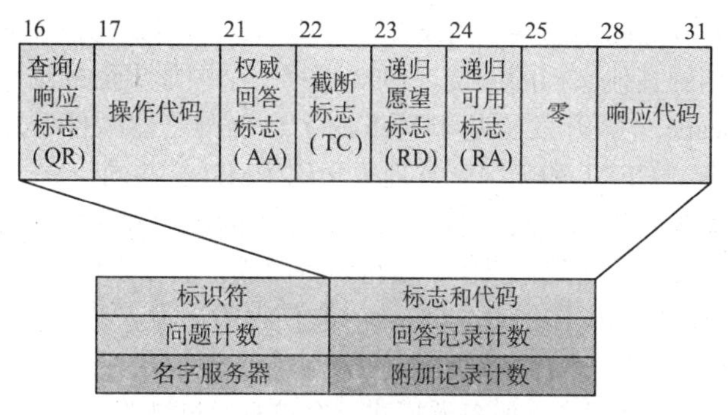

图 6-11　DNS 报文首部格式

表 6-4　DNA 报文首部各字段描述

字　段	字段名称	长　度	描　述
标识符	ID	2 字节	由发送 DNS 请求的主机产生一个 16 比特的标识符。服务器会将该标识符复制到相应报文中，以便匹配对应的请求报文
查询 / 响应标志	QR	1 比特	区分查询和响应报文。查询为 0，响应为 1
操作代码	OpCode	4 比特	说明报文携带的查询类型。由 DNS 请求方设置，回答时不做修改地复制到响应报文中
权威回答标志	AA	1 比特	在响应报文中，该字段为 1 表示问题部分中指明的域名所在的地区的权威服务器；为 0 表示响应是非权威的
截断标志	TC	1 比特	TCP 对报文长度没有限制，而 UDP 报文长度的上限为 512 字节，如果该字段为 1 表明 DNS 报文长度大于传送机制规定的最大报文长度，而被截断。所以大多数情况下该字段为表明下面使用的是 UDP 发送
递归愿望标志	RD	1 比特	在查询报文中，该字段为 1 表明发送方希望采用递归查询。如果服务器支持递归查询，该值在响应报文中不变
递归可用标志	RA	1 比特	在响应报文中该字段置 1 或清零以表示创建响应的服务器是否支持递归查询。收到这个响应报文的设备就知道以后该服务器是否可以进行递归查询
零	Z	3 比特	保留
响应代码	RCode	4 比特	查询报文该字段为 0，响应报文利用该字段表明处理的结果
问题计数	QDCount	2 字节	报文中问题部分的问题数
回答记录计数	ANCount	2 字节	回答部分中的 RR 数量
名字服务器计数	NSCount	2 字节	权威机构部分的 RR 数量
附加记录计数	ARCount	2 字节	附加信息部分的 RR 数量

说明： 首部的操作代码：为 0 表示标准查询，为 1 是反向查询，为 2 表示为服务器状态请求。

首部的响应代码 0 是无差错，1 是格式错误，2 是服务器故障，3 是名字错误，4 是没有实现，5 是拒绝。

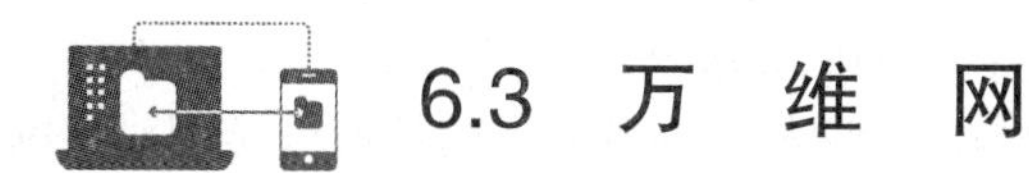

6.3　万　维　网

6.3.1　WWW 概述

WWW（World Wide Web）称为万维网，简称 Web，始于 1989 年，是作为一个用来描述文档之间相互关系和研究者之间信息共享而设计的。使 Web 功能如此强大的主要特征是超文本，它允许建立从一个文档到其他文档的链接。1993 年第一个图形界面的浏览器开发成功，命名为 Mosaic，1994 年 Netscape 公司开发了基于 Web 的客户端浏览器软件，这就是有名的 Netscape Navigator 浏览器，同年，CERT 和美国麻省理工学院（MIT）共同建立了 WWW 协会，制定了 Web 协议和标准，在短短几年的时间里 Web 从一个小小的应用程序发展为互联网领域最大、最重要的应用程序，从超文本发展到超媒体，使得因特网成为当今人们很难割舍的主要原因。

WWW 是一个分布式的超媒体信息查询系统，它使得用户很容易地访问网络中的各种信息，包括文本信息、图形图像信息、声音视频信息等等，非常方便地从一个站点访问到另外一个站点。

万维网系统主要是基于客户机 / 服务器模式，客户机通过浏览器访问服务器提供的资源。

1. Web 的主要功能组件

① 超文本标记语言（HTML）: 是定义超文本文档的文本语言，是万维网文档发布和浏览的基本格式。

② 超文本传输协议（HTTP）: 是 TCP/IP 应用层协议，提供客户机与服务器之间的媒体信息传输服务，HTTP 是 Web 的核心。

③ 统一资源标识符（URL）: 用于定义互联网上资源的标签。指明了网络信息资源存储在哪台主机的某个路径，以及通过何种方式访问它。

2. Web 服务器和 Web 浏览器

① Web 服务器是运行特殊服务器软件的计算机，通过 HTML 编写的信息资源存放在服务器中，全世界所有的 Web 服务器就构成了规模庞大的分布式知识库体系，为人们提供了大量的信息。Web 服务器默认情况下在 80 端口监听客户端对其提出的 HTTP 请求，通过该端口为客户机提供信息服务。

② Web 浏览器是运行在客户机上的软件程序，用于访问 WWW 服务器上的 Web 文档，也实现接收 HTML 文档并显示其内容。

图 6-12 描述了 WWW 系统的工作过程。

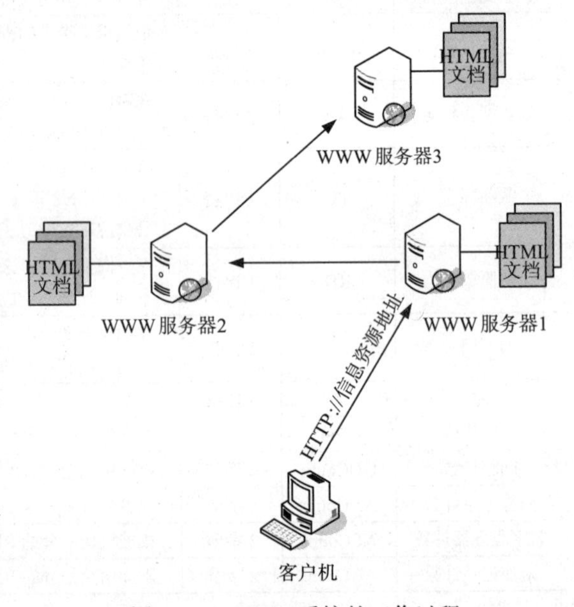

图 6-12 WWW 系统的工作过程

6.3.2 统一资源定位地址

像文件、文件目录、文档、图像、声音等和因特网相连的任何形式的数据都属于因特网上的资源，电子邮件的地址和新闻组等也属于网络资源。只要能够对这些网络资源定位，系统就可以对资源进行访问、存储、更新、替换等诸多操作。统一资源定位符（URL）是用来表示因特网上资源的位置和访问这些资源的方法。

也可以将 URL 理解为与因特网相连的机器上的任何可访问对象的一个指针，URL 的一般格式为：

协议 :// 主机 [: 端口][/ 路径]

协议指明了使用什么协议来获取 WWW 的文档，如超文本传输协议（HTTP）、文件传输协议（FTP），协议后面的“://”是不能省略的。

主机：指明 WWW 文档在哪个主机上，可以是 IP 地址，也可以是主机在因特网中的域名。

端口：表明从哪个端口读取数据，如 HTTP 默认是 80 端口，FTP 默认是 21 端口，默认端口可以省略不写。

例如，http://www.tsinghua.edu.cn 为清华大学的主页，http://www.sina.com.cn 为新浪的主页

主页是该网站的第一个页面，一般为 index.htm 或 default.htm 或 index.jsp 等。默认主页的名称不必在 URL 中指明，在设置 WWW 服务器时定义。

6.3.3　超文本传输协议

超文本传输协议（HTTP）是一个应用层协议，它的一个版本是 HTTP/0.9，后续版本是 HTTP/1.0 和 HTTP/1.1。最初的版本只是为了传输超文本文件，非常简单，不支持传送超文本之外的任何其他数据类型，甚至没有一个正式的版本号，HTTP/0.9 只是表明它比第一个正式的版本小一号。1996 年超文本传送协议 HTTP/1.0(RFC1945) 正式发布，该版本已经可以支持不同类型的媒体，将 HTTP 从一个很小的请求和相应的应用程序转换为一个报文传送协议，定义了一个完整的报文格式。随着 Web 的普及，HTTP 占据了因特网的大多数流量，而且这些流量中一些负载是 HTTP 本身带来的，所以显得 HTTP/1.0 效率很低。1997 年因特网工程任务组（IETF）提出了 HTTP/1.1 的第一个草案标准 RFC2068 和之后的 RFC2616、RFC2617 构成了我们现在广泛使用 HTTP/1.1 协议标准。2002 年的 HTTP 扩展框架（RFC2744）现在是一个试验状态，还没有成为正式标准。

HTTP/1.1 的特性：

① 应用层协议：HTTP 工作在应用层，使用可靠的面向连接的 TCP 协议，HTTP 使用的默认端口号是 80。

② 基于客户机 / 服务器模式：客户端通过浏览器向服务器发出请求，服务器向客户端返回对请求的应答。

③ 双向传输：客户端向服务器发送请求，服务器向客户端浏览器回应网页信息，浏览器负责将网页内容显示给用户。客户机也可以将诸如表单一类的信息发送给服务器。

④ 支持多个主机名：HTTP/1.1 允许一个 web 服务器可以处理几十个甚至几百个虚拟主机的请求。

⑤ 持久连接：允许客户机在一个 TCP 会话中发送多个相关文档的请求。HTTP/1.0 以前的版本是一个请求需要一个新的 TCP 连接。

⑥ 部分资源选择：允许客户机只要求文档的部分资源的请求。这样可以减少服务器的负载，节省了资源。

⑦ 支持高速缓存和代理：Web 浏览器可以将用户浏览过的网页内容缓存在本机高速缓存，当用户再次访问该页面时，可以从缓存中提取；允许在浏览器和 Web 服务器之间建立代理服务器，将本网络中的曾经访问过的网页缓存在本地代理服务器中，当某个客户机的浏览器要访问 Web 服务器时先从本地代理服务器中读取信息，减少 Internet 访问的流量。和 1.0 版本比较，高速缓存和代理的效率及效果更好。

⑧ 内容协商：通过内容协商特性完成客户机和服务器的信息交换，确定传输的细节。

⑨ 安全性好：使用鉴别方法（RFC2617）提高安全性能。

1. HTTP 的工作过程

HTTP 的工作过程如图 6-13 所示。

Web 服务器运行一个服务器进程，通过 TCP 的熟知端口 80（也可以是指定的其他端口）监

听客户端浏览器发出的连接请求，当有客户端浏览器通过 URL 向 Web 服务器发出连接请求时，Web 服务器和客户机就建立 TCP 连接，客户机遵循 HTTP 标准向服务器发送浏览某个页面的请求，服务器也遵循 HTTP 标准回应请求页面；最后释放 TCP 连接。

下面通过一个实例来说明 HTTP 的工作过程。

通过浏览器访问一个 Web 服务器，在 URL 中输入 http://jszc.cnu.edu.cn，如图 6-14 所示，图 6-15 为通过 wireshark 捕获的 HTTP 请求报文，图 6-16 为 HTTP 的响应报文。

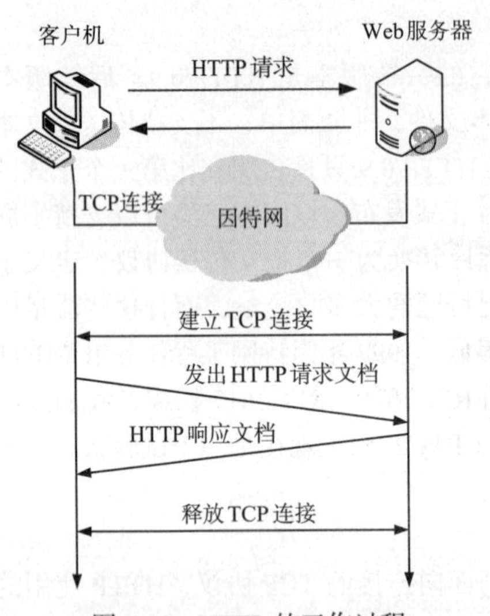

图 6-13　HTTP 的工作过程

图 6-14　HTTP 实例

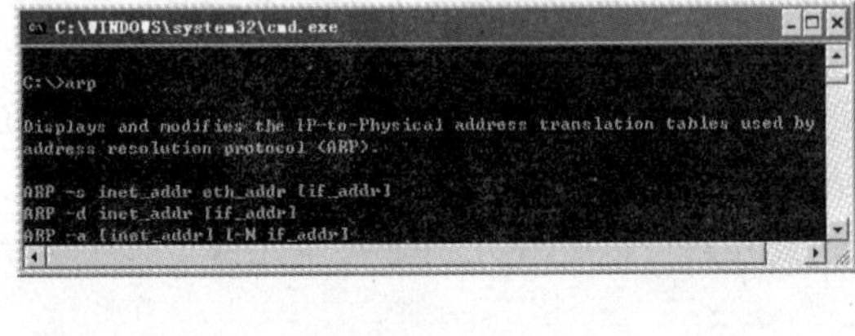

图 6-15　捕获的 HTTP 请求报文

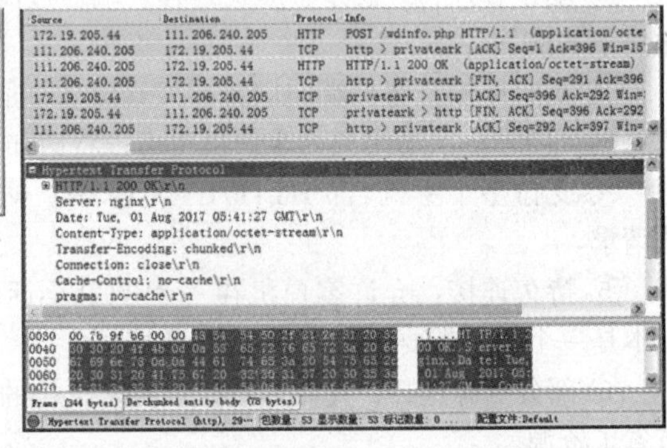

图 6-16　捕获的 HTTP 响应报文

具体实现过程如下：

① 浏览器向域名系统（DNS）请求解析 jszc.cnu.edu.cn 域 WWW 服务器的 IP 地址。

② DNS 解析出 jszc.cnu.edu.cn 的 IP 地址是 111.206.240.205。

③ 浏览器和服务器建立 TCP 的连接。

④ 浏览器发出取文件命令：POSTwdinfo.php

⑤ 111.206.240.205 服务器给出响应，把 wdinfo.php 文件发送给浏览器。

⑥ 释放 TCP 连接。

⑦ 客户端浏览器将网页文件显示出来。

2. HTTP 的连接

在 HTTP/1.1 版本中，采用了持续连接机制，即在客户端与服务器之间建立起 TCP 连接后，允许传送多个请求与响应，直到其中一方提出关闭 TCP 连接为止。这种连接方式优于早期版本的每发出一对请求 / 响应就建立和释放一次 TCP 的连接。由于消除了不必要的 TCP 握手和分手部分，减少了网络拥塞，服务器的负载也减少。

默认情况下 Web 服务器在 80 端口监听到客户机的连接请求后，建立起客户机和服务器的 TCP 连接，客户机发送第一请求报文，指出客户机使用哪个版本的 HTTP，如果是 HTTP/0.9 或 HTTP/1.0 版本，服务器自动使用短时间连接模式，如果是 HTTP/1.1，就可以使用持续连接，通过请求报文中的 connection：keep-alive 设定为持续连接。之后客户机可以开始流水线操作后续请求，如一个网页中的多个图像请求等，同时接收来自服务器的响应报文，在浏览器中显示收到的数据。服务器用缓存存储客户机的流水请求，并逐一响应请求。

客户机通过最后一个请求报文中的 connection：close 来关闭 TCP 的连接。从理论上讲服务器也可以终止与客户机的连接。

3. HTTP 请求报文

请求报文由请求行、首部行、空行、正文组成，如图 6-17 所示。

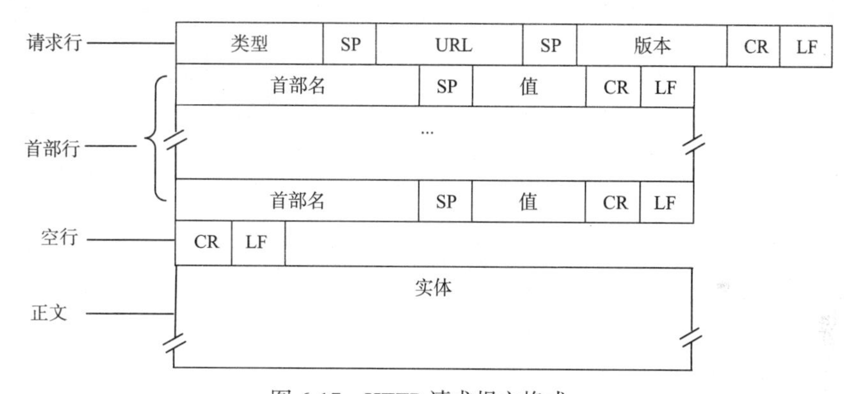

图 6-17　HTTP 请求报文格式

（1）请求行

请求行由请求类型、统一资源定位符（URL）和 HTTP 版本组成，以回车（CR）、换行（LF）结束。

语法格式为：“请求类型 资源路径 HTTP 版本号 <CRLF>”。

a. 请求类型：根据 RFC2616 的规定，HTTP 的请求方法有 GET、HEAD、PUT、POST、DELETE、TRACE、CONNECT 和 OPTIONS。不同的方法规定了对服务器上的资源所要执行的动作，常用的方法为 GET 和 POST，全部大写，请求类型描述如表 6-5 所示。

表 6-5　请求类型

方　法	描　述
GET	请求指定的文档
HEAD	仅请求指定文档的头信息
PUT	用客户端传送的数据取代文档中的内容
POST	请求服务器接收指定的文档作为执行的信息
DELETE	请求服务器删除指定的资源
TRACE	用于测试，收回发给服务器的请求副本

续表

方　法	描　述
CONNECT	保留
OPTIONS	允许客户端查看服务器的性能

b. URL 格式：HTTP: // 主机名 [: 端口]/ 路径 [参数][查询]。

c. HTTP 版本：可以为 HTTP/0.9、HTTP/1.0、HTTP/1.1。

（2）首部行

首部行包含了可变数量的字段，每个首部字段由字段名、冒号、一个空格和字段值 4 个部分组成，大写小写不分。

其格式为“字段名：字段值 <CRLF>”。

表 6-6 为常用的请求报文首部行的字段描述。

表 6-6　常用的请求报文首部行的字段描述

首 部 字 段	描　述
Accept	客户端所能接受的对象类型
Accept-language	客户端能处理的自然语言
UA-CPU	客户端的处理器类型
Accept-Encoding	客户端能处理的页面编码方法
User-Agent	用户代理（浏览器）
Host	服务器的 DNS 名字
Connection	连接方法
Content-Length	指定正文（实体）长度

这些字段主要用来说明请求、响应、内容的一些属性，服务器将根据客户端发来的首部字段进行不同的处理。

（3）空行

用一个空行来分隔首部行和实体。

（4）实体

实体可有可无。

下面是一个典型的 HTTP 请求报文：

```
//请求报文开始
GET /index.htm  HTTP/1.1 //请求行，表示使用 GET 方式取得文件，使用 HTTP/1.1 协议
Accept: image/gif, image/x-xbitmap, image/jpeg, image/pjpg, */*
                                        //接收的对象类型
Accept-Language: zh-cn                  //希望得到 zh-cn 语言对象
UA-CPU: X86                             //处理器类型
Accept-Encoding: gzip, deflate          //编码方式
User-Agent: Mozilla/4.0 (compatible; MSIE 6.0; Windows NT 5.2; SV1; WPS;
.NET CLR 1.1.4322)
                                        //用户代理（浏览器）
Host:file.ie.cnu.edu.cn                 //目的主机名称
Connection: Keep-Alive                  //表示持续性连接空行
                                        //请求报文结束
```

4. HTTP 响应报文

响应报文由状态行、首部行、空行、正文组成，如图 6-18 所示。

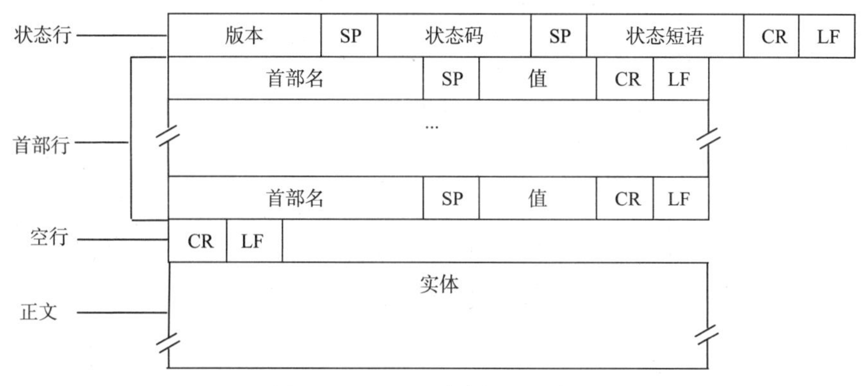

图 6-18　HTTP 请求报文格式

（1）状态行

状态行由 HTTP 版本、状态码和状态短语组成，每个部分之间用空格分隔，以回车（CR）、换行（LF）结束。

语法格式为“HTTP 版本号 状态码 状态短语 <CRLF>”。

a. HTTP 版本：可以为 HTTP/0.9、HTTP/1.0、HTTP/1.1。

b. 状态码：表示成功或错误的三位十进制整数代码表示，响应状态码分信息状态码、用户请求成功码、请求重定向代码、用户请求未完成代码和服务器错误码 5 类，由最高位 1 到 5 来区分，表 6-7 列出了常用的状态码。

表 6-7　常用的状态码

类　型	响应代码	短语内容	描　述
信息状态	100	继续	服务器准备好，客户机可以继续发送请求
	101	交换协议	服务器允许将当前使用的协议转换到客户机请求指定的协议
用户请求成功	200	ok	请求报文成功响应
	201	创建	请求成功，并创建了一个资源，对 PUT 方法的典型响应
	202	接收	服务器接受了请求，但还未处理完毕
	203	非权威信息	请求成功了，但服务器返回的某些信息来自第三方
	204	没有内容	请求成功，但服务器没有新的信息需要输出
	205	复位内容	请求成功，客户端需要复位当前文件，以便不要发送重复的请求，主要用于表单
	206	部分内容	服务器成功地满足了部分 GET 请求
请求重定向	300	多种选择	所请求的内容对应多个文件。服务器发送表示多个文件信息供客户端选择
	301	永久移动	被请求的资源已经永久地移到一个新的 URL。用户端修改 Location 来重新定向新的 URL
	302	找到了	被请求的资源暂时移到一个新的 URL
	303	见其他	被请求的资源可以在其他位置找到。用户可以使用 GET 方法重新获得此资源
	304	没有被修改	客户端发送条件 GET 请求，但自指定的时间内，该资源一直未被修改
	305	使用代理	客户端请求的文档需要通过 location 字段指明的代理来提取

续表

类型	响应代码	短语内容	描述
用户请求未完成	400	错误请求	服务器检测到客户的请求里有语法错误
	401	没有授权	该请求需要用户认证
	402	需要付费	保留
	403	禁止	对资源访问被禁止
	404	没有找到	所请求的资源不存在
	405	方法不允许	客户请求的方法不被接收。服务器响应中首部 allow 字段表示待访问的资源能够接受的访问方式
	406	不可接受	所请求的资源的格式与客户端可以接受的方式不符
	408	请求超时	服务器期待客户机在特定的时间内发送请求，而客户机未发送
服务器错误	500	内部服务器错误	由于服务器的原因请求不能实现
	501	没有实现	服务器不知道如何执行请求
	503	服务不可用	由于服务器的原因暂时无法实现请求，服务器发出 RetryAfter 字段告之何时继续服务
	505	HTTP 版本不支持	服务器不支持客户使用的 HTTP 版本

（2）首部行

首部行字段用于服务器在响应报文中向客户端传递的附加信息，包括服务程序名、被请求资源需要认证的方式、被请求资源被移动到的新地址等信息。每个首部字段由字段名、冒号、一个空格和字段值 4 个部分组成。

其格式为“字段名：字段值 <CRLF>”。

表 6-8 为常用的响应报文首部行的字段描述。

表 6-8　常用的响应报文首部行的字段描述

首部字段	描述
Content-length	以字节计算的页面长度
Content-type	页面的 MIME 类型
server	服务器的信息
data	报文被发送的日期和时间，用格林威治时间表示
upgrade	发送方希望切换到的格式
Content-encoding	内容的编码方式
Content-language	页面所使用的自然语言
Last-modified	页面最后被修改的时间和日期
location	指明客户将请求重定向的位置
Accept-range	接收了指定范围的请求
Set-cookie	服务器希望客户保存一个 cookie

这些字段主要用来说明请求、响应、内容的一些属性，服务器将根据客户端发来的首部字段进行不同的处理。

（3）空行

用一个空行来分隔首部行和实体。

（4）实体

返回的响应信息。

下面是一个典型的响应报文：

```
                                    //响应报文开始
HTTP/1.1 200 OK //响应行，服务器使用HTTP/1.1协议，状态值为200 OK，表示文件可以读取
Content-Length: 1162                //被发送对象的长度
Content-Type: text/html             //实体对象（数据）类型
Server: Microsoft-IIS/6.0           //服务器类型
X-Powered-By: ASP.NET
Data: Wed., 03 Aug 2017 08:23:02 GMT
                              //发送响应报文的时间，用格林威治时间表示空行
                              //响应报文首部结束
                              //实体对象（数据）部分开始
<html>
<head>
<title>
<META http-equiv="Content-Type" content="text/html; charset=UTF-8">
</title>
</head>
<body>
<H1>file.ie.cnu.edu.cn-/...... 网页内容 ...
</body>                       //实体对象（数据）部分结束
</html>
                              //响应报文结束
```

6.3.4 通过 cookie 实现用户与服务器的交互

一个 Web 站点常常希望能够实现对用户的识别，有可能是服务器想限制用户的访问，也有可能是想把一些信息与用户身份关联起来。HTTP 的 cookie 就可以实现这个目的。

在 RFC2109 中对 cookie 进行了定义，允许站点使用 cookie 跟踪用户，现在很多网站（如电子商务网站、门户网站等）都使用 cookie。

cookie 技术由 4 个部分组成：在 HTTP 的响应报文中有一个 cookie 的首部行；在 HTTP 的请求报文中有一个 cookie 的首部行；在用户端主机中保留有一个 cookie 文件，由用户的浏览器管理；在 Web 站点后台有一个数据库来维护用户信息。

Cookie 的工作过程是：当一个用户第一次访问使用 cookie 的网站时，其请求报文到达 Web 服务器时，该网站的服务器为该用户产生一个唯一的识别码，并且以此为索引在服务器的后台数据库中产生一个项目，在其给客户端的响应报文中增加一个包含 set-cookie：的首部行，例如 set-cookie：识别码；当客户端浏览器收到该响应报文后，将它管理的 cookie 文件中添加一个包括该服务器的主机名和 cookie：识别码的信息，如果该用户继续访问该网站，那么它的每个请求报文的首部行就会带有 cookie：识别码的信息。

下面通过一个典型的例子来说明 cookie 的使用，假设用户 SSJ 到一个电子商务网站浏览购物，当请求报文到达该电子商务网站服务器时，服务器为它生成一个识别码如 131908，并且在后台建立起 SSJ 的一个项目，在给 SSJ 的响应报文中添加一个 set-cookie：131908 的首部行信息，SSJ 的浏览器收到该响应报文后，在起管理作用的 cookie 文件中添加一条信息，包括服务器的名称和识别码，当 SSJ 继续浏览该网站时，每个请求报文都会带有 cookie：131908 的首部行信息，此时 Web 网站可以跟踪 SSJ 在该网站的所有活动，该站点可以为 SSJ 维护全部购买商品的

购物车列表，在 SSJ 结束会话前可以一起付费。如果若干天之后，SSJ 再次到该电子商务网站浏览或购物时，浏览器会继续使用 cookie：131908 的首部行，网站会根据以前的购物记录为其推荐商品，如果以前 SSJ 在该网站注册过，即提供过名字、邮件地址、信用卡账户等信息，就会在数据库中进行保存，当 SSJ 继续购物时，他不必再次输入这些信息，从而达到了“one-click shopping（一键式购物）”，简化了购物活动的手续。

对于 Windows 用户可以在 c:\documents and setting 中自己用户名的文件夹下看到 cookie 文件夹，里面存放着 cookie 文件。如果想拒绝或接受 cookie，在 IE 浏览器的“Internet 选项”对话框中选择“隐私”选项卡，用户可根据需要设定不同程度的 cookie。

6.3.5 Web 代理服务器和条件 GET 方法

1. 代理服务器

代理服务器（Proxy Server）也称 Web 缓存器，是建立在本地网络，代表起始服务器满足 HTTP 请求的网络实体。代理服务器有自己的磁盘空间，保存最近请求过的对象的副本，本地网络中的主机可以在浏览器中配置代理服务器，方法是这样“Internet 选项”对话框中的“连接”选项卡，配置代理服务器，使得用户的所有请求首先指向代理服务器，代理服务器的应用如图 6-19 所示，其工作过程是：

① 浏览器建立一个到该代理服务器的 TCP 连接，并且向该代理服务器发出 HTTP 请求。

② 代理服务器检查本地是否存储了该对象的副本，如果有，代理服务器就向客户浏览器转发该对象的响应报文。

③ 如果没有存储该对象的副本，代理服务器就与该对象的起始服务器打开一个 TCP 的连接，并且发送获得该对象的请求，收到请求后，起始服务器就向代理服务器发送该对象的响应报文。

④ 当代理服务器收到来自起始服务器的响应报文后，在本地存储空间保存该对象的副本，并向客户浏览器发送响应报文。

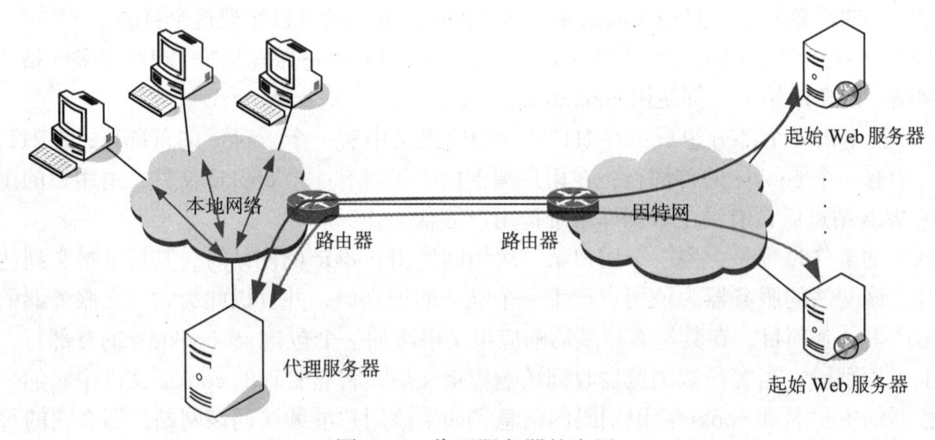

图 6-19 代理服务器的应用

在整个工作过程中代理服务器即是服务器，又是客户机，当接收浏览器的请求和发回响应时，它是服务器，当它向起始服务器发出请求时它又是客户机，代理服务器一般由 ISP 购买、安装和维护。

使用代理服务器的好处是：代理服务器可以减少客户机请求的响应时间，特别是当客户机和起始服务器之间的瓶颈带宽远远低于客户机与代理服务器之间的瓶颈带宽时显得更加明显；代理服务器还可以大大减少本地网络与因特网接入链路上的通信量；如果大多数本地网络都使用代理服务器，可以用较少的投资，降低因特网上 Web 流量，从而改善因特网的性能。

2. 条件 GET 方法

使用代理服务器之后，大大减小了用户得到响应的时间，但是不能保证在代理服务器中的对象副本总是最新的，当一个用户在一段时间再次访问时，网页的内容已经被更新了。为了解决这个问题，HTTP 协议提供了一种条件 GET 方法，就是在请求报文的首部行中增加一个 If-Modified-Since 项，表明该报文是一个条件 GET 请求报文。

6.3.6 HTML 与网站设计

1. 超文本标记语言（HTML）

HTML 是一种用于编写超文本文档的标记语言，自从 1990 年开始应用于网页编辑后，HTML 迅速崛起成为网页编辑的主流语言。几乎所有的网页都是由 HTML 和其他程序设计语言嵌套在 HTML 中编写的。HTML 并不是一种程序设计语言而是一种结构语言，具有与平台无关性，无论用户使用何种操作系统，只要有浏览器程序就可以运行 HTML 文件。

HTML 文档的编写一般可以采用文本文档的编辑器如 Windows 记事本，也可以利用网页制作工具如 Dreamweaver，保存为 .htm 和 .html 文件。

下面是一个简单的网页例子，用来说明 HTML 文档是由代表一定意义的独立标签和成对出现的标签组成，HTML 文档不区分大小写。

```
<html>
     <head>
          <title>
          This is my first homepage
          </title>
     </head>
     <body>
          <center>
          <font size=5 face="楷体">
          大家好!!!
          </font>
          <br>
          <hr>
          </center>
     </body>
</html>
```

将以上文档存为 default.htm 的文件，放在服务器指定的位置，服务器或客户机用浏览器显示如图 6-20 所示。“This is my first homepage”作为标题显示在蓝色的标题栏部分，楷体 5 号字“大家好！！！”居中显示在网页的第一行，换行显示了一条横线。

上面设计的网页属于静态文档，所谓静态文档是指在存放在服务器中，被用户浏览，但文档内容不会改变。其特点是简单，但灵活性差，信息的变化需要信息员手工对其进行修改，所以对于信息变化较频繁的文档不宜采用静态文档方式。动态文档的数据存放在后台数据库中，浏览器运行前端程序，用户可以根据需要填写相关的表单信息改变后台数据库中的数据。具体实现过程是，当浏览器访问 Web 服务器时，服务器的应用程序才创建动态文档，发送到客户机的浏览器，对于浏览器发来的数据应用程序进行处理。由于后台的信息不断地变化，所以用户浏览到的动态文档数据是变化的，如最新的股票行情，产品的销售情况。开发具有动态文档的网站需要开发人员具有一定的编程能力。

图 6-20　HTML 例子的执行结果

图 6-21 为客户机访问动态文档的过程，服务器增加了通用网关接口（Common Gateway Interface，CGI），CGI 是一种标准，它定义了动态文档应该如何建立，输入数据应如何提供给应用程序等。万维网服务器中遵循 CGI 标准编写的 CGI 程序，实现接收和处理前台用户提交的数据和后台数据库数据的增删改操作，生成动态文档的工作。

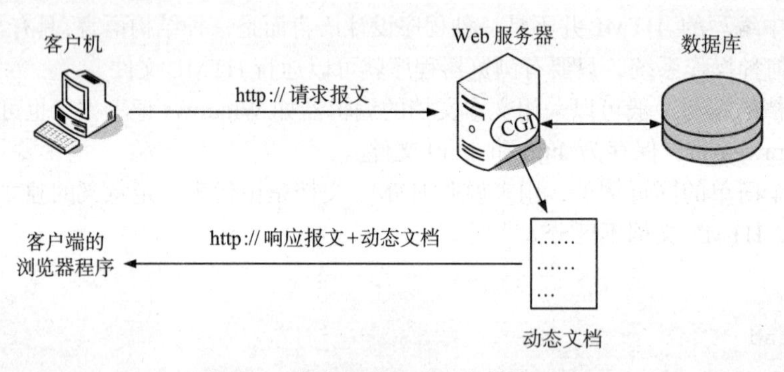

图 6-21　客户机访问动态文档的过程

随着 HTTP 和 Web 浏览器的发展，在服务器端生成的动态文档传送给客户机浏览器显示已经不能满足发展的需要，因为动态文档一经建立，它所包含的信息内容也就固定了，无法及时刷新屏幕。解决问题的方法有两种，一种是使用服务器推送技术，服务器不断运行与动态文档相关的应用程序，定期更新信息，并发送更新过的文档。这种技术不能断开客户机和服务器的 TCP 连接，而且如果多个客户机向服务器发送请求，在服务器端要运行多个推送程序，给服务器带来过多的负担。另一种是活动文档技术，当浏览器请求一个活动文档时，服务器就返回一个活动文档程序的副本给浏览器，客户端浏览器执行活动文档的程序，用户可以参与交互的过程，可以连续刷新屏幕显示信息，其工作过程如图 6-22 所示。

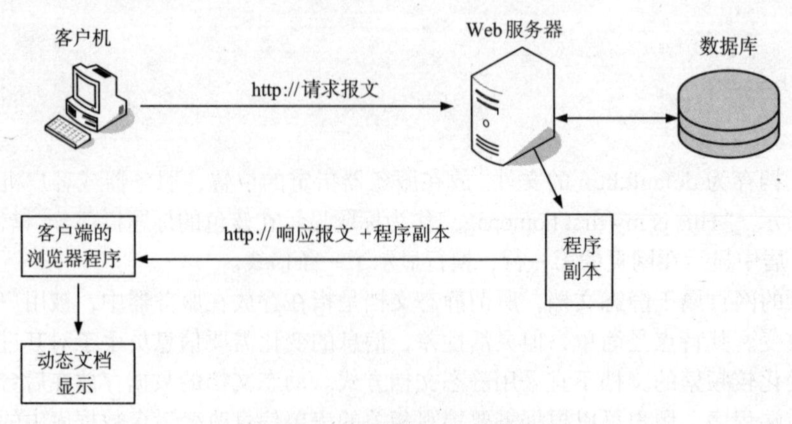

图 6-22　动态文档在客户端产生

2. Web 站点设计

Web 服务应该是目前网络应用最为广泛网络服务之一。用户平时上网最普遍的活动就是浏览信息、查询资料，而这些上网活动都是通过访问 Web 服务器来完成的，我们设计的网页是存放在 Web 服务器上。通过在局域网内部搭建 Web 服务器，就可以向因特网发布 Web 站点。

用户可以通过多种方式在局域网中搭建 Web 服务器，其中，使用 Windows Server 系统自带的 IIS 是最常用也是最简便的方式。IIS（Internet Information Services，Internet 信息服务）是一个功能完善的服务器平台，可以提供 Web 服务、FTP 服务等常用网络服务。借助 IIS，可以轻松实现要求不是很高的 Web 服务器。

Apache 是全世界范围内使用范围最广的 Web 服务软件，据统计超过 50% 的网站都在使用 Apache, 它以高效、稳定、安全、免费而成为最受欢迎的服务器软件，可以访问 http://www.apache.org 下载。

除了 Web 服务器的配置，还要考虑网站的网页设计，包括界面设计、色彩、文字、图像、导航等问题。所以网站设计是一个复杂而具有挑战性的工作，需要设计师采用系统的方法来规划网站的每一个细节，需要设计师是有综合的知识、技巧和设计能力。

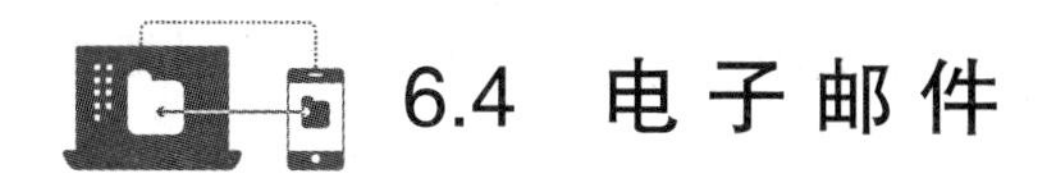

6.4 电子邮件

6.4.1 E-mail 概述

电子邮件是因特网中使用最多和最受欢迎的网络应用之一，电子邮件采用异步通信方式，不要求收发双方同时在线，邮件被发送到接收方的邮件服务器，并放在其中的收件人的邮箱中，收件人可以在方便时从邮件服务器读取信件；电子邮件不仅使用方便，而且传递迅速和费用低廉的优点。

从 1982 年的 ARPANET 的电子邮件标准问世到 2001 年的 RFC2821 和 RFC2822 的电子邮件标准出台，电子邮件经历了简单邮件传送协议（Simple Mail Transfer Protocol，SMTP）RFC821 标准和因特网文本报文格式 RFC822 标准，通用因特网邮件扩充（Multipurpose Internet Mail Extensions，MIME）RFC2045 ~ 2049，最后推出了 RFC2821 和 RFC2822 的过程。

一个电子邮件系统由三大部分组成，如图 6-23 所示，即用户代理、邮件服务器、邮件协议（包括发送邮件协议和接收邮件协议）。

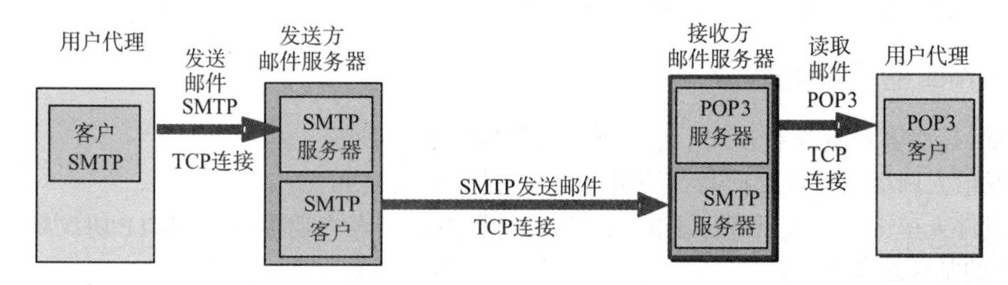

图 6-23　电子邮件系统的组成

用户代理（User Agent，UA）是用户与电子邮件系统的接口，也称电子邮件客户端软件，是运行在用户端的计算机中的程序，为用户提供发送和接收邮件的界面，如微软公司的 Outlook Express。

用户代理为用户提供以下的功能：

① 写邮件。为用户提供编辑邮件的环境。如提供通讯录，回复邮件时自动提取对方的邮件地址，将对方来信的内容复制一份到回信编辑窗口。

② 显示邮件。在屏幕上显示对方的来信。

③ 处理邮件。接收和发送邮件，甚至可以根据需要实现邮件的阅读后删除、存盘、打印、转发等工作。

④ 和邮件服务器通信。发信人写完邮件后利用 SMTP 将邮件发送到邮件服务器，收件人利用 POP3 或 IMAP 从接收端的邮件服务器接收邮件。

邮件服务器是邮件系统的核心，它为每个邮件用户在服务器中设置一个邮箱，管理和维护发送给用户的邮件。邮件服务器的功能是发送和接收邮件，同时还向发件人报告邮件传送的结果。邮件服务器按照客户 / 服务器的方式工作。

常见的电子邮件协议有 SMTP（简单邮件传输协议）、POP3（邮局协议）、IMAP（Internet 邮件访问协议）。这几种协议都是由 TCP/IP 协议族定义的。

SMTP（Simple Mail Transfer Protocol）：是用户代理向服务器发送邮件或者是邮件服务器之间发送邮件的协议。

POP（Post Office Protocol）：目前的版本为 POP3，POP3 是把邮件从电子邮箱中传输到本地计算机的协议。

IMAP（Internet Message Access Protocol）：目前的版本为 IMAP4，是 POP3 的一种替代协议，提供了邮件检索和邮件处理的新功能，这样用户可以完全不必下载邮件正文就可以看到邮件的标题摘要，从邮件客户端软件就可以对服务器上的邮件和文件夹目录等进行操作。IMAP 协议增强了电子邮件的灵活性，同时也减少了垃圾邮件对本地系统的直接危害，同时相对节省了用户查看电子邮件的时间。除此之外，IMAP 协议可以记忆用户在脱机状态下对邮件的操作（如移动邮件、删除邮件等）在下一次打开网络连接时会自动执行。

从图 6-25 看出，邮件服务器同时充当了服务器和客户机，当接收发送方邮件时为服务器，当发送邮件给接收方服务器时又是客户机。另外，不管是 SMTP 还是 POP3 都是在 TCP 连接上传送邮件，从而保障了邮件传送的可靠性。

电子邮件由信封和内容两个部分组成，电子邮件的传输程序根据邮件信封上收件人地址来发送邮件，TCP/IP 体系的邮件系统规定了电子邮件电子的格式为“收件人邮箱名 @ 邮箱所在主机的域名”。

符号 @ 表示“在”的含义，读作“at”，收件人邮箱名又称用户名，是收件人自己在申请邮箱时定义的，在邮件服务器中该名字是唯一的。

6.4.2 E-mail 的工作原理

E-mail 按照客户服务器方式工作，工作过程如图 6-23 所示。

① 发信人调用用户代理撰写、编辑要发送的邮件。

② 发件人单击用户代理界面上的“发送邮件”按钮，客户端程序用 SMTP 协议将邮件发送到发送方的邮件服务器上。

③ 发送方邮件服务器收到用户发来的邮件后，将邮件临时存放在邮件缓存队列中，等待发送到接收服务器。

④ 发送端邮件服务器作为 SMTP 客户与接收端的邮件服务器建立 TCP 连接，然后将缓存队列中的邮件依次发送出去，值得一提的是如果 SMTP 客户还有一些邮件要发送给同一个邮件

接收服务器，可以在原来已经建立好的TCP连接上重复发送；如果接受方邮件服务器出现故障或负荷过重，暂时无法和SMTP客户端建立TCP连接，发送端会过一段时间后再尝试发送。如果SMTP客户在规定的时间还不能将邮件发送出去，发送邮件的服务器会通过用户代理通知用户。

⑤ 接收方的邮件服务器进程收到邮件后，把邮件放到收件人的邮箱，等待用户读取。

⑥ 收件人在方便时，运行用户代理程序，发起和接收邮件服务器的TCP的连接，使用POP3（或者IMAP）协议读取自己的邮件。

6.4.3 简单邮件传输协议

简单邮件传输协议（SMTP）是一种基于文本的电子邮件传输协议，是在因特网中用于在邮件服务器之间交换邮件的协议。SMTP是应用层的服务，可以适应于各种网络系统。

1. SMTP命令

SMTP规定了14条命令和21种响应信息，每条命令的关键字基本上由4个字母组成，以命令行为单位，换行符为CR/LF。响应信息一般只有一行，由一个3位数的代码开始，后面可附上很简短的文字说明。SMTP工作的常用命令有7个，分别是HELO（或EHLO）、MAIL FROM、RCPT TO、DATA、REST、NOOP、QUIT。

① HELO(或EHLO)：HELO为Hello命令的命令码，是发送方问候接收方的，命令格式为“HELO 客户机的地址或标识”或“EHLO 客户机的地址或标识”，接收方服务器以250回应表示服务器做好了进行通信的准备，同时状态参量被复位，缓冲区被清空，EHLO是扩展的Hello，由支持SMTP扩展的SMTP发送方发送，来问候SMTP接收方，并要求它返回接收方支持的SMTP扩展列表。

② MAIL FROM：用来启动邮件传输，指明邮件的发送方地址。格式为“MAIL FROM: 发送方邮件地址”。

③ RCPT TO：告之接收方邮件接收人的地址，命令格式为“RCPT TO：邮件接收人的地址”。如果有多个接收人，需要多次使用该命令，每次只能指明一个人。

④ DATA：启动邮件的数据传输。邮件服务器回答“354 Start mail input;and with <CRLF>.<CRLF>”表明开始接收邮件内容输入。发送方可以发送邮件的正文数据，数据被写入到数据缓冲区，以回车换行加点再加回车换行结束正文数据的发送。接收服务器回答250代码行，表明数据被接收。

⑤ REST：该命令通知接收方复位，所有存入缓冲区的收件人数据，发送人数据和等待传送的数据全部清除，接收方回答250代码行，表示OK。

⑥ NOOP：该命令不带参数，只要求接收方回答OK，是一个空操作，可以用来测试客户与服务器的连接关系。

⑦ QUIT：客户端要求和SMTP服务器终端连接，发出该命令后，服务器回答OK信息，然后和客户断开TCP的连接。

2. SMTP回答

SMTP的回答主要是对收到的SMTP消息予以确认以及错误通知。SMTP的响应是以3个数据字符代码开头，后面附加文本信息的信息行。SMTP的每一个命令都会有一个回答信息行，回答信息行的3位代码都有特定的含义，如3位代码的第一位为2表示命令成功，为4没有完成，为5表示失败，具体含义如表6-9所示。

表 6-9　SMTP 响应代码含义

代码		说明
1**		积极初步应答（目前未使用）
积极完成应答	211	系统状态或帮助应答
	214	帮助信息
	220	服务准备就绪
	221	服务关闭传输信道
	250	请求命令完成
	251	非本地用户
积极中间应答	354	启动邮件输入
瞬间消极完成应答	421	服务不可用
	450	邮箱不可用
	451	命令被中止，本地错误
	452	命令被中止，存储空间不足
永久消极完成应答	500	语法错误：无法识别的命令
	501	实参或形参出现语法错误
	502	命令未实现
	503	坏命令系列
	504	命令暂时未实现
	550	命令未执行，邮箱不可用
	551	非本地用户
	552	请求的动作被中止：超过存储位置
	553	请求的动作未采用：邮箱名称不允许
	554	事物失败

3. SMTP 的工作过程

SMTP 要经过建立连接、传送邮件和释放连接 3 个阶段。具体为：

① 建立 TCP 连接，服务器的端口号为 25。

② 客户端向服务器发送 HELLO 命令以标识发件人自己的身份，然后客户端发送 MAIL 命令。

③ 服务器端以 OK 作为响应，表示准备接收。

④ 客户端发送 RCPT 命令。

⑤ 服务器端表示是否愿意为收件人接收邮件。

⑥ 协商结束，发送邮件，用命令 DATA 发送输入内容。

⑦ 结束发送，用 QUIT 命令退出。

⑧ 断开 TCP 的连接。

4. SMTP 实例

下面是一个典型的 SMTP 实例，其协议分析过程如图 6-24 所示。客户机的 IP 地址为 192.168.1.177，端口为 1104，发送方的邮件服务器地址为 192.168.1.130，端口为 25，首先是客户机的 1104 和服务器的 25 号端口通过三次握手建立起 TCP 的连接，通过 EHLO、MAIL FROM、TCPT TO、DATA 命令协商，将邮件正文信息传到服务器上，通过 QUIT 命令通知断开连接，最后是通过四次握手断开客户机和服务器的 TCP 连接。

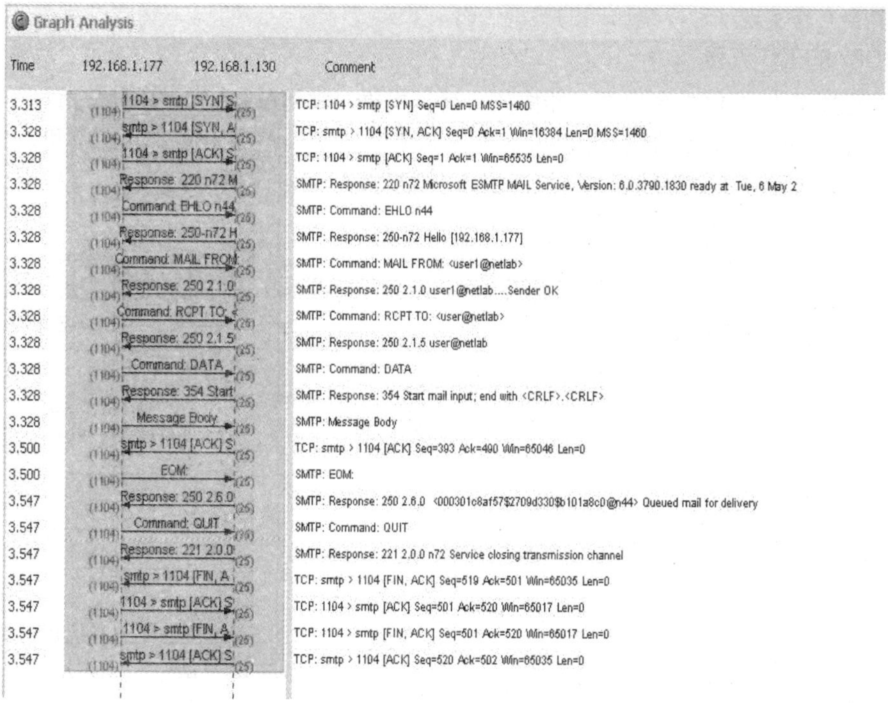

Graph Analysis

Time	192.168.1.177 　192.168.1.130	Comment
3.313	1104 > smtp [SYN] S	TCP: 1104 > smtp [SYN] Seq=0 Len=0 MSS=1460
3.328	smtp > 1104 [SYN, A	TCP: smtp > 1104 [SYN, ACK] Seq=0 Ack=1 Win=16384 Len=0 MSS=1460
3.328	1104 > smtp [ACK] S	TCP: 1104 > smtp [ACK] Seq=1 Ack=1 Win=65535 Len=0
3.328	Response: 220 n72 M	SMTP: Response: 220 n72 Microsoft ESMTP MAIL Service, Version: 6.0.3790.1830 ready at Tue, 6 May 2
3.328	Command: EHLO n44	SMTP: Command: EHLO n44
3.328	Response: 250-n72 H	SMTP: Response: 250-n72 Hello [192.168.1.177]
3.328	Command: MAIL FROM	SMTP: Command: MAIL FROM: <user1@netlab>
3.328	Response: 250 2.1.0	SMTP: Response: 250 2.1.0 user1@netlab....Sender OK
3.328	Command: RCPT TO: <	SMTP: Command: RCPT TO: <user@netlab>
3.328	Response: 250 2.1.5	SMTP: Response: 250 2.1.5 user@netlab
3.328	Command: DATA	SMTP: Command: DATA
3.328	Response: 354 Start	SMTP: Response: 354 Start mail input; end with <CRLF>.<CRLF>
3.328	Message Body	SMTP: Message Body
3.500	smtp > 1104 [ACK] S	TCP: smtp > 1104 [ACK] Seq=393 Ack=490 Win=65046 Len=0
3.500	EOM:	SMTP: EOM:
3.547	Response: 250 2.6.0	SMTP: Response: 250 2.6.0 <000301c8af57$2709d330$b101a8c0@n44> Queued mail for delivery
3.547	Command: QUIT	SMTP: Command: QUIT
3.547	Response: 221 2.0.0	SMTP: Response: 221 2.0.0 n72 Service closing transmission channel
3.547	smtp > 1104 [FIN, A	TCP: smtp > 1104 [FIN, ACK] Seq=519 Ack=501 Win=65035 Len=0
3.547	1104 > smtp [ACK] S	TCP: 1104 > smtp [ACK] Seq=501 Ack=520 Win=65017 Len=0
3.547	1104 > smtp [FIN, A	TCP: 1104 > smtp [FIN, ACK] Seq=501 Ack=520 Win=65017 Len=0
3.547	smtp > 1104 [ACK] S	TCP: smtp > 1104 [ACK] Seq=520 Ack=502 Win=65035 Len=0

图 6-24　SMTP 工作实例

6.4.4　邮件读取协议

POP（Post Office Protocol）是当前最流行的 TCP/IP 电子邮件访问和取回协议，它实现了离线访问模型，允许用户从 SMTP 服务器的邮箱中取回邮件，并在本地的客户机中保存和使用它们，它是一个简单的协议，只有少量的命令。POP 的当前版本是 3，所以该协议也称 POP3 协议，正式标准为 RFC1939。

常用的邮件读取协议除了 POP3，还有 IMAP（Internet Message Access Protocol）。因为 POP 很简单并具有悠久的历史，所以它很受用户欢迎，但是它的功能很少，通常只支持一些有限的离线邮件的访问方法。为了给用户在访问、取回和处理邮件报文的方式上提供更多的灵活性，IMAP 允许用户从多个不同的设备来访问邮件、管理多个邮箱，部分邮件下载等诸多功能，主要用于在线和分离访问模型，现在使用 IMAP 的数量也在增加。

1. 电子邮件的访问和取回模式

邮件的取回和访问有 3 种不同的模型：

① 在线访问模型。这是一种直接服务器访问方式，用户通过在线的方式访问 SMTP 服务器，读取自己邮箱中的邮件，其优点是快速，在任何位置都能一致访问。缺点是每次访问必须在线，IMAP 可以提供在线访问。

② 离线访问模型。用户创建一次和邮箱所在的服务器的连接，把收到的邮件报文下载到本地计算机中，然后从服务器邮箱中删除邮件，一旦下载，对邮件的所有操作都是离线的，POP 是这种方式的代表。

③ 分离访问模型。这是在线和离线访问的混合，用户从服务器下载报文，用户无需长时间地连接服务器，就可以完成阅读或其他邮件操作，在服务器上并没有删除该报文。这种方式具有快速访问邮件并离线使用它的能力，同时保持和更新服务器上的邮箱，便于客户在不同机器

上访问，IMAP 是实现这种模型访问的典型代表。

2. POP3 的工作流程

POP3 是常规的 TCP/IP 客户服务器协议，为了提供对邮箱的访问，在接收邮件服务器上安装并一直运行着 POP3 服务器软件，POP3 使用 TCP 来通信，确保了命令、响应和报文数据的可靠性，POP3 服务器在熟知端口 110 监听来自 POP3 客户端的连接请求，通过三次握手创建了 TCP 连接后，激活 POP3 会话，客户机给服务器发送命令，服务器以响应命令或电子邮件报文内容来回答。

POP3 的有限状态机如图 6-25 所示。

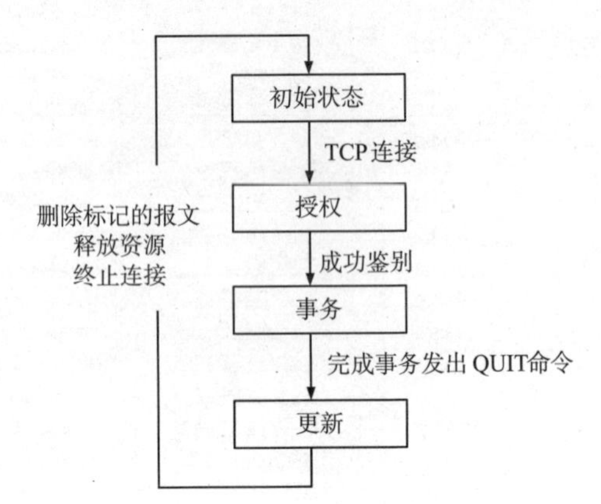

图 6-25　POP3 的有限状态机

① 授权状态。服务器给客户机提供一个问候来表明它已经准备好，然后客户机提供鉴别信息，以允许对用户邮箱的访问。

② 事物状态。允许用户对自己的邮箱中进行各种操作，包括显示邮件、取回邮件，对已取回的邮件做出删除标记。

③ 更新状态。发出 QUIT 命令，真正删除做过标记的邮件，中止 TCP 的连接。

3. POP3 命令

POP3 命令以 3 ~ 4 个字母开头，不区分大小写，用纯 ASCII 文本来发送，以 CRLF（回车换行）结束。POP 的回答也是文本形式，只有两种响应：

+OK：当命令成功时的肯定响应。

-ERR：出现错误时的否定响应。

POP3 命令如表 6-10 所示。

表 6-10　POP3 命令

命令码	命　令	参　数	描　述
USER	用户身份鉴别	用户邮件地址	鉴别访问邮箱的用户，证实用户有权限访问服务器，标识用户，以便服务器知道被请求的是哪一个邮箱
PASS	用户密码鉴别	密码	鉴别用户身份，如果密码不正确，服务器给出一个差错响应
STAT	状态	无	请求邮箱的状态信息，正确响应为报告邮箱中的邮件数量和数据字节长度
LIST	列出报文	可选的报文号	列出邮箱中的报文信息，和 STAT 不同的是将每个报文的编号和长度都列出来
RETR	取回	报文号	从邮箱中取回一个指定的邮件报文，服务器发回一个 OK 响应报文，然后以 RFC822 的格式发送要求取回的邮件报文，以一个点结束
DELE	删除	报文号	将报文标记设为删除
NOOP	空操作	无	无操作，服务器只返回 +OK
REST	复位	无	把会话复位到初始状态，包括回复已经做了删除标记的任何报文
TOP	取回报文顶部的内容	报文号和行号	允许客户机取回起始处的内容，服务器返回该报文的首部和前 N 行
UIDL	唯一的 ID 列表	可选的报文号	如果指定了报文号，返回这个报文的唯一标识码，否则为邮箱中的每个报文的标识码
QUIT	退出	无	会话状态转到更新状态，断开 TCP 的连接

4. POP3 的实例

下面是一个 POP3 的实例，如图 6-26 所示，用户为 netlab1，密码为 123，从邮件服务器 netlab 中自己的邮箱中取回邮件。首先建立起客户机 2371 端口到服务器 110 端口的 TCP 连接，通过身份验证，进入服务器的邮箱，通过 STAT、LIST、UIDL 查看了相关信息，通过 RETR 命令取回了第四封邮件，QUIT 命令关闭这次会话，经过 4 次握手断开了 TCP 的连接。

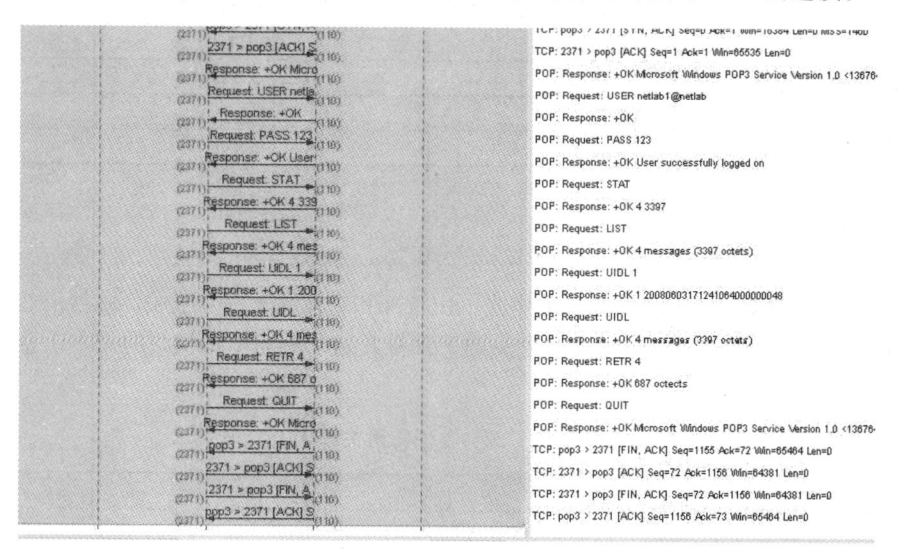

图 6-26　POP3 实例

5. IMAP

IMAP 拥有比 POP 更多的功能，由于篇幅的关系，对 IMAP 的详细描述请参看 RFC1730、RFC1731 和 RFC2060 以及 RFC3501。

为了给用户提供访问电子邮件报文更多的灵活性，IMAP 可以在所有 3 种访问模型中操作，允许用户进行的操作如下：

① 访问一个远程服务器并且取回邮件，把它保留在服务器上的同时还可以本地使用。

② 设置报文标志，以便用户可以清楚哪些报文浏览过、已经回复了等。

③ 管理多个邮箱，并从一个邮箱传送报文给另一个邮箱。

④ 在下载之前，查看报文的有关信息，以决定该报文是否要取回。

⑤ 只下载报文的一部分。

⑥ 管理文档而不是电子邮件，例如 IMAP 可以用于访问 Usenet 报文。

IMAP 当前的使用版本是 4，是一个标准的客户机 / 服务器协议，因为使用 TCP 来通信，从而保障了命令和数据的可靠传输，IMAP4 服务器在熟知的 143 端口监听来自 IMAP4 客户机的连接请求，在 TCP 连接建立后，就可以进行 IMAP4 的会话，会话结束后断开 TCP 的连接。

6. IMAP 和 POP3 的比较

IMAP4 和 POP3 比较如表 6-11 表示。

表 6-11　IMAP4 和 POP3 比较

性　　能	IMAP4	POP3
TCP 的端口	143	110
电子邮件存放的位置	服务器上	用户的计算机上

续表

性　能	IMAP4	POP3
阅读邮件的方式	离线、在线	离线
连接时间要求	长	短
服务器资源的使用	大量	小量
多个邮箱	支持	不支持
邮件的备份	ISP	用户
移动用户	支持	不支持
用户对下载控制	强	弱
部分下载	支持	不支持

6.4.5 邮件报文格式

1. 文本电子邮件的格式

RFC822 详细定义了电子邮件的报文格式，由首部和主体两大部分组成，邮件的首部由若干可读的 ASCII 文本行组成，每一行由一个关键字冒号开始，后面填写相关的文本信息，常用关键字如表 6-12 所示。

表 6-12　邮件首部常用关键字

首 部 字 段	描　述
To:	收件人的电子邮件地址
Cc:	抄送人的电子邮件地址
Bcc:	暗送的电子邮件地址，用于不公开收件人地址
From:	发信人的地址
Subject:	邮件主题
Received:	接收邮件的路径、日期、时间以及邮件代理程序的版本号
Attachment	随同邮件发送的附件
Date	发送消息的日期和时间
Return-Path:	用于标识返回给收件人的路径
Reply-To:	回信的邮件地址
Message-Id	由代理分配给该邮件的唯一标识
In-Reply-To:	回信消息的标识号

2. 通用因特网邮件扩充 MIME

RFC822 中定义的报文首部只能适用 ASCII 文本邮件，对于多媒体信息（包括图像、音频、视频数据的邮件）使用通用因特网邮件扩充（Multipurpose Internet Mail Extensions,MIME）来实现，图 6-27 表示 MIME 和 SMTP 的关系。

用户 ↔ 非 ASCII 码 ↔ MIME ↔ 7位 ASCII 码 ↔ SMTP ↔ 7位 ASCII 码 ↔ SMTP ↔ 7位 ASCII 码 ↔ MIME ↔ 非 ASCII 码 ↔ 用户

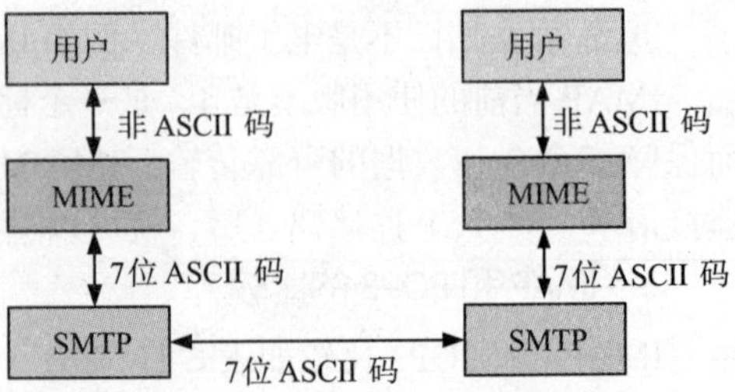

图 6-27　MIME 和 SMTP 的关系

MIME 对标准邮件进行了三点扩充：

① 邮件可以包含除 7 位 ASCII 文本以外文本信息，如非英语国家的文字。

② 用户可以把不同类型的数据附加在邮件上，如电子表格、音频、视频、图像等。

③ 用户可以创建一封包含多个部分的电子邮件，每个部分的数据格式可以不同。

在现行的 RFC822 的基础上，在报文的首部增加 5 个新的邮件首部字段，用于提供邮件主体的信息，对多媒体电子邮件进行了标准化。

（1）新增的 5 个首部字段

① MIME-Version。可选字段，标识 MIME 的版本，目前为 1.0，如果不写为英文文本。

② Content-Description。说明此邮件的主体是否为图像、音频或视频。

③ Content-Id。邮件的唯一标识符。

④ Content-Transfer-Encoding。邮件传输时的编码规则。

⑤ Content-Type。说明邮件主体的数据类型和子类型。

（2）增加了许多邮件内容的格式

MIME 标准规定了 Content-Type 和它的子类型，类型和子类型用 / 分隔，表 6-13 定义了 MIME 的类型和子类型及其含义。

表 6-13　MIME 的类型定义

内容类型	子类型	含义
Text	plain	无格式文本
	richtext	有格式文本
Image	gif	GIF 格式的图像
	jpeg	JPEG 格式的图像
Audio	basic	可听见的声音
Video	mpeg	MPEG 格式的影片
Application	Octet-stream	不间断的字节系列
	postscript	Postscript 可打印文档
Message	Rfc822	MIME RFC822 邮件
	partial	为传输把邮件分隔开
	external-body	邮件必须从网上获取
Multipart	mixed	按规定顺序的几个独立部分
	alternative	不同格式的同一邮件
	parallel	必须同时读取的几个部分
	digest	每个部分是一个完整的 RFC822 邮件

下面通过一个例子来说明 MIME 邮件。

```
From:lihuan@mail.cnu.edu.cn
To:ssj@mail.tsinghua.edu.cn
Subject:picture
MIME-Version:1.0
Content-Type:image/gif
Content-Transfer-Encoding:base64

Base64 encoded data...
...
Base64 encoded data
```

MIME 的版本为 1.0，邮件主体的数据类型为 gif 图像，数据的编码方式为 base64。

（3）定义了内容传送的编码

常用的内容传送编码有：

① 简单的 7 位 ASCII 码，每行不超过 1 000 个字符，MIME 对这种有 ASCII 码构成的邮件主体不进行任何转换。

② Quoted-printable 编码，这种编码适合在所有的传送数据中只有少量的非 ASCII 码，如汉字。这种编码的要点是对于可以打印的所有的 ASCII 码（除“=”外）不做改变，等号和不可打印的 ASCII 码以及非 ASCII 码数据的编码方法是：将每个字节的二进制代码用两个十六进制数表示，然后在前面加上等号。

③ Base64，这种编码方式是先将要发送的数据用二进制表示，24 位长为一个单元，将每一个 24 位单元划分为 4 个 6 位组，每个 6 位按下面的方法转换成 ASCII 码，6 位二进制代码供有 64 中不同的组合值，从 0 到 63。A 表示 0，B 表示 1，26 个大写字母排列完，再排列 26 个小写字母，后面是 10 个数字，“+”号为 62，“/”为 63。

6.4.6 基于万维网的电子邮件

基本上所有的网站（包括大学、公司）都提供了基于万维网的电子邮件系统，打开浏览器就可以登录到自己的邮箱浏览显示，回复、删除等对邮件的操作。

假定用户 A 向 263 网站申请了一个电子邮件地址 lixxxy@263.Net，当用户 A 想发送和接收邮件时，只要打开浏览器在 URL 中输入 http://mail.263.net，就可以登录到 263 的邮件服务器的登录页面，输入用户名 lixxxy 和密码后就进入 A 的邮箱，可以读取邮件、撰写邮件、发送邮件等操作。

基于万维网的电子邮件的工作过程如图 6-28 所示。

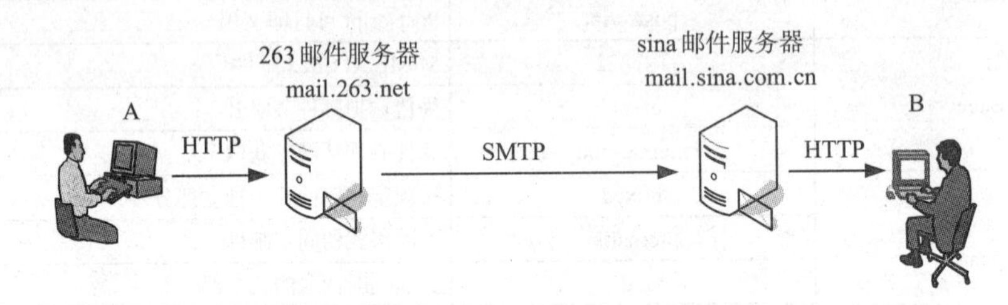

图 6-28 基于万维网的电子邮件系统

A 用户发送邮件先访问的是 Web 服务器，所以使用的是 HTTP 协议，263 的邮件服务器和接收端的邮件服务器之间传送邮件使用的是 SMTP 协议，接收端的客户机接收邮件是通过访问网站的 Web 页面，所以接收端读取邮件采用的是 HTTP 协议，而不是 POP3 或 IMAP 协议。

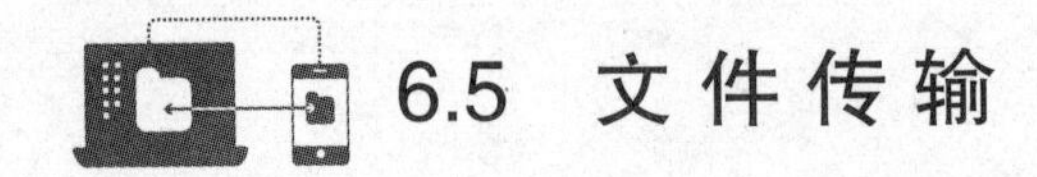

6.5 文件传输

6.5.1 FTP 概述

文件传输协议（File Transfer Protocol，FTP）是因特网中使用最为广泛的协议，和 HTTP 一样也是基于客户机 / 服务器的工作模式，允许客户机通过网络访问服务器，实现文件的上传和下载；允许文件具有存取权限；FTP 屏蔽了网络中各计算机系统的细节，在异构网络中的任意主机之间实现文件传送，FTP 很早就成为因特网的正式标准 RFC959。

基于 TCP 的 FTP 和基于 UDP 的 TFTP（简单文件传输协议）都属于“复制整个文件”一类的文件共享，其特点是若要存取文件前先得到一个本地文件的副本，如果要修改文件，只能对副本进行修改，然后再将修改后的副本文件传送到原主机。另一类文件共享是联机访问，其特点是允许多个程序同时对一个文件进行存取，就像访问本地文件一样，由操作系统提供对远地共享文件的访问服务。

6.5.2 FTP 的工作过程

1. FTP 的工作过程

Internet 是一个非常复杂的计算机环境，有 PC，有工作站，有 MAC，有大型机，而这些计算机可能运行不同的操作系统，有运行 UNIX 的服务器，也有运 Windows 的 PC 和运行 MacOS 的苹果机等，而各种操作系统之间的文件交流问题，需要建立一个统一的文件传输协议，这就是所谓的 FTP。基于不同的操作系统有不同的 FTP 应用程序，而所有这些应用程序都遵守同一种协议，这样用户就可以在不同系统之间传送文件。网络环境下实现不同计算机之间的文件传输要解决的问题有：

① 不同计算机数据的存储格式不同。

② 文件的目录结构和文件命名规则不同。

③ 操作系统使用不同的命令实现对文件的存取。

④ 访问控制方法不同。

文件传输协议使用可靠的 TCP 连接，为用户提供文件传送的服务，减少或消除不同操作系统之间处理文件的不兼容性。

与大多数 Internet 服务一样，FTP 也是一个客户机 / 服务器系统，用户通过一个支持 FTP 协议的客户机程序，连接到在远程主机上的 FTP 服务器程序。用户通过客户机程序向服务器程序发出命令，服务器程序执行用户所发出的命令，并将执行的结果返回到客户机。服务器程序由两个部分构成，一个是在熟知端口 21 接收用户的请求报文，另外还启用多个从属进程负责处理用户的单个请求。FTP 服务器的具体操作过程是：

① 打开熟知端口 21。

② 等待客户进程的连接请求，建立 21 号端口和客户机请求端口的 TCP 连接。

③ 启动从属进程处理客户发来的 FTP 请求，这种连接方式是属于处理一个请求就终止连接的，如果需要再次处理一个单个的请求，还需要再次建立起 TCP 的连接。

④ 回到等待状态，继续接收其他用户的请求，21 号端口处理客户端发来的控制命令和从属进程处理用户文件传输是并发地进行的。

FTP 的控制连接和数据连接见图 6-29 所示，服务器有两个进程，一个是控制进程，另一个是数据传输进程，客户机处理这两个进程之外还有一个用户界面进程，提供文件传输的界面和用户进行交互，该界面可以是 IE 浏览器，也可以是专门的 FTP 传输工具，甚至是 DOS 命令环境。在整个会话过程中客户机和服务器之间的控制连接一直是保持打开状态，客户机发送的所有请求命令都是通过这个连接传到服务器的，TCP 的数据连接是用于传送数据文件的，只有在客户端有文件传送请求时才临时建立起来，数据文件传送完毕就关闭连接。

2. FTP 的使用

使用 FTP 时必须首先登录，在远程主机上拥有相应的权限以后，方可上传或下载文件。也就是说，要想与哪一台计算机传送文件，就必须具有那一台计算机的适当授权。Internet 上的 FTP 主机很多，不可能要求每个用户在每一台主机上都拥有账号。匿名 FTP 就是为解决这个问题而产生的。

匿名 FTP 是这样一种机制，用户可通过它连接到远程主机上，并从其下载文件，而无需成为其注册用户。系统管理员建立了一个特殊的用户 ID 为 anonymous，Internet 上的任何人在任何地方都可使用该用户 ID。匿名用户 ID 的口令可以是自己的 E-mail 地址，匿名 FTP 不适用于所有 Internet 主机，它只适用于那些提供了这项服务的主机。

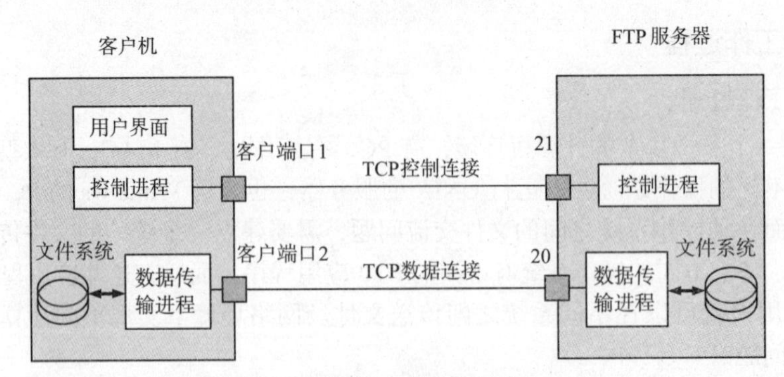

图 6-29　FTP 的控制连接和数据连接

当远程主机提供匿名 FTP 服务时，会指定某些目录向公众开放，允许匿名存取。系统中的其余目录则处于隐匿状态。作为一种安全措施，大多数匿名 FTP 主机都允许用户从其下载文件，而不允许用户向其上传文件，即使有些匿名 FTP 主机确实允许用户上传文件，用户也只能将文件上传至某一指定上载目录中。随后，系统管理员会去检查这些文件，他会将这些文件移至另一个公共下载目录中，供其他用户下载，利用这种方式，远程主机的用户得到了保护，避免了上传有问题的文件，如带病毒的文件。

下面以使用 IE 浏览器为例说明 FTP 的操作过程，用户只需要在 IE 地址栏中输入如下格式的 URL 地址：ftp：//[用户名：口令 @]ftp 服务器域名 [：端口号]，就可以看到 FTP 服务器上的所有文件和文件夹，实现文件的下载。

在 DOS 命令行下也可以用上述方法连接，通过 put 命令和 get 命令达到上传和下载的目的，通过 dir 或 ls 命令列出目录，除了上述方法外还可以在 DOS 环境下输入 FTP 后按 Enter 键，然后输入“open IP 地址”来建立一个连接，此方法还适用于 Linux 系统连接 ftp 服务器。

通过 IE 浏览器启动 FTP 的方法尽管可以使用，但是速度较慢，还会将密码暴露在 IE 浏览器中而不安全，因此一般都安装并运行专门的 FTP 客户程序。

3. FTP 的命令和工作模式

前面介绍了 FTP 的控制连接传输命令及服务器的回应信息，在整个 FTP 文件传输会话阶段，一直保持连接状态，而数据连接则在每次文件传输之前建立，文件传输完成后关闭。也就是说，在一次控制连接过程中，可能根据需要多次建立 / 关闭数据连接。所以在每次传输文件之前，必须指定传输的文件类型、文件中数据的结构以及使用的传输模式。

FTP 的传输有两种方式：ASCII 传输模式和二进制数据传输模式。

① ASCII 传输方式：假定用户正在复制的文件包含 ASCII 码文本，远程机器上运行的是和本地主机不同的操作系统，当文件传输时，FTP 通常会自动地调整文件的内容以便于把文件解释成本地或远程那台计算机存储的文本文件格式。

② 二进制传输方式：二进制传输保存文件的位序，以便原始和拷贝的是逐位一一对应的。

FTP 支持两种传输模式，一种是 Standard (也就是 PORT 方式，主动方式)，一种是 Passive (也就是 PASV，被动方式)。Standard 模式 FTP 的客户端发送 PORT 命令到 FTP 服务器。Passive 模式 FTP 的客户端发送 PASV 命令到 FTP 服务器。

① Port 模式 FTP 客户端首先和 FTP 服务器的 TCP 21 端口建立连接，通过这个连接发送命令，

客户端需要接收数据时在这个 TCP 连接上发送 PORT 命令，PORT 命令包含了客户端用什么端口接收数据。在传送数据时，服务器端通过自己的 TCP 20 端口连接至客户端的指定端口发送数据。FTP 服务器必须和客户端建立一个新的连接用来传送数据。

② Passive 模式在建立控制连接时和 Standard 模式类似，但建立连接后发送的不是 PORT 命令，而是 PASV 命令。FTP 服务器收到 PASV 命令后，随机打开一个高端端口（端口号大于 1024）并且通知客户端在这个端口上传送数据的请求，客户端连接 FTP 服务器上的这个端口，然后 FTP 服务器通过这个端口进行数据的传送。

FTP 常用命令及状态码如表 6-14 和表 6-15 所示。

表 6-14　FTP 常用命令

命　令	描　述
ABOR	中断数据连接程序
CWD	改变服务器上的工作目录
DELE	删除服务器上的指定文件
HELP	返回指定命令信息
LIST	如果是文件名列出文件信息，如果是目录则列出文件列表
MODE	传输模式（S= 流模式，B= 块模式，C= 压缩模式）
MKD	在服务器上建立指定目录
NLST	列出指定目录内容
NOOP	无动作，除了来自服务器上的承认
PASS	登录密码
PASV	请求服务器等待数据连接
PORT	两字节的端口 ID
PWD	显示当前工作目录
QUIT	从 FTP 服务器上退出登录
REIN	重新初始化登录状态连接
RETR	从服务器上找回（复制）文件
RMD	在服务器上删除指定目录
STOR	存储（复制）文件到服务器上
STOU	存储文件到服务器名称上
SYST	返回服务器使用的操作系统
TYPE	数据类型（A=ASCII，E=EBCDIC，I=binary）
USER	登录用户名

表 6-15　FTP 状态码描述

状 态 码	描　述
125	打开数据连接，开始传输
150	打开连接
200	成功
202	命令没有执行
211	系统状态回复
212	目录状态回复
213	文件状态回复
214	帮助信息回复
215	系统类型回复
220	服务就绪

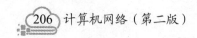

续表

状态码	描述
221	退出网络
225	打开数据连接
226	结束数据连接
227	进入被动模式（IP 地址、ID 端口）
230	登录因特网
250	文件行为完成
257	路径名建立
331	要求密码
332	要求账号
350	文件行为暂停
421	服务关闭
425	无法打开数据连接
426	结束连接
500	无效命令
501	错误参数
504	无效命令参数
530	未登录网络
532	存储文件需要账号
550	文件不可用
551	不知道的页类型
552	超过存储分配
553	文件名不允许

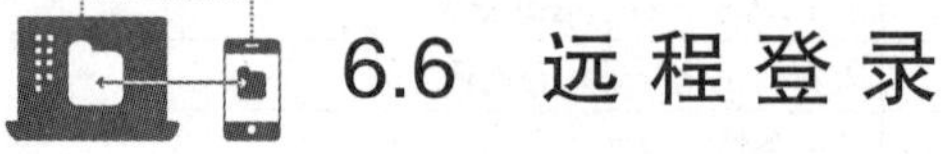

6.6 远程登录

远程终端协议 Telnet 是因特网的正式标准 RFC854，用户通过 Telnet 可以通过 TCP 连接登录到远程的另一台主机上，将本地键盘输入的命令传到远端的主机，这些命令会在服务器上运行，就像直接在服务器的控制台上输入一样。在本地就能控制服务器；同时将远端主机的输出通过 TCP 连接返回到本地的用户显示器，就好像远端的主机在本地使用一样，所以 Telnet 又称终端仿真协议。

1. 远程登录的工作过程

使用 Telnet 协议进行远程登录时需要满足以下条件：本地计算机上必须装有包含 Telnet 协议的客户程序；必须知道远程主机的 IP 地址或域名；必须知道登录标识与口令。

Telnet 远程登录服务分为以下 4 个过程：

① 本地与远程主机建立连接。该过程是建立一个 TCP 连接，用户必须知道远程主机的 IP 地址或域名。

② 将本地终端上输入的用户名和口令及以后输入的任何命令或字符以 NVT（Net Virtual Terminal，网络虚拟终端）格式传送到远程主机。图 6-30 为 Telnet 使用 NVT 格式转换的示意图。

③ 将远程主机输出的 NVT 格式的数据转换为本地能接收的格式送回本地终端，包括输入命令回显和命令执行结果。

④ 最后，本地终端撤销对远程主机的 TCP 连接。

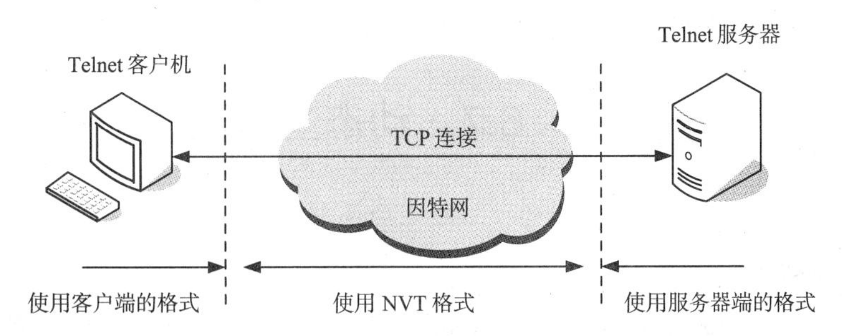

图 6-30　Telnet 使用 NVT 格式转换示意图

2. Telnet 协议

使用 Telnet 协议能够把本地用户所使用的计算机变成远程主机系统的一个终端。它提供了 3 种基本服务：

① Telnet 定义一个网络虚拟终端为远地系统提供一个标准接口。客户机程序不必详细了解远地系统，它们只需构造使用标准接口的程序。

② Telnet 包括一个允许客户机和服务器协商选项的机制，而且它还提供一组标准选项。

③ Telnet 对称处理连接的两端，即 Telnet 不强迫客户机从键盘输入，也不强迫客户机在屏幕上显示输出。

为了在不同操作系统间实现 Telnet 交互操作，NVT 很好地解决了不同系统间数据格式的转换，从而实现了异构环境下的交互问题。比如，一些操作系统需要每行文本用 ASCII 回车控制符（CR）结束，另一些系统则使用 ASCII 换行符（LF），还有一些系统用两个字符的序列回车 - 换行（CR-LF）；再比如，大多数操作系统为用户提供了一个中断程序运行的快捷键，但这个快捷键在各个系统中有可能不同（一些系统使用 Ctrl+C 组合键，而另一些系统使用 Esc 键）。如果不考虑系统间的异构性，那么在本地发出的字符或命令，传送到远地并被远地系统解释后很可能会不准确或者出现错误。其解决的方法是：对于发送的数据，Telnet 客户端软件把来自用户终端的按键和命令序列转换为 NVT 格式，并发送到服务器，服务器软件将收到的数据和命令，从 NVT 格式转换为远地系统需要的格式；对于返回的数据：远地服务器将数据从远地机器的格式转换为 NVT 格式，而本地客户机将接收到的 NVT 格式数据再转换为本地的格式。

Telnet 同样使用 NVT 来定义如何从客户机将控制功能传送到服务器。ASCII 字符集包括 95 个可打印字符和 33 个控制码。当用户从本地键入普通字符时，NVT 将按照其原始含义传送；当用户键入快捷键（组合键）时，NVT 将把它转化为特殊的 ASCII 字符在网络上传送，并在其到达远地机器后转化为相应的控制命令。

3. Telnet 命令

Telnet 在命令行键入：

```
telnet 远程主机域名/IP 地址 [端口号]
login:***
password:******
```

上述命令是用 Telnet 登录一个远程计算机，默认端口号为 23，默认端口号可以不输入，也可以指定其他专用服务器端口号，登录到这台计算机以后，本地的计算机就成为它的一个终端，用户必须通过注册进入（login）和注销退出（logout），登录后，可给出远程系统的命令，如果远程计算机使用 UNIX 系统，所有标准的 UNIX 命令（如 ls 和 pwd）都可以使用，当用户从远程系统退出时，也就从 Telnet 退出，便可以运行自己的本地系统。

6.7 动态主机配置

6.7.1 DHCP 概述

DHCP（Dynamic Host Configuration Protocol，动态主机配置协议）的前身是 BOOTP（引导程序协议），BOOTP 是用于无磁盘主机接入网络的，网络中的主机使用 BOOT ROM，而不是磁盘启动并接入网络，通过 BOOTP 配置设定 TCP/IP 环境。BOOTP 有一个缺点：在设定前须事先获得客户端的硬件地址，而且 IP 地址是静态的。若在有限的 IP 资源环境中，BOOTP 的一一对应会造成非常可观的浪费，DHCP 可以说是 BOOTP 的增强版本，它分为两个部分：一个是服务器端，另一个是客户端，所有的 IP 网络设定数据都由 DHCP 服务器集中管理，并负责处理客户端的 DHCP 要求；而客户端则会使用从服务器配置的 IP 环境数据。与 BOOTP 相比，DHCP 透过“租约”的概念，有效且动态地配置客户端的 TCP/IP。DHCP 的分配方式是：在网络中至少有一台 DHCP 服务器在工作，它会通过端口 67 监听网络的 DHCP 请求，并与客户端协商配置客户机的 TCP/IP 环境。

IP 分配方式有 3 种：

① 人工分配（Manual Allocation）。网络管理员为某些少数特定的 Host 绑定固定 IP 地址，且地址不会过期。

② 自动分配（Automatic Allocation）。一旦 DHCP 客户端第一次成功地从 DHCP 服务器端租用到 IP 地址之后，就永远使用这个地址。

③ 动态分配（Dynamic Allocation）。当 DHCP 第一次从 DHCP 服务器租用到 IP 地址后，不是永久地使用该地址，只要租约到期，客户端就得释放这个 IP 地址，以给其他工作站使用，客户端可以比其他主机更优先的得到该地址的租约，或者租用其他的 IP 地址。

动态分配显然比自动分配更加灵活，尤其是当实际 IP 地址不足时，例如，一个单位只能提供 100 个 IP 地址用来分配给用户，但并不意味着本单位最多只能有 100 个用户能上网。因为用户不可能都同一时间上网的，这 100 个地址轮流地分配给本单位的所有用户使用。DHCP 除了能动态的设定 IP 地址之外，还可以将一些 IP 保留下来给一些特殊用途的机器使用，它可以按照硬件地址来固定的分配 IP 地址。另外 DHCP 还可以帮客户端指定网关、掩码、DNS 服务器等项目。在客户端只要将 TCP/IP 协议的自动获得 IP 地址选项处打勾就可以获得 IP 环境设定。

DHCP 的文档是 1997 年的 RFC2131 和 RFC2132，最新公布的 RFC3396、3442 没有把 RFC2131 划归为陈旧的文档。

6.7.2 DHCP 的工作过程

DHCP 的工作过程如图 6-31 所示，运行 DHCP 的服务器被动地打开 UDP67 号端口监听来自客户端的 DHCP 请求，由客户机发起 DHCP 的请求，DHCP 的工作过程是：

① 发现 DHCP 服务器。当 DHCP 客户端第一次登录网络时，使用 UDP 的 68 号端口向网络发出一个 DHCP DISCOVER 数据包。因为客户端还不知道自己属于哪一个网络，所以数据包的来源地址会为 0.0.0.0，而目的地址则为 255.255.255.255，然后再附上 DHCP DISCOVER

的信息向网络进行广播。Windows 的环境下，DHCP DISCOVER 的等待时间预设为 1 s，也就是当客户端将第一个 DHCP DISCOVER 数据包送出去之后，在 1 s 之内没有得到响应的话，就会进行第二次 DHCP DISCOVER 广播。若一直得不到响应的情况下，客户端一共会有四次 DHCP DISCOVER 广播（包括第一次在内），除了第一次会等待 1 s 之外，其余三次的等待时间分别是 9、13、16 秒。如果都没有得到 DHCP 服务器的响应，客户端则会显示错误信息，宣告 DHCP DISCOVER 的失败。根据使用者的选择，系统会继续在 5 min 之后再重复一次 DHCP DISCOVER 的过程。

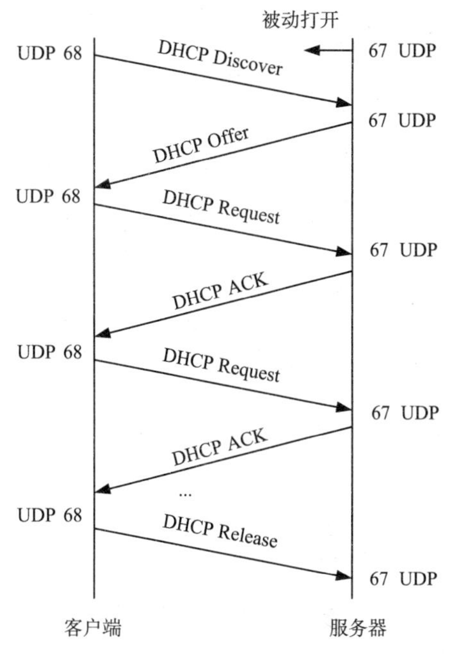

图 6-31　DHCP 的工作过程

② 提供 IP 租用地址。当 DHCP 服务器监听到客户端发出的 DHCP DISCOVER 广播后，从还没有租出的地址范围内，选择最前面的空置 IP，连同其他 TCP/IP 设定，响应给客户端一个 DHCP OFFER 数据包。由于客户端在开始时还没有 IP 地址，所以在其 DHCP DISCOVER 封包内会带有其 MAC 地址信息，并且有一个标识号（TID）来辨别该数据包，DHCP 服务器响应的 DHCP OFFER 数据包则会根据这些信息传递给要求租约的客户。根据服务器端的设定，DHCP OFFER 数据包会包含一个租约期限的信息。

③ 接受 IP 租约。如果客户端收到网络上多台 DHCP 服务器的响应，只会挑选其中一个 DHCP OFFER，通常是最先到达的那个，并且会向网络发送一个 DHCP REQUEST 广播包，告诉所有 DHCP 服务器它将接受某一台服务器提供的 IP 地址。同时客户端还会向网络发送一个 ARP 数据包，查询网络上面有没有其他机器使用该 IP 地址，如果发现该 IP 已经被占用，客户端则会送出一个 DHCP DECLINE 数据包给 DHCP 服务器，拒绝接受其 DHCP OFFER，并重新发送 DHCP DISCOVER 信息。并不是所有 DHCP 客户端都会无条件接受 DHCP 服务器的请求，客户端也可以用 DHCP REQUEST 向服务器提出 DHCP 选择，而这些选择会填写在 DHCP Option Field 字段中，也就是说，在 DHCP 服务器上面的设定，未必是客户端全都接受，客户端可以保留自己的一些 TCP/IP 设定，而主动权永远在客户端这边。

④ 租约确认。当 DHCP 服务器接收到客户端的 DHCP REQUEST 之后，会向客户端发出一个 DHCP ACK 响应，以确认 IP 租约的正式生效，也就结束了一个完整的 DHCP 工作过程。

⑤ 客户机根据服务器提供的租用期 T，设置两个计时器 T1 和 T2，分别为 0.5T 和 0.875T，当租用期到 T1 时，发送 DHCP REQUEST 要求更新租用期，如果服务器同意，就发送 DHCP ACK 数据包，客户机就得到新的租用期；如果服务器不同意，就发送 DHCP NAK 数据包，这时客户机必须停止使用原来的 IP 地址，必须重新申请新的 IP 地址；如果 DHCP 服务器不响应 DHCP 的请求报文，则在 T2 的计时器到期时，重新申请新的 IP 地址。

⑥ DHCP 客户机可以向服务器发送 DHCP Release 报文，随时提前结束租用。

6.7.3　DHCP 的报文格式

DHCP 报文格式如图 6-32 所示。

操作码	硬件类型	物理地址长度	跳数
标识号			
秒数		标志	
曾用 IP 地址 ciaddr			
服务器分配给客户的 IP 地址 yiaddr			
网络开机地址 siaddr			
中继代理地址 giaddr			
客户机物理地址 chaddr			
服务器名称 sname			
网络开机的程序名 file			
选项			

图 6-32　DHCP 报文格式

各字段的含义说明如下：

操作码：1 字节，1 为客户机发送给 DHCP 服务器的报文，反之为 2。具体的报文类型在选项字段中标识。

硬件类别：1 字节，1 为以太网。

物理地址长度：6 个字节，以太网的物理地址为 48 位。

跳数：1 字节，DHCP 数据包经过的 DHCP 中继代理的数目。DHCP 请求报文每经过一个 DHCP 中继，该字段就会增加 1。

标识号：4 字节，客户机报文中产生的，用来在客户机和 DHCP 服务器之间匹配请求和响应报文。

秒数：2 字节，客户机开始请求一个新地址后所经过的时间，目前没有使用，固定为 0。

标志：2 字节，2 字节的最高比特为广播响应标识位，用来标识 DHCP 服务器响应报文是采用单播还是广播方式发送，0 表示采用单播方式，1 表示采用广播方式，其余比特保留不用。

ciaddr：4 字节，客户机首次申请 IP 地址时，该字段填 0.0.0.0，要是客户机想继续使用之前取得的 IP 地址，则填于该字段。

yiaddr：4 字节，DHCP 服务器分配给客户机的地址，只有 DHCP 服务器可以填写该字段。DHCP OFFER 与 DHCP ACK 数据包中，此字段填写分配给客户机的 IP 地址。

siaddr：4 字节，若客户机需要通过网络开机，则该字段填写开机程式所在服务器的地址。

giaddr：4 字节，若需跨网段进行 DHCP 发放，该字段为中继代理的地址，否则为 0。

chaddr：6 字节，客户机的物理地址。

sname：64 字节，服务器的名称。

file：128 字节，若客户机需要通过网络开机，该字段将填写开机程序名称。

选项：长度可变，包含报文的类型、有效租期、DNS 服务器的 IP 地址、WINS 服务器的 IP 地址等配置信息。每一选项的第一个字节为选项代码，其后一个字节为选项内容长度，接着为选项内容，最后为结束标志 0xFF。

利用代码 0x35 选项来设定报文的类型，表 6-16 为 DHCP 报文类型表。

表 6-16　DHCP 报文类型表

选项代码	选项内容	报文类型	描　述
0x35	1	DHCP DISCOVER	客户机发送，确定可用的服务器传输
0x35	2	DHCP OFFER	由 DHCP 服务器发送给客户机，以响应客户机的 Discover 报文

续表

选项代码	选项内容	报文类型	描　　述
0x35	3	DHCP REQUEST	客户机向 DHCP 服务器发送的请求消息，请求具体的服务器提供的参数
0x35	4	DHCP DECLINE	由客户机向服务器发送的指明无效参数的报文
0x35	5	DHCP ACK	由 DHCP 服务器向客户机发送，确认提供的配置参数
0x35	6	DHCP NAK	由客户机向 DHCP 服务器发送的拒绝配置参数请求的报文
0x35	7	DHCP RELEASE	客户机向 DHCP 服务器发送的放弃 IP 地址和取消现有租约的报文
0x35	8	DHCP INFORM	由客户机向 DHCP 服务器发送的只请求配置（客户机已经有了 IP 地址）的报文

图 6-33 是一个 DHCP DISCOVER 报文实例。

```
No. -  Time       Source          Destination       Protocol  Info
     1 0.000000   0.0.0.0         255.255.255.255   DHCP      DHCP Discover  - Transaction ID 0xfd5dd40d
     4 2.000000   192.168.1.248   192.168.1.119     DHCP      DHCP Offer     - Transaction ID 0xfd5dd40d
     5 2.000000   0.0.0.0         255.255.255.255   DHCP      DHCP Request   - Transaction ID 0xfd5dd40d
     6 2.000000   192.168.1.248   192.168.1.119     DHCP      DHCP ACK       - Transaction ID 0xfd5dd40d
+ Frame 1 (342 bytes on wire, 342 bytes captured)
+ Ethernet II, Src: 00:19:db:c5:ef:27 (00:19:db:c5:ef:27), Dst: Broadcast (ff:ff:ff:ff:ff:ff)
+ Internet Protocol, Src: 0.0.0.0 (0.0.0.0), Dst: 255.255.255.255 (255.255.255.255)
+ User Datagram Protocol, Src Port: bootpc (68), Dst Port: bootps (67)
- Bootstrap Protocol
    Message type: Boot Request (1)
    Hardware type: Ethernet
    Hardware address length: 6
    Hops: 0
    Transaction ID: 0xfd5dd40d
    Seconds elapsed: 0
  + Bootp flags: 0x0000 (Unicast)
    Client IP address: 0.0.0.0 (0.0.0.0)
    Your (client) IP address: 0.0.0.0 (0.0.0.0)
    Next server IP address: 0.0.0.0 (0.0.0.0)
    Relay agent IP address: 0.0.0.0 (0.0.0.0)
    Client MAC address: 00:19:db:c5:ef:27 (00:19:db:c5:ef:27)
    Server host name not given
    Boot file name not given
    Magic cookie: (OK)
    Option 53: DHCP Message Type = DHCP Discover
    Option 116: DHCP Auto-Configuration (1 bytes)
  - Option 61: Client identifier
      Hardware type: Ethernet
      Client MAC address: 00:19:db:c5:ef:27 (00:19:db:c5:ef:27)
    Option 50: Requested IP Address = 192.168.1.119
    Option 12: Host Name = "n42"
    Option 60: Vendor class identifier = "MSFT 5.0"
  - Option 55: Parameter Request List
      1 = Subnet Mask
      15 = Domain Name
      3 = Router
      6 = Domain Name Server
      44 = NetBIOS over TCP/IP Name Server
      46 = NetBIOS over TCP/IP Node Type
      47 = NetBIOS over TCP/IP Scope
      31 = Perform Router Discover
      33 = Static Route
      249 = Classless static routes
      43 = Vendor-Specific Information
```

图 6-33　DHCP DISCOVER 报文实例

DHCP DISCOVER 是以广播方式发送的，因为 Router 是不会将广播报文传送出去的，所以只能在同一网络之内发布。如果 DHCP 服务器在其他的网络上，由于 DHCP 客户端还没有 IP 环境设定，所以也不知道 Router 地址，而且大多数 Router 不会将 DHCP 广播封包传递出去，因此 DHCP DISCOVER 是永远没办法抵达 DHCP 服务器，当然也不会发生请求及其他动作。要解决这个问题，可以用 DHCP Agent 主机来接管客户的 DHCP 请求，将此请求传递给真正的 DHCP 服务器，然后将服务器的回复传给客户。Agent 主机必须自己具有路由能力，且能将双方的封包互传对方。若不使用 Agent，也可以在每一个网络中安装 DHCP 服务器，但这样的话，一来设备成本会增加，而且管理上面也比较分散。如果在一个大型的网络中，这样的均衡式架构还是可取的，DHCP 代理的示意图如图 6-34 所示。

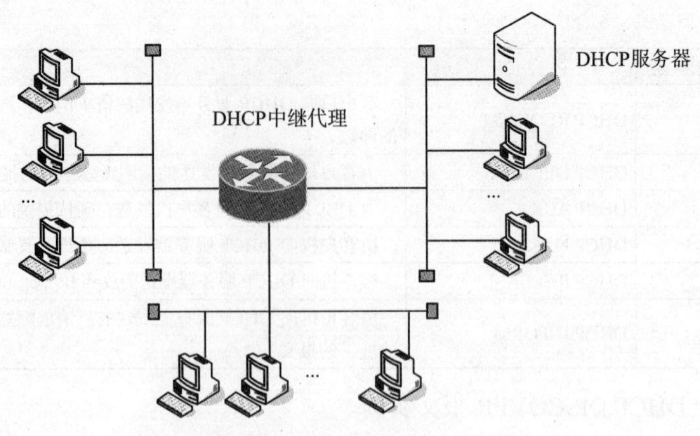

图 6-34　DHCP 的中继代理

一、选择题

1．ADSL 接入技术采用的是（　　）。

A．频分复用，电话、上网两不误　　B．时分复用，电话、上网不能同时进行

C．频分复用，电话、上网不能同时进行　　D．时分复用，电话、上网两不误

2．HTML 中的 <title></title> 中内容显示在 IE 浏览器的位置。

A．地址栏　　B．预览区　　C．状态栏　　D．标题栏

3．FTP 的 PASV 命令用于（　　）。

A．列出指定目录内容　　B．请求服务器等待数据连接

C．改变服务器上的工作目录　　D．从服务器上找回文件

4．FTP 中服务器端返回 200 状态码表示（　　）。

A．无效命令　　B．要求密码　　C．成功　　D．要求账号

5．发送电子邮件的协议是（　　）。

A．SMTP　　B．POP　　C．IMAP　　D．DHCP

6. 邮件服务器在端口监听用户发送邮件的连接请求（　　）。

A．23　　B．25　　C．53　　D．110

7．不属于即时通信的传输协议是（　　）。

A．CPIM　　B．jabber　　C．XMPP　　D．HDLC

二、填空题

1．DNS 标准定义了两种解析方法，分别是________和________。

2．Web 的主要功能组件有 HTML、________以及________。

3．电子邮件中的用户代理是用户与电子邮件系统的接口，也称________。

4．邮件服务器在________端口监听来自 POP3 客户端的连接请求。

5．FTP 的 20 号端口和 21 号端口分别是用于________和________。

三、简答题

1．如何设置弹出窗口阻止。

2．简述 FTP 的工作过程。

3．叙述电子邮件的工作过程。

4．当你用 QQ 上网时，如何理解你的主机既是服务端又是客户端？

5．简述 DHCP 工作过程。

第7章 网络管理

本章主要介绍网络管理的基本知识、探讨网络管理的体系结构、SNMP协议和信息库。

学习目标

- 了解网络管理模型和SNMP的基本体系结构。
- 掌握管理信息结构。
- 掌握SNMP的基本编码结构。
- 学会分析SNMP报文。

7.1 网络管理概述

7.1.1 网络管理的基本概念

网络中有许多复杂的、交互的硬件和软件实体，它们包括连接网络的物理链路、交换机、路由器、主机和其他设备，也包括控制和协调这些设备的许多协议。在这样分布广泛、构造复杂的网络中出现网络故障是很正常的事情，所以必须建立一种有效的机制来对网络的运行状况进行检测和控制，使其能够有效、安全、可靠、经济地提供服务。

虽然网络管理还没有确切的定义，但它的内容归纳为“网络管理包括了硬件、软件和用户的设置、综合与协调，以监视、测试、配置、分析、评价和控制网络及网络资源，用合理的成本满足实时性、运营性能和服务质量”，网络管理简称网管。

7.1.2 网络管理的功能

网络管理的功能大致分为5类。

1. 配置管理

配置管理主要完成对配置数据的采集、录入、监测、处理等，必要时还需要完成对被管对象进行动态配置和更新等操作。具体地讲，就是在网络建立、扩充、改造以及业务的开展过程中，对网络的拓扑结构、资源配置、使用状态等配置信息进行定义、监测和修改。配置、管理、建立和维护配置信息管理信息库（MIB），配置MIB不仅为配置管理功能使用，还为其他的管理功能使用。

为了让网络管理员对被管网络有一个明确的认识，首先要获取被管网络的配置数据，配置数据的获取方式有网络主动上报、网管系统自动采集、手工采集和手工录入。获得网络的配置数据后，就需要对这些配置数据进行实时监测，随时发现配置数据的变化，并对配置数据进行查询、统计、同步、存储等处理。除此之外，网管员通过网管系统可以完成对配置数据的增、删、改及响应状态变化的监测，及时对网络的配置进行调整。

2. 故障管理

故障管理的作用是发现和纠正网络故障，动态维护网络的有效性。故障管理的主要任务有报警监测、故障定位、测试、业务恢复以及修复等，同时维护故障日志。为保障网络的正常运行，故障管理非常重要，当网络发生故障后要及时进行诊断，给故障定位，以便尽快修复故障，恢复业务。故障管理的策略有事后策略和预防策略，事后策略是一旦发现故障迅速修复故障的策略，预防策略是事先配备备用资源，在故障时用备用资源替代故障资源。

3. 性能管理

性能管理的目的是维护网络服务质量和网络运营效率。提供性能监测功能、性能分析功能以及性能管理控制功能。当发现性能严重下降时启动故障管理系统。

网络的主要性能指标可以分为面向服务质量和面向网络效率的两类，其主要指标有：

① 面向服务质量的指标：有效性（可用性）、响应时间和差错率。

② 面向网络效率的指标：吞吐量和利用率。

4. 计费管理

计费管理的作用是正确地计算和收取用户使用网络服务的费用，进行网络资源利用率的统计和网络成本效益核算，计费管理主要提供数据流量的测量、资费管理、账单和收费管理。

5. 安全管理

安全管理的功能是提供信息的保密、认证和完整性保护机制，使网络中的服务、数据以及网络系统免受侵害。目前采用的网络安全措施有通信伙伴认证、访问控制、数据保密和数据完整性保护等，一般的安全管理系统包含风险分析功能、安全服务功能、告警、日志和报告功能、网络管理系统保护功能等。

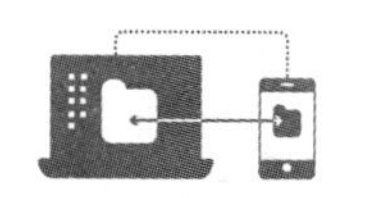

7.2　网络管理模型

1. 网络管理的一般模型

目前有两种主要的网络管理体系结构，一种是基于 OSI 模型的公共管理信息协议（CMIP）体系结构，另一种是基于 TCP/IP 模型的简单网络管理协议（SNMP）体系结构。CMIP 体系结构是一种通用的模型，它能够对应各种开放系统之间的管理通信和操作，开放系统之间可以是平等的关系也可以是主从关系，所以既能够进行分布式管理，也能够进行集中式管理，其优点是通用完备。SNMP 体系结构开始是一个集中式管理模型，从 SNMP v2 开始采用分布式模型，其顶层管理站可以有多个被管理服务器，其优点是简单实用。

在实际应用中，CMIP 在电信网络管理标准中得到使用，而 SNMP 多用于计算机网络管理，尤其是在因特网管理中广泛使用，目前 SNMP 历经了 v1 到 v3 的改进，SNMPv3 是 Internet 的正式标准，共有 13 个 RFC（2576 ~ 2580,3410 ~ 3418）文档，所有的 RFC 文档可以在 http://

www.rfc-editor.org/rfc-index.html 上找到；在 SNMPv3 中加入了安全性的功能，只有被授权的用户才能有权进行网络管理和获取有关网络管理方面的信息，在本书中重点介绍 SNMP 的网络管理技术。

图 7-1 是网络管理的一般模型。

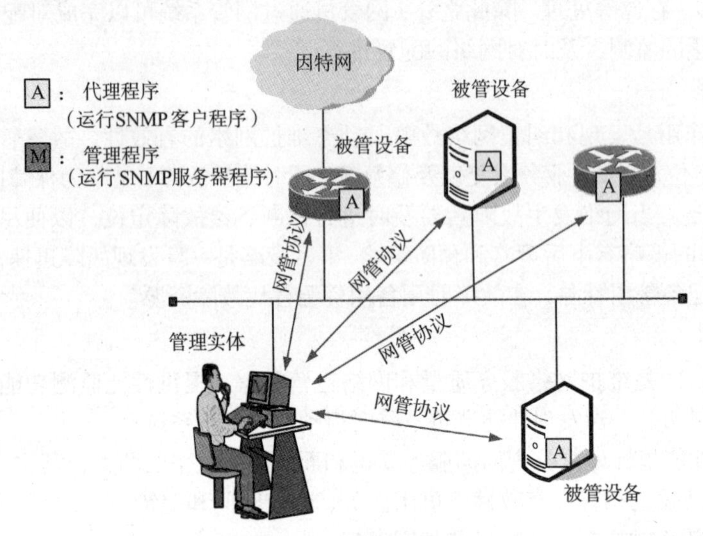

图 7-1　网络管理模型

网络管理主要由管理站、被管设备以及网络管理协议构成。管理站是整个网络管理的系统核心，主要负责执行管理应用程序以及监视和控制网络设备，并将监测结果显示给网管员。管理站的关键构件是管理程序，管理程序在运行时产生管理进程，管理程序通常有较好的图形工作界面，网络管理员可直接操作。被管设备是主机、网桥、路由器、交换机、服务器、网关等网络设备，其上必须安装并运行代理程序，管理站就是借助被管设备上的代理程序完成设备管理的，一个管理者可以和多个代理进行信息交换，一个代理也可以接受来自多个管理者的管理操作。在每个被管设备上建立一个管理信息库（MIB），包含被管设备的信息，由代理进程（即 SNMP 代理）负责 MIB 的维护，管理站通过应用层管理协议对这些信息库进行管理。

图 7-2 是 SNMP 管理进程 / 代理进程模型。

网络管理的第三部分是网络管理协议，该协议运行在管理站和被管设备之间，允许管理站查询被管设备的状态，并经过其代理程序间接地在这些设备上工作，管理站通过网络管理协议获得被管设备的异常状态。网络管理协议本身不能管理网络，它为网络管理员提供了一种工具，网管用它来管理网络。

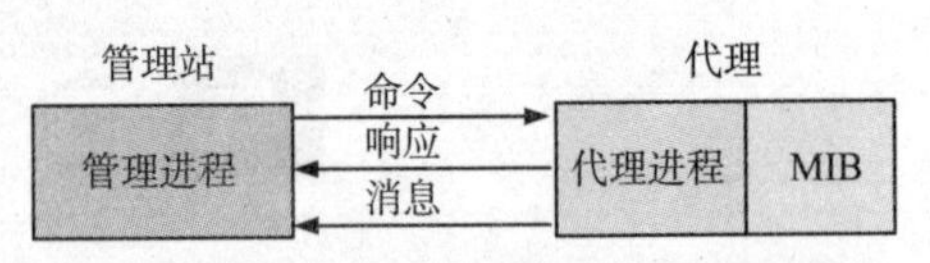

图 7-2　SNMP 管理进程 / 代理进程模型

2. SNMP 体系结构

（1）非对称的二级结构

SNMP 的体系结构一般是非对称的，管理站和代理一般被分别配置，管理站可以向代理下达操作命令访问代理所在系统的管理信息，但是代理不能访问管理站所在系统的管理信息，管理站和代理都是应用层的实体，都是通过 UDP 协议对其提供支持。图 7-3 所示为 SNMP 的基本体系结构。

管理站和代理之间共享的管理信息由代理系统中的 MIB 给出，在管理站中要配置一个管理数据库（MDB），用来存放从各个代理获得的管理信息的值，管理信息的交换是通过

GetRequest、GetNextRequest、SetRequest、GetResponse、Trap 共 5 条 SNMP 消息进行，其中前面 3 条消息是管理站发给代理的，用于请求读取或修改管理信息的；后 2 条为代理发给管理站的；GetResponse 为响应请求读取和修改的应答；Trap 为代理主动向管理站报告发生的事件。也就是说当代理设备发生异常时，代理即向管理者发送 Trap 报文。

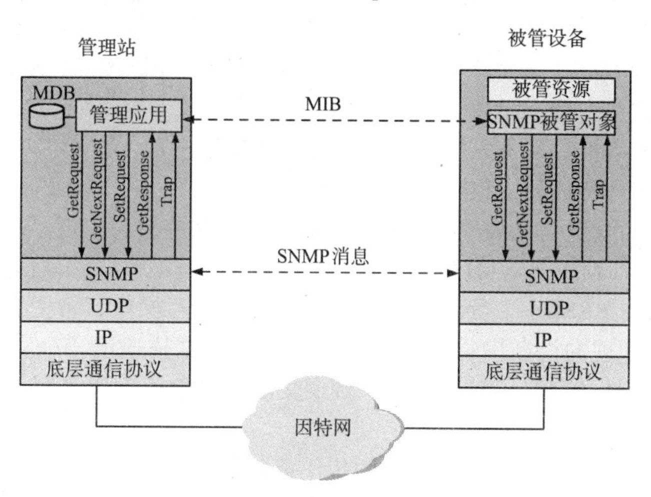

图 7-3　SNMP 基本体系结构

（2）三级体系结构

如果被管设备使用的不是 SNMP 协议，而是其他的网络管理协议，管理站就无法对该被管设备进行管理，SNMP 提出了代管（Proxy）的概念，代管一方面配备了 SNMP 代理，与 SNMP 管理站通信；另一方面要配备一个或多个托管设备支持的协议，与托管设备通信，代管充当了管理站和被管设备的翻译器。通过代管可以将 SNMP 网络管理站的控制范围扩展到其他网络设备或管理系统中。SNM 中代管体系结构如图 7-47 所示。

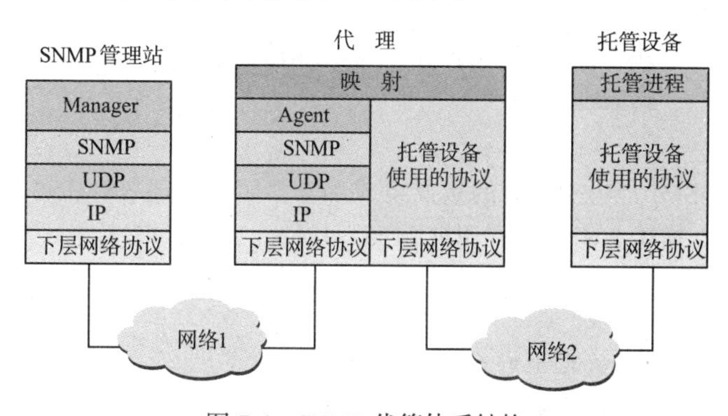

图 7-4　SNMP 代管体系结构

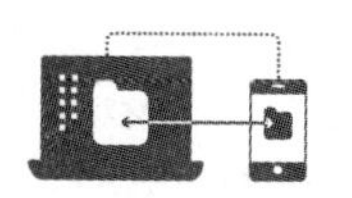 7.3　因特网标准的管理框架

SNMP（Simple Network Management Protocol，简单网络管理协议）的前身是简单网关监视协议——SGMP（RFC1028），用来对通信线路进行管理。随后，人们对 SGMP 进行了很大的修改，特别是加入了符合 Internet 定义的 SMI 和 MIB 体系结构，改进后的协议就是著

名的 SNMP。SNMP 的目标是管理 Internet 上众多厂家生产的软、硬件平台，因此 SNMP 受 Internet 标准网络管理框架的影响也很大。

因特网网络管理框架由 4 个部分组成，图 7-5 所示为 TCP/IP 因特网标准管理框架。

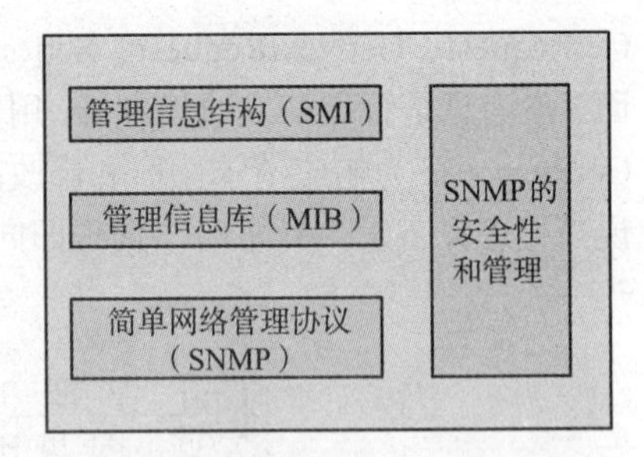

图 7-5　TCP/IP 因特网标准管理框架

① 管理信息库（MIB）。每个被管设备都包含一套用于管理它的变量，这些变量表示发送给网络管理站的有关设备操作的信息或发给被管设备以控制它的参数；MIB 是描述特定设备类型管理特征的一整套变量，MIB 中的每个变量称为 MIB 对象，管理信息表现为管理对象的集合，这些对象形成了一个虚拟的信息存储库，称为管理信息库（MIB）。MIB 对象定义了由被管设备维护的管理信息。

② 信息管理结构（SMI）。为了确保不同设备之间的互操作，希望有一个一致的方法来描述使用了 SNMP 管理的设备的特点，通过 SNMP 的数据描述语言来实现 SNMP 中管理信息的结构、语法和特性的定义；SMI 定义了数据类型、对象模型以及写入和修改管理信息的规则。

③ 协议 SNMP。用于管理站和代理之间传递信息和命令，所以 SNMP 定义了管理站和代理之间所交换的分组格式，所交换的分组包含各代理中的对象（变量）名及其状态（值），SNMP 负责读取和改变这些数值，代理在被管设备的实体中执行操作。

④ 安全性和管理。这是 SNMPv3 在 SNMPv2 上新加的功能，使得 SNMP 报文不仅能用于监视，也能用于控制网络元素。因为如果一个入侵者能够截获 SNMP 报文或者产生自己的 SNMP 报文并且向被管设备发送，就可能对网络造成危害。SNMPv3 的安全性被称为基于用户的安全性（RFC3414），用户采用用户名来标识，还有相关的口令、密码或者权限等安全信息，SNMPv3 提供了加密、鉴别、对重放攻击的防护和访问控制功能。

7.4　管理信息结构

管理信息结构（SMI）是 SNMP 的重要组成部分，用于描述 SNMPv2、SNMPv3 的 SMIv2 是 RFC2578 ~ 2580，描述 SMIv1 的是 RFC1155、1212、1213、1215。

SMI 的功能是：

① 被管对象应该怎样命名。

② 用来存储被管对象的数据类型有哪些。

③ 网络上传送的管理数据的编码方法。

每个管理信息变量是一个 MIB 对象，一个 MIB 对象可以有以下特性：

① 对象名。每个对象有一个用于唯一标识它的名字。事实上每个对象有两个名字，一个是描述对象的文本名字，另一个是对象在 MIB 对象层次结构中以数字形式表示的对象标识符。

② 语法。定义对象的数据类型和描述它的结构。有两类基本的数据类型：

a. 基础类型，是单条信息，如整数、字符串。

b. 构造类型，是多个数据元素的集合，采用基础类型表格形式或者基础类型列表。

③ 访问。在 SMIv2 中为 Max-Access，这个字段定义了 SNMP 应用程序正常使用对象的方式。可以是读创建、读写、只读、通知可访问和不可访问方式。

④ 状态。指示对象定义的通用性。SMIv1 中有强制的、可选的和过时的 3 个值，SMIv2 中可以为当前的、废止的、不建议的 3 个值。

⑤ 定义。对象的文本描述。

⑥ 选项特性。SMIv2 增加了单元、参考、索引、增加和默认值的选项特性。

管理对象至少需要包括 4 个方面的属性：类型、存储方式、状态和对象标识。

下面是一个 SMI 的例子，显示了在 RFC3418 中使用 SMIv2 对象 sysLocation 的定义，DisplayString 是对一个显示文本字符串的文本转换，最后 {system 6} 指明它在 MIB 树上的位置。

```
sysLocation OBJECT-TYPE
    SYNTAX DisplayString(SIZE(0..255))
    MAX-ACCESS read-write
    STATUS current
    DESCRIPTION "The physical of this node.If the lpcation
isunknown,the value is the zero-length string."
        ::={system 6}
```

1. 被管对象的命名

SMI 规定所有被管对象都必须在对象命名树上，图 7-6 给出了对象命名树的一部分内容，对象命名树的根没有名字，在根的下面有 3 个顶级对象，是世界上著名的标准指定单位，一个是国际电信联盟电信标准化部门 ITU-T（标号为 0）、国际标准化组织（标号为 1）以及这两个组织的联合体（标号为 2），在 ISO 分支下，分别对应有 ISO 标准（1.0），这里的 1.0 是指标号为 1.0，表明 ISO（1）下的标准（0）；ISO 的成员国的标准组织所发布的标准（1.2），还有 ISO 认可的组织成员（1.3），因特网在 1.3 的美国国防部（1.3.6）下面，标号为 1.3.6.1，MIB-2 在 management（2）结点的下面，其标号为 1.3.6.1.2.1，所有被 SNMP 管理的对象都包含在 MIB-2 结点下面。

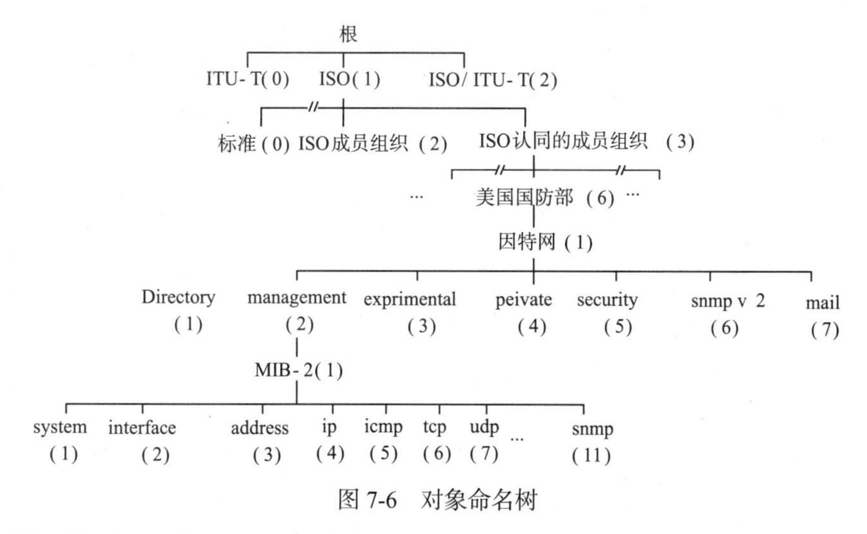

图 7-6　对象命名树

2. 被管对象的数据类型

SMIv1 和 SMIv2 的常规对象数据类型如表 7-1 所示，前 5 种为基本类型，后面的是用 SMIv1 定义的其他类型，其中名字中有 32 的用于 SMIv2。

表 7-1 SNMP SMI 常规数据类型

数 据 类 型	描 述	用于 SMIv1 中	用于 SMIv2 中
Integer/Integer32	表示 32 位有符号的整数，范围为 -2^{-31} ~ $2^{31}-1$	是	是
Octet string	0 ~ 65535 可变长的二进制字符串或文本数据	是	是
Null	空	是	否
Bits	允许一组比特标志被作为单一数据类型对待	否	是
Object identifier	对象标识符类型	是	是
Unsigned	32 位无符号整数	否	是
Network Address/IpAddress	32 位的 IP 地址	是	是
Counter/Counter32	32 位的计数器，最大值为 $2^{32}-1$，然后绕回 0	是	是
Gauge/Gauge32	32 位的计量器（标尺），范围为 0 ~ $2^{32}-1$	是	是
TimeTicks	一个 32 位的无符号整数，表明自某个任意的起始日期开始以来的百分之一秒数量，用于时间戳计算逝去的时间	是	是
Opaque	数据按 OCTET STRING 编码传输	是	是
Counter64	64 位的计数器	否	是

除了表 7-1 给出的 5 种基本类型和其他常规数据类型外，还允许用户自定义原语对象，然后将它们组合成复杂的构造对象。构造类型有 4 种方法，如表 7-2 所示。

表 7-2 构造类型

类型标识符	描 述
Sequence	一个或多个基本类型的有序集合
Sequence of	0 个或多个基本类型有序集合的数组
Set	一个或多个基本类型的无序集合
Set of	0 个或多个基本类型无序集合的数组

3. 数据的编码方法

SNMP 采用基本编码规则（Basic EnCodingRule，BER），实现 Manager 和 Agent 之间的管理信息编码传输。编码的目的是将可读的 ASCII 文本数据转换为面向传输的二进制数据。SNMP 采用 TLV 编码结构，TLV 三个字母分别代表 Type、Length 和 Value，即根据数据的类型、长度和值进行编码。每个字段都是一个或多个 8 位组成，其结构如图 7-7 所示。

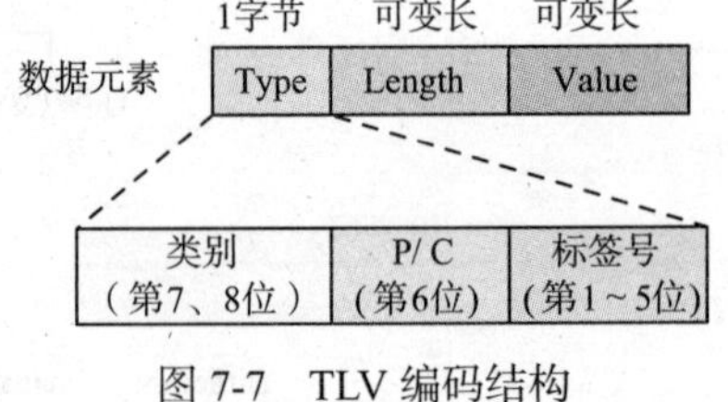

图 7-7 TLV 编码结构

① Type 字段占一个字节，分为类别、编码格式和标签号。具体解释如下：

a. 类别。占 2 位，00 表示通用类，01 为应用类，10 为上下文专用类，11 为自定义类。

b. 编码格式。占 1 位，0 表示简单类型，1 表示为构造类型。

c. 标签号。占 5 位，用来表示不同的数据类型，表 7-3 是常用的数据类型的 Type 字段编码。

表 7-3 常用的数据类型的 Type 字段编码

数据类型	Type 字段的各比特序列								十六进制值
	类别		格式	标签号					
INTEGER	0	0	0	0	0	0	1	0	02
OCTET STRING	0	0	0	0	0	1	0	0	04
NULL	0	0	0	0	0	1	0	1	05

续表

数据类型	Type 字段的各比特序列								十六进制值
	类别		格式	标签号					
OBJECT IDENTIFIER	0	0	0	0	0	1	1	0	06
SEQUENCE,SEQUENCE OF	0	0	1	1	0	0	0	0	30
IpAddress	0	1	0	0	0	0	0	0	40
Counter	0	1	0	0	0	0	0	1	41
Gauge	0	1	0	0	0	0	1	0	42
Time Ticks	0	1	0	0	0	0	1	1	43
Opaque	0	1	0	0	0	1	0	0	44
Get-Request PDU	1	0	1	0	0	0	0	0	A0
Get-Next-Request PDU	1	0	1	0	0	0	0	1	A1
Get-Reponse PDU	1	0	1	0	0	0	1	0	A2
Set-Request PDU	1	0	1	0	0	0	1	1	A3
Trap PDU	1	0	1	0	0	1	0	0	A4

② 长度字段。用来指明 Value 字段包含多少个 8 位组。长度字段由一个或多个 8 位组构成。每个 8 位组用后面的 7 位表示数值，最高位为延续符，为 0 表示 Length 的 8 位组已经结束，为 1 表示未结束。如长度 36 的编码为（00100100），长度 203 的编码为（1000000111001011）。

③ 值字段。又称内容字段，由零个或多个 8 位组构成，按不同的类型数据值的不同规定对它们进行编码。

最简单的数据类型是 OCTET STRING，VALUE 中的各个 8 位组就是串中的各个 8 位组，例如串 "1A1B"H（此处 H 表示串中的字符为 16 进制）的值为 00011010 00011011，它的 TLV 编码为 00000100 00000010 00011010 00011011。

对于 INTEGER 类型采用补码进行编码，整个码组的最高位表示符号，0 为正，1 为负。

OBJECT IDENTIFIER 类型在编码时，将所包含的每个整数按 8 位组编码，按顺序将它们串起来，8 位组的最高位为延续符，0 表示无后续 8 位组，1 表示有后续 8 位组。一个特例是 OBJECT IDENTIFIER 的前两个数字不分别编码，而是组合编码，iso(1) 和 org(3) 的组合用数字 43 表示，所以 Internet 因特网的标识符（1.3.6.1）要按（43 6 1）编码，TLV 编码的结果是 00000110 00000011 00101011 00000110 00000001。第一个 8 位组表示这是一个 OBJECT IDENTIFIER 的数据类型；第二个 8 位组为长度，表示后面 3 个 8 位组是值；第三个 8 位组到第五个 8 位组分别表示数据 43、6、1。

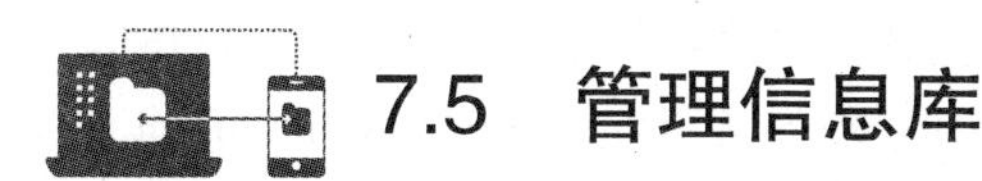

7.5　管理信息库

管理信息库（MIB）是一个信息存储库，所有被管对象的信息都放在 MIB 中，只有在 SNMP 中的对象才能被 SNMP 管理。

在 TCP/IP 网络管理的 RFC 中有多个独立的 MIB 标准，例如 RFC1613 提出了针对 Ethernet 接口管理的 MIB，RFC1512 为针对 FDDI 管理的 MIB,RFC1749 提出了针对 802.5 Token Ring 管理的 MIB 等，其中 RFC3418 为针对 TCP/IP 的 Internet 管理 SNMPv3 的管理信息库。

（1）MIB-2 的功能组

MIB-2 组下有 9 个功能组，如表 7-4 所示。

表 7-4　MIB-2 中的分组

组	完整的组标识符	描　述
system	1.3.6.1.2.1.1	提供运行代理的设备或系统的全部信息
interface	1.3.6.1.2.1.2	关于系统中网络接口的信息
address	1.3.6.1.2.1.3	用于 IP 地址到数据链路地址的地址转换表（不再使用）
ip	1.3.6.1.2.1.4	关于设备的 IP 地址的信息
icmp	1.3.6.1.2.1.5	关于设备的 Internet 控制报文协议的信息
tcp	1.3.6.1.2.1.6	关于设备的传输控制协议的信息
udp	1.3.6.1.2.1.7	关于设备的用户数据报协议的信息
egp	1.3.6.1.2.1.8	关于设备外部网关协议的信息（不再使用）
cmot	1.3.6.1.2.1.9	与在 TCP 之上运行的 CMIP 协议有关的对象（不再使用）
transmission	1.3.6.1.2.1.10	为系统每个接口用于传输信息特定方法有关的对象
snmp	1.3.6.1.2.1.11	用于管理 SNMP 自身的对象

（2）MIB-2 功能组的常用对象

MIB-2 的对象很多，由于篇幅的限制不能在此一一列举，下面简单列举一些常用对象，详细信息参看相关资料。

① sysDescr 对象。对象标识符为 .iso.org.dod.internet.mgmt.Mib-2.system.sysDescr（1.3.6.1.2.1.1.1），用于设备或实体的描述，语法为 DisplayString（SIZE(0..255)），访问方式为只读。

② sysObjectID 对象。对象标识符为 .iso.org.dod.internet.mgmt.Mib-2.system.sysObjectID（1.3.6.1.2.1.1.2），用于描述设备厂商的授权标识符，语法为 OBJECT IDENTIFIER，访问方式为只读。

③ sysName 对象。对象标识符为 .iso.org.dod.internet.mgmt.Mib-2.system.sysName（1.3.6.1.2.1.1.5），用于描述设备的名字。语法为 DisplayString（SIZE(0..255)），访问方式为读写。

④ ifNumber 对象。对象标识符为 .iso.org.dod.internet.mgmt.Mib-2.interfaces.ifNumber（1.3.6.1.2.1.2.1），用于描述本地系统中包含的网络接口总数，语法为 INTEGER，访问方式为只读。

⑤ ifDescr 对象。对象标识符为 .iso.org.dod.internet.mgmt.Mib-2.interfaces.ifTable.ifEntry.ifDescr（1.3.6.1.2.1.2.2.1.2），用于描述接口的信息，包括厂商、产品名称、硬件接口版本，语法为 DisplayString（SIZE(0..255)），访问方式为只读。

⑥ ifType 对象。对象标识符为 .iso.org.dod.internet.mgmt.Mib-2.interfaces.ifTable.ifEntry.ifType（1.3.6.1.2.1.2.2.1.3），用于描述接口的类型。语法为 INTEGER，访问方式为只读。

⑦ ifMtu 对象。对象标识符为 .iso.org.dod.internet.mgmt.Mib-2.interfaces.ifTable.ifEntry.ifMtu（1.3.6.1.2.1.2.2.1.4），用于描述接口的最大传输单元。语法为 INTEGER，访问方式为只读。

⑧ ifSpeed 对象。对象标识符为 .iso.org.dod.internet.mgmt.Mib-2.interfaces.ifTable.ifEntry.ifSpeed（1.3.6.1.2.1.2.2.1.5），用于描述接口速率，语法为 Gauge，访问方式为只读。

⑨ ifPhysAddress 对象。对象标识符为 .iso.org.dod.internet.mgmt.Mib-2.interfaces.ifTable.ifEntry.ifPhysAddress（1.3.6.1.2.1.2.2.1.6），用于描述接口的物理地址，语法为 PhysAddress，访问方式为只读。

⑩ ifAdminStatus 对象。对象标识符为 .iso.org.dod.internet.mgmt.Mib-2.interfaces.ifTable.ifEntry.ifAdminStatus（1.3.6.1.2.1.2.2.1.7），用于描述接口的管理状态，期待的接口状态为 up（1）、down（2）、testing（3），语法为 INTEGER，访问方式为读写。

⑪ udpInDatagrams 对象。对象标识符为 .iso.org.dod.internet.mgmt.Mib-2.udp.udpInDatagrams

（1.3.6.1.2.1.7.1），用于描述交付给 UDP 用户的 UDP 数据报总数，数据类型为 counter32。

⑫ udpNoPorts 对象。对象标识符为 .iso.org.dod.internet.mgmt.Mib-2.udp.udpNoPorts（1.3.6.1.2.1.7.2），用于描述在那些没有应用程序的目的地端口所接收到的 UDP 数据报总数，数据类型为 counter32。

⑬ udpInErrors 对象。对象标识符为 .iso.org.dod.internet.mgmt.Mib-2.udp.udpInErrors（1.3.6.1.2.1.7.3），用于描述接收的不能传递的 UDP 数据报数量，其原因并非是目的地端口没有应用程序，数据类型为 counter32。

⑭ udpOutDatagrams 对象。对象标识符为 .iso.org.dod.internet.mgmt.Mib-2.udp.udpOutDatagrams（1.3.6.1.2.1.7.4），用于描述从该实体发送的 UDP 数据报总数，数据类型为 counter32。

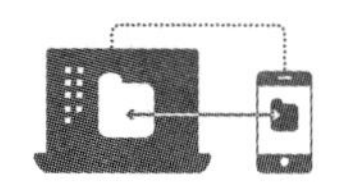

7.6　SNMP 的协议数据单元与 SNMP 报文格式

在 TCP/IP 中，网络管理的信息通信是通过 SNMP 报文进行交换，这些报文也称协议数据单元或 PDU。实际上 PDU 和报文还是有一些差别的，PDU 是 SNMP 封装的更高层的数据，SNMP 的报文格式是把 PDU 和首部字段封装在一起的包装。

SNMP 的通信方式可以有轮询和中断两种方式，轮询就是管理站发出访问被管设备的访问请求，被管设备响应请求的方式；中断是指被管设备给管理站发送信息，而不需要被请求。

SNMP 使用无连接的 UDP，所以在网络中传输 SNMP 报文的开销比较小，在运行代理程序的服务器端使用熟知端口 161，运行管理程序的客户端使用 162 端口，客户端的 162 端口和服务器端的 161 端口都是被动地打开，如图 7-8（a）所示，服务器端的 161 端口接收 Get 或者 Set 报文以及发送响应报文，和 161 端口通信的客户使用临时端口，如图 7-8（b）所示；客户端的 162 端口用来接收来自各代理的 Trap 报文，如图 7-8（c）所示，和 162 端口通信的代理端使用临时端口。

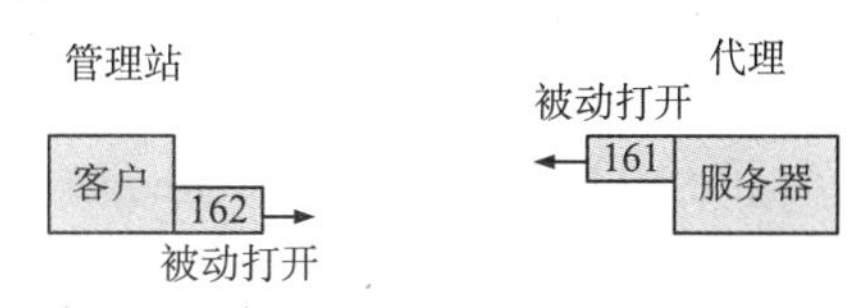

（a）客户/服务器双方发起的被动打开

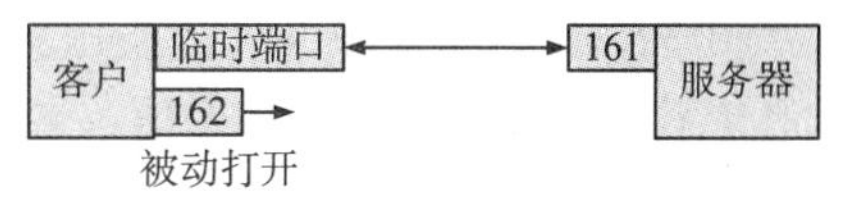

（b）交换请求和响应报文

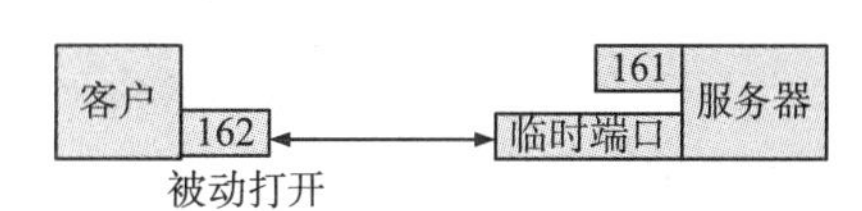

（c）服务器发送trap 报文

图 7-8　SNMP 的 UDP 端口

1. SNMP 的协议数据单元类别

SNMPv1 最早定义了 6 个 PDU，SNMPv2 和 SNMPv3 增加了 PDU 的类型，名字和用法也有一些变化，考虑到目前还有些设备在使用 SNMPv1，所以在表 7-5 中列出了包括 SNMPv1 PDU、SNMPv2/SNMPv3 PDU 的主要类别。

表 7-5　SNMP PDU 的类别

类　别	描　　述	SNMPv1 PDU	SNMPv2/SNMPv3 PDU
读	使用轮询从一个被管设备读取管理信息的报文	GetRequest-PDU GetNextRequest-PDU	GetRequest-PDU GetNextRequest-PDU GetBulkRequest-PDU
写	改变一个被管设备的管理信息的报文	SetRequest-PDU	SetRequest-PDU

续表

类　别	描　述	SNMPv1 PDU	SNMPv2/SNMPv3 PDU
响应	为响应前一个请求而发送的报文	GetResponse-PDU	Response-PDU
通知	用来给 SNMP 管理者发送中断的通知的报文	Trap-PDU	Trapv2-PDU InformRequest-PDU

（1）使用 GetRequest 和 Response 报文完成信息轮询

网管员有时希望检查一下设备的状态或者了解一下设备的信息，这些信息都以 MIB 对象的形式存储在设备中，SNMP 的轮询过程是：

①SNMP 管理站创建 GetRequest-PDU，基于应用程序和网管所请求的信息，指明要获得的 MIB 对象名，由管理站上的 SNMP 软件创建一个 GetRequest-PDU 报文。

②SNMP 管理站发送 GetRequest-PDU。

③ SNMP 代理接收并处理 GetRequest-PDU。代理接收到这个请求后，查看报文中的 MIB 对象名，检查其有效性，然后找到该 MIB 对象的相关信息。

④ SNMP 代理创建 Response-PDU，返回给 SNMP 管理站。

⑤ SNMP 管理站处理 Response-PDU。

（2）使用 SetRequest 报文修改对象

通过 GetRequest-PDU、GetNextRequest-PDU、GetBulkRequest-PDU 三种不同的方式都可以从被管设备处得到 MIB 对象的信息，SetRequest-PDU 可以让网管员修改 MIB 对象的变量值。具体过程是：

① SNMP 管理站创建 SetRequest-PDU，由管理站的 SNMP 软件创建 SetRequest-PDU 报文，它含有一组 MIB 对象名和要被设置的数值。

② SNMP 管理站发送 SetRequest-PDU 报文。

③ SNMP 代理接收并处理 SetRequest-PDU 报文，如果请求中的信息正确并满足安全性规定，SNMP 代理改变它内部的变量值，然后创建一个 Response-PDU 返回给管理站。否则返回处理过程中的错误代码。

④ SNMP 管理站接收和处理 Response-PDU。

（3）使用 Trap 和 InformRequest 报文进行信息通知

在 SNMP 中，当通信链路发生故障、设备重新启动或者鉴别出现问题时，被管设备就会用中断的方式向管理站发送 Trap 报文，通知事件的发生，这种报文是不需要确认的。很多情况下把被管设备出现的问题称为陷阱，在设计 MIB 时，就已经对一组特定的对象创建了陷阱，并且指定了陷阱的触发条件，以及被触发后 Trap-PDU 报文发送的目的地址。被管设备可以通过 Trap-PDU 或者 Trapv2-PDU 报文给管理者报告重要的事件，InformRequest-PDU 报文可以用于在管理站之间传播事件信息。

2. SNMP 的通用报文格式

（1）SNMPv1 的通用报文格式

SNMPv1 的通用报文格式由一个小的首部和一个被封装的 PDU 组成，如图 7-9 所示。

版本字段：占 4 字节长，整数类型，版本号描述了该报文的 SNMP 的版本号，SNMPv1 的版本号的实际数值是 0。

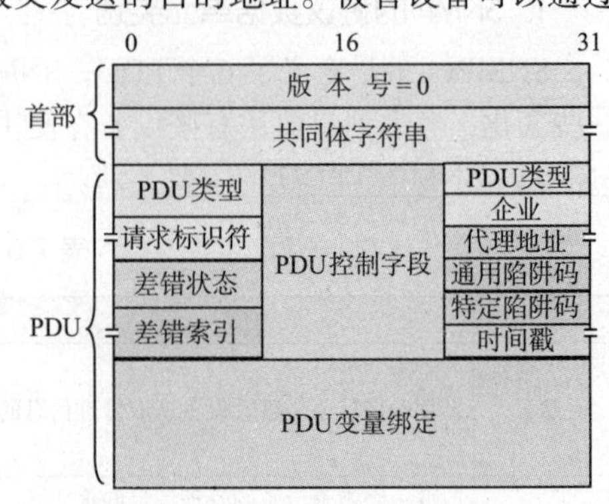

图 7-9　SNMPv1 的通用报文格式

共同体字符串：长度可变的8位组字符串，用于实现简单的基于共同体的SNMP安全机制，发送方和接收方都在一个共同体中。

PDU控制字段：对于GetRequest-PDU、GetNextRequest-PDU、SetRequest-PDU和GetResponse-PDU报文，该字段包括PDU类型、请求标识符、差错状态、差错索引字段。

PDU类型：占4个字节，共有9种类型如表7-6所示。

表7-6　SNMP报文的协议数据单元类型

PDU编号（T字段）	PDU名称	说　明
0(A0)	GetRequest	从代理读取一个或者一组变量的值
1(A1)	GetNextRequest	从代理读取MIB树上的下一个变量的值，可以在不知道变量名的前提下，按顺序读取表中的值
2(A2)	GetResponse	代理向管理站发送对Request报文的响应，并提供差错码，差错状态等信息
3(A3)	SetRequest	管理站设置代理的一个或者多个变量值
4(A4)	Trap	代理的陷阱通告
5(A5)	GetBulkRequest	管理站从代理读取大的数据块的值
6(A6)	InformRequest	管理站从一个远程管理站读取该管理站控制的代理中的变量值
7(A7)	SNMPv2Trap	代理向管理站报告代理中发生的异常事件
8(A8)	Report	在管理站之间报告某些类型的差错，暂时未用

请求标识符：占4个字节，用来匹配请求和回答的编号，由发送请求的设备产生，由SNMP响应实体复制到SetRequest-PDU的相应字段。

差错状态：占4个字节，告诉发送请求的实体的请求结果，其差错状态如表7-7所示。

表7-7　SNMP报文的差错状态

差错状态	名　称	说　明
0	noError	没有错误
1	Too Big	代理进程无法把响应放在一个SNMP报文中发送
2	noSuchName	操作一个不存在的变量
3	BadValue	set操作的值或语义有错误
4	readOnly	管理进程试图修改一个只读变量
5	genErr	其他错误

差错索引：差错索引是一个整数偏移量，当差错状态为非零时，本字段指明有差错的变量在变量列表中的偏移值，由代理进程设置，只有在发生noSuchName、BadValue、readOnly差错时才被设置，在请求报文中其值为0。

对于Trap-PDU报文该控制字段包括企业（组的对象标识符）、代理地址、通用陷阱码、特定陷阱码、时间戳字段。

① 企业：为可变字节长，填入Trap报文的网络设备的对象标识符，此对象标识符在对象命名树上的enterprise结点（1.3.6.1.4.1）下面的分支上。

② 代理地址：长度可变，产生陷阱的SNMP代理的IP地址。

③ 通用陷阱码：占4字节，指定预定义的通用陷阱类型的一个代码值，表7-8为trap报文的通用陷阱码。

表 7-8　trap 报文的通用陷阱码

Trap 类型	名　称	说　明
0	coldStart	代理进程自己初始化
1	warmStart	代理进程对自己重新初始化
2	linkDown	一个接口已经从工作状态改为故障状态
3	linkup	一个接口已经从故障状态改为工作状态
4	authenticationFailure	从 SNMP 管理进程接收到具有一个无效共同体的报文
5	egpNeighborLoss	一个 EGP 相邻路由器变为故障状态
6	enterpriseSpecifc	代理自定义事件，需要用后面的特定代码来指明

④ 特定陷阱码：指示一种自定义的陷阱类型的一个代码值。

⑤ 时间戳：占 4 个字节，自发送报文的 SNMP 实体最后一次初始化或重新初始化以来的时间量。

PDU 变量绑定：长度可变，指定 PDU 中一个或多个的 MIB 对象的名字和对应值。在 SNMP 中采用 BER（基本编码规则）来对变量的值进行编码，其格式为 TLV。

（2）SNMPv3 的通用报文格式

因为有好几种版本的 SNMPv2，所以 SNMPv2 也有多种格式，最初是从 SNMPv1 演变而来的 SNMPv2p，然后是基于共同体的 SNMPv2c、基于用户的 SNMPv2u 以及 SNMPv2*。由于篇幅的关系，在此就不一一列举，详细信息请查阅相关书籍。

SNMPv3 不仅解决了多种 SNMPv2 格式的问题，而且使用了一种更加灵活的方式定义安全性问题的方法和参数。RFC3412 描述了 SNMPv3 的报文格式，如图 7-10 所示。

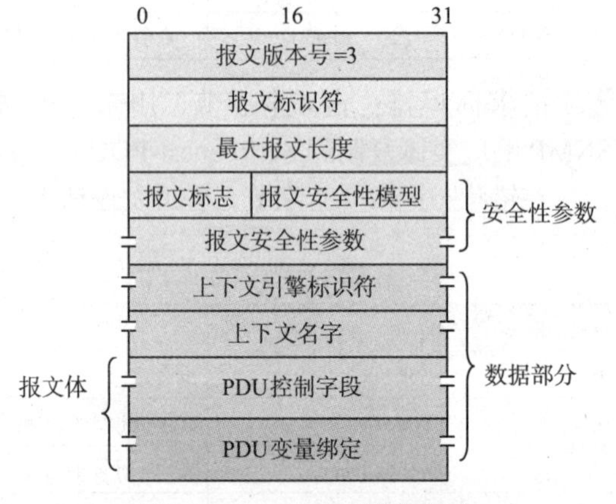

图 7-10　SNMPv3 报文格式

版本号：占 4 个字节，SNMPv3 的版本号为 3。

报文标识符：占 4 个字节，用于标识一个 SNMPv3 报文，也用于匹配请求报文和响应报文的一个编号。

最大报文长度：占 4 个字节，报文发送方能够接收的最大报文长度。

报文标志：占 8 位的字符串，第一位到第五位为保留位，第六位为可报告标志，如果为 1，收到此报文的设备必须返回一个 report-PDU；第七位为保密标志，置 1 为使用加密来保护这个报文；第 8 位为鉴别标志，置 1 为使用鉴别来保护报文。

报文安全性模型：占 4 个字节，指出报文使用哪种安全性模型，基于用户的安全性模型该字段的值为 3。

报文安全性参数：长度可变，指明特定的安全性模型中的一组参数值。

上下文引擎标识符：可变长度，用于标识 PDU 将发给哪个应用进程来处理。

上下文名字：长度可变，指定与此 PDU 相关联的特定的上下文的一个对象标识符。

PDU 变量绑定：指定 PDU 中一个或多个的 MIB 对象的名字和对应值。

下面通过一个实例来分析一下 SNMP 报文。本实例是管理站向路由器发送一个 GetRequest 的报文询问路由器接收到的 UDP 数据报个数。具体的数据为 3034 020103 300C 020140 02020400 040100 0200 0400 301F A01D 020400010611 020100 020100 300F 300D 0609010306010201070100

0500。

3034：数据类型 30 表示为 SEQUENCE（见表 7-3），总长度为 52 字节。

020103：数据类型为 02 表示 INTERGER，长度为 1，指明使用的版本号为 3。

300C：数据类型 30 为 SEQUENCE，首部长度为 12 字节。

020140：02 的数据类型为 INTERGER，长度为 1，报文标识 =64。

02020400：INTERGER，长度为 2，最大报文长度为 1 024。

040100：04 的数据类型为 OCTET STRING，长度为 1，所有标志为 0。

0200：INTEGER，长度为 0，表示无安全模型。

0400：OCTET STRING，长度为 0，表示无安全参数。

301F：30 表示为 SEQUENCE 类型，长度为 31，数据部分。

A01D：A0 表示为 GetRequest-PDU（见表 7-6），未加密，长度为 29。

020400010611：INTEGER, 长度为 4，请求标识符 =$(00010611)_{16}$

020100：INTEGER，长度为 1，差错状态为 $(00010611)_{16}$。

020100：INTEGER，长度为 1，差错索引为 $(00)_{16}$。

300F：SEQUENCE，长度为 15。

300D：SEQUENCE，长度为 13。

0609010306010201070100：06 为 OBJECT IDENTIFIED 对象实体的标识（见表 7-3），长度为 09，0103060102010701 指的是 UDPInDatagramss（见 7.5 节的 MIB-2 功能组的常用对象）。

图 7-11 为本实例的 ASN.1（抽象语法记法 1）编码。

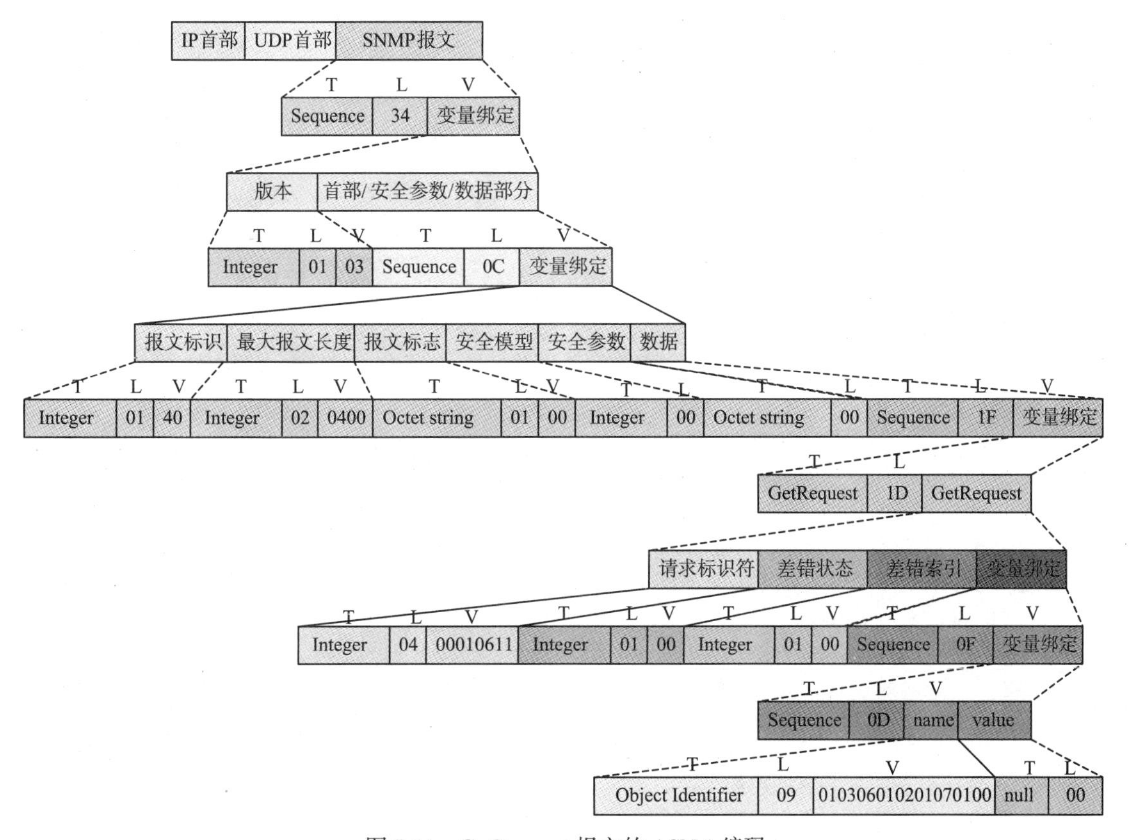

图 7-11　GetRequest 报文的 ASN.1 编码

习　题

一、简答题

1．在因特网中，一般采用的网络管理模型是（　　）。

A．浏览器 / 服务器　　B．客户机 / 服务器

C．管理者 / 代理　　D．服务器 / 防火墙

2．下面的协议数据单元，接收端不对其做出响应的是（　　）。

A．Get-Request　　B．Get-Next-Request

C．Set-Request　　D．Trap

二、填空题

1．网络故障管理的一般步骤有告警监测、故障定位、测试____、故障____、恢复业务。

2．网络管理主要由管理站、________被管设备以及________构成。

3．SNMP 使用________传送报文。

4．被管对象进行编码的目的是将可读的 ASCII 文本数据转换为________二进制数据。

5．SNMP 的通信方式有两种，分别是________和________。

6．运行代理程序的服务器端使用熟知端口________接收 Get 或者 Set 报文。运行管理程序的客户端使用________接收来自代理的 Trap 报文。

三、简述题

1．简述 SMI 的功能。

2．什么是 MIB？使用 MIB 的作用是什么？

3．因特网标准的管理框架是什么？

4．陷阱发生时，SNMP 是如何通告的？

第 8 章 网络安全

本章介绍网络安全方面的基础知识，了解网络安全的基本内容、安全威胁和安全策略，然后对防火墙技术、加密技术、数字签名技术、 反病毒技术、入侵检测技术等安全技术进行概括性的介绍，了解网络安全技术的发展和目前业界具有代表性的网络安全产品。

学习目标

- 了解网络安全的基本内容。
- 了解安全威胁。
- 了解安全策略。
- 理解防火墙技术。
- 掌握加密技术和数字签名技术。
- 了解反病毒技术及入侵检测技术。

8.1 网络安全概述

计算机网络已经深入社会生活的各个方面，但网络给人们带来方便的同时，也带来了安全问题，容易导致病毒传播，黑客攻击，重要信息的泄露、篡改和破坏等，造成的经济损失是相当可观的。

1. 网络安全的基本概念

网络安全是一门涉及计算机科学、网络技术、通信技术、密码技术、信息安全技术、应用数学、数论、信息论等多种学科的综合性学科。

网络安全是指保护网络系统中的软件、硬件及信息资源，使之免受偶然或恶意的破坏、篡改和泄露，保证网络系统的正常运行、网络服务不中断。

网络安全应具有以下 5 个方面的特征：

① 保密性。确保信息不暴露给未授权的人或实体。在网络系统中每个层次上都有不同的防范措施来保证其机密性，如物理保密、信息加密、防窃听、防辐射等。

② 完整性。只有得到授权的人能修改数据，并且能够判别出数据是否已被篡改，即网络信

息在存储、传输过程中保持不被删除、修改、伪造、乱序、重放、插入等破坏和丢失的特性。影响网络完整性的主要因素有设备故障，传输、处理、存储过程中产生的网络攻击，计算机病毒等，主要防范技术有校验和认证。

③ 可用性。得到授权的人在任何时候都可以访问数据，保证合法用户对信息和资源的使用不会被拒绝。在网络环境下拒绝服务、破坏网络和破坏有关系统的正常运行都属于对可用性的攻击。

④ 可控性。可以控制信息流向及行为的方式，保障系统依据授权提供相应的服务。对黑客入侵、口令攻击、用户权限提升、资源非法使用采取防范措施。

⑤ 可审查性。提供历史事件的记录，对出现的安全问题提供调查的依据和手段。

2. 影响网络安全的因素

计算机网络由于系统本身存在不同程度的脆弱性，为各种动机的攻击提供了入侵或者破坏系统的途径和方法。网络系统的脆弱性体现在以下几个方面：

① 硬件系统。体现在硬件的物理安全方面，由于人为或自然的原因造成设备的损坏，从而导致信息的泄露或失效。

② 软件系统。由于软件设计中的疏漏可能留下的安全漏洞，这种漏洞可能存在于操作系统、数据库系统和应用软件系统。

③ 网络及其通信协议。因特网是人们普遍使用的网络，由于最初的 TCP/IP 是在可信任环境中开发出来的，所以它的协议族在总体设计中基本上没有考虑安全问题，相当多的安全问题是在后来的使用过程中发现，并在原协议中添加安全策略的。主要体现在：

a. 缺乏用户身份鉴别机制。在因特网中，数据报在路由器之间传递，对所有人都是开放的，路由器只看数据报的目的地址进行转发，不保证其内容被其他人窥视，包括源 IP 地址和目的 IP 地址，很容易被别有用心的人进行源地址欺骗（Source address spoofing）或 IP 欺骗（IP spoofing）等。

b. 缺乏路由协议鉴别认证机制。在 IP 层之上缺乏对路由协议的安全认证机制，对路由信息缺乏鉴别和保护，容易造成源路由选择欺骗（Source Routing spoofing）和路由选择信息协议攻击（RIP Attacks）等。

c. 缺乏保密性，TCP/IP 采用明文传输，用户账号、口令等重要信息被一览无余。攻击者可以截获含有账号、口令的数据报，实现鉴别攻击（Authentication Attacks）、TCP 序列号欺骗（TCP Sequence number spoofing）、TCP 序列号轰炸攻击（TCP SYN Flooding Attack）等。

d. TCP/IP 服务的脆弱性。由于应用层协议位于 TCP/IP 体系结构的最高层，下层的安全缺陷必然导致应用层的安全出现问题，而且应用层协议（如 DNS、FTP、SNMP）本身也存在安全隐患。

网络安全性风险主要有 4 种基本的安全威胁：信息泄露、完整性破坏、拒绝服务、非授权访问。造成网络的安全威胁和被攻击原因主要有内部操作不当、内部管理漏洞、外部威胁和犯罪。系统管理员和安全管理员出现管理配置的操作失误，会导致事故的发生，再加上有些系统如 UNIX 系统的核心代码是公开的，这是最易受攻击的目标。攻击者可能先设法登录到一台 UNIX 的主机上，通过操作系统的漏洞来取得特权，然后再以此为据点访问其余主机，攻击者在到达目的主机之前往往会先经过几个主机。这样，即使被攻击网络发现了攻击者从何处发起攻击，管理人员也很难顺次找到他们的最初据点，而且他们在窃取某台主机的系统特权后，在退出时会删掉系统日志。所以，如何检测系统自身的漏洞，保障网络的安全，已成为日益紧迫的问题。

计算机网络的安全威胁主要来自黑客攻击、计算机病毒和拒绝服务攻击。健全内部网络的管理机制，加强职工的安全教育，设置防火墙，建立监控系统是保障内部网络安全的重要举措。

3. 网络攻击的类型

网络攻击的分类很多，下面从安全属性和攻击方式讨论分类。

（1）从安全属性分类

网络攻击的类型可分为阻断攻击、截获攻击、篡改攻击和伪造攻击，如图 8-1 所示。

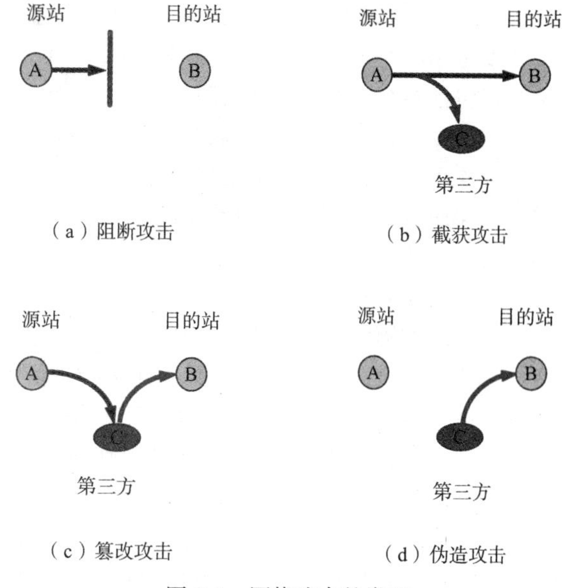

图 8-1　网络攻击的类型

（2）从攻击方式分类

按攻击方式来分有主动攻击和被动攻击。

主动攻击是指攻击者对数据流的某些修改或者生成一个假的数据流，可分为伪装、回答、修改报文、拒绝服务 4 种。被动攻击是指攻击者使用窃听、监听获取正在传输的信息，获得传输报文的信息，或者对通信流量进行分析，被动攻击不修改通信信息，所以检测比较困难，对于被动攻击的主要手段是阻止。

4. 网络攻击的常见形式

目前，计算机互联网络面临的安全性威胁表现形式主要有以下几个方面：

① 非授权访问。没有经过同意就使用网络，如有意避开系统访问控制机制，对网络设备及资源进行非正常使用，或擅自扩大权限，越权访问信息，主要有假冒、身份攻击、非法用户进入网络系统进行违法操作、合法用户以未授权方式进行操作等。

② 拒绝服务攻击，DoS 的英文全称是 Denial of Service，就是“拒绝服务”的意思，属于一种简单有效的破坏性攻击，它不断对网络服务系统进行干扰，执行与正常运行无关的程序，使系统响应减慢甚至瘫痪，影响正常用户的使用，甚至使合法用户被排斥，而不能进入计算机网络系统或不能得到相应的服务。如早期的“电子邮件炸弹”，它能使用户在很短的时间内收到大量电子邮件，使用户系统不能处理正常业务，严重时会使系统崩溃、网络瘫痪。

③ 计算机病毒。计算机病毒程序有着巨大的破坏性，通过网络传播的病毒，无论是在传播速度、破坏性，还是在传播范围等方面都是可怕的。

④ 特洛伊木马。特洛伊木马可以直接侵入到目标主机并进行破坏，特洛伊程序伪装成工具程序、游戏或者邮件附件等，以掩盖其真实企图，诱使用户下载打开，特洛伊木马程序隐藏在目标主机的系统中，在系统启动时偷偷执行，并通过用户接入的因特网告之攻击者用户的相关信息，从而达到控制目标主机的目的。

⑤ 破坏数据的完整性。用非法手段窃得对数据的使用权，删除、修改、插入或重发某些重要信息，修改网络上传输的数据，以及销毁网络上传输的数据，改变网络上传输的数据包的先后次序，使攻击者获益，以干扰用户的正常使用。

⑥ 蠕虫。通过网络快速传播，它可以从一台机器向另一台机器传播。对网络造成拒绝服务等，同其他病毒不一样，它不需要修改宿主程序就能传播。

⑦ 陷门。为攻击者提供“后门”的一段非法的操作系统程序。一般是指一些内部程序人员为了特殊的目的，在所编制的程序中潜伏代码或保留漏洞。

⑧ IP 欺骗。攻击者通过修改 IP 地址，冒充可信结点的 IP 地址，伪造合法用户与目标主机建立连接关系。

⑨ 信息泄露或丢失。指敏感数据在有意或无意中被泄漏或丢失。

5. 网络安全策略

安全策略是指在一个特定的环境中，提供一定级别的安全保护所必须遵守的规则。网络安全策略包括对企业的各种网络服务的安全层次和用户的权限进行分类，确定管理员的安全职责，如何实施安全故障处理、入侵及攻击的防御和检测、备份和灾难恢复等内容。系统安全策略主要涉及 4 个方面：物理安全策略、访问控制策略、信息加密策略和网络安全管理策略。

① 物理安全策略的目的是保护计算机网络设备、设施以及其他硬件媒体和通信链路免受自然灾害、人为破坏和搭线攻击；从而保障环境安全、设备安全和媒体安全。其主要的防范措施有：对主机及重要信息的存储、收发部门进行屏蔽处理；对本地网传输线路上的辐射进行抑制，对终端设备的辐射进行防范。

② 访问控制是网络安全防范和保护的主要策略，它的主要任务是保证网络资源不被非法使用和非法访问。它是维护网络系统安全、保护网络资源的重要手段。各种安全策略必须相互配合才能真正起到保护作用，但访问控制可以说是保证网络安全最重要的核心策略之一。下面列出几种常用的安全控制的策略：

a. 入网访问控制为网络访问提供了第一层访问控制，它控制哪些用户能够登录到服务器并获取网络资源，控制准许用户入网的时间和准许他们在哪台工作站入网。

b. 网络的权限控制是针对网络非法操作所提出的一种安全保护措施。用户和用户组被赋予一定的权限。网络控制用户和用户组可以访问哪些目录、子目录、文件和其他资源；目录级安全控制允许网络控制用户对目录、文件、设备的访问。

c. 目录级安全控制。用户在目录一级指定的权限，对所有文件和子目录有效，用户还可进一步指定对目录下的子目录和文件的权限。

d. 属性安全控制。属性安全控制是网络系统管理员应给文件、目录等指定访问属性。属性安全控制可以将给定的属性与网络服务器的文件、目录和网络设备联系起来。属性安全在权限安全的基础上提供更进一步的安全性。网络上的资源都应预先标出一组安全属性。用户对网络资源的访问权限对应一张访问控制表，用以表明用户对网络资源的访问能力。属性设置可以覆盖已经指定的任何受托指派和有效权限。属性往往能控制以下几个方面的权限：向某个文件写数据、复制一个文件、删除目录或文件、查看目录和文件、执行文件、隐含文件、共享、系统属性等。网络的属性可以保护重要的目录和文件，防止用户对目录和文件的误删除、修改、显示等。

e. 网络服务器安全控制。网络允许在服务器控制台上执行一系列操作。用户使用控制台可以装载和卸载模块，可以安装和删除软件等。网络服务器的安全控制包括：设置口令锁定服务器控制台，以防止非法用户修改、删除重要信息或破坏数据；设定服务器登录时间限制、非法访问者检测和关闭的时间间隔。

f. 网络监测和锁定控制。网络管理员应对网络实施监控，服务器应记录用户对网络资源的访问，对非法的网络访问，服务器报警提示网络管理员。如果不法之徒试图进入网络，网络服务器应会自动记录其尝试进入网络的次数，如果非法访问的次数达到设定数值，那么该账户将被自动锁定。

g. 网络端口和结点的安全控制。网络中的服务器端口往往使用自动回呼设备、静默调制解调器加以保护，并以加密的形式来识别结点的身份。自动回呼设备用于防止假冒合法用户，静默调制解调器用以防范黑客的自动拨号程序对计算机进行攻击。网络还常对服务器端和用户端采取控制，用户必须携带证实身份的验证器(如智能卡、磁卡、安全密码发生器)。在对用户的身份进行验证之后，才允许用户进入用户端。然后，用户端和服务器端再进行相互验证。

③ 防火墙控制策略。该策略是一个用以阻止网络中的黑客访问某个机构网络的屏障，称之为防火墙，也叫控制进 / 出两个方向通信的门槛。在网络边界上通过建立起来的相应网络通信监控系统来隔离内部和外部网络，以阻止外部网络的侵入。

④ 入侵防范策略。目的是通过一个网络的入侵检测系统（IDS），提供 24 小时的网络监控，通过分析网络中的数据流搜索未经授权的访问，向管理台发送含有黑客攻击的活动信息，阻断非法访问的会话。

⑤ 信息加密策略。其目的是保护网内的数据、文件、口令和控制信息，保护网上传输的数据。网络加密常用的方法有链路加密、端点加密。链路加密的目的是保护网络结点之间的链路信息安全；端到端加密的目的是对源端用户到目的端用户的数据提供保护。用户可根据网络情况酌情选择加密方式。信息加密过程是通过形形色色的加密算法来具体实现的，它以很小的代价提供很大的安全保护。加密算法分为常规密码算法和公钥密码算法。密码技术是网络安全最有效的技术之一，一个加密网络，不但可以防止非授权用户的搭线窃听和入网，而且也是对付恶意软件的有效方法之一。

⑥ 网络安全管理策略。加强网络的安全管理，制定有关规章制度，对于确保网络安全、可靠地运行，也将起到十分有效的作用。安全管理策略是指在一个特定的环境中，为提供一定级别的安全保护所必须遵守的规则，如法律、法规和制度。网络的安全管理策略包括：确定安全管理等级和安全管理范围；制定有关网络操作使用规程和人员出入机房的管理制度；制定网络系统的维护制度和应急措施等。

8.2　密码技术

因特网把全世界连在了一起，走向因特网就意味着走向了世界，特别是因特网给众多的商家带来了无限的商机，但是基于 TCP/IP 服务的不安全性，阻碍了电子商务方向的发展。为了使因特网变得安全和充分利用其价值，人们选择了数据加密和基于加密技术的身份认证。对网络传输的报文进行数据加密是一种很有效的反窃听手段，通常采用一定算法对原文进行加密，然后将密文进行传输，到达目的结点后再进行解密。

下面介绍和数据加密相关的一些术语：

明文 M：加密前的原始信息，可以是文本、图形、图像、数据化的音频或视频信息。

密文 C：经过加密后的信息。

密钥 K：能有效控制加密和解密算法的实现，在处理过程中的通信双方所掌握的专门信息。

加密 E：将明文转变成密文的过程，通常采用一定的加密算法完成，$C=f(M, K_e)$，其中 K_e 为加密端的密钥，$f()$ 是加密函数。

解密 D：由密文还原成明文的过程，采用解密算法来实现，$M=f^{-1}(M, K_d)$，其中 K_d 为解密端的密钥，$f^{-1}()$ 是解密函数。

一个好的密码体制至少满足两个条件：

① 在已知明文 M 和加密密钥 K_e 的情况下，计算密文 $C=E_{Ke}(M)$ 较容易；已知密文 C 和解

密密钥 K_d，还原明文 $M=D_{Kd}(C)$ 较容易。

② 当不知道解密密钥时，不能由密文推出明文。

数据加密和解密的一般模型如图 8-2 所示。

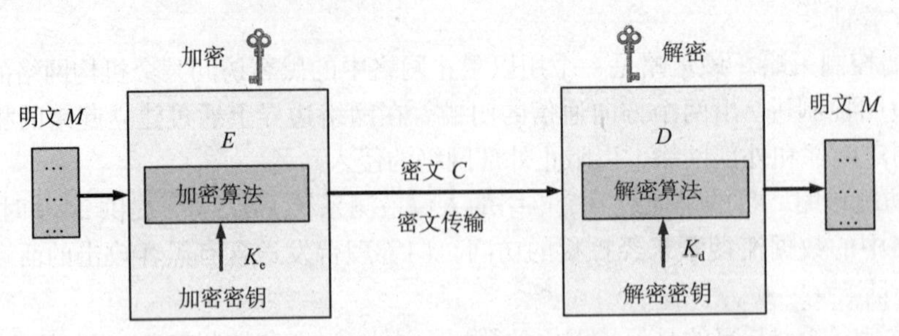

图 8-2　数据加密 / 解密的一般模型

密码技术的分类有很多种标准，按执行的操作方式可分为替换密码技术和换位密码技术；按收发双方使用的密钥是否相同，可分为对称密码技术和非对称密码技术。

1. 对称密码技术

对称加密是指加密和解密过程均采用同一把密钥，这个密钥是通信双方在通信前协商好的，协商过程称为分发密钥，发送方使用这把密钥，采用合适的算法将要发送的明文转换成密文，通过网络传输到接收方，接收方利用约定的密钥和解密算法完成解密。具体模型如图 8-3 所示。

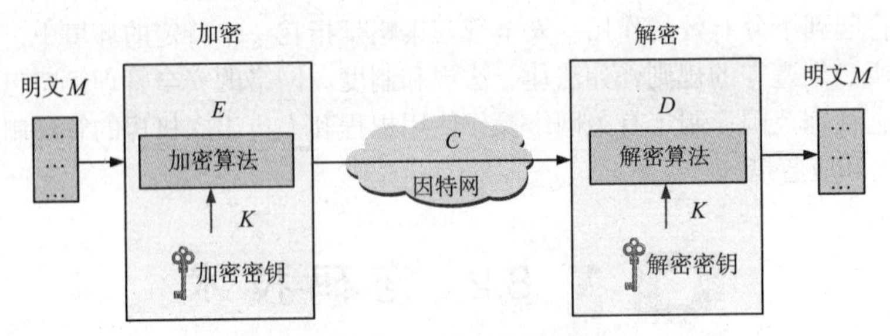

图 8-3　对称密钥算法的模型

比较著名的对称密钥算法为美国的 DES、AES 以及欧洲的 IDEA 等算法。

DES（Data Encryption Standard）是由 IBM 公司在 20 世纪 70 年代发展起来的，并经美国政府的加密标准筛选后，于 1976 年 11 月被美国政府采用，DES 随后被美国国家标准局和美国国家标准协会（American National Standard Institute，ANSI）承认。

DES 使用 64 位密钥进行加密，64 位中的 8 位为奇偶校验位（每 8 个字节有 1 位校验位），所以实际上是 56 位密钥对 64 位的数据块进行加密，并对 64 位的数据块进行 16 轮编码。DES 用软件进行解码需用很长时间，而用硬件解码的速度非常快，但是，当时大多数黑客并没有足够的设备制造出这种硬件设备。在 1977 年，人们估计要耗资两千万美元才能建成一个专门计算机用于 DES 的解密，而且需要 12 小时的破解才能得到结果。当时 DES 被认为是一种十分强壮的加密方法。随着计算机速度越来越快，制造一台这样特殊的机器的花费已经降到了 10 万美元左右，由于确定一种新的加密法是否真的安全是极为困难的，何况 DES 的密码学缺点只是密钥长度相对比较短，所以人们并没有放弃使用 DES，而是想出了一个解决其长度的方法，即采用三重 DES。这种方法是用两个密钥对明文进行三次加密，假设两个密钥是 K_1 和 K_2。

① 用密钥 K_1 进行 DES 加密。

② 用 K_2 对步骤 1 的结果进行 DES 加密。

③ 使用密钥 K_1 对步骤 2 的结果进行 DES 加密。

这种方法的缺点是，花费是原来的 3 倍，但从另一方面来看，三重 DES 的 112 位密钥长度是很“强壮”的，DES 的保密性仅取决于对密钥的保密，而算法是公开的，DES 内部的复杂结构是至今没有找到捷径破译方法的根本原因。

2. 非对称密码技术

非对称密码算法又称公开密钥密码算法，公开密钥密码体制最主要的特点就是加密和解密使用不同的密钥，每个用户保存着一对密钥，加密密钥 P_k（公钥）和解密密钥 S_k（私钥），这两个密钥不同，不能从其中一个推导出另一个，假设明文是 M，加密算法为 E，解密算法为 D，它们满足下面的 3 个条件：

① $D_{Kd}(E_{Ke}(M))=M$。

② 从 E 推导 D 极为困难。

③ E 不能通过部分明文来破解。

加密算法中，公钥是公开的，任何人可以用公钥加密信息，再将密文发送给私钥拥有者；私钥是保密的，用于解密其接收的公钥加密过的信息。

非对称密钥算法模型如图 8-4 所示。

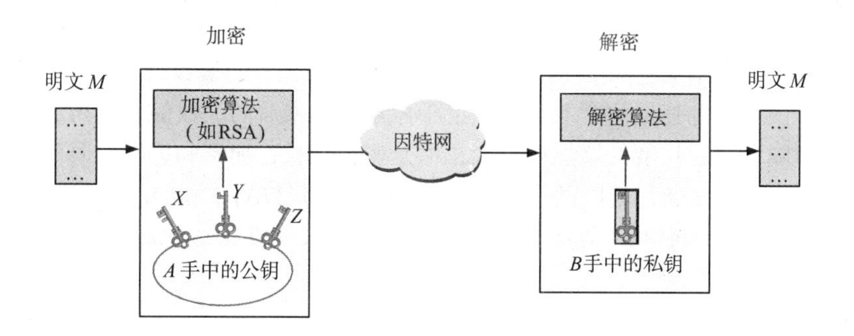

图 8-4　非对称密钥算法模型

典型的公钥加密算法是 RSA，在 1977 年由美国麻省理工学院的 Ron Rivest、Adi Shamir 和 Len Adleman 3 位教授于 1978 年首次发表的一种算法，取名自 3 位教授的名字，是至今最为广泛使用的加密算法之一，也可以说是公共密钥学的代名词。在互联网上通过浏览器进行的数据安全传输，如 Netscape Navigator 和 Microsoft Internet Explorer 都使用了该算法。RSA 算法主要由两个部分组成，一个是公共密钥和私密密钥的选取，另一个是加密和解密算法。

选取公共密钥和私密密钥的过程是：

① 选取两个大的素数 P 和 Q（一般可以为 1 024 位）。

② 计算它们的积 $n=p\times q$ 和 $z=(p-1)\times(q-1)$。

③ 选择小于 n 的数 d，并且和 z 互为素数。

④ 找到数 e，使其满足 $ed\equiv 1(\mathrm{mod} z)$。

⑤ 加密方公开自己的公共密钥（e，n），保存私密密钥（d，n）。

加密和解密的过程是：

① 假设发送的数据是 M，其中 $M<n$，为了加密，对 M 做指数运算 M^e，接着计算 M^e 模 n 的余数。明文 M 的加密值为 C，发送方发送 C，表示如下：

$$C\equiv M^e(\mathrm{mod} n)$$

② 为了解密接收到的密文，计算 $M \equiv C^d(\bmod n)$，显然解密时就需要私密密钥（n，d）。

下面举一个简单的例子说明 RSA 算法中密钥生成以及加密解密过程：

① 用户 A 选择了两个大素数（为了计算方便假设选择 3 和 11）。

② 计算$n = p\times q = 3\times 1 = 3$，$z = (p-1)\times(q-1) = 20$。

③ 选择 d=7，满足 d 和 z 互为素数。

④ 找到满足 $7e \equiv (\bmod 20)$ 条件的 e=3。

结果用户 A 得到公开密钥（3，33）和私密密钥（7，33），然后 A 将公开密钥告诉 B 用户，B 用公开密钥对要发送的信息加密，然后发送给用户 A，用户 A 再用私密密钥解密。

假设要发送的信息是“OK”，用数字 1 ~ 26 给 A ~ Z 这 26 个英文字母编码，对应的加密解密过程如表 8-1 所示。

表 8-1　RSA 加密解密示例

加　密			密　文	解　密		明　文
明　文		运算		运算	运算	
字母	编码	（M^3）		（C^7）	（C^7mod33）	
O	15	3375	9	4782969	15	O
K	11	1331	11	19487171	11	K

RSA 算法之所以具有安全性，是因为数论理论中将两个大的素数合成一个数很容易，而相反的过程则非常困难，尤其是两个上百位或上千位素数相乘后的大数简直不可思议；RSA 的优点是保密性强度随着密钥长度的增加而加大，但是密钥越长，加密和解密的时间越长；RSA 的缺点是密钥产生的过程复杂，难以做到一次一密；其次是代价高，和 DES 比速度太慢，很多情况下使用混合密码机制，将 RSA 算法和 DES 算法结合起来完成数据的加密和身份认证等工作。

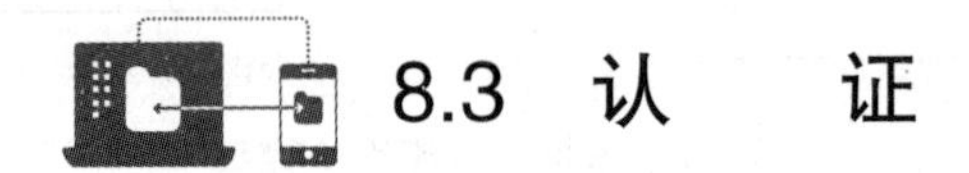

8.3　认　　证

密码主要用于信息加密，以防止他人从截获的报文中破译信息，网络信息安全不仅仅局限在信息加密，还要防止他人的主动进攻，随着 Internet 上各类应用的发展，尤其是电子商务应用的发展，为保证商务、交易及支付活动的真实可靠，鉴别收到信息的真实性，需要有一种机制来验证活动中各方的真实身份，因此在网络信息安全系统中产生了各种各样的认证技术，安全认证是维持电子商务活动正常进行的保证。

PKI 公开密钥体系就是一种基于加密技术的安全认证机制。

PKI（Public Key Infrastructure，公钥基础设施）是一种遵循标准的利用公钥理论和技术建立的可提供安全服务的基础设施，公钥基础设施的设计思想是从技术上解决网上身份认证、电子信息的完整性和不可抵赖性等安全问题，为网络应用提供可靠的安全服务。

PKI 的内容包括认证机构（Certificate Authority，CA）、注册机构（Registration Authority，RA）、密钥（Key）与证书（Certificate）管理、密钥备份与恢复、撤销系统和 PKI 应用接口。

下面从几个方面来描述 PKI。

1. 数字签名

数字签名实际上是附加在数据单元上的一些数据或是对数据单元所做的密码变换，这种数据或变换能使数据单元的接收者确认数据单元的来源和数据的完整性，并保护数据，防止被人伪造。

签名机制的本质特征是该签名只有通过签名者的私有信息才能产生，因为除了发送者 A 没有人持有 A 的私密密钥 K_{dA}，所以除 A 外没有别人能产生密文 S_A, 这样接受方 B 就相信报文 M 是 A 签名发送的，这就是报文鉴别的功能。如果其他人篡改过报文，而他没有 A 的私密密钥，无法实现对报文的加密，接收方对篡改过的报文解密后，得出无法理解的明文，就知道报文被篡改了，这样就保证了报文完整性的功能。另外，当收发双方发生争议时，第三方（仲裁机构）就能够根据消息上的数字签名来裁定这条消息是否确实由发送方发出，从而实现抗抵赖服务。

数字签名的实现方法如下：

① 使用对称加密和仲裁者实现数字签名。

② 使用公开密钥体制进行数字签名。

③ 使用报文摘要完成数字签名。

在此着重介绍利用公开密钥获得数字签名技术。

公开密钥体制的发明，使数字签名变得更简单，如图 8-5 所示。

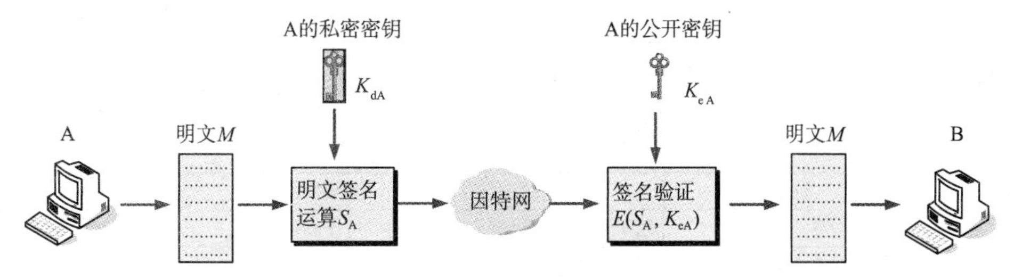

图 8-5　数字签名的实现原理图

签名的实现过程如下：

① A 和 B 将自己的公开密钥 K_{eA}、K_{eB} 公开登记，作为对方及仲裁验证数字签名之一。

② A 用他的私密密钥 K_{dA} 对明文签名 $S_A=S(M，K_{dA})$，如果不需要保密，则 A 将签名的消息发送给 B；若要保密，则对签名 S_A 再进行加密处理，即从公钥库中查到 B 的公钥 K_{dB}，用 K_{eB} 对 S_A 加密 $C=E(S_A，K_{eB})$，最后 A 把 C 发送给 B，A 将留存 S_A 或 C。

③ B 收到报文后，若非保密通信，则用 A 的公开密钥 K_{eA} 对签名进行验证。

$$E=(S_A，K_{eA})=E(D(M，K_{dA})K_{eA})=M$$

如果是保密通信，先解密再验证签名。

$$D=(C，K_{dB})=D(E(S_A，K_{eB})K_{dB})=S_A$$
$$E=(S_A，K_{dA})=E(D(M，K_{dA})K_{eA})=M$$

④ B 将收到的 S_A 或 C 保存。

签名操作只能是由 A、B 完成，因此 K_{dA}，K_{dB} 相当于是 A、B 的印章或指纹，S_A、S_B 相当于 A、B 的签名，事后如果 A 或 B 对于签名的真伪发生争执，则可以向仲裁者提供留底签名数据，当众验证签名。如果能够恢复出争执的 M，说明是 A 的签名，否则不是，从而有效地阻止 A 的抵赖和 B 的伪造行为。具有保密性的数字签名的实现如图 8-6 所示。

2. CA 认证技术

CA（Certificate Authority）即证书机构，是保证公钥的完整性的机构，是网络上电子交易安全的关键环节，认证中心的功能有证书发放、证书更新、证书撤销和证书验证。在网上进行电子商务活动时，交易双方需要用来表明自己的身份，并使用数字证书进行交易操作。数字证书中包括证书持有人的身份标识、公钥等信息，并由证书颁发者对证书签字。

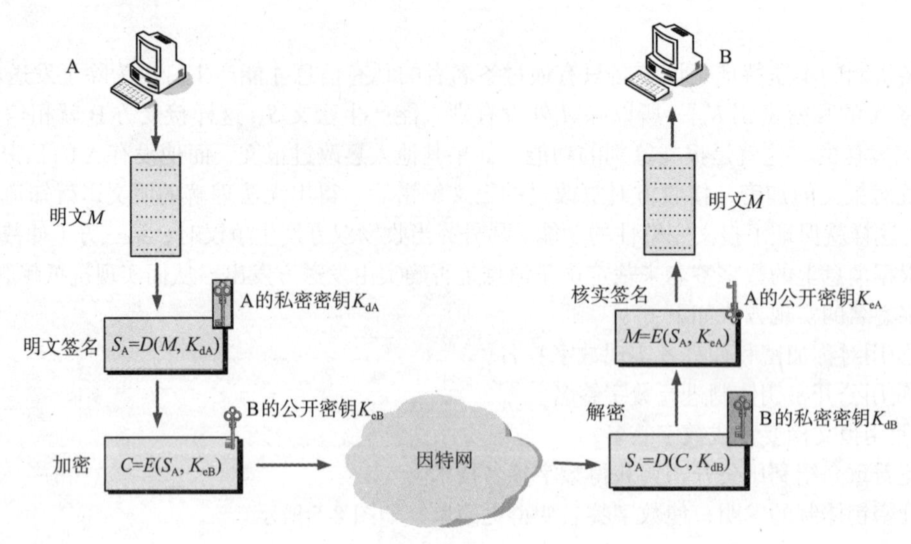

图 8-6 具有保密性的数字签名过程

证书的类型与作用如表 8-2 所示。

表 8-2 证书的类型与作用

证书名称	证书类型	主要功能描述
个人证书		用于个人网上交易、网上支付、电子邮件等
单位证书	单位身份证书	用于企事业单位网上交易、网上支付等
	E-mail 证书	用于企事业单位内安全电子邮件通信
	部门证书	用于企事业单位内某个部门的身份认证
服务器证书		用于服务器、安全站点认证等
代码签名证书	个人证书	用于个人软件开发者对其软件的签名
	企业证书	用于软件开发企业对其软件的签名

3. 数据完整性验证

许多报文并不需要加密但要数字签名，以便让报文的接收者能够鉴别报文的真伪，然后对很长的报文进行数字签名会使计算机增加很大的负担，所以当传送不需要加密的报文时，可以使用简单的报文摘要进行报文真伪鉴别。报文的发送者用要发送的报文和一定的算法生成一个报文摘要，并将报文摘要与报文一起发送出去；接收者收到报文和报文摘要后，用同样的算法与接收到的报文生成一个新的报文摘要；将新的报文摘要与接收到的报文摘要进行比较，如果相同，则说明收到的报文是正确的，否则说明报文在传送中出现了错误，用报文摘要鉴别报文的过程如图 8-7 所示。

在算法中用到的数学函数称为单向散列函数，也称压缩函数、收缩函数，它是现代密码学的中心，是许多协议的另一个结构模块。散列函数长期以来一直在计算机科学中使用，散列函数是把可变长度的输入串（称为预映射）转换成固定长度的输出串（称为散列值）的一种函数。

利用单向散列函数生成报文摘要可分成两种情况：一种是不带密钥的单向散列函数，在这种情况下，任何人都能验证消息的散列值；另一种是带密钥的散列函数，散列值是预映射和密钥的函数，这样只有拥有密钥的人才能验证散列值。单向散列函数的算法实现有很多种，如 Snefru、N-Hash、MD2、MD4、MD5、SHA-1 算法等。

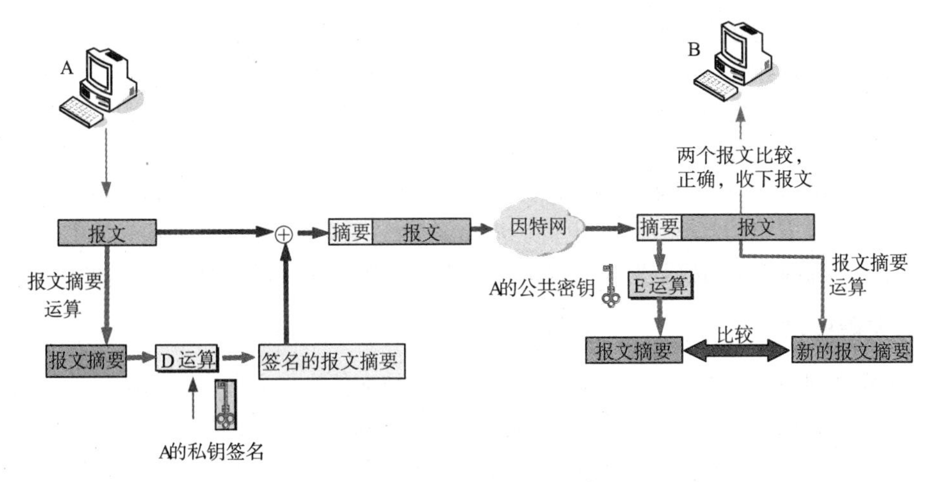

图 8-7　用报文摘要鉴别

RFC1321 提出的报文摘要算法 MD5 目前应用非常广泛，可以对任意长的报文进行运算，然后得出 128 位的 MD5 报文摘要，具体算法大致如下：

① 先把任意长的报文按模 2^{64} 计算其余数（64 位），追加在报文的后面。

② 在报文和余数之间填充 1 ～ 512 位，使得填充后的总长度是 512 的整数倍。填充的首位是 1，后面都是 0。

③ 把追加和填充后的报文分隔为 512 位的数据块，每个 512 位的报文数据再分成 4 个 128 位的数据块一次送到不同的散列函数进行 4 轮计算，每一轮又都按 32 位的小数据块进行复杂的运算，一直到最后计算出 MD5 报文摘要代码。

④ 这样得出的 MD5 报文摘要代码中的每一位都与原来报文中的每一位有关。

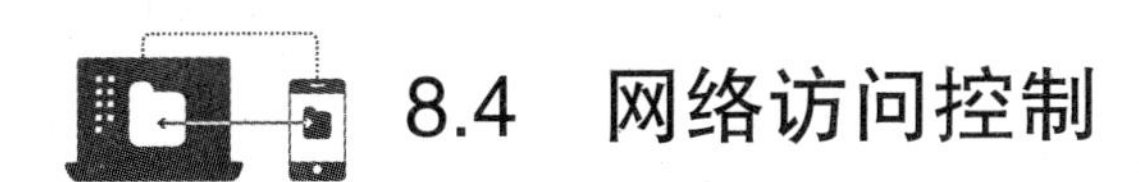

8.4　网络访问控制

从前面的介绍知道网络安全问题包括网络系统安全和数据安全。网络安全的防护手段多种多样。例如，密码技术、安全协议、防火墙、安全 Web 服务器等。但是，单纯依靠防御是不够的，我们必须重视网络的整体安全。结合整个网络的拓扑结构和网络设备的特性制定多层次、全方位的安全解决方案，本节通过网络防火墙探讨网络访问控制技术。

8.4.1　访问控制技术

访问控制是网络安全防范和保护的主要策略，它的主要任务是保证网络资源不被非法使用和访问，它是保证网络安全最重要的核心策略之一。访问控制涉及的技术包括入网访问控制、网络权限控制、目录级控制以及属性控制等多种手段。

入网访问控制为网络访问提供了第一层访问控制。它控制哪些用户能够登录到服务器并获取网络资源，控制合法用户入网的时间和准许他们在哪台工作站入网。用户的入网访问控制可分为用户名的识别与验证、用户口令的识别与验证、用户账号的默认限制检查。三道关卡中只要任何一关未过，都不能进入该网络。

权限控制是针对网络非法操作所提出的一种安全保护措施。用户和用户组被赋予一定的权限，网络控制用户和用户组可以访问哪些目录、子目录、文件和其他资源，可以指定用户对这些文件、目录、设备能够执行哪些操作。

目录级控制是指用户还可进一步指定对目录下的子目录和文件的权限。对目录和文件的访问权限一般有 8 种：系统管理员权限、读权限、写权限、创建权限、删除权限、修改权限、文件查找权限、访问控制权限。

属性安全控制是指当使用文件、目录和网络设备时，网管员应给文件、目录等指定访问属性。属性安全是在权限安全的基础上提供更进一步的安全性。网络上的资源都预先给出一组安全属性。用户对网络资源的访问权限对应一张访问控制表，用以表明用户对网络资源的访问能力。

8.4.2 防火墙技术

路由器作为网络连接设备，是企业内部网络和因特网信息出入的必经之路，对网络的安全具有举足轻重的作用。目前大多数路由器都提供了诸如源地址、目的地址、端口、协议状态等标准的包过滤的能力，有效地防止外部用户对局域网的安全访问，同时可以限制网络流量，限制局域网内的用户或设备使用网络资源。

基于路由器的防火墙，设置在被保护网络和外部网络之间，是保护企业内部网络的一道屏障，从而实现网络的安全保护，防止发生不可预测的、潜在破坏性的侵入。防火墙本身具有较强的抗攻击能力，它是提供信息安全服务、实现网络和信息安全的基础设施。

常见防火墙的类型主要有包过滤和代理防火墙两种，各有优缺点。

1. 包过滤防火墙

路由器在其端口能够区分包和限制包的能力称为包过滤（Packet Filtering）。包过滤路由器可以通过检查数据流中每个数据包的源地址、目的地址、所有的端口号、协议状态等因素，或它们的组合来确定是否允许该数据包通过。当然，利用路由器实现的数据包过滤安全机制不需要增加任何额外的费用。例如 Cisco 路由器是通过访问列表 access-list 命令来完成包过滤规则的设置，故包过滤器又被称为访问控制列表（Access Control List，ACL）。

2. 代理防火墙

代理防火墙也称应用层网关（Application Gateway）防火墙。它的核心技术就是代理服务器技术，内部发出的数据包经过这样的防火墙处理后，就好像数据包是从代理发出的，从而可以达到隐藏内部网络结构的作用。这种类型的防火墙是网络安全专家和媒体公认的最安全的防火墙。

由于每一个内外网络之间的连接都要通过代理的介入和转换，通过专门为特定的服务如 HTTP 编写的安全的应用程序进行处理，然后由防火墙本身提交请求和应答，没有给内外网络的计算机以任何直接会话的机会，从而避免了入侵者使用数据驱动类型的攻击方式入侵内部网。

代理防火墙的最大缺点是速度相对比较慢，当用户对内外网络网关的吞吐量要求比较高时，代理防火墙就会成为内外网络之间的瓶颈。所幸的是，目前用户接入 Internet 的速度一般都远低于这个数字。

8.4.3 防火墙配置案例分析

下面以 Cisco 路由器为例，讨论如何利用路由器来提高网络的安全性。

Cisco 路由器中的 ACL 往往被看作是一种流量过滤工具，ACL 是应用于路由器接口的指令列表，它告诉路由器哪些数据包可以进入或离开、哪些数据包要被拒绝。ACL 语句有两个部分：条件和操作。条件用于匹配数据包内容，如在数据包源地址中查找匹配，或者在源地址、目的地址、协议类型和协议信息中查找匹配。当 ACL 语句条件与比较的数据包内容相匹配时，则会采取一个操作：允许或拒绝数据包。

ACL 的基本工作过程是：路由器自上而下地处理列表，从第一条语句开始，如果数据包内容与当前语句条件不匹配，则处理列表中的下一条语句，以此类推；如果数据包内容与当前语句条件匹配，则不再处理后面的语句；如果数据包内容与列表中任何显式语句条件都不匹配，则丢弃该数据包，这是因为在每个访问控制列表的最后都跟随着一条看不见的语句，称为“隐式的拒绝”语句，致使所有没有找到显式匹配的数据包都被拒绝。

Cisco 访问列表默认进行静态分组过滤，提供了标准访问列表和扩展访问列表。标准访问列表的语法如下：

```
access-list ACL_num permit|deny {address } {wildcard-mask}
```

扩展访问列表的语法如下：

```
access-list ACL_num permit|deny {protocol} {source} {source-mask}{destination}
{destination-mask} {operator} {port } est (short for establish if applicable)
```

其中，ACL_num 是 ACL 编号，标准访问列表范围可以是 1 ~ 99，或者是 1300 ~ 1999，用于组合同一列表中的语句；扩展 ACL 的编号范围是 100 ~ 199，以及 2000 ~ 2699。ACL 编号后面的 permit | deny 是语句条件匹配时所要采取的操作，只有两种：允许或者拒绝。permit | deny 后面跟着的是条件，使用标准 ACL 时，只能指定 source_IP_address（源地址）和 wildcard_mask（通配符掩码）。wildcard_mask 是可选项，如果忽略不写，则默认是 0.0.0.0，即精确匹配。如果想要匹配所有地址，可以用关键字 any 来替换源地址和通配符掩码两项。protocol 为协议，如 TCP、IP、UDP、ICMP 等；因为 IP 封装 TCP、UDP 和 ICMP 包，所以它可以用来与其中任一种协议匹配。Operator 有效操作符为 lt（小于）、gt（大于）、eq（等于）、neq（不等于）。est 参数表示将检测数据包中的 TCP 标志，防止不可信主机对建立 TCP 会话的要求，允许已建立 TCP 会话的数据包通过。

下面以实例网络模型图 8-8 为例简述在路由器 Cisco 7206 上建立访问控制列表，对进入的包进行过滤，并将其应用于 Cisco 7206 的 E0 接口上。

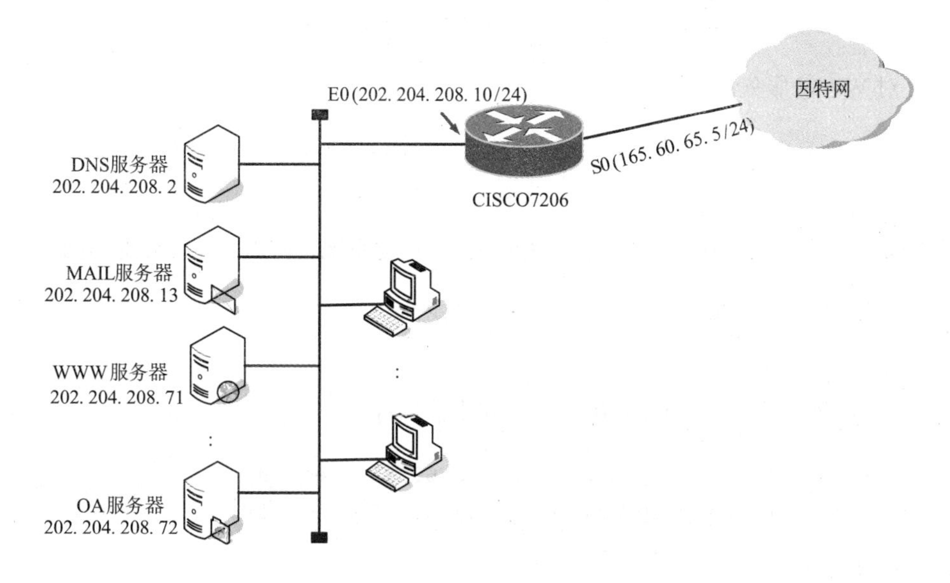

图 8-8　实例网络模型

（1）防地址欺骗

对进入的包进行过滤可以阻止一类称为地址欺骗的攻击，防止外部网络的主机假冒内部网络地址访问内部网络资源，即从外部端口进入的包是不可能使用内部网络地址的，设置 ACL 命令如下：

```
access-list 101 deny ip 202.204.208.0 0.0.0.255 any
```

（2）建立网络连接

如果没有限制内部主机和服务器对外部的访问，就必须让外部服务器返回的数据答复包进入，相应的返回数据包的目的端口号都将大于 1023。

```
access-list 101 permit tcp any eq 20 202.204.208.0 0.0.0.255 gt 1023
access-list 101 permit tcp any 202.20204.208.0 0.0.0.255 gt 1023 establish
```

上面两条语句位置不能颠倒，原因是内部主机使用外部 FTP-server 时，返回的数据没有置 ack 位。

（3）对访问 DNS 服务器的控制

为了允许外部主机向 DNS-server 发出 DNS 查询，必须让目标地址指向服务器，且 UDP 端口为 53 的数据包通过。

```
access-list 101 permit tcp any host 202.204.208.2 eq 53
access-list 101 permit udp any host 202.204.208.2 eq 53
```

或者

```
access-list 101 permit ip any host 202.204.208.2 eq 53
```

（4）对访问 MAIL 服务器的控制

```
access-list 101 permit tcp any host 202.204.208.13 eq smtp
access-list 101 permit tcp any host 202.204.208.13 eq pop3
access-list 101 permit tcp any host 202.204.208.13 eq 80
```

（5）对 WWW 服务器的访问控制

```
access-list 101 permit tcp any host 202.204.208.71 eq www
```

（6）对 OA 服务器的访问控制

因为 OA 服务器是仅为局域网内部使用的办公自动化系统，所以不允许外部访问。

```
access-list 101 deny ip any host 202.204.208.72
```

（7）保护路由器

不允许外部网络通过 Telnet SNMP 来访问路由器本身。

```
access-list 101 deny ip any host 165.60.65.5 eq 23
access-list 101 deny ip any host 165.60.65.5 eq 161
```

（8）阻止探测

要阻止向内部网络的探测，最常见的命令是 ping，过滤设置如下：

```
access-list 101 deny icmp any any echo
```

（9）拒绝一切不必要的 UDP 通信流

```
access-list 101 deny udp any any
```

（10）拒绝一切所有的 IP 通信流

```
access-list 101 deny ip any any
```

Cisco 访问表的处理过程是从上到下进行匹配检测，并且在访问表的最后总有一个隐含的“deny all”表项，那么，所有不能和显式表项匹配的数据包都会自动被拒绝。

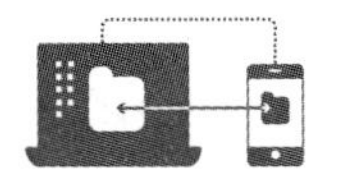

8.5 网络安全检测

在网络安全技术中，防火墙是所有保护网络的方法中最普遍使用的方法，它能阻挡外部入侵者，但对内部攻击却无能为力，再说防火墙也不是坚不可摧的，甚至防火墙本身也会存在安全问题。防火墙不能防止病毒的通过，不能防范基于数据驱动的攻击，不能提供对内部网络的保护等，这些都需要对网络安全防护进行综合设计，才能达到真正意义上的网络安全。

从计算机网络安全的角度来看，入侵是指企图破坏资源的完整性、保密性、可用性的任何行为，也指违背系统安全策略的任何事件。从入侵策略的角度看，入侵可分为企图进入、冒充合法用户、成功闯入等方面，入侵者一般称为黑客或解密高手。

入侵检测指对计算机和网络资源的恶意使用行为进行识别和响应的处理过程。它不仅能检测来自外部的入侵行为，同时也能检测出内部用户的未授权活动，是一种继防火墙之后，增强系统安全性的有效方法，具有智能监控、实时探测、动态响应等特点。

入侵检测的工作过程如图 8-9 所示，是在不影响网络性能的情况下对网络进行检测，从计算机网络或计算机系统中若干关键点收集信息，并对其进行分析，从中发现网络或系统中是否存在违反安全策略的行为和遭到攻击的迹象，同时做出响应。

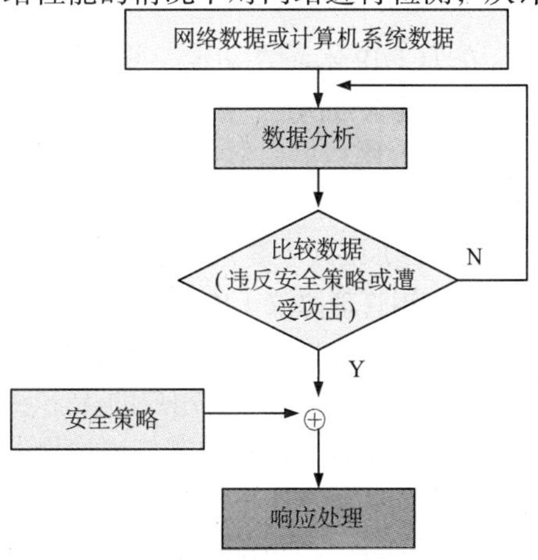

图 8-9　入侵检测的一般过程

入侵检测可分为实时入侵检测和事后入侵检测。实时入侵检测在网络连接过程中进行，系统根据用户的历史行为模型、存储在计算机中的专家知识以及神经网络模型对用户当前的操作进行判断，一旦发现入侵迹象立即断开入侵者与主机的连接，并收集证据和实施数据恢复。事后入侵检测由网络管理人员定期或不定期进行，根据计算机系统对用户操作所做的历史审计记录判断用户是否具有入侵行为，如果有就断开连接，并记录入侵证据和进行数据恢复。但是其入侵检测的能力不如实时入侵检测系统。

漏洞是指硬件、软件或策略上存在的安全缺陷，从而使攻击者能够在未授权的情况下访问、控制系统。漏洞扫描是网络安全防御中的一项重要技术，其原理是采用模拟攻击的形式对目标可能存在的、已知的安全漏洞进行逐项检查，根据检测结果向系统管理员提供周密可靠的安全性分析报告，为提高网络安全的整体水平提供了重要依据。漏洞扫描也称为事前检测系统、安全性评估或者脆弱性分析。其作用是在发生网络攻击事件前，通过对整个网络进行扫描及时发现网络中存在的漏洞隐患，及时给出漏洞相应的修补方案，网管人员根据方案可以进行漏洞的修补。

漏洞检测技术通常采用两种策略，即被动式策略和主动式策略。被动式策略是基于主机的检测，对系统中不合适的设置、脆弱的口令以及其他同安全规则相抵触的对象进行检查；而主动式策略是基于网络的检测，通过执行一些脚本文件对系统进行攻击，并记录它的反应，从而发现其中的漏洞。

入侵检测作为一种积极主动的安全防护技术，提供了对内部攻击、外部攻击和误操作的实时保护，在网络系统受到危害之前拦截和响应入侵。从网络安全立体纵深、多层次防御的角度出发，入侵检测应该受到人们的高度重视。

8.6 因特网的层次安全技术

本节重点介绍因特网中的三个协议：IPSec、SSL/TLS、PGP，它们分别应用在 TCP/IP 的网际层、传输层和应用层，它们的位置如图 8-10 所示。

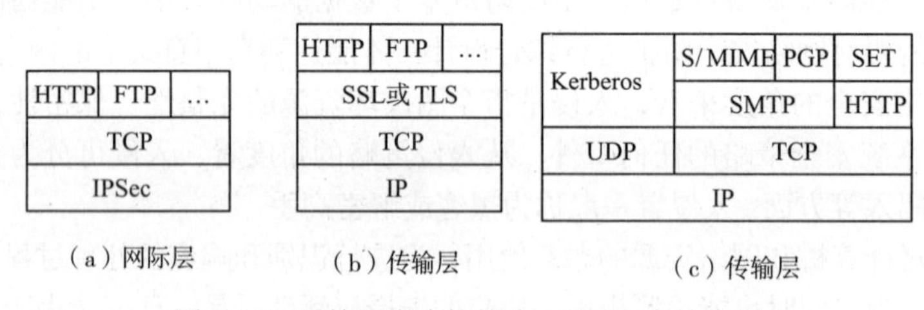

图 8-10 因特网安全协议在 TCP/IP 中的位置

8.6.1 网际层安全协议

在 TCP/IP 体系结构中，网际层并不提供安全保障，例如 IP 数据报可能被监听、拦截或重放，IP 地址可能会被伪造，内容会被修改，不提供源认证，所以无法保证原始数据的保密性和完整性，1995 年互联网标准草案中颁布的 IPSec，正是为解决这些问题提出的，它采取的保护措施包括源验证、无连接数据的完整性验证、数据内容的保密性、抗重放攻击以及有限的数据流机密性保证。

IPSec 协议族主要由 3 个协议构成：头认证（AH）协议、封装安全负载（ESP）协议以及互联网密钥管理协议（IKMP）。

认证头（AH）协议是在所有数据包头加入一个密码，AH 通过一个只有密钥持有人知道的数字签名密钥，来完成对用户的认证，该数字签名是数据包通过特别的算法得出的，AH 还能维持数据的完整性，原因是在传输过程中无论多小的变化被加载，数据包的头部的签名都能把它检测出来，由于 AH 不对数据的内容进行加密，所以它不能保证数据的机密性。RFC2402 定义了 AH，AH 有一个头部信息，对 AH 数据包的表示是通过 IP 头的协议字段值 51 给出的。常用的 AH 标准是 MD5 和 SHA-1，MD5 是使用最高到 128 位的密钥，SHA-1 使用最高到 160 位的密钥进行加密保护。

封装安全负载（ESP）协议通过对数据包的全部数据和加载内容进行全加密的方法来严格保证传输信息的机密性，从而避免其他用户通过监听来打开信息交换的内容，只有受信任的用户拥有密钥才能打开内容。ESP 在 IP 头之后，在要保护的数据之前，插入一个新头（ESP 头）最后再加一个 ESP 尾，对 ESP 数据包的表示是通过 IP 头的协议字段，其值为 50，表示是一个 ESP 数据包，紧接在 IP 头后面的是一个 ESP 头，RFC2406 对 ESP 进行了详细的定义，在此不做详细分析。

密钥管理包括密钥确定和密钥分发两个方面，最多需要 4 个密钥：AH 和 ESP 两组发送和接收。密钥管理包括手动和自动两种方式，手动管理方式是管理员使用自己的密钥及其他系统的密钥手工设置每个系统，手动技术使用于较小的静态环境，扩展性不好，例如一个单位只在几个站点的安全网关使用 IPSec 建立一个虚拟专用网络。密钥由管理站点确定然后分发到所有的远程用户。使用自动管理系统可以动态地确定和分发密钥，自动管理系统的中央控制点集中管理密钥，随时建立新的密钥，对较大的分布式系统上使用的密钥进行定期更新，IPSec 的自动管理密钥协议为互联网安全组织及密钥管理协议（Internet Security Association and Key Management Protocol，ISAKMP）。

AH 和 ESP 协议可以独立使用也可以组合使用，提供对 IPv4 和 IPv6 的安全服务，每种协议都支持两种使用模式：传输模式和隧道模式。传输模式是在两台主机之间建立安全关联，图 8-11（a）为原数据包（IPv4），使用 AH、ESP 和 AH+ESP 组合后的数据封装分别如图 8-11（b）~图 8-11（d）所示。

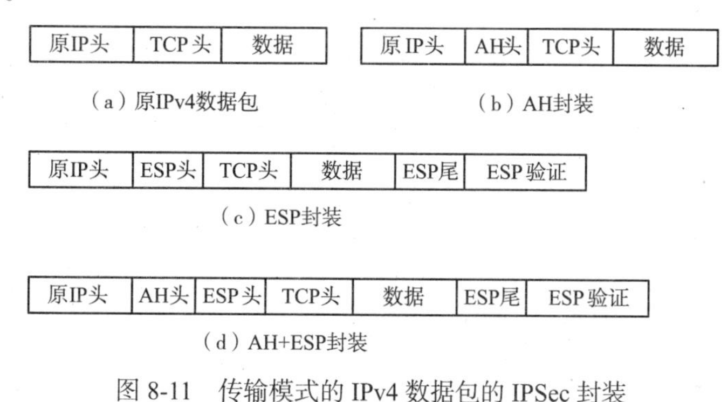

图 8-11　传输模式的 IPv4 数据包的 IPSec 封装

如果要在 VPN 上使用，隧道模式会更加有效。IP 包在添加 AH 头或 ESP 的相关信息后，整个包以及包的安全字段被认为是新的 IP 包，在这个包的外层再加上新 IP 包头，从“隧道”的起点传输到目的 IP 的网络，如图 8-12 所示。

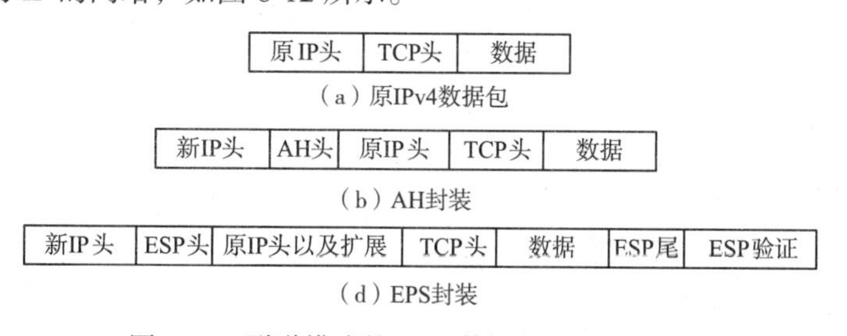

图 8-12　隧道模式的 IPv4 数据包的 IPSec 封装

隧道模式可以用在两端或者一端是安全网关的架构中，例如装有 IPSec 的路由器或防火墙。下面以一个例子简述隧道模式的 IPSec 的工作过程。在一个网络中主机 A 生成一个 IP 包，该 IP 包的目的地址是另一个网络的主机 B，A 主机将该 IP 包发送到网络边缘的 IPSec 路由器或者防火墙，防火墙对 IP 包进行过滤，如果 A 发送给 B 的 IP 包要使用 IPSec，防火墙就对它进行 IPSec 处理，封装后再次对它添加 IP 包头，这时封装的 IP 首部的源地址为防火墙的 IP 地址，目的地址为主机 B 的网络边缘防火墙的地址，“隧道”中途的路由器只检查外层的 IP 包头，主机 B 网络的防火墙收到该 IP 包后，将外层的包头去除，将内层 IP 发送到主机 B。

8.6.2 传输层安全协议

传输层安全协议的目的是在传输层提供实现保密、认证和完整性安全的方法，保护传输层的安全。

SSL（Secure Sockets Layer，安全套接层）是 Netscape 设计的一种安全传输协议，在 TCP 之上建立一个加密通道，这种协议在 Web 上得到广泛应用，IETF 将 SSL3.0 进行了标准化，即 RFC2246，并将其称为 TLS（Transport Layer Security，安全传输层协议）。它为 TCP/IP 连接提供数据加密、服务器认证、消息完整性以及可选的客户机认证。

SSL 基于客户服务器的工作模式，通过 SSL 报文交换实现通信。

（1）建立安全通信

SSL 建立安全通信模型如图 8-13 所示，客户端使用 ClientHello 报文向服务器要求开始协商，服务器回应 ServerHello 报文决定最后所用的加密算法，客户端收到 ServerHello 报文后设置自己采用的算法。ServerKeyExchange 报文报告服务器的公钥。服务器用 ServerKeyDone 报文告诉客户端已完成协商，客户端收到 ServerKeyDone 报文后，着手开始建立安全连接；客户端用 ClientKeyExchange 报文告诉服务器自己的会话密钥，该消息用服务器的公钥进行加密，一面可以防止会话密钥被监听，另一方面验证服务器的密钥，从而避免攻击者冒充服务器，将攻击者的公钥发给客户端的可能性。客户端发出 ClientKeyExchange 报文后，双方就开始使用这些参数进行会话。服务器收到客户端的 ClientKeyExchange 报文后设置所采用的密钥，客户端和服务器分别发送 ChangeCipherSpec 报文明确地指定自己所采用的参数，包括所使用的算法、密钥长度、所用的密钥等信息，发送时进行加密，接收后进行解密，最后客户端和服务器端都发送 Finished 报文，加密通道即被安全可靠地建立。

（2）结束安全通信

SSL 定义了一个特殊的消息 ClosureAlert 来安全结束通信过程，其效果是可以防止截断攻击发生，如图 8-14 所示。

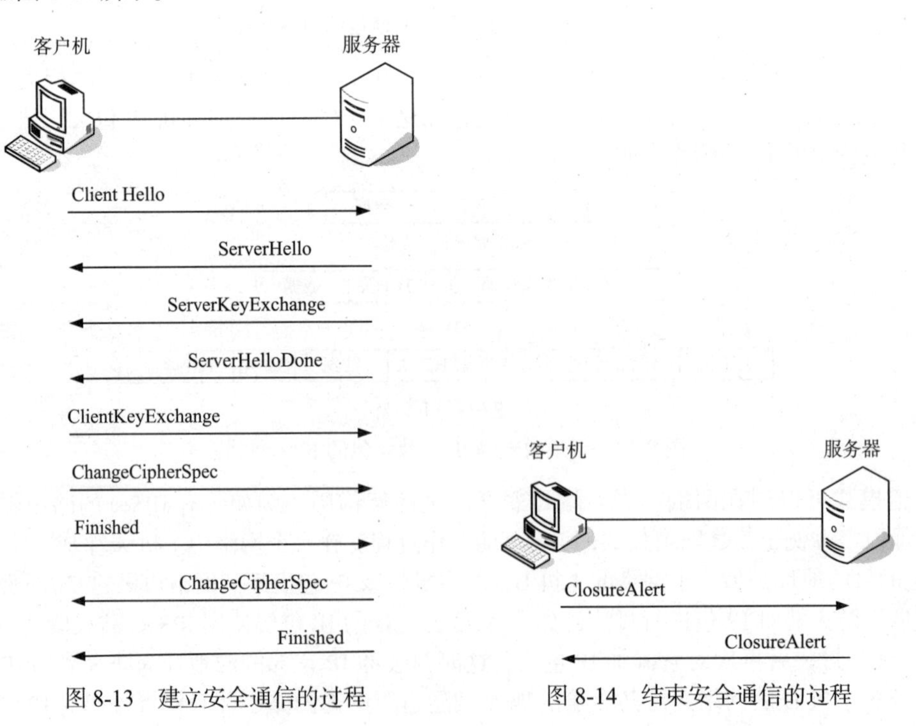

图 8-13　建立安全通信的过程　　图 8-14　结束安全通信的过程

事实上，在 Web 服务中，不能经常收到这一消息，Web 服务器和客户机还有另外一些措施来防止截断攻击。

（3）验证身份

上面阐述的建立安全通信连接，不能保证通信双方身份的真实性，加密只保护了数据的保密性，如果一方被冒充，那么也会产生安全风险，所以 SSL 采取了一些措施来判断对方身份的真实性。为了鉴别服务器的身份，服务器发送 Certificate 报文，告诉客户机自己的证书，客户端可以到可信任的证书权威（CA）验证证书，包括证书签名、有效时间、是否被取消等。SSL 也支持认证客户端的身份。

IETF 定义的传输层协议 TLS 是在 SSL3.0 基础上建立的，改动不大，主要区别是它们所支持的加密算法不同。

8.6.3 应用层安全协议

因为因特网的通信只涉及客户端和服务器端，所以实现应用层的安全协议比较简单。下面以应用层的简单邮件传输协议（SMTP）中采用的 PGP 协议为例进行介绍。

1. PGP 安全电子邮件概述

用于电子邮件的隐私协议（Pretty Good Privacy，PGP）为电子邮件提供认证和保密服务，发送电子邮件是一次性的行为，发送方和接收方不建立会话进程，发送方将邮件发送到邮件服务器，接收方从邮件服务器接收邮件，每个邮件之间的关系是相互独立的。在 PGP 中，邮件的发送方需要将报文的认证算法和密钥的值一起发送出去。PGP 提供的安全访问如下：

① 发送明文：发送方产生一个电子邮件报文，然后发送到接收方的服务器的邮箱中。

② 加密：发送方产生一个一次性使用的会话密钥，如 IDEA、3-DES 或 CAST-128 算法得出，用它对报文和摘要进行加密，然后将会话密钥和加密后的报文一起发送出去，为了保护会话密钥，发送方利用接收方的公开密钥对会话密钥加密，如 RSA 或 D-H 算法。

③ 报文认证：发送方对产生的报文产生一个报文摘要，并用自己的私密密钥对它进行签名。当接收方收到此报文后，使用发送方的公开密钥来证实报文是否来自发送方。

④ 报文压缩：将电子邮件报文和报文摘要进行压缩可以减少网络流量。报文的压缩在报文签名和加密之间，即先对报文签名，后进行压缩，目的是为了保存未压缩的报文和签名；压缩后再加密，目的是为了提高密码的安全性。

⑤ 代码转换：大部分电子邮件系统传输 ASCII 编码构成的文本邮件，如果要用电子邮件发送非 ASCII 码信息，PGP 使用 Radix 64 转换方法将二进制数据转换为 ASCII 字符发送。接收方再还原为非 ASCII 的信息。

⑥ 数据分段：PGP 具有分段和组装功能，通常邮件的最大报文长度限制在 50000（八进制），超过部分自动进行分段，接收端再将其重组。

2. PGP 安全电子邮件的发送方处理过程

利用 PGP 协议实现电子邮件的认证和加密过程如图 8-15 所示。

假定 A 向 B 发送电子邮件明文 X，现在用 PGP 进行加密。A 至少有 3 个密钥：B 的公钥、自己的私钥和 A 自己生成的一次性会话密钥；B 至少有两个密钥：A 的公钥和自己的私钥。

发送方的工作过程如下：

① A 产生一个对称密钥作为本次通信的一次性会话密钥，并将它与加密算法的代号（图中的 SA）绑定，再用 B 的公开密钥对两者进行加密，再加入公开密钥算法的代号 PA1 构成图 8-15 PGP 报文右边的数据段，包括 3 个信息：会话密钥、对称密钥算法 SA 以及部分使用的

非对称密钥算法 PA1。

② A 使用一个 Hash 算法生成电子邮件的摘要，用自己的私密密钥进行加密，实现签名认证。然后加入公开密钥算法的代号 PA2，以及 Hash 算法的代号 HA，此数据段包含签名、加密算法和 Hash 算法的代号。

③ A 用 ① 步产生的一次性会话密钥对电子邮件报文和 ② 步产生的数据段进行加密，形成图 8-15 中会话密钥加密的数据段。

④ A 在上述 3 个步骤中产生的数据前面加入 PGP 头部，再将整个 PGP 包封装到电子邮件 SMTP 包中，发送到电子邮件服务器等待 B 接收。

上面所有的算法和代号如表 8-3 所示。

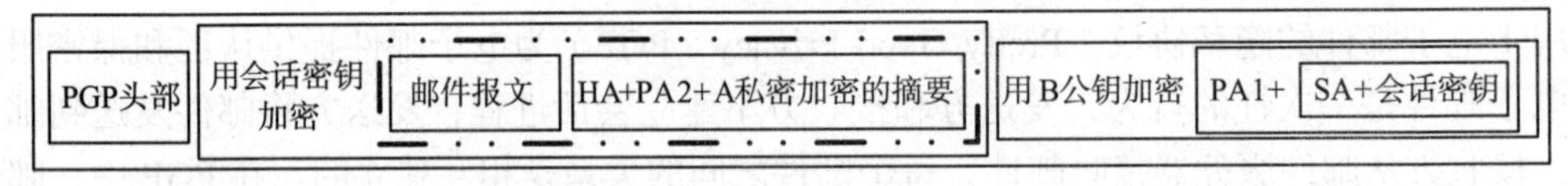

图 8-15 PGP 实现对电子邮件的认证和加密

3. PGP 安全电子邮件的接收方处理过程

① B 从电子邮件服务器中收到 A 发的邮件后，利用自己的私有密钥从尾部对数据解密，得到本邮件的一次性会话密钥，从代号 SA 知道采用的对称密钥加密算法。

② B 使用一次性会话密钥对 PGP 包中电子邮件报文和摘要解密，即虚线框中的部分信息解密，得到邮件报文、Hash 算法的代号 HA, 对摘要进行加密的公钥算法代号以及邮件报文摘要。

③ B 利用 A 的公开密钥和 PA2 指定的算法对摘要解密。

④ B 使用 HA 指定的 Hash 算法，从收到的邮件报文中产生报文摘要。

⑤ 将 ④ 步产生的摘要和 ③ 步解密的报文摘要进行比较，如果相同，说明邮件来自 A，可以信赖，如果不同，说明不可信赖，将邮件报文丢弃。

表 8-3 所示为 PGP 使用的部分加密算法。

表 8-3 PGP 使用的部分加密算法和代号

算 法	代 号	说 明
公开密钥算法	1	RSA（用于加密或签名）
	2	RSA(只用于加密)
	3	RSA(只用于签名)
	17	DSS（用于签名）
Hash 算法	1	MD5
	2	SHA-1
	3	RIPE-MD
对称密钥算法	0	未加密
	1	IDEA
	2	三重 DES
	9	AES

PGP 使用了加密、鉴别、电子签名和压缩等技术，很难攻破，因此目前认为是比较安全的。在 Windows 和 UNIX 等平台上得到广泛应用，但是要将 PGP 用于商业领域，则需要到指定的网站 http://www.pgpinternational.com 上获得商用许可证。

习　　题

一、选择题

1. 常用的对称加密算法不包括（　　）。

A. DES　　B. AES　　C. IDEA　　D. RSA

2. 数字签名的功能不包括（　　）。

A. 发送方身份确认　　B. 防止发送方的抵赖行为

C. 保证数据的完整性　　D. 接收方身份的确认

3. 有一种攻击“TCP SYN FLooding”，产生大量的 TCP 半连接的状态，其攻击网络的（　　）。

A. 可用性　　B. 保密性　　C. 完整性　　D. 可控性

4. 不用修改宿主程序就能通过网络从一台主机传到另一台主机造成网络拒绝服务，这种攻击方式属于（　　）。

A. 陷门　　B. 蠕虫　　C. 特洛伊木马　　D. IP 欺骗

5. 如果每次打开的 Word 文档编辑时，都会将你的文件复制到 FTP 服务器上，那么可能是你的机器被黑客植入了（　　）。

A. 病毒　　B. FTP 匿名访问　　C. 陷门　　D. 特洛伊木马

6. 下面属于被动攻击的是（　　）。

A. 拒绝服务攻击　　B. 重放攻击

C. 假冒攻击　　D. 通信量分析攻击

7. 在公钥密码体系中，公开的是（　　）。

A. 公钥和私钥　　B. 公钥和算法

C. 明文和密文　　D. 加密密钥和解密密钥

8. 一个人从 CA 拿到第二个人的数字证书，第一个人得到的是第二个人的（　　）。

A. 报文摘要　　B. 私钥　　C. 公钥　　D. 数字签名

二、填空题

1. TCP/IP 在多个层次引入了安全机制，SSL 协议位于________层。

2. PKI 公开密钥体系是一种基于________的安全认证机制。

3. 常见的防火墙类型有两种：________和代理防火墙。

4. 在一个内部网络（202.204.220.0/24）中阻止外部网络假冒内部网络地址访问内部网络资源的 Cisco ACL 命令是________。

5. IPSec 协议族主要由 3 个协议构成：认证头协议、________和互联网密匙管理协议。

三、简答题

1. 简述影响网络安全的因素。

2. 简述网络攻击的常见形式。

3．什么是对称密码技术？

4．什么是非对称密码技术？

5．简述数字签名的原理。

6．简述实现报文鉴别的方法。

7．电子邮件的安全协议 PGP 主要包括哪些措施？

8．简述防火墙的工作原理。

四、实验题

1．为一个公司设计网络安全策略。

2．完成本章访问控制列表的配置实验。

第 9 章 网络新技术

随着互联网的飞速发展，新技术层出不穷，不断地带给人们新的体验、新的惊喜；使社会活动更加便捷。本章主要介绍带给大家新体验的网络技术和正在研究、即将带来网络变革的新理念：网络存储；无线传感器网络、物联网；网格计算、云服务；软件定义网络（SDN）和网络功能虚拟化（NFV）。

学习目标

- 熟悉网络存储的不同解决方案。
- 了解网格计算、云服务的工作原理。
- 了解无线传感器网络、物联网的工作原理。
- 了解软件定义网络（SDN）和网络功能虚拟化（NFV）。

9.1 网络存储

9.1.1 网络存储定义

网络存储（Network Storage）是一种基于网络的数据存储方式。网络存储包括存储器件（如磁盘阵列、CD/DVD 驱动器、磁带驱动器或可移动的存储介质）和内嵌系统软件，并可使用 RAID 阵列提供高效、安全的存储空间，为用户提供跨平台的文件 / 数据共享功能。网络存储通常在一个 LAN 上占用自己的结点，无须应用服务器的干预，允许用户在网络上存取数据。在这种配置中，网络存储集中管理和处理网络上的所有数据，将负载从应用或企业服务器上卸载下来，有效降低了总体拥有成本，保护用户投资。

9.1.2 网络存储的分类

常见的网络存储按结构大致分为直接附加存储（Direct Attached Storage，DAS）、网络附加存储（Network Attached Storage，NAS）、存储区域网（Storage Area Network，SAN）和 IP 存储（IP Storage）。

1. 直接附加存储

直接附加存储（DAS）是一种传统的数字化资源存储方案，它将磁盘阵列、磁带机、磁带库等多种数据存储设备直接通过 I/O 总线连接到服务器上使用，从而构成了一种以服务器为中心的数据存储结构体系。在这一体系中，用户要进行数据访问，必须由服务器通过 I/O 总线来调用用户与存储设备之间的数据传输过程。

直接附加存储的特点：DAS 购置及技术成本低，配置简单，易于安装，使用过程和使用本机硬盘并无太大差别，对于服务器的要求仅仅是一个外接的 SCSI 口，因此对于小型企业很有吸引力。

DAS 存在的问题：① 安全性差，如果服务器发生故障，会造成数据不可访问；② 性能一般，服务器本身就是系统瓶颈；③ 扩充性差，增加存储设备需停止用户现有系统，且容量有限；④ 利用率低，数据被存放在多台不同的服务器上时，存储空间不能在服务器之间动态分配，容易造成资源浪费；⑤ 不支持不同操作系统的访问，难以备份和恢复。

2. 网络附加存储

网络附加存储（NAS）实际上是一种带有网络文件服务器的存储设备。NAS 设备直接连接到 TCP/IP 网络上，其他应用服务器通过 TCP/IP 网络存取管理数据。NAS 将以服务器为中心的存储方式转为以数据为中心的、可共享的网络存储方式，克服了以服务器为中心存储的不足，是一种基于现有的局域网 / 以太网访问的文件级服务的网络存储技术。

网络附加存储的特点：性能较高，可扩充性强，即插即用，容量不受限制；技术成本较低，只需要在一个基本的磁盘阵列柜外增加一套瘦服务器系统，对硬件要求较低，软件成本也不高，甚至可以使用免费的 Linux 解决方案；支持不同操作系统访问，支持异构平台使用统一存储系统；兼容性好，由于网络附加存储采用 TCP/IP 网络协议进行数据交换，而 TCP/IP 是 IT 业界的标准协议，不同厂商的产品只要满足协议标准即可实现互连互通；易于安装和部署，管理方便；存储利用率较高，易于备份 / 恢复。

NAS 存在的主要问题是：① 由于存储数据依赖于普通数据网络传输，因此在网络上有其他大数据流量时会严重影响系统性能（随着万兆以太网普及，网络带宽的增加将大大提高 NAS 的存储性能）；② 由于存储数据通过普通数据网络传输，因此容易产生数据泄露等安全问题；③ 存储只能以文件方式而非物理数据块方式访问，因此在某些情况下会严重影响系统效率，如一般情况下 NAS 不应用于大型数据库服务。

3. 存储区域网

存储区域网（SAN）实际上是一种专门为存储建立的、独立于 TCP/IP 网络之外的专用网络，是一种以数据存储为中心的、面向网络的存储结构。SAN 系统采用可扩展的网络拓扑结构连接服务器和存储设备，并将数据的存储和管理集中在相对独立的专用网络中，面向服务器提供数据存储服务。

SAN 可以被看作是存储总线概念的一个扩展，它使用与局域网和广域网中类似的单元，实现存储设备和服务器之间的互连。由于 SAN 采用了专用的拓扑结构，不能直接使用通用的 TCP/IP 网络连接各个 SAN 存储网络。SAN 通过协议映射将存储设备的磁盘表现为服务器结点上的“网络磁盘”，在服务器操作系统看来，这些网络磁盘与本地磁盘一样，服务器结点就像操作本地 SCSI 硬盘一样对其发送 SCSI 命令。SCSI 命令通过 FCP、SEP 等协议的封装后，由服务器发送到 SAN 网络，再由存储设备接收并执行。服务器结点可以对“网络磁盘”进行各种块操作，包括 FDISK、FORMAT 等，也可以进行文件操作，如复制文件、创建目录等。

目前，多数供应商的 SAN 解决方案大多采用光纤通道技术。

存储区域网技术的特点：FC-SAN 已可提供 8 Gbit/s 到 16 Gbit/s 的传输数率，同时 SAN 网络独立于数据网络而存在，不存在带宽竞争问题，因此存取速度很快； SAN 一般采用高端的 RAID 阵列，使 SAN 的性能在几种专业网络存储技术中性能最高；SAN 服务器和存储设备之间使用多路、可选择的数据交换，消除了以往存储结构在可扩展性和数据共享方面的局限性；SAN 由于其基础是一个专用网络，因此扩展性很强，无论是在一个 SAN 系统中增加一定的存储空间还是增加几台使用存储空间的服务器都非常方便；SAN 具有高传输速度、远传输距离和支持数量众多的设备等优点；通过 SAN 接口的磁带机等，SAN 系统可以方便高效地实现数据的集中备份及数据恢复。

存储区域网存在的问题：① 价格昂贵。搭建 SAN 所必须的磁盘阵列柜、SAN 光纤通道交换机、光纤通道卡的价格均较高，导致总体购置成本昂贵，不容易被小型商业企业所接受；② 需要单独建立光纤网络，异地扩展比较困难；③ 技术要求较高，需要专业人员进行前期设计和安装配置，维护成本高。

4. IP 存储

IP 存储（IP storage）技术是以高速以太网连接为基础，通过 IP 协议进行数据交换的网络存储技术。IP 存储将 SCSI 协议映射到 TCP/IP 协议上，使得 SCSI 的命令、数据和状态可以在传统的 IP 网络上传输，其支持数据块形式的 I/O 访问和共享存储。它采用 iFCP、FCIP 和 iSCSI 等协议，3 种协议中，iSCSI 包含 IP 的内容最多并且标准已获得互联网工程任务组的通过，发展最快， 已经成为 IP 存储有力的代表。

使用专门的存储区域网（SAN）的成本很高，而利用普通的数据网来传输 SCSI 数据，实现和 SAN 相似的功能，可以极大地降低成本，同时提高系统的灵活性。现在常用的 iSCSI 即利用普通的TCP/IP网来传输本来由SAN传输的SCSI数据块。iSCSI相对SAN来说不仅成本要低不少，而且随着万兆以太网的普及，使 iSCSI 的速度相对 SAN 来说已经逐渐接近。

IP 存储技术的特点：性能高，可扩充性强，即插即用，容量没有限制；IP 技术成本低廉，易于安装和维护；数据被整合并存放在相同或不同的存储器上，存储利用率高；提供统一的用户访问视图，易于访问，且支持不同操作系统；易于备份和恢复。

IP 存储目前存在的主要问题是：① 通过普通网卡存取 iSCSI 数据时，解码成 SCSI 需要 CPU 进行运算，增加了系统性能开销，如果采用专门的 iSCSI 网卡会增加成本，但总体成本仍低于 SAN。② 使用数据网络进行存取，存取速度冗余受网络运行状况的影响。

9.1.3　网络存储方案的比较

1. DAS 与 NAS

DAS 只是一个扩展到现有服务器的存储结构，不一定需要联网。而 NAS 则是专门设计用于通过网络共享文件内容的存储解决方案。

NAS 和 DAS 都可以具有不同级别、不同容量的高速缓冲存储器，从而大大提升性能。亦均可通过使用 RAID 和集群技术显著地增加数据可用性。

在联网使用的情况下，NAS 具有比 DAS 更好的性能，因为 NAS 内置的文件服务是专用的，可以精确地为其他网络服务器提供文件服务，而 DAS 不能做到这一点。NAS 与 DAS 性能比较主要取决于 NAS 所在网络的速度和拥塞情况。

2. NAS 与 SAN

SAN 是服务器和存储器之间用作 I/O 路径的专用网络，为客户端提供数据块级别服务；而

NAS产品是一个专有的文件服务器设备。与SAN相比较，NAS使用的是基于文件的通信协议，例如NFS或SMB/CIFS通信协议，计算机请求访问的是抽象文件的一段内容，而非对磁盘进行的块设备操作，NAS显示在客户端操作系统的是一台文件服务器，客户端可以映射该网络驱动器以便共享该服务器上的文件。SAN显示在客户端操作系统上的则是一个磁盘卷，可以通过本地磁盘和卷管理工具进行该磁盘的格式化和加载。

SAN通常被用在大型的、高性能的企业存储操作中，通常都是链接了数个大型磁盘阵列的存储网络。因为SAN设备通常都是比较昂贵的，所以一般应用在各种读取密集型的服务器环境中。SAN的一项典型应用是需要高速块级别访问的数据操作服务器，如电子邮件服务器、数据库、高利用率的文件服务器等。而在台式机计算环境中，很少配备光纤通道总线适配器（又称HBA卡），因此目前大多数的桌面计算机依然使用NAS协议的技术与NAS存储连接，如CIFS和NFS。

3. NAS、SAN与IP存储

2003年2月，IETF（Internet工程任务组）批准iSCSI（Internet小型计算机系统接口）成为一个基于Internet协议的存储网络标准，用于建立和管理基于IP的存储设备、主机和客户端之间的连接。随着万兆位以太网的普及以及对降低成本的需要，基于iSCSI的存储系统逐渐成为光纤通道SAN的有力竞争对手。作为IP存储的主要形式之一，iSCSI存储是NAS和SAN两种技术在TCP/IP网络上的融合，通过把面向数据块的SCSI协议封装在TCP/IP包中，方便其在TCP/IP网络上传送。

通过对各个级别大小的数据量样本分别使用NAS、SAN和iSCSI三种方式进行数据存储，得到的综合评价为：随着数据量的增大，NAS的存储效率逐渐降低，最后变得不可用，SAN受到很小的影响，而iSCSI则逐渐趋向稳定。测试结果表明，NAS只适用于较小网络规模或者较低数据流量的网络数据应用，当数据量增多时，NAS的存储效率将急剧下降；SAN提供高性能和可扩展的存储环境，擅长在服务器和存储设备之间传输大块数据；相对于NAS，iSCSI带宽高、功能强（特别是远程复制和灾难恢复）、可用性强，能够处理大块数据的传输，而成本要比搭建SAN系统有显著降低。

SAN应用在对性能、数据完整性和可靠性要求较高的集中存储备份，以保证关键数据的安全，但实现成本极高。NAS投资成本比SAN低，但可靠度不高，一般的NAS文件服务器没有高可用配置，存在单点故障。而iSCSI连接距离更长，突破FC-SAN 10 km的局限，其利用现有的TCP/IP基础设施来构筑网络存储，网络部署成本相对SAN较低，且可以实现数据高可用性保障。

9.1.4 网络存储方案的选择

在网络存储中，基于光纤通道的SAN存储在许多方面具有无可比拟的优势，如性能极高，可扩充性强等，FC-SAN这种基础构架是专门为存储子系统通信设计的。光纤通道技术提供了比NAS中的上层协议更为可靠和快速的通信指标，典型的光纤通道SAN可以由若干个光纤通道交换机组成，但光纤通道存储存在成本昂贵和互操作性问题。

在现今，所有的主流SAN设备提供商也都提供不同形式的光纤通道路由解决方案，以此为SAN架构带来潜在的扩展性，让不同的光纤网在不需要合并的条件下交换数据。这些技术解决方案各自使用了专有协议元素，并且在顶层的架构体系上有很大的不同。它们经常会采用基于IP或者基于同步光纤网络（SONET/SDH）的光纤通道映射。

NAS虽然成本低于SAN，但却受到带宽消耗的限制，无法完成大容量存储的应用，而且系统难以满足开放性的要求。尽管NAS和SAN有所区别，但仍可以提供两项技术均被包括在内的解决方案。

NAS使用基于文件的协议，如NFS（流行的UNIX系统）、SMB / CIFS（服务器消息块 / 通用互联网文件系统，在MS Windows系统上使用）、AFP（用于使用苹果OS的Macintosh电脑）或NCP（用于OES和Novell公司的NetWare）。NAS系统包含一个或多个硬盘驱动器，经常设置成逻辑冗余存储容器或RAID。

IP存储是既有NAS和SAN技术的优点，又能克服两者缺点的存储网方案。它充分利用了现有设备和网络，使传统的存储设备和光纤存储设备都可以在IP-SAN中利用起来。随着带有IP标准接口存储设备的出现，我们可以单纯使用本地IP存储技术来扩展已有的存储网络，或构建新的存储网络。以万兆以太网为骨干的网络连接，保证了本地IP存储网络。由于采用的是IP协议，IP存储与LAN和Internet的连接是无缝的，远程备份十分方便，工作效率很高。基于IP的SAN在性能及功能上都具有突出的优势，是存储区域方案设计的首选方案。

4种网络存储技术方案各有优劣。对于小型且服务较为集中的商业企业，可采用简单的DAS方案。对于中小型商业企业，服务器数量比较少，有一定的数据集中管理要求，且没有大型数据库需求时可采用NAS方案。对于大中型商业企业，SAN和iSCSI是较好的选择。如果希望使用存储的服务器相对比较集中，且对系统性能要求极高，应考虑采用SAN方案；若使用存储的服务器相对比较分散，对性能要求不是很高时，可以考虑采用iSCSI方案。

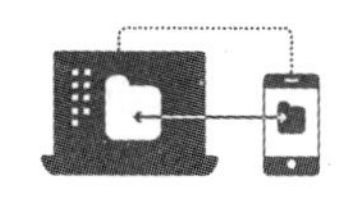

9.2　网格计算与云计算

9.2.1　网格计算

1. 网格计算的定义

网格（Grid）是一个集成的计算与资源环境，或者说是一个计算资源池。网格能够充分吸纳各种计算资源，并将它们转化成一种随处可得的、可靠的、标准、经济的计算能力。除了各种类型的计算机，这里的计算资源还包括网络通信能力、数据资料、仪器设备等各种相关的资源。

网格计算（Grid Computing）是伴随着互联网发展起来的，专门针对复杂科学计算的计算模式。这种计算模式是利用互联网把分散在不同地理位置的计算机组织成一个“虚拟的超级计算机”，其中每一台参与计算的计算机就是一个“结点”，而整个计算系统是由成千上万个“结点”组成的“一张网格”，所以这种计算方式称为网格计算。这样组织起来的“虚拟的超级计算机”有两个优势，一个是数据处理能力超强；另一个是能充分利用网上的闲置处理能力。网格计算是分布式计算（Distributed Computing）的一种。

网格上有许多高性能计算机作为结点，因此网格的计算速度、数据处理速度可以大幅度提高。同时，随着网格的发展，其互连网络比Internet具有更大的带宽。网格将促进更多、更大的网络区域的出现。这些相互连接的区域最终成为一个庞大的网格区域，把地球上所有的计算机联为一体。

充分利用网上的闲置处理能力则是网格计算的又一个优势。网格计算模式首先把要计算的数据分割成若干“小片”，而计算这些“小片”的软件通常是一个预先编制好的屏幕保护程序，然后不同结点的计算机可以根据自己的处理能力下载一个或多个数据片断和这个屏幕保护程序。只要结点的计算机的用户不使用计算机时，屏幕保护程序就会工作，这样这台计算机的闲置计算能力就被充分地调动起来。

2. 网格计算的起源

网格计算的起源是由于单台高性能计算机已经不能胜任一些超大规模应用问题的解决，于是人们想将分布在世界各地的超级计算机的计算能力利用广域互连技术连接在一起，并使其像电力资源那样输送到每一用户，来求解一些大规模科学与工程计算等问题，从而形成了计算网格（又称网格计算系统）。网格计算是作为虚拟的整体来使用在地理上分散的异构计算资源，这些资源包括高速互连的异构计算机、数据库、科学仪器、文件和超级计算系统等。使用计算网格，一方面能使人们聚集分散的计算能力，形成超级计算的能力，解决诸如虚拟核爆炸、新药研制、气象预报和环境监控等重大科学研究和技术应用领域的问题；另一方面能使人们共享广域网络中的异构资源，使各种资源得以充分利用。

网格计算系统主要包括网格结点、网格系统软件、网格应用。网格结点是地理上独立的计算中心和信息中心。网格系统软件起着关键的作用，统一管理计算网格，将各个结点集成起来，组成一个虚拟协同高性能计算环境，向社会大众和各领域的科研机构统一提供高性能计算和海量信息处理服务。网格应用是以生物、气象、能源、石油、水利等行业的重大应用为背景建立的应用。网格计算系统具有资源分布性、管理多重性、动态多样性、结构可扩展性等特点，其结点及各种资源分布于不同的地方，隶属于不同的所有者，多层管理，为了完成特定的工作，各种各样的异构资源可动态组合，规模可不断加大。

3. 网格计算的特点

① 分布与共享：分布性是网格的一个最重要的特点。因为网格计算中的各类资源是分布的，所以基于网格的计算一定是分布式计算而不是集中式计算。

② 资源异构：网格计算整合了大量异构计算机的闲置资源，如计算机、工作站、群集、数据库、存储设备及大型仪器等，从而组成虚拟组织用以解决大规模计算问题，因此其资源必然是异构的。

③ 多机构虚拟组织：网格结点由地理及组织上独立的计算机组成，通过网格系统将各个结点集成，形成一个虚拟的高性能计算环境。

④ 以科学计算为主：网格计算的初衷即是解决单台计算机在科学计算方面性能不足的问题，因此把分布在不同区域的高性能计算机组织起来成为一个虚拟的超级计算机。

4. 网格计算的应用

（1）网格计算在科研领域的应用

在科学研究领域，网格技术可以辅助科学家完成重大领域的科学研究。网格计算技术除具备超级计算能力以外，还将不同地域的资源整合在一起，使科学工作者能够紧密合作，充分利用共享的资源（如大型的昂贵的仪器设备等）。网格计算在分布式超级计算、高吞吐率计算及数据密集型计算等方面发挥着重要作用，而有关技术在美国，首先是在生命科学领域，正在成为现实。在物理学研究方面，德国 Max Planck 引力物理研究所与德国和美国多个机构合作，利用网格的超级计算能力，共同完成了模拟黑洞的项目。

（2）网格计算在企业及居民日常生活中的应用

网格计算的商业应用前景广阔。闲置的计算能力能够通过网格共享出来，让更多的人租用。网格计算环境能够提高或拓展企业内所有计算资源的效率和利用率，通过对这些资源进行共享、有效优化和整体管理，使各企业解决以前难以处理的问题，最有效地使用他们的系统，满足客户要求并降低计算机资源的拥有和管理总成本。网格计算支持所有行业的电子商务应用。例如，飞机和汽车等复杂产品的生产要求对产品设计、产品组装和产品生命周期管理进行计算密集型模拟。中国国家计算网格简称织女星网格（VegaGrid），该项目取得的一些研究成果已经开始应用到如税务这样的重要行业。

9.2.2　云计算

1. 云计算的定义

根据美国国家标准与技术研究院（NIST）的定义，云计算（Cloud Computing）是一种按使用量付费的模式，这种模式提供可用的、便捷的、按需的网络访问， 进入可配置的计算资源共享池（资源包括网络、服务器、存储、应用软件、服务等），这些资源能够被快速提供，只须投入很少的管理工作，或与服务供应商进行很少的交互。

云计算最基本的概念，是透过网络将庞大的计算处理程序自动分拆成无数个较小的子程序，再交由多部服务器所组成的庞大系统，经搜寻、计算分析之后将处理结果回传给用户。透过这项技术，网络服务提供者可以在数秒之内，达成处理数以千万计甚至亿计的信息，达到和“超级计算机”同样强大效能的网络服务。

云计算是分布式处理、并行处理和网格计算的发展，并融合了自主计算、虚拟化等传统计算机和网络技术的产物，或者说是这些计算机科学概念的商业实现。云计算是一种资源交付和使用模式，指通过网络获得应用所需的资源（硬件、平台、软件）。提供资源的网络被称为“云”。“云”中的资源在使用者看来是可以无限扩展的，并且可以随时获取。在计算理念上，将计算通过 Internet 交给云平台来处理；在资源交付上，将 IT 资源、系统资源和应用等整合为服务提供给用户；在商业模式上，实现了资源的按需定制、按量付费。

云计算服务包括基础设施即服务、平台即服务、软件即服务 3 个层次，不同的企业分别从这些层次去细化服务功能，通过集中化的管理方式降低用户使用相应服务的成本，从而提供商业价值。

2. 云计算的特点

云计算具有以下技术特点：

① 超大规模。“云”具有相当的规模，Google 云计算已经拥有 100 多万台服务器，Amazon、IBM、微软、Yahoo 等的“云”均拥有几十万台服务器，企业私有云一般拥有数百上千台服务器。“云”能赋予用户前所未有的计算能力。

② 高可靠性。“云”使用了数据多副本容错、计算结点同构可互换等措施来保障服务的高可靠性，在此意义上说，使用云计算比使用本地计算机可靠。

③ 高可扩展性。“云”的规模可以动态伸缩，满足应用和用户规模增长的需要。

④ 虚拟化。云计算支持用户在任意位置、使用各种终端获取应用服务。所请求的资源来自“云”，而不是固定的、有形的实体。应用在“云”中某处运行，用户无须了解、也不用担心应用运行的具体位置。只需要一台笔记本或者一个手机，就可以通过网络服务来实现需要的功能，甚至包括超级计算这样的任务。

⑤ 按需服务。“云”是一个庞大的资源池，可以按需购买；“云”可以像自来水、电、煤气那样计费。

⑥ 极其廉价。“云”的特殊容错措施允许采用极其廉价的结点来构成云，“云”的自动化集中式管理使大量企业无须负担日益高昂的数据中心管理成本，“云”的通用性使资源的利用率较传统系统大幅提升，因此用户可以充分享受“云”的低成本优势，只花费几百美元、几天时间就能完成以前需要数万美元、数月时间才能完成的任务。

3. 云计算的发展

1983 年，SUN 公司提出“网络即电脑”（The Network is the Computer）的概念。

2006 年 3 月，亚马逊（Amazon）推出弹性计算云（Elastic Compute Cloud，EC2）服务。

2006 年 8 月，Google 首席执行官埃里克·施密特在 2006 搜索引擎大会首次提出“云计算”（Cloud Computing）的概念。Google“云端计算”源于 Google 工程师克里斯托弗·比希利亚所做的“Google 101”项目。

2007 年 10 月，Google 与 IBM 开始在美国大学校园内推广云计算的计划，这项计划希望能降低分布式计算技术在学术研究方面的成本，并为这些大学提供相关的软硬件设备及技术支持。而学生则可以通过网络开发各项以大规模计算为基础的研究计划。

2008 年 7 月，雅虎、惠普和英特尔宣布一项涵盖美国、德国和新加坡的联合研究计划，推出云计算研究测试床，推进云计算。

2008 年 10 月，微软发布其公共云计算平台——Windows Azure Platform，由此拉开了微软进军云计算的大幕。

2010 年 7 月，美国国家航空航天局和包括 Rackspace、AMD、Intel、戴尔等支持厂商共同宣布“OpenStack”开放源代码计划，微软在 2010 年 10 月表示支持 OpenStack 与 Windows Server 2008 R2 的集成；而 Ubuntu 已把 OpenStack 加至 11.04 版本中。

2011 年 2 月，思科系统正式加入 OpenStack，重点研制 OpenStack 的网络服务。

2011 年 7 月，思杰收购了 Cloud.com，拥有了采用 GPLv3 授权协议的 CloudStack 开源项目。

2012 年 4 月，思杰将 CloudStack 捐献给 Apache 基金会，CloudStack 成为 OpenStack 最强大的竞争对手。

2013 年 12 月，亚马逊公有云服务 AWS（Amazon Web Services）宣布即将推出中国云计算平台，意味着亚马逊 AWS 正式在国内落地。

2015 年 7 月，谷歌签约加入 OpenStack 基金会。

2016 年 3 月，谷歌全球云计算用户大会（GCP NEXT 2016）落幕，在此次大会上，谷歌宣称将投 10 亿美元到云计算，力争转型成为云计算企业。

2016 年 7 月，微软 Azure 云平台拿下波音公司订单。波音将把基于云计算的航空分析应用转移至 Azure 平台，以分析客户和其他信息来源提供的大量数据集。目前，有超过 300 家航空公司正在使用波音的航空分析应用。

4. 云计算的基本特征

① 按需自助服务。消费者无需同服务提供商交互就可以得到自助的计算资源能力，如服务器的时间、网络存储等。

② 无所不在的网络访问。借助于不同的客户端来通过标准的应用对网络访问的可用能力。

③ 划分独立资源池。根据消费者的需求来动态地划分或释放不同的物理和虚拟资源，这些池化的供应商计算资源以多租户的模式来提供服务。用户经常并不控制或了解这些资源池的准确划分，但可以知道这些资源池在哪个行政区域或数据中心。例如包括存储、计算处理、内存、网络带宽以及虚拟机个数等。

④ 快速弹性。对资源快速、弹性提供及释放的能力。

⑤ 服务可计量。云系统对服务类型通过计量的方法来自动控制和优化资源使用（如存储、处理、带宽以及活动用户数）。

5. 云计算的服务模式

云计算可以认为包括以下几个层次的服务：基础设施即服务（IaaS）、平台即服务（PaaS）和软件即服务（SaaS）。IaaS、PaaS、SaaS 分别在基础设施层、软件开放运行平台层、应用软件层实现。

（1）IaaS

IaaS（Infrastructure as a Service）：基础设施即服务。消费者通过 Internet 可以从完善的计算机基础设施获得服务。

Iaas 通过网络向用户提供计算机（物理机和虚拟机）、存储空间、网络连接、负载均衡和防火墙等基本计算资源；用户在此基础上部署和运行各种软件，包括操作系统和应用程序。消费者不必管理、控制云中的设施，但必须在操作系统和存储上部署应用并且可以选择网络单元（如防火墙、负载平衡设备）。

用户可以直接通过网络从 Iaas 供应商处获得一个可用的“虚拟服务器”，减少实际安装机器的过程和时间成本。在 IaaS 模式，每一个增长的需求是通过增加可用的资源来匹配的，并且这些资源可以释放。用户消费资源时可以记账，包括连接 CPU 的时长、每秒的指令数（Mips）、带宽以及存储等。

通过 IaaS，企业可以将应用部署到基础设施云上，这是中小企业发展的一个趋势。而大型企业则可以建立自己的私有云或直接使用服务商提供的虚拟私有云。

（2）PaaS

PaaS（Platform as a Service）：平台即服务。PaaS 实际上是指将软件研发的平台作为一种服务，以 SaaS 的模式提交给用户。因此，PaaS 也是 SaaS 模式的一种应用。但是，PaaS 的出现可以加快 SaaS 的发展，尤其是加快 SaaS 应用的开发速度。

平台通常包括操作系统、编程语言的运行环境、数据库和 Web 服务器，用户在此平台上部署和运行自己的应用。用户不能管理和控制底层的基础设施，只能控制自己部署的应用。

PaaS 借助于一些简单的技术对操作系统或平台进行必要的配置，它提供直接加载一些服务到平台的能力，例如在一个标准的环境下被预配置成为一个支持指定的编程语言平台。消费者可直接借助于云服务商所提供的编程语言和工具（如 Java、Python、.Net）进行应用的开发。消费者并不管理和控制云的基础设施、网络、服务器、操作系统或存储，但消费者控制部署应用和可对应用环境进行配置。

（3）SaaS

SaaS（Software as a Service）：软件即服务。它是一种通过 Internet 提供软件的模式，用户无需购买软件，而是向提供商租用基于 Web 的软件来管理企业经营活动。SaaS 不仅减少了或取消了传统的软件授权费用，而且厂商将应用软件部署在统一的服务器上，免除了最终用户的服务器硬件、网络安全设备和软件升级维护的支出，客户不需要除了个人计算机和互联网连接之外的其它 IT 投资就可以通过互联网获得所需要的软件和服务。

SaaS 交付的是实际的终端用户功能，不仅是一组服务集合，并且要求这些功能的协调，而且还是方便的、完全统一的应用。

驱动 SaaS 发展的是企业的需求，为了提高企业竞争力，商业用户要求采用新技术部署一个灵活的模式以改善企业运营的能力。基于服务的 PaaS 的可用性以及成本模式等所做的贡献产生了 SaaS 市场，因此也驱动了 PaaS 和 IaaS 市场的发展。

6. 云计算的部署模式

云计算的部署模式有三大类：公有云、私有云、混合云。

公有云是云计算服务提供商为公众提供服务的云计算平台，理论上任何人都可以通过授权接入该平台。公有云可以充分发挥云计算系统的规模经济效益，但同时也增加了一定的安全风险。

私有云是企业在其内部建设的专有云计算系统。私有云系统存在于企业防火墙之内，所有的云基础设施仅为一个组织运作。它可以由该组织或第三方来管理，只为企业内部服务。与公有云相比，私有云的安全性更好，但成本也更高，云计算的规模经济效益也受到了限制，整个基础设施的利用率要远低于公有云。

混合云则是同时提供公有和私有服务的云计算系统，它是介于公有云和私有云之间的一种折中方案。混合云云基础设施是由两个或更多云提供，其可以保持单一的整体性，但可以通过标准或技术策略使数据应用互操作。

7. 主流云计算技术

当前各大云计算厂商采用各自的方案实现云计算，有 Google 云计算技术、Amazon 云计算技术、微软云计算技术、Hadoop 开源云计算系统等。

（1）Google 云计算技术

Google采用由4个相互独立又紧密结合在一起的系统组成的云计算基础架构。这4个系统为：建立在集群之上的文件系统（Google file system）；针对 Google 应用程序的特点提出的 Map/Reduce 分布式计算系统；分布式锁服务系统（Chubby）；大规模分布式数据库系统（BigTable）。Google 的云可以看成利用虚拟化实现的云计算基础架构（硬件架构）加上基于云的文件系统和数据库以及相应的开发应用环境，用户通过浏览器就可以使用分布在云上的 Google DOCS 等应用。

（2）Amazon 的 AWS

AWS（Amazon Web service）是亚马逊公司旗下云计算服务平台，AWS 面向用户提供包括弹性计算、存储、数据库、应用程序在内的一整套云计算服务，帮助企业降低 IT 投入成本和维护成本。AWS 是一组服务，它们允许通过程序访问 Amazon 的计算基础设施。亚马逊网络服务所提供服务包括：亚马逊弹性计算网云（Amazon EC2）、亚马逊简单储存服务（Amazon S3）、亚马逊简单数据库（Amazon SimpleDB）、亚马逊简单队列服务（Amazon Simple Queue Service）以及 Amazon CloudFront 等。

AWS 提供基于云的基础架构，并提供基于 SOAP 的 Web Service 接口，最终用户来可在此之上建立基于云的 Web 2.0 服务，而且通过浏览器就可以使用。

（3）开源的 Hadoop

Hadoop 是 Apache 软件基金会研发的开放源码并行运算编程工具和分布式文件系统，与 MapReduce 和 Google 文件系统类似，是用于在大型集群的廉价硬件设备上运行应用程序的框架，提供高效、高容错性、稳定的分布式运行接口和存储。基于 Hadoop 的云计算环境，能提供云计算能力和云存储能力的在线服务，最终用户通过浏览器即可以使用这些服务。

（4）微软的 Windows Azure

微软 Windows Azure 是构建在微软数据中心内提供云计算的一个应用程序平台，包含云操作系统、基于 Web 的关系数据库（SQL Azure）和基于 .NET 的开发环境（与 Visual Studio 集成）。基于 Windows Azure 的云存储和 Web Service 接口建立的在线服务，对于最终用户来说是桌面软件的形态，使用的终端主要是 PC、笔记本平台，但仍要依赖微软的操作系统，软件的计算仍旧依赖终端的处理能力。因此微软倡导的云计算是“云 + 端”计算，终端是由操作系统加上桌面软件的方式。

8. 云计算的优势和问题

在云计算环境中，应用和许可被随时购买和生效，应用在网络上而不是本机上运行。这种转变将数据中心放在网络的核心位置，而所有的应用所需要的计算能力、存储、带宽、电力都由数据中心提供。云计算不仅影响了商业运行模式，还将影响开发、部署、运行、交付应用的方式。

云计算的快速发展，对服务提供商意味着更快速的部署、更精简的主机规模，从而提高资源利用率、提高管理效率，降低管理和运维成本、提高服务水平。利用云服务，提供商可以将基础设施放置在低土地和能源成本的地区而不影响商业服务的连续性，云计算的发展促进了商业模式和理念的转变。

对用户来说，云计算将降低用户端负载，降低总体拥有成本，使用户不需要为一次性任务或罕见的负载状况准备大量设备，可以按使用付费、按需扩展资源，快速部署应用，并使应用具有高可用性。云计算的使用，将使应用的开发与基础设施维护相对分离、将程序代码与物理资源分离，促进企业的发展。

虽然云计算应用在市场上具有很大的优势，但同时也存在不少问题。

① 性能问题。云计算性能严重地依赖于传送网络（包括互联网、广域网、局域网等）甚至终端用户的设备和浏览器。这是因为云服务将使得用户和其应用及数据拉开更大的距离而导致更大的延迟，并影响性能。研究指出，云服务不能担保消费者获得高品质的Web体验。云供应商在跨越地理网站性能上展示出了远离目标的变化，在有些城市，交付终端用户的响应时间比另外一些城市差不多慢10倍，导致消费者在使用云服务时出现一定的性能问题。

② 公共标准问题。云计算还处于成长期，市场上仍无一个规范的统一的标准，各厂商都试图建立自己的接口，许多和云计算有关的术语、技术接口，不同公司采用不同的技术方案，导致大量数据和服务无法在各公司间转移、共享，从而局限了云计算的应用服务范围。如果用户的程序应用在不同的云计算平台上，有可能会出现不兼容问题。目前，国际上有十家以上的组织正在推动云标准化的进程，各个国际标准组织对云计算标准的侧重点分布在云安全、云存储、云互操作、平台接口等不同方面。

③ 数据安全问题。虽然云计算的数据对外具有较高的安全性，但由于数据的集中特性，管理上则会出现优先访问权、管理权限、数据隔离和恢复等风险。在云中，由于应用动态地迁移并且与第三者共享同一个远程物理环境，企业原有的基础设施及数据安全边界变得模糊，其对安全自主的控制被削弱。

在云计算环境中，大多数服务器可接入互联网，明显提高了被攻击的可能性。在云中，多个不同的终端用户群体共享相同的服务或资源，共享该云的群体将会有意或无意地访问彼此的私有数据，由于云消费者的数据存放在公共的存储器硬件中，松懈的管理或恶意攻击可能危及其安全。安全问题依然是云计算中有待解决的一个重要问题。

9.2.3 网格计算与云计算的异同

网格计算与云计算有很多相似之处，可以认为两者都是分布式计算所衍生出来的概念，都是为了方便用户应用IT资源，都力争让IT资源能够达到更好的使用率等。无论是网格还是云计算都试图将各种IT资源看成一个虚拟的资源池，然后向外提供相应的服务。云计算试图让“用户透明地使用资源”，而网格计算当初的口号就是让“使用IT资源像用水用电一样简单”。

网格计算是分布式计算的两个子类型。一类是在分布式的计算资源支持下作为服务被提供的在线计算或存储。另一类是一个松散连接的计算机网络构成的一个虚拟超级计算机用来执行大规模任务，如生物网格、地理空间信息网格、国家教育网格等以及分布协同科研。

云计算是一种宽泛的概念，它允许用户通过互联网访问各种基于IT资源的服务，这种服务允许用户不一定了解底层IT基础设施架构就能享受到作为服务的“IT相关资源”。云计算的资源相对集中，主要是以数据中心的形式提供底层资源服务。它通过虚拟技术形成独立的云，云是由许多资源构成的庞大计算池。但云计算提供的某些资源是针对某项特定的任务，即接收到用户提出的任务后，利用“云”来完成计算，然后返给用户计算目标，从而满足用户需求。

网格计算强调资源共享，任何人都可以作为请求者使用其他结点的资源，任何人都需要贡献一定资源给其他结点。网格计算强调将工作量转移到远程的可用计算资源上。云计算强调专有，任何人都可以获取自己的专有资源，并且这些资源是由少数团体提供的，使用者不需要贡献自己的资源。在云计算中，计算资源被转换形式去适应工作负载，它支持网格类型应用，也支持非网格环境。

网格计算的服务形式是执行作业，当接收到网格高性能调度系统分配给的任务后，在一个阶段内完成作业，产生数据返给用户；而云计算支持持久服务，用户可以利用云计算作为部分IT基础设施，实现业务的托管或外包。

网格与云计算对异构问题的处理，其基本理念是不同的。网格系统中是利用中间件屏蔽异构系统，希望用户面对的是同构环境，而云计算系统面对异构问题为用户提供服务机制，或是用专用内部平台（如Google），或用镜像执行来解决异构问题。

网格主要是满足高端应用，近年来才逐渐强调普及应用。而云计算从开始就支持广泛的企业应用、Web应用，普适性更强。与更多面向科研等高端应用的网格相比，云计算面向商业、企业应用，其商业模式更加清晰。

9.2.4 其他计算部署

① 分布式计算。利用互联网上众多闲置的计算机能力，将其联合起来解决大型计算问题。子任务相互独立。分布处理考虑的基本问题是如何让用户能够透明地使用一个功能和资源在空间上分布的计算机系统，如由多台计算机构成的网络系统。这里，“透明地使用”指的是用户不需要关心系统功能和资源的分布情况。

② 并行计算。同时利用多种计算机资源解决问题的过程，每一个子任务是相互关联的。可以分为面向问题，时间和空间的并行，进程级、线程级并行。

③ 效用计算。IT资源的一种打包和计费方式，如按照计算、存储分别计量费用，像传统的电力等公共设施一样。

④ 自主计算。具有自我管理功能的计算机系统。事实上，许多云计算部署依赖的计算机集群就吸收了自主计算和效用计算的特点。

⑤ 集群。将一组松散集成的计算机软件、硬件高度紧密协调工作，通常利用局域网连接。服务器集群是指将一组服务器关联起来，使它们在外界从很多方面看起来如同一台服务器。集群内的服务器之间通常通过局域网连接，用来改善性能和可用性，但一般而言比具有同等性能功能和可用性的单台主机具有更低的成本。

⑥ 虚拟化。虚拟化指对计算资源进行抽象的一个广义概念。虚拟化对上层应用或用户隐藏了计算资源的底层属性。它既包括使单个的资源（如一个服务器，一个操作系统，一个应用程序，一个存储设备）划分成多个虚拟资源，也包括将多个资源（如存储设备或服务器）整合成一个虚拟资源。虚拟化技术是指实现虚拟化的具体的技术性手段和方法的集合性概念。虚拟化技术根据对象可分成存储虚拟化、计算虚拟化、网络虚拟化等。计算虚拟化又可分为操作系统级虚拟化、应用程序级和虚拟机管理器。

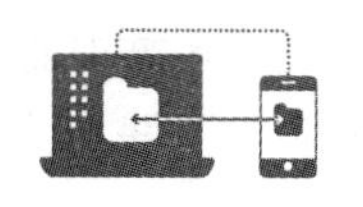

9.3　无线传感器网络和物联网

9.3.1　无线传感器网络

1. 无线传感器网络基本概念

传感器（Sensor）指能够把外部物理信号转化为电信号的装置。传感器可以通过有线连接，也可以通过无线连接。传感器信息一般被认为是低速率、短距离、低功耗，因此组网上有特殊性。连接各传感器而成的网络即为传感器网（Sensor Networks），传感器网络的发展经历了传感器、无线传感器到无线传感器网络（大量微型、低成本、低功耗的传感器结点组成的多跳无线网络）3 个阶段。现在谈到的传感器网通常强调是无线传感器网络。

无线传感器网络（Wireless Sensor Networks，WSN）是由大量具有通信与计算能力的微小传感器结点密集布设在无人值守的监控区域而构成的、能够根据环境自主完成指定任务的自治测控网络系统。它利用大量的多种类传感器结点（集传感、采集、处理、收发于一体）组成自治的网络，实现对物理世界的动态智能协同感知。

传感器网络实现了数据的采集、处理和传输三种功能，它与通信技术和计算机技术共同构成了信息技术的三大支柱。

2. 无线传感器网络结构

无线传感器网络是一种无中心的全分布系统。传感器网络系统通常包括传感器结点（End Device）、汇聚结点（Router）和管理结点（Coordinator）。无线传感器网络拓扑结构如图 9-1 所示。

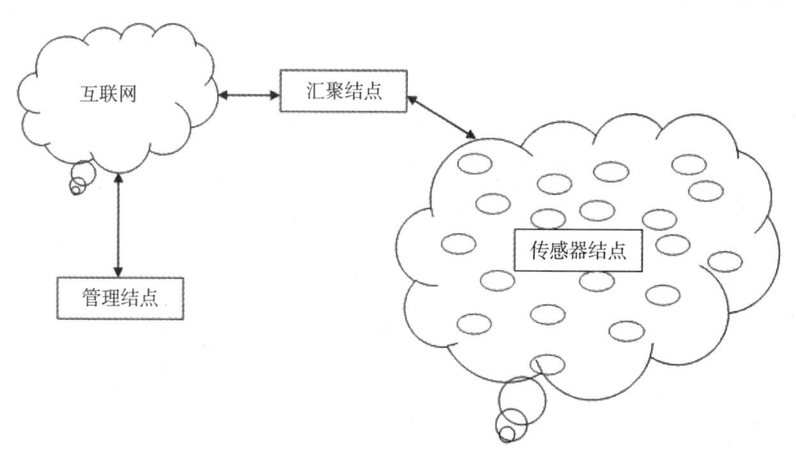

图 9-1　无线传感器网络拓扑结构

WSN 协议栈多采用五层协议：应用层、传输层、网络层、数据链路层、物理层。与以太网协议栈的五层协议相对应。各层协议的功能如下：

① 物理层提供简单但健壮的信号调制和无线收发技术。

② 数据链路层负责数据成帧、帧检测、媒体访问和差错控制。

③ 网络层主要负责路由生成与路由选择。

④ 传输层负责数据流的传输控制，是保证通信服务质量的重要部分。

⑤ 应用层包括一系列基于监测任务的应用层软件。

另外，协议栈还应包括能量管理器、拓扑管理器和任务管理器。这些管理器使得传感器结点能够按照能源高效的方式协同工作，在结点移动的传感器网络中转发数据，并支持多任务和资源共享。

⑥ 能量管理器管理传感器结点如何使用能源，在各个协议层都需要考虑节省能量。

⑦ 移动管理器检测并注册传感器结点的移动，维护到汇聚结点的路由，使得传感器结点能够动态跟踪其邻居的位置。

⑧ 任务管理器在一个给定的区域内平衡和调度监测任务。

无线传感器网络体系结构如图 9-2 所示。

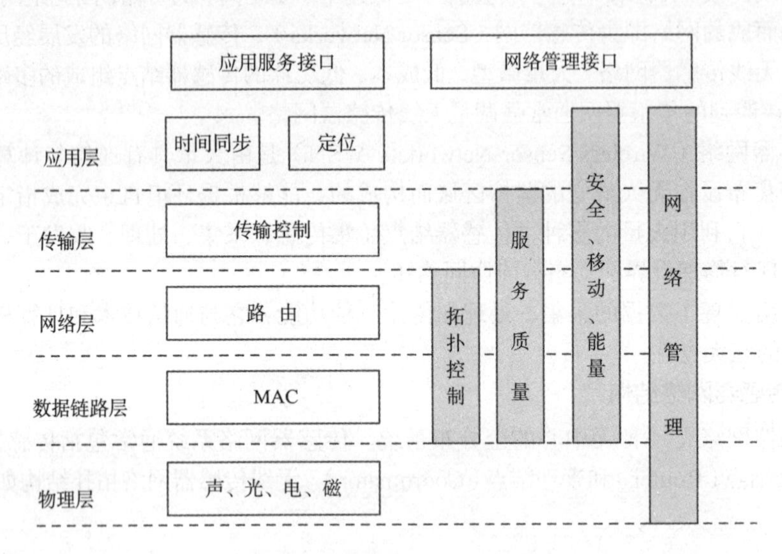

图 9-2　无线传感器网络体系结构

3. 无线传感器网络特点

① 无中心和自组织性。在无线传感器网络中，所有结点的地位都是平等的，没有预先指定的中心，各结点通过分布式算法来相互协调，在无人值守的情况下，结点就能通过拓扑控制机制和网络协议自动组织起一个测量网络。因为没有中心，网络不会因为单个结点的脱离而受到损害。

② 网络拓扑的动态变化性。网络中的结点是处于不断变化的环境中，它的状态也在相应地发生变化，加之无线通信信道的不稳定性，网络拓扑因此也在不断地调整变化，而这种变化方式是无法准确预测出来的。传感器网络系统要能够适应这种变化，具有动态的系统可重构性。

③ 集成化部署。传感器结点的功耗低，体积小，价格便宜，实现了集成化。在安置传感器结点的监测区域内，布置有数量庞大的传感器结点。同时，集成化密集部署也降低了对单个传感器的精度要求，提供了冗余结点，提高系统的容错性能。

④ 协作方式执行任务。常包括协作式采集、处理、存储以及传输信息。通过协作的方式，传感器的结点可以共同实现对对象的感知，得到完整的信息。这种方式可以有效克服处理和存储能力不足的缺点，共同完成复杂任务的执行。

⑤ 以数据为中心。传感器网络是任务型的网络。用户使用传感器网络查询事件时，直接将所关心的事件通告给网络，而不是通告给某个结点，网络在获得指定事件的信息后汇报给用户。

⑥ 受限的无线传输带宽。无线传感器网络通过无线电波进行数据传输，虽然省去了布线的烦恼，但是相对于有线网络，低带宽则成为它的天生缺陷。同时，信号之间还存在相互干扰，

信号自身也在不断地衰减，因此单个结点传输的数据量是有限的，需要多结点协同工作。

⑦ 移动终端的能力有限。为了测量真实世界的具体值，各个结点会密集地分布于待测区域内，人工补充能量的方法已经不再适用。每个结点都要储备可供长期使用的能量，或者自己从外汲取能量（如太阳能）。

⑧ 安全性较差。无线信道、有限的能量，分布式控制都使得无线传感器网络更容易受到攻击。被动窃听、主动入侵、拒绝服务则是这些攻击的常见方式。因此，安全性在网络的设计中至关重要。

4. 无线传感器网络的应用

无线传感器网络所具有的众多类型的传感器，可探测包括地震、电磁、温度、湿度、噪声、光强度、压力、土壤成分、移动物体的大小、速度和方向等周边环境中多种多样的现象。基于MEMS的微传感技术和无线联网技术为无线传感器网络赋予了广阔的应用前景。这些潜在的应用领域可分布在军事、航空、反恐、防爆、救灾、环境、医疗、保健、家居、工业、商业等领域。

① 军事应用。由于无线传感器网络具有密集型、随机分布的特点，使其非常适合应用于恶劣的战场环境中，具有包括侦察敌情、目标跟踪、监控兵力、装备和物资，判断生物化学攻击等多方面用途。

② 环境应用。无线传感器网络可以监测森林火灾，研究环境变化对农作物的影响，监测海洋、大气、水源和土壤的成分变化等。此外，它也可以应用在精细农业中，来监测农作物中的害虫、土壤的酸碱度和施肥状况等。

③ 空间探索。探索外部星球一直是人类梦寐以求的理想，借助于航天器撒布的传感器网络结点实现对星球表面长时间的检测，应该是一种经济可行的方案。

④ 医疗应用。对人类生理数据的无线监测、对医护人员和患者进行追踪和监控以及医院的药品管理等。

⑤ 商务应用。包括办公室环境控制、互动场馆、车辆追踪监控与防盗、库存管理等。

⑥ 家庭应用。包括家庭自动化和智能家居环境等应用。

5. 无线传感器网络的关键问题

无线传感器网络关键技术涉及无线通信技术、能量收集技术、传感器技术、嵌入式操作系统技术、低功耗技术、多跳自组织网络的路由协议、数据融合和数据管理技术、信息安全技术。在无线传感器网络的发展过程中，以下几个问题显得尤其重要：

① 能效问题。在无线传感器网络的研究中，能效问题一直是热点问题。当前的处理器以及无线传输装置依然存在向微型化发展的空间，但在无线网络中需要数量更多的传感器，种类也要求多样化，将它们进行连接会导致耗电量的加大。如何提高网络性能，延长其使用寿命是需要进一步研究的问题。

② 数据采集与管理问题。随着发展，无线传感器网络接收的数据量将会越来越大，但是当前的使用模式对于数量庞大的数据的管理和使用能力有限。如何进一步加快其对时空数据处理和管理的能力，开发出新的模式将是非常有必要的。

③ 协议标准问题。标准的不统一会给无线传感器网络的发展带来障碍，在接下来的发展中，要加强相应标准的制定，开发出功能可裁剪、灵活、可重构的无线传感器网络协议体系结构，实现协议跨层优化。

9.3.2 物联网

1. 物联网的定义

物联网（Internet of Things，IoT）至今没有统一的定义，概括地说，物联网是物物相连的互联网，有两层含义：第一，物联网的核心和基础仍然是互联网，是在互联网基础上的延伸和扩展的网络；第二，其用户端延伸和扩展到了任何物品与物品之间，进行信息交换和通信。

国际电信联盟（ITU）发布的ITU互联网报告，对物联网做了如下定义：通过二维码识读设备、射频识别（RFID）装置、红外感应器、全球定位系统和激光扫描器等信息传感设备，按约定的协议，把任何物品与互联网相连接，进行信息交换和通信，以实现智能化识别、定位、跟踪、监控和管理的一种网络。

物联网把新一代IT技术充分运用在各行各业之中，具体地说，就是把感应器嵌入和装备到电网、铁路、桥梁、隧道、公路、建筑、供水系统、大坝、油气管道、家具甚至穿戴设备等各种物体中，通过各种信息传感设备，实时采集任何需要监控、连接、互动的物体或过程等各种需要的信息，与互联网结合形成的一个巨大网络。其目的是实现物与物、物与人，所有的物品与网络的连接，方便识别、管理和控制，在此基础上，人类可以更加精细和动态的方式管理生产和生活，达到"智慧"状态，提高资源利用率和生产力水平，改善人与自然间的关系。

物联网是在计算机互联网的基础上，利用RFID、无线数据通信等技术，构造一个覆盖世界上万事万物的"Internet of Things"。在这个网络中，存储着规范而具有互用性的信息，通过无线数据通信网络把它们自动采集到中央信息系统，实现物品的识别，而无须人的干预。其实质是利用射频自动识别（RFID）等技术，通过计算机互联网实现物品的自动识别和信息的互联与共享，实现对物品的"透明"管理。

2. 物联网的特点

和传统的互联网相比，物联网有其鲜明的特征。

① 它是各种感知技术的广泛应用。物联网上部署了海量的多种类型传感器，每个传感器都是一个信息源，不同类别的传感器所捕获的信息内容和信息格式不同。利用RFID、传感器、二维码等获得的数据具有实时性，按一定的频率周期性的采集环境信息，不断更新数据。

② 它是一种建立在互联网上的泛在网络。物联网技术的重要基础和核心仍旧是互联网，通过各种有线和无线网络与互联网融合，将物体的信息实时准确地传递出去。在物联网上的传感器定时采集的信息需要通过网络传输，由于其数量极其庞大，形成了海量信息，在传输过程中，为了保障数据的正确性和及时性，必须适应各种异构网络和协议。

③ 智能处理的能力。物联网不仅仅提供了传感器的连接，其本身也具有智能处理的能力，能够对物体实施智能控制。利用云计算，模糊识别等各种智能计算技术，对海量的数据和信息进行分析和处理，对物体实施智能化的控制。

此外，物联网的精神实质是提供不拘泥于任何场合，任何时间的应用场景与用户的自由互动，它依托云服务平台和互通互联的嵌入式处理软件，弱化技术色彩，强化与用户之间的良性互动，更佳的用户体验，更及时的数据采集和分析建议，更自如的工作和生活，是通往智能生活的物理支撑。

3. 物联网的发展

1995年比尔盖茨在《未来之路》一书中已经提及物联网概念，只是当时受限于无线网络、硬件及传感设备的发展，并未引起重视。

1999年美国麻省理工学院（MIT）的Kevin Ash-ton教授首次提出物联网的概念。同一年美国麻省理工学院建立了"自动识别中心（Auto-ID）"，提出"万物皆可通过网络互联"，阐明了物联网的基本含义。

2003年美国《技术评论》提出传感网络技术将是未来改变人们生活的十大技术之首。

2004年日本总务省（MIC）提出u-Japan计划，该战略力求实现人与人、物与物、人与物之间的连接，希望将日本建设成一个随时、随地、任何物体、任何人均可连接的泛在网络社会。

2005年11月17日，在突尼斯举行的信息社会世界峰会（WSIS）上，国际电信联盟（ITU）发布《ITU互联网报告2005：物联网》，引用了“物联网”的概念。报告指出，无所不在的“物联网”通信时代即将来临，世界上所有的物体信息都可以通过因特网主动进行交换。射频识别技术（RFID）、传感器技术、纳米技术、智能嵌入技术将得到更加广泛的应用。物联网的定义和范围已经发生了变化，覆盖范围有了较大的拓展，不再只是指基于RFID技术的物联网。

2006年韩国确立了u-Korea计划，该计划旨在建立无所不在的社会（ubiquitous society），在民众的生活环境里建设智能型网络（如IPv6、BcN、USN）和各种新型应用（如DMB、Telematics、RFID），让民众可以随时随地享有科技智慧服务。

2008年11月在北京大学举行的第二届中国移动政务研讨会“知识社会与创新2.0”提出移动技术、物联网技术的发展代表着新一代信息技术的形成，并带动了经济社会形态、创新形态的变革。

2009年欧盟执委会发表了欧洲物联网行动计划，描绘了物联网技术的应用前景，提出欧盟政府要加强对物联网的管理，促进物联网的发展。

2009年1月，IBM首席执行官彭明盛提出“智慧地球”构想，其中物联网为“智慧地球”不可或缺的一部分，建议政府投资新一代的智慧型基础设施。而奥巴马在就职演讲后对“智慧地球”构想提出积极回应，并提升到国家级发展战略。

2009年8月，温家宝“感知中国”的讲话把我国物联网领域的研究和应用开发推向了高潮，无锡市率先建立了“感知中国”研究中心，中国科学院、运营商、多所大学在无锡建立了物联网研究院，无锡市江南大学还建立了全国首家实体物联网工厂学院。

2010年4月，在伦敦召开的第一次国际传感网络标准工作组会议上，批准了中国提出的一个正式标准议案。

2014年9月，英特尔在其IDF2014上宣布，英特尔Edison芯片全面上市。Edison芯片是一个专门面向小型、可穿戴等物联网设备开发者，支持无线功能的通用低功耗计算平台。同一个月，国际标准组织（ISO/IEC JTC1）正式通过了由中国技术专家牵头提交的物联网参考架构国际标准项目。

2015年5月，三星公司在美国旧金山的“世界物联网大会”上推出了新一代低功耗芯片“Artik”，该芯片可以被安置在许多常用的设备中，比较适合智能家居应用场景；同一个月，高通公司发布了两款旗舰物联网Wi-Fi芯片；华为公司在2015华为网络大会上推出了面向物联网的操作系统Liteos，该系统体积轻巧到10 KB级，具备零配置、自组网、跨平台的能力，可广泛应用于智能家居、穿戴式、车联网、工业等领域。

2015年6月，谷歌在其I/O开发者大会上正式推出了以Android为核心的Brillo系统，这款系统其实是一款简化版的Android，只保留基本的内核功能，保证这款系统在物联网系统的消耗最小。

2015年8月 微软公司正式发布了其基于Windows 10开发的、专门用于物联网设备的操作系统Windows10 IoT Core，和电脑版系统相比，这一版本在系统功能、代码方面进行了大量的精简和优化，主要面向小体积的物联网设备。

4. 物联网的体系结构

目前，物联网还没有一个被广泛认同的体系结构，但是，我们可以根据物联网对信息感知、传输、处理的过程将其划分为三层结构，即感知层、网络层和应用层，如图9-3所示。

感知层由各种传感器构成，包括温湿度传感器、二维码标签、RFID标签和读写器、摄像头、红外线、GPS 等感知终端。感知层是物联网识别物体、采集信息的来源，实现对物理世界中的各类物理量、标识、音频、视频等数据的采集与感知。

网络层由各种网络，包括互联网、广电网、网络管理系统和云计算平台等组成，是整个物联网的中枢，负责传递和处理感知层获取的信息。

应用层是物联网和用户的接口，它与行业需求结合，实现物联网的智能应用。主要包含应用支撑平台子层和应用服务子层。应用支撑平台子层用于支撑跨行业、跨应用、跨系统之间的信息协同、共享和互通。应用服务子层包括智能交通、智能家居、智能物流、智能医疗、智能电力、数字环保、数字农业、数字林业等领域。

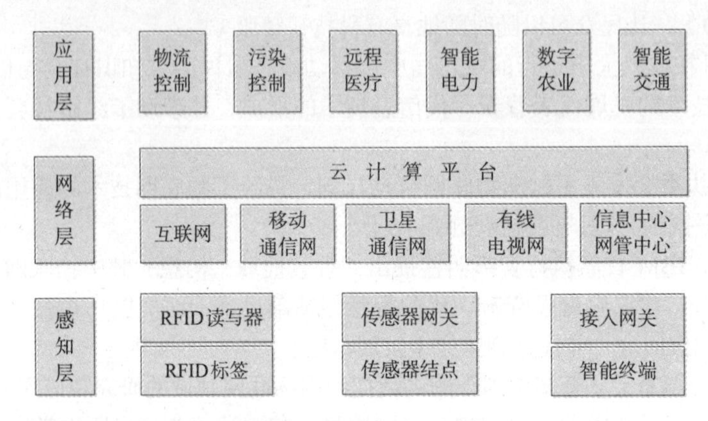

图 9-3　物联网体系结构

5. 物联网中的关键技术

在物联网应用中有以下几项关键技术：

① 传感器技术。这也是计算机应用中的关键技术。绝大部分计算机处理的都是数字信号，需要传感器把模拟信号转换成数字信号计算机才能处理。

② 射频识别技术。也是一种传感器技术，RFID 技术是融合了无线射频技术和嵌入式技术为一体的综合技术，RFID 在自动识别、物品物流管理领域有着广泛的应用。RFID 的工作原理是：标签进入磁场后，如果接收到阅读器发出的特殊射频信号，就能凭借感应电流所获得的能量发送出存储在芯片中的产品信息（即 Passive Tag，无源标签或被动标签），或者主动发送某一频率的信号（即 Active Tag，有源标签或主动标签），阅读器读取信息并解码后，送至中央信息系统进行有关数据处理。

③ 智能嵌入技术。是综合了计算机软硬件、传感器技术、集成电路技术、电子应用技术为一体的复杂技术。经过几十年的演变，以嵌入式系统为特征的智能终端产品随处可见，小到人们身边的 MP3，大到航天航空的卫星系统。嵌入式系统正在改变着人们的生活，推动着工业生产以及国防工业的发展。

同时，纳米技术、现代网络与无线通信技术、信息安全技术也为物联网发展过程提供了技术支持保障。

6. 物联网的应用

物联网用途广泛，可运用于城市公共安全、工业安全生产、环境监控、智能交通、智能家居、公共卫生、健康监测等多个领域，让人们享受到更加安全轻松的生活。

国际电信联盟于 2005 年的报告曾描绘“物联网”时代的图景：当司机出现操作失误时汽车会自动报警；公文包会提醒主人忘带了什么东西；衣服会“告诉”洗衣机对颜色和水温的要求等。

随着物联网的发展，将可能出现各种用途的物联网内容，例如面向一个关联的社区或机构群体提供服务的社区物联网，将物联网技术应用于医疗、健康管理、老年健康照护等领域的医学物联网，将物联网技术应用于路灯照明管控、景观照明管控、楼宇照明管控、广场照明管控等领域的建筑物联网等。

在实际运用中，物联网传感器产品已率先在我国上海浦东国际机场防入侵系统中得到应用。上海浦东国际机场防入侵系统铺设了3万多个传感结点，覆盖了地面、栅栏和低空探测。多种传感手段组成一个协同系统后，可以防止人员的翻越、偷渡、恐怖袭击等攻击性入侵。

在各高校的一卡通建设项目中，物联网与门禁系统的结合已经成为一个趋势。而无线物联网门禁将设备简化到了极致：一把电池供电的锁具。除了门上面要开孔装锁外，门的四周不需要设置任何辅佐设备。整个系统简洁明了，大幅缩短施工工期，也能降低后期维护成本。

智能家居使得物联网的应用更加生活化，具有网络远程控制、摇控器控制、触摸开关控制、自动报警和自动定时等功能，给每一个家庭带来不一样的生活体验。

食品安全监控管理系统可以实时监控生产的全过程，自动、实时、准确地采集主要生产工序与卫生检验、检疫等关键环节的有关数据，满足质量监管要求。政府监管部门则可以通过该系统有效地监控产品质量安全，及时追踪、追溯问题产品的源头及流向，规范食品企业的生产操作过程，从而有效提高食品的质量安全。

7. 物联网发展趋势

物联网将是下一个推动世界高速发展的“重要生产力”。物联网被称为继计算机、互联网之后，世界信息产业的第三次浪潮。根据美国研究机构Forrester预测，物联网所带来的产业价值将比互联网大30倍，物联网将成为下一个万亿元级别的信息产业业务。

业内专家认为，物联网一方面可以提高经济效益，大大节约成本；另一方面可以为全球经济的复苏提供技术动力。美国、欧盟等都在投入巨资深入研究探索物联网。我国也正在高度关注、重视物联网的研究，工业和信息化部会同有关部门，在新一代信息技术方面正在开展研究，以形成支持新一代信息技术发展的政策措施。加大支持力度，增加物联网发展专项资金规模，加大产业化专项等对物联网的投入比重，鼓励民资、外资投入物联网领域。

9.3.3 无线传感器网络和物联网的比较

传感器网可以看成是传感模块加上组网模块共同构成的一个网络。传感器仅仅感知到信号，并不强调对物体的标识。例如可以让温度传感器感知到森林的温度，但并不一定需要标识到哪根树木。

物联网的概念比传感器网的概念广泛。物联网主要是人感知物体、标识物体的手段，除了用到传感器网络，还有二维码、RFID等技术支持。如用二维码、RFID标识冰箱、空调之后，就可以形成物联网信息，但二维码、RFID并不在传感器网络的范畴。

无线传感器网络所使用的硬件首先是传感器，感知震动、温度、压力、声音。传感器与RFID的应答器（标签）不同，不能做成无电源的，供电方式可采用微型太阳能电池。

无线传感器网络的传感器信息一般被认为是低速率、短距离、低功耗，因此组网上有特殊性。WSN不可能做得太大，只能在局部区域使用，如战场、地震监测、建筑工程、保安、智能家居等。

物联网的概念主要区别于Internet，认为Internet是人与人之间的网络，而物联网是物物相连的网络，其范畴十分广泛，可以把世界上任何物品通过电子标签和网络联系起来，是一种“无处不在”的概念。

物联网利用二维码、RFID、应答器实现对物品的标志与识别，而无线传感器网络则利用传感器实现对物体状态的监控。WSN利用无线技术可以自成体系地单独使用，也可作为物联网的有机组成部分。

9.4 软件定义网络和网络功能虚拟化

9.4.1 软件定义网络起源

随着网络的高速发展，互联网业务对互联网的传输质量提出了越来越高的要求，传统的网络架构已不能适应新的业务需求。在传统模式下，一旦有新的业务，就需要网络管理员重新部署网络设备，手动管理IP地址，人工逐层变更网络设备的配置文件，还要协调与其他应用的关系，因此网络变更很困难。而如何修改互联网以满足新业务的需求，出现了改良派和改革派两种不同的做法。改良派认为可以在原有的基础设施上添加新的协议来解决问题，改革派则认为必须推倒一切重来。

由于现在的网络暴露出了越来越多的弊病以及人们对网络性能需求的提高，于是改良者不得不把很多复杂功能加入到路由器的体系结构当中，如OSPF、BGP、组播、区分服务、流量工程、NAT、防火墙、MPLS等。这就使得路由器等交换设备越来越臃肿而且性能提升的空间越来越小。

2006年，美国GENI（Global Environment for Network Investigations）项目资助的斯坦福大学Clean Slate课题，以斯坦福大学Nick McKeown教授为首的改革派研究团队开始了一系列新的设计方案，进行实验研究。他们发现在实验网上总难以有足够多的实际用户或者足够大的网络拓扑来测试新协议的性能和功能，最好的方法是将运行新协议的实验网络嵌入实际运营的网络，利用实际的网络环境来检验新协议的可行性和存在的问题。为此，他们提出了OpenFlow的概念，用于校园网络的试验创新。OpenFlow就是他们提出的一种新型网络交换模型，即底层的数据通路（交换机、路由器）是“哑的、简单的、最小的”，并定义一个对外开放的关于流表的公用的API，同时采用控制器来控制整个网络。未来的研究人员就可以在控制器上自由地调用底层的API来编程，从而实现网络的创新。与此相应的，他们还成立了OpenFlow交换机论坛（The OpenFlow Switch Consortium，后文简称OpenFlow论坛）。OpenFlow论坛主要解决的是重新设计互联网的实验环境问题。

初始的实验环境解决方案有两种：要求设备制造商完全开放平台接口或实验者自行制造设备。设备制造商完全开放平台接口让研究者可以使用商用网络设备进行二次开发，寻找实验协议与传统协议并存的方法。但是，直接开放网络设备的开发接口对设备提供商而言是一场噩梦，一方面与商用平台的封闭性相冲突，开放开发的接口无疑会有暴露自身技术细节的风险，为竞争对手提供了机会，或者降低了新兴厂家进入行业的门槛。

开发者自行制造设备的方法一般是使用PC服务器或专用硬件搭建自己的交换路由设备，受限于主机能装备的网卡数量， 这种方法不能获得足够大密度的端口（一般交换机很容易达到48或者更多的端口，而主机即使插上多块网卡也很难有这么多的端口），而且研究设备的交换性能一般也远不如同价格的商用设备。在这种情况下，OpenFlow论坛提出新的交换设备解决方案，必须具有以下四点性质：

① 设备必须具有商用设备的高性能和低价格的特点。

② 设备必须能支持各种不同的研究范围。

③ 设备必须能隔绝实验流量和运行流量。

④ 设备必须满足设备制造商封闭平台的要求。

如果我们可以让校园网具有 OpenFlow 特征，则可以为学生和科研人员实现新协议和新算法提供一个试验平台。OpenFlow 网络试验平台不仅更接近真实网络的复杂度，实验效果更好，而且可以节约实验费用。

OpenFlow 交换机将原来完全由交换机 / 路由器控制的报文转发过程转化为由 OpenFlow 交换机（OpenFlow Switch）和控制服务器（Controller）来共同完成，从而实现了数据转发和路由控制的分离。控制器可以通过事先规定好的接口操作来控制 OpenFlow 交换机中的流表，从而达到控制数据转发的目的。

从 OpenFlow 推出开始，日本 NEC 就对 OpenFlow 的相关硬件进行了跟进性的研发，NEC 的 IP8800/S3640-24T2XW 和 IP8800/S3640-48T2XW 两款交换机是支持 OpenFlow 的最成熟的交换机之一。Cisco、Juniper、Toroki、Pronto 也相继推出了支持 OpenFlow 的交换机、路由器、无线网络接入点（AP）等网络设备。具有 OpenFlow 功能的 AP 也已在斯坦福大学进行了部署，标志着 OpenFlow 已不再局限于固网。2009 年 12 月，OpenFlow 规范发布了具有里程碑意义的可用于商业化产品的 1.0 版本。OpenFlow 相应的支持软件，如 OpenFlow 在 Wireshark 抓包分析工具上的支持插件、OpenFlow 的调试工具（liboftrace）、OpenFlow 虚拟计算机仿真（OpenFlowVMS）等也已日趋成熟。

Clean Slate 项目的最终目的是要重新发明因特网，改变设计已很难进化发展的现有的网络基础架构。基于 OpenFlow 为网络带来的可编程的特性，Nick McKeown 教授和他的团队进一步提出了 SDN（Software Defined Network，软件定义网络）的概念。

9.4.2　软件定义网络的发展

2009 年，SDN 概念入围 Technology Review 年度十大前沿技术，自此获得了学术界和工业界的广泛认可和大力支持。

2011 年 3 月，在 Nick Mckeown 教授等人的推动下，开放网络基金会 ONF 成立，主要致力于推动 SDN 架构、技术的规范和发展工作。ONF 成员 96 家，其中创建该组织的核心会员有 7 家，分别是 Google、Facebook、NTT、Verizon、德国电信、微软、雅虎。

2011 年 4 月，美国印第安纳大学、Internet2 联盟与斯坦福大学 Clean Slate 项目宣布联手开展网络开发与部署行动计划 Network Development and Deployment Initiative（NDDI），旨在共同创建一个新的网络平台与配套软件，以革命性的新方式支持全球科学研究。NDDI 利用了 OpenFlow 技术提供的“软件定义网络（SDN）”功能，并将提供一个可创建多个虚拟网络的通用基础设施，允许网络研究人员应用新的因特网协议与架构进行测试与实验，同时帮助领域科学家通过全球合作促进研究。

2011 年 12 月，第一届开放网络峰会（Open Networking Summit）在北京召开，此次峰会邀请了国内外在 SDN 方面先行的企业介绍其在 SDN 方面的成功案例；同时世界顶级互联网、通信网络与 IT 设备集成商公司探讨了如何实现在全球数据中心部署基于 SDN 的硬件和软件，为 OpenFlow 和 SDN 在学术界和工业界做了很好的介绍和推广。

2012 年 4 月，ONF 发布了 SDN 白皮书（Software Defined Networking：The New Norm for Networks），其中的 SDN 三层模型获得了业界广泛认同。

2012 年 SDN 完成了从实验技术向网络部署的重大跨越：覆盖美国上百所高校的 Intcrnct2 部署 SDN；德国电信等运营商开始开发和部署 SDN；成功推出 SDN 商用产品新兴的创业公司

在资本市场上备受瞩目，BIG Switch 两轮融资超过 3 800 万元。

2012 年 4 月，谷歌宣布其主干网络已经全面运行在 OpenFlow 上，并且通过 10G 网络链接分布在全球各地的 12 个数据中心，使广域线路的利用率从 30% 提升到接近饱和。从而证明了 OpenFlow 不再仅仅是停留在学术界的一个研究模型，而是已经完全具备了可以在产品环境中应用的技术成熟度。

2012 年 7 月，软件定义网络（SDN）先驱者、开源政策网络虚拟化私人控股企业 Nicira 以 12.6 亿被 VMware 收购。Nicira 是一家颠覆数据中心的创业公司，它基于开源技术 OpenFlow 创建了网络虚拟平台（NVP）。OpenFlow 是 Nicira 联合创始人 Martin Casado 在斯坦福攻读博士学位期间创建的开源项目，Martin Casado 的两位斯坦福大学教授 Nick McKeown 和 Scott Shenker 同时也成为了 Nicira 的创始人。VMware 的收购将 Casado 十几年来所从事的技术研发全部变成了现实——把网络软件从硬件服务器中剥离出来，也是 SDN 走向市场的第一步。

2012 年，国家“863”项目“未来网络体系结构和创新环境” 获得科技部批准。它是一个符合 SDN 思想的项目。主要由清华大学牵头负责，清华大学、中科院计算所、北京邮电大学、东南大学、北京大学等分别负责各课题，项目提出了未来网络体系结构创新环境（Future network Innovation Environment，FINE）。基于 FINE 体系结构，将支撑各种新型网络体系结构和 IPv6 新协议的研究试验。

2012 年底，AT&T、英国电信、德国电信、Orange、意大利电信、西班牙电信公司和 Verizon 联合发起成立了网络功能虚拟化产业联盟（Network Functions Virtualisation，NFV），旨在将 SDN 的理念引入电信业，该联盟由 52 家网络运营商、电信设备供应商、IT 设备供应商以及技术供应商组建。

2013 年 4 月，思科和 IBM 联合微软、Big Switch、博科、思杰、戴尔、爱立信、富士通、英特尔、瞻博网络、NEC、惠普、红帽和 VMware 等发起成立了 Open Daylight，与 LINUX 基金会合作，开发 SDN 控制器、南向 / 北向 API 等软件，旨在打破大厂商对网络硬件的垄断，驱动网络技术创新力，使网络管理更容易、更廉价。Open Daylight 项目的范围包括 SDN 控制器，API 专有扩展等，并宣布要推出工业级的开源 SDN 控制器。

2014 年，Facebook 在 OCP 项目中开放发布 Wedge 交换机设计细节，Cavium 公司收购 SDN 初创公司 Xpliant，博通公司发布了兼容 OpenFlow 协议的 OF-DPA 框架。

2015 年，ONF 发布了一个开源 SDN 项目社区，SD-WAN 成为第二个成熟的 SDN 应用市场。SDN 与 NFV 融合成为趋势。

2016 年，国内 SDN 初创公司云杉网络和大河云联分别获得资本的青睐，盛科网络完成 3.1 亿战略融资。SDN 初创公司 VeloCloud、Plexxi、Cumulus 和 BigSwitch 都获得了新一轮融资。IEEE 召开了 NFV-SDN 会议， SDN-IoT 学术研讨会顺利召开。

9.4.3 软件定义网络的理念

SDN 是一个理念，它的核心思想就是让软件应用参与到网络控制中，并起主导作用，而不是让各种固定模式的协议来控制网络。在这种思想的指导下，网络必须设计一种新的架构，即控制和转发分离、开放的编程接口、集中的网络控制。

从路由器的设计上看，它由软件控制和硬件数据通道组成。软件控制包括管理（CLI、SNMP）以及路由协议（OSPF、ISIS、BGP）等。数据通道包括针对每个包的查询、交换和缓存。如果将网络中所有的网络设备视为被管理的资源，那么参考操作系统的原理，可以抽象出一个网络操作系统（Network OS）的概念——这个网络操作系统一方面抽象了底层网络设备的具体细节，同时还为上层应用提供了统一的管理视图和编程接口。这样，基于网络操作系统这个平台，用户可以开发各种应用程序，通过软件来定义逻辑上的网络拓扑，以满足对网络资源的不同需求，而无须关心底层网络的物理拓扑结构。

SDN 提出控制层面的抽象，MAC 层和 IP 层能做到很好的抽象，但是对于控制接口来说并没有作用，我们以处理高复杂度（因为有太多的复杂功能加入到了体系结构当中，如 OSPF，BGP，组播，区分服务，流量工程，NAT，防火墙，MPLS，冗余层等）的网络拓扑、协议、算法和控制来让网络工作，我们完全可以对控制层进行简单、正确的抽象。SDN 给网络设计规划与管理提供了极大的灵活性，我们可以选择集中式或是分布式的控制，对微量流（如校园网的流）或是聚合流（如主干网的流）进行转发时的流表项匹配，可以选择虚拟实现或是物理实现。

传统 IT 架构中的网络，根据业务需求部署上线以后，如果业务需求发生变动，重新修改相应网络设备（路由器、交换机、防火墙）上的配置是一件非常烦琐的事情。在互联网 / 移动互联网瞬息万变的业务环境下，网络的高稳定与高性能还不足以满足业务需求，灵活性和敏捷性反而更为关键。SDN 所做的事是将网络设备上的控制权分离出来，由集中的控制器管理，无须依赖底层网络设备（路由器、交换机、防火墙），屏蔽了来自底层网络设备的差异。而控制权是完全开放的，用户可以自定义任何想实现的网络路由和传输规则策略，从而更加灵活和智能。

进行 SDN 改造后，无需对网络中每个结点的路由器反复进行配置，网络中的设备本身就是自动化连通的。只需要在使用时定义好简单的网络规则即可。如果用户不喜欢路由器自身内置的协议，可以通过编程的方式对其进行修改，以实现更好的数据交换性能。

假如网络中有 SIP、FTP、流媒体几种业务，网络的总带宽是一定的，那么如果某个时刻流媒体业务需要更多的带宽和流量，在传统网络中很难处理，在 SDN 改造后的网络中这很容易实现，SDN 可以将流量整形、规整，临时让流媒体的“管道”更粗一些，让流媒体的带宽更大些，甚至关闭 SIP 和 FTP 的“管道”，等待流媒体需求减少时再恢复原先的带宽占比。

正是因为这种业务逻辑的开放性，使得网络作为“管道”的发展空间变为无限可能。如果未来云计算的业务应用模型可以简化为“云—管—端”，那么 SDN 就是 “管”这一环的重要技术支撑。

SDN 与以往网络的最大差别在于网络控制模式，将底层网络分成控制层与转发层。控制层采用集中式控制器来控管不同的网络设备，如此一来，网络更易于被控制与管理，并且让比特在转发层顺利传输。控制器通过安全通道与 OpenFlow 交换机进行通信，下发流表与控制原则来决定流量的流向，以此达到路由机制、封包分析、网络虚拟化等功能的实现。SDN 可针对不同的使用需求，建立服务层级协议，让使用者存取服务时，获得应有的保障。

SDN 的核心价值，不在于能够解决传统网络解决不了的问题，而是能够比传统网络做得更快捷、更可靠、更省力；不是想让控制器控制一切，而是让控制器去控制用户想控制的部分。

9.4.4　网络功能虚拟化

网络功能虚拟化（Network Function Virtualization，NFV）通过使用 x86 等通用性硬件以及虚拟化技术，来承载很多功能的软件处理，从而降低网络昂贵的设备成本。可以通过软硬件解耦及功能抽象，使网络设备功能不再依赖于专用硬件，资源可以充分灵活共享，实现新业务的快速开发和部署，并基于实际业务需求进行自动部署、弹性伸缩、故障隔离和自愈等。

NFV 的最终目标是，通过基于行业标准的 x86 服务器、存储和交换设备，来取代通信网的那些私有专用的网元设备。由此带来的好处是，一方面基于 x86 标准的 IT 设备成本低廉，能够为运营商节省巨大的投资成本，另一方面开放的 API 接口，也能帮助运营商获得更多、更灵活的网络能力。

NFV是下述三大技术的集合：其一是服务器虚拟化托管网络服务虚拟设备，尽可能高效地实现网络服务的高性能；其二是SDN对网络流量转发进行编程控制，以所需的可用性和可扩展性等属性无缝交付网络服务；其三是云管理技术可配置网络服务虚拟设备，并通过操控SDN来编排与这些设备的连接，从而通过操控服务本身实现网络服务的功能。

9.4.5 SDN/NFV的共同点和差异点

SDN和NFV的共同点为均是从原来封闭的结构走向开放结构；从独享的硬件到共享的软件；而它们的差异在于SDN是网络的虚拟化，NFV是网络功能虚拟化。

网络虚拟化：在流量层面逻辑地划分网络，在现有网络中创建逻辑网段。不是物理地连接网络中的两个域，而是通过建立隧道连接两个域。目的是让企业能够独立于现有的基础设施来移动虚拟机，而不需要重新配置网络。

网络功能虚拟化：虚拟化4-7层网络功能（如防火墙等）。目的是用虚拟化技术实现多种多样的网络功能。

SDN侧重于第四层以下流量的控制调度，NFV适合于第四层到第七层的业务功能，如图9-4所示。

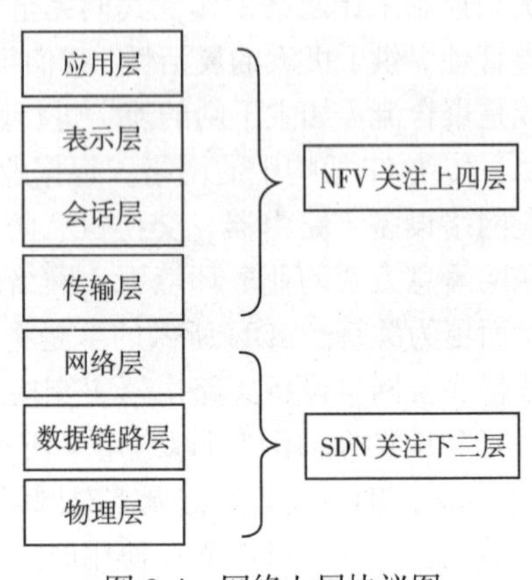

图9-4 网络七层协议图

9.4.6 SDN与NFV的融合及发展趋势

① NFV为SDN软件的运行提供基础架构的支持。

② 按SDN控制和数据分离的思路，可增强部署性能并简化互操作性，符合NFV减轻运营和维护流程负担的要求。

③ 控制软件与专用转发设备分离，进行集中式部署，可以优化网络控制功能的效率。

④ 通过控制与转发面间的标准化接口，使得网络和应用的革新速度进一步提升。

SDN/NFV是业界发展的重点，网络的软件化和虚拟化是重要趋势，但还面临许多的挑战和难题，目前总体还处于发展的初级阶段，产业链需要共同努力通过实践来完善和推进。

习 题

一、单选题

1. 直接附加存储（DAS）将磁盘阵列、磁带机、磁带库等多种数据存储设备直接通过________连接到服务器上使用，从而构成了一种以服务器为中心的数据存储结构体系。

A. 局域网络　　B. I/O总线　　C. 光纤网络　　D. 互联网

2. 网络附加存储（NAS）只能以________而非物理数据块方式访问，因此在某些情况下会严重影响系统效率，一般情况下NAS不应用于大型数据库服务。

A. 文件方式　　B. 磁盘方式　　C. 只读方式　　D. 共享方式

3. 网格计算是伴随着互联网发展起来的，专门针对复杂科学计算的计算模式。网格计算是________的一种。

A. 虚拟化　　B. 模拟计算　　C. 分布式计算　　D. 应用计算

4．下列________不是云计算的特点。

A．高可靠性　　B．超大规模　　C．按需服务　　D．价格昂贵

5．无线传感器网络是一种无中心的全分布系统，传感器网络系统通常包括传感器结点、汇聚结点和________。

A．管理结点　　B．接入结点　　C．核心结点　　D．服务结点

6．下述________内容不是物联网的关键技术。

A．射频识别技术　　B．智能嵌入技术

C．传感器技术　　D．虚拟化技术

二、填空题

1．常见的网络存储结构大致分为直接附加存储、________、存储区域网和 IP 存储等。

2．在网络存储中，________在许多方面具有无可比拟的优势，如性能极高、可扩充性强等，但存在成本昂贵和互操作性问题。

3．云计算服务包括________、平台即服务、软件即服务三个层次。

4．云计算的部署模式有三大类：公有云、私有云、________。

5．根据物联网对信息感知、传输、处理的过程将其划分为三层结构，即感知层、________和应用层。

三、简答题

1．简述网络存储的分类。

2．NAS 和 SAN 在结构和应用上有什么不同？

3．网格计算的特点有哪些？

4．简述网格计算与云计算的异同。

5．简述物联网的体系结构。

6．简述软件定义网络和网络功能虚拟化的异同。

参 考 文 献

[1] 李环，等 . 计算机网络 [M]. 北京：中国铁道出版社，2010.
[2] 李环，等 . 计算机网络实验教程 [M]. 北京：中国铁道出版社，2010.
[3] 李环，等 . 计算机网络综合实践教程 [M]. 北京：机械工业出版社，2011.
[4] 姜宁康，等 . 网络存储导论 [M]. 北京：清华大学出版社，2007.
[5] 孙丽丽，等 . 网络存储与虚拟化技术 [M]. 北京：北京航空航天大学出版社，2013.
[6] 邹福泰，等 . 对等网络、网格计算与云计算 : 原理与安全 [M]. 北京：清华大学出版社，2012.
[7] 陆嘉恒，等 . 分布式系统及云计算概论 [M]. 2 版 . 北京：清华大学出版社，2013.
[8] 王殊，等 . 无线传感器网络的理论及应用 [M]. 北京：北京航空航天大学出版社，2007.
[9] THOMAS D. NADEAU，et al. 软件定义网络：SDN 与 OpenFlow 解析 [M]. 北京：人民邮电出版社，2014.